Impressum:
© 2020 Günther Henzel

Titelbild und Grafiken: Laura Münch Grafikdesign; www.laura-muench.de
Satz & Umschlagfertigstellung: Angelika Fleckenstein; Spotsrock

ISBN:
978-3-347-08866-5 (Paperback)
978-3-347-08867-2 (Hardcover)
978-3-347-08868-9 (e-Book)

Verlag und Druck:
tredition GmbH
Halenreie 40–44
22359 Hamburg

GÜNTHER HENZEL

GESCHMACKSSACHE

oder

WARUM WIR KOCHEN

Von der Wärmestrahlung des Lagerfeuers

zur Kochkunst

Inhaltsverzeichnis

Vorwort und Einleitung

Nicht der *Verstand* entscheidet darüber, was uns schmeckt und unserem Organismus guttut, sondern unser *Sensorium*. Das, was wir als *appetitlich* und *schmackhaft* bezeichnen, sind die bewusst erlebten *Wirkungen* molekularer Bestandteile der Nahrung. Diese Geschmackseindrücke sind die gefühlten, sensorischen »Informationen« über die Qualität des Essens. Sie werden in der Regel erinnert. Diese Fähigkeit, den »Nahrungswert« bereits im Mundraum zu erkennen, ist das Ergebnis einer evolutionären Entwicklung, die vor Milliarden Jahren mit der Reizerkennung an den Membranen einzelliger Organismen begann. An der Wahrnehmung vorteilhafter Nahrung – wenn wir *schmecken* und *fühlen* – ist der Verstand nicht beteiligt.

In der Regel verzehren wir Nahrungsrohstoffe nicht naturbelassen, sondern zubereitet. Diese von uns selbst hergestellten Produkte sind physiologische Rohstofftransformationen, die unserem Organismus Ernährungsvorteile bringen. Dabei steuern und verstärken die im 'Nahrungsgedächtnis' abgelegten sensorischen Werte für »gute molekulare Zusammensetzungen« unsere Handlungsziele. Bei der Herstellung dieser Geschmacksqualitäten hat der Verstand lediglich die Funktion eines 'Erfüllungsgehilfen', der die Anteile und Prozessschritte kennt und in Handlungen umsetzt. Was wir als »Kochen« bezeichnen, ist damit eine »Teamleistung« von Sinn und Verstand – von *sensorischer Kontrolle* und Anwendung *erlernter Fertigkeiten* (die Kenntnisse voraussetzen). Die *Genusswerte* einer Zubereitung sind daher die Leistung dieses Tandems. Ihr breites sensorisches Spektrum belegt sowohl unseren Bedarf an Nahrungsvielfalt als auch die Varianz genetisch begründeter Geschmacksvorlieben.

Mit dem Einsatz von Feuer als Garwerkzeug vor etwa 2 Millionen Jahren setzten die Vorfahren des modernen Menschen eine Ernährungs(r)evolution in Gang, die Rohstoffe durch Gar- und Kombinationstechniken entgiftete, leichter verdaulich, bekömmlicher und schmackhafter machte. Diese physiologischen Hintergründe, die das Zubereitungssystem Kochen begründen, sollten Fachleuten, den Köchen, bekannt sein. Deshalb gehörten diese evolutionären und sinnesphysiologischen Inhalte auch in den Unterricht von Kochauszubildenden. Sie sind Teil der theoretischen Grundlagen für einen fachlich mündigen Experten der Nahrungszubereitung. Letzteres wird in Kapitel III an verschiedenen Zubereitungsbeispielen betrachtet, die exemplarisch für das »innere System« der Rohstoffkombination stehen.

Will man die Bedingungen für den vor etwa zwei Millionen Jahren begonnenen Ernährungswandel unserer homininen Vorfahren rekonstruieren, kommen derzeit nur zwei Wissensbereiche in Frage, denen wir hierzu brauchbare Angaben entnehmen könnten: Zum einen sind das neuere Erkenntnisse zur prähistorischen Entwicklung des Menschen (seiner Urgeschichte) und zum anderen die Ernährungsweisen heute lebender indigener Populationen. Letztere garen Rohstoffe z. B. mit erhitzten Steinen in Erdmulden – eine Technik, die uns einen Blick weit zurück in die Anfänge des Garens und Zubereitens erlaubt. Da man *Zubereitetes* (gezielt kombinierte Nahrungskomponenten) aus Zeiten, in denen *Homo erectus* lebte, nicht mehr ausgraben und analysieren kann (GOREN-INBAR 2014),[1] bleiben für die Rekonstruktion dieser Aktivitäten im Wesentlichen nur Hypothesen und plausible Deutungen.

Auch lässt sich nicht mehr im Nachhinein erforschen, wann und *warum* die Vorläufer von *Homo sapiens* angefangen haben, Rohstoffe am Lagerfeuer zu rösten, und neue sensorische Präferenzen entwickelten. Ebenso wenig wissen wir etwas über ihre mentalen Fähigkeiten und Motive, dies zu tun. Hinzu kommt, dass solche gravierenden Nahrungsmanipulationen nicht auf isolierte, monokausale »Ursache-Wirkung-Sachverhalte« zurückgeführt werden können: Sie sind das Resultat sich wechselseitig bedingender molekularbiologischer, sensorischer, epigenetischer, klimatischer und kognitiver Faktoren. Offen bleibt in diesem komplexen synergistischen Geschehen, was Ursache und was Folge war. Auch besteht bei der Rekonstruktion von zeitlich weit zurückliegenden Ereignissen die Gefahr des *Präsentismus* – des Hineinlesens der Gegenwart in die Vergangenheit, um dann wiederum aus der Vergangenheit die Gegenwart zu erklären.

---

[1] In Gesher Benot Ya'aqov (Israel) – übersetzt: „Brücke der Töchter Jakobs" – wurden 790 000 Jahre alte verbrannte essbare Pflanzen, wie Oliven, wilde Gerste und wilde Trauben gefunden; dazu: GOREN-INBAR. M.: *Die acheulische Stätte von Gesher Benot Ya'aqov, Israel: Umwelt, Homininkultur, Lebensunterhalt und Anpassung am Ufer des Paläo-Hula-Sees*

Schließlich wird es in Kapitel IV um die unterrichtliche Umsetzung dieser Inhalte nach lehr-/lerntheoretischen Gesichtspunkten gehen. Die Schüler sollen nicht nur *wissen*, sondern auch *verstehen*, warum sie Rohstoffe so bearbeiten, wie sie es tun. Erst diese grundlegenden Einsichten lassen Schüler jene Faktoren erkennen, die zur größten kulturellen Errungenschaft der Menschheit geführt haben: zur Kochkunst.

Inhaltsschwerpunkte

Zu Teil I

Obwohl sich die anthropologische Forschung auch mit Ernährungsaspekten im Laufe der menschlichen Stammesgeschichte (*Hominisation*) befasst,[2] wird die Frage, **warum** die Vorläufer des modernen Menschen zum *Coctivor,*[3] »*den kochenden Menschen*«, wurden, nicht untersucht (POLLMER 2007). Die Anfänge und Entwicklungen von Zubereitungsverfahren, die unsere modernen Kochtechniken begründen, liegen nach wie vor im Dunkeln. Für das, was unsere Urahnen gegessen haben, gibt es zwar Hinweise (HART 2015), (HIRSCHBERG 2013), (STRÖHLE 2008), nicht aber für die Auslöser ('den inneren Impuls') ihrer Ernährungsumstellung. Selbst indigene Kulturen, die ihr Essen in *Glut*, auf *heißen Steinen* (in *Erd-/Garmulden*), in *heißem Sand* und *heißer Asche* garen, verfügen bereits über diese Gartechniken. Was sie antrieb, ihre Nahrung auf diese Weise zu bearbeiten, wissen wir nicht. Zwischen der Entwicklung erster *Steinwerkzeuge* (Altsteinzeit)[4] und der 'Garmuldentechnik' besteht eine unbekannte Entwicklungsphase von mehr als einer Million Jahren.

---

[2] Paläoanthropologen können anhand der Fossilgeschichte die Herkunft des Menschen zurückverfolgen und Entwicklungsverläufe hin zum aufrechten Gang, der Vergrößerung des Gehirns und der Verkleinerung des Kauapparates erklären. Ihre Annahmen stützen sich weitestgehend auf Indizien und Vermutungen, die nicht selten durch neue Funde und immer öfter auch aufgrund genetischer Erkenntnisse korrigiert werden müssen. Ernährung wird nur im Hinblick auf Rohstoffe, nicht aber deren *Garerzeugnisse* betrachtet. Aktuell werden Fragen einer »Paleo-Ernährung« (Steinzeit-Diät) unter dem Aspekt präventiv medizinischer Relevanz diskutiert.

[3] Von lat. *coctum*: das Gekochte; abgeleitet von *coquere*: kochen, sieden, backen, braten, fermentieren, zubereiten; dazu auch *coquus*: Koch. Das deutsche Wort leitet sich ebenso davon ab wie das englische »to cook«: a. a. O.

[4] Der Begriff *Altsteinzeit* ist an den Beginn der ersten Steinwerkzeuge gekoppelt, die in Afrika vor etwa 2,5 Millionen Jahre begann.

Vieles spricht dafür, dass die Vor- und Frühmenschen (Australopithecinen / Homo erectus) parallel zur Steinwerkzeug-Entwicklung Rohstoffe gezielt bearbeitet haben. *Homo heidelbergensis*, der vor etwa 600 000 Jahren gelebt hat, kannte vermutlich bereits Feuergartechniken, die der *archaische Homo sapiens* (vor etwa 200 000 Jahren) mit seiner größeren Verstandesleistung weiter verfeinerte. Komplexe Kochtechniken, in denen verschiedene Rohstoffe gleichzeitig (und dosiert) gegart wurden, hat vermutlich erst der moderne Mensch erfunden – *Homo sapiens,* der vor etwa 70 000–40 000 Jahren Europa besiedelte. Im Zuge der Sesshaftwerdung (im fruchtbaren Halbmond vor etwa 10 000 Jahren)[5] erlangten Gartechniken jene Kulturstufe, die wir heute als »Kochen« bezeichnen. Ackerbau und Viehzucht, neue Nutzpflanzen und Lagertechniken und die Verfügbarkeit von Rohstoffen im Wechsel der Jahreszeiten führten schrittweise zu einer Kultur der Nahrungszubereitung, deren Existenz uns heute als etwas Selbstverständliches, als »schon-immer-zum-Menschen-Gehörendes« erscheint.

Die Anfänge der Gartechniken gehen weit in die Entwicklungsgeschichte der Frühmenschen zurück (beginnend vermutlich bei *Homo erectus / Homo ergaster*) (HOFFMANN 2014)[6] und stehen auch mit Verstandesleistungen in Zusammenhang, die diese zur Herstellung von Werkzeugen und Erhaltung von Feuerstellen befähigten. Obwohl unsere nächsten Verwandten, Schimpansen und Gorillas, vielfältige Rohstoffbearbeitungen kennen, haben sie keine Gartechniken entwickelt. Das tat nur jene *Tribus,*[7] (LEWIN 1995) die hin zu *Homo sapiens* führt (die *Hominini*). Die Gründe dafür sind vielfältig. Einer davon liegt vermutlich auch in der Handanatomie des Menschen: Dieser kann seinen Daumen zu den anderen Fingern in Opposition bringen (Opponierbarkeit), Menschenaffen können das nicht. Dieser anatomische Vorteil ermöglichte einen präziseren Einsatz der Finger (*Pinzettengriff*), förderte die Entwicklung von Fertigungsgeschick und trug u. a. auch zur Entwicklung des Gehirns bei, da jede Handleistung eine neuronale Verschaltungsstruktur voraussetzt. Auch

---

[5] Das 'mondsichelförmige' Winterregengebiet zwischen Israel und Iran

[6] *Homo erectus,* »aufgerichteter Mensch«, lebte sowohl in Afrika (1,9 Mio. bis 500 000 Jahre) als auch in Asien (1,9 Mio. bis 27 000 / 12 000 Jahre). Aufgrund morphologischer Unterschiede bezeichnen Paläoanthropolgen den frühen afrikanischen *Homo erectus* als *Homo ergaster* (»Handwerker«); die asiatische und die europäische Form wird weiterhin als *Homo erectus* bezeichnet; im Folgenden wird die Bezeichnung *Homo erectus* gewählt

[7] Der Zweig der *Hominini* (Unterfamilie der Hominiden), der zum modernen Mensch führt

fördern feinmotorische Herausforderungen und Übungen das Nervenwachstum im Hippocampus (ROTH 2010),[8] da hierbei stets mehrere Sinne (neben dem Tastsinn u. a. auch der Seh- und Gehörsinn) involviert sind.

Zielgerichtetes Vor- und Zubereiten setzt geistige Leistungen voraus, da komplexere Arbeitsschritte eine *zeitliche Abfolge* haben, die entsprechend (vor)bedacht sein muss – ebenso muss das Garziel bekannt sein. Da kognitive Leistungen auch im Verhältnis vom Gehirnvolumen zur Körpergröße stehen, hatte *Homo erectus* mit seinen anfänglichen 650 cm^3 (später bis 1250 cm^3) im Verhältnis zu unseren nächsten Verwandten, den *Schimpansen,* deutlich mehr Hirnmasse (ROTH 2010). Deren Gehirn wiegt nur etwa 400 Gramm.[9] Die Zunahme der Gehirngröße bei *Homo erectus* wird vor allem mit dem vermehrten Verzehr von *Fleisch* und *gekochter* Nahrung begründet (WRANGHAM 2009), wodurch insbesondere mehr Energie und Baustoffe (HOFFMANN 2014)[10] u. a. für das Gehirnwachstum im Mutterleib zur Verfügung standen. Auch benötigt das große Gehirn von *Homo erectus* (neben Eiweiß und Fetten) mehr Energie (etwa 20 bis 25 % bereits im Ruhemodus), die bei roher Pflanzen- und Früchtenahrung nur durch beständiges Essen gedeckt werden kann (WRANGHAM 2009).

Die Anfänge der Rohstoffbearbeitungen: Mittels Steinwerkzeugen (*Oldowan*) (LEAKEY; LEWIN 1986)[11] werden Schädelkalotten und Röhrenknochen geöffnet und Fleisch von Knochen abgetrennt – Tätigkeiten, die der Nahrungs*beschaffung* dienen. Die ersten gezielten Rohstoffbearbeitungen entwickelten sich vermutlich aus *Beobachtungen im Umgang mit Wasser*, wozu vor allem Reinigungseffekte (Entfernung von Erdanhaftungen) und **Quellvorgänge** gehörten. Umgekehrt führte die Abwesenheit von Wasser auch zu bedeutsamen

---

[8] Zählt zu den evolutionär ältesten kortikalen Strukturen des Gehirns, in denen Informationen verschiedener sensorischer Systeme zusammenfließen; Vergrößerungen im *Hippocampus* sind vielfach nachgewiesen, u.a. aufgrund sensomotorische Übungen / Erfahrungen (etwa beim Klavierspielen); ebenso zwischen bestehenden Nervenzellen (*synaptische Plastizität*), was den Erwerb neuer Gedächtnisinhalte befördert

[9] Da Hirn etwa die Dichte von Wasser hat, entspricht das Volumen ungefähr der Masse in Gramm

[10] »*Ein wachsendes Denkorgan muss ausreichend mit bestimmten 'Schlüsselfettsäuren' versorgt werden, damit überhaupt neues Gehirngewebe entstehen kann:(...) langkettige, vielfach ungesättigte Verbindungen: Docosahexaen- und Arachidonsäure (DHA und AA). Der Säugetier-Organismus kann sie nur begrenzt durch Umbau aus anderen Substanzen herstellen – also muss er sie über die Nahrung aufnehmen*«; L. CORDAIN; in: HOFFMANN 2014, S. 162,163

[11] Mit der Oldowan-Kultur wird die archäologisch älteste Steinwerkzeugkultur bezeichnet, die vor etwa 2,5 Millionen Jahren begann. Der Name ist von den Funden aus der Olduvai-Schlucht (Ostafrika) abgeleitet

Veränderungen: Rohstoffe, die bei Lagerung *nicht* verdarben, wurden *trocken* und *fest* und bekamen ein *intensiveres Aroma*. Legte man solche getrockneten Teile ins Wasser, gingen durch *Auslaugung* Aromakomponenten in das Wasser über. Insbesondere getrocknete Pflanzen oder Pflanzenteile (vermutlich die Vorläufer der Gewürze) bewirkten eine **Wasseraromatisierung** – ein für den frühen Menschen völlig neues Geschmacksphänomen. Allerdings setzte diese Technik die Verwendung von Wasserbehältnissen (natürliche Hohlgefäße, Holztröge) voraus. Die (viel) später (im »Präkeramischen Neolithikum«) erfundenen Lehm-/Tongefäße (Töpferware) vor etwa 12 000 Jahren wurden zu den ersten Hauptgerätschaften der Küche.

Die Fähigkeit, *Feuer, Glut* und *heiße Steine* zum Rösten und Hitzegaren einzusetzen, wurde zum Fundament, zur Wiege der Garverfahren. Zunächst waren Lagerfeuer (die nach dem Fellverlust als Wärmequellen in kalten Nächten dienten) der Ort abendlicher Zusammenkünfte. Die *Wärmestrahlung* wirkte auf am Feuer gelagerte (enthäutete) Jagdbeute umso stärker, je dichter diese an der Glut lag. Auf diese Weise denaturierte und röstete das Fleisch an der dem Feuer zugewandten Seite (ein 'Kollateralschaden' des Lagerfeuers). Offenbar schmeckten diese Teile besser, sodass vermutlich große Fleischstücke gezielt näher an die Glut platziert wurden. Damit wurde das **Rösten** zum ersten thermischen Verfahren. Das zweite (das Garen in Gefäßen – Garen in Wasser) ist entwicklungsgeschichtlich viel später hinzugekommen. Beide Techniken gehören *heute* zu unseren Standardverfahren (Basistechniken) (MICHAILOVA 2019 u. MILICA 2017).[12] Gleichzeitig entstand mit der Feuergartechnik auch die Möglichkeit, neue, unbekannte sensorische Qualitäten zu erzeugen, sobald verschiedene Rohstoffe gleichzeitig in der Glut garten (z.B. in Blättern eingerollt, mit Lehm oder Ton umhüllt oder mit wasserhaltigen aromatischen Krautgewächsen bedeckt, dazu auch Wikipedia: *Erdofen*)

Mit der Entdeckung *medizinisch wirksamer* Rohstoffe (Heilpflanzen) wurde das tägliche Essen zugleich auch zur Heilnahrung, mit der Erkrankungen oder körperliche Beschwerden beseitigt bzw. gelindert werden konnten. Eine Mahlzeit sollte nicht nur satt machen, sondern auch die Gesundheit

---

[12] Erste aufwändige Zubereitungen und Rezepturen mit vielfältigen Rohstoff- und Gewürzanteilen sind aus Persien überliefert – einige Tausend Jahre vor der christlichen Zeitrechnung

bewahren und das allgemeine Lebensgefühl verbessern. Damit war und ist jede Nahrung immer auch Medizin (Ansatz der *traditionellen chinesischen Medizin* 'TMC'). Aus ihrem Erfahrungswissen über die Wirkung der Rohstoffe auf den Organismus entwickelten die Menschen Zubereitungsregeln, die sorgsam ge- hütet und mündlich von Generation zu Generation als »Mixturen zur Gesun- derhaltung« weitergegeben wurden. Sie sind die Vorläufer der Rezepte, die in älteren Kochbüchern mit der Aufforderung beginnen: »Man nehme« (von lat. *recipe*), das den ursprünglichen »*heilenden*« Hintergrund (später die Anwei- sung des Arztes an den Apotheker) noch erkennen lässt.

Zur Sprach- und Kochentwicklung: Beide Entwicklungen verbinden ver- mutlich Sachverhalte, die sich wechselseitig befördert haben. Die unterschied- lichen »Wirkungen« der Rohstoffe (das, was sie im/am Körper *tun*) und die genaue Beachtung der Verfahrensschritte wären ohne Sprache – ein in Laut- symbolen überführtes Erfahrungswissen – nicht memorierfähig. Sicher kön- nen Tätigkeiten auch durch Nachahmung (*Emulation, Imitation*) 'erlernt' wer- den – dazu bedürfte es keiner sprachlichen Memorierung. Spätestens aber, wenn es um ein *Fertigungssystem* geht, dessen Prozessschritte und Ingredien- zien bekannt sein müssen (Verfahren, die sich erst durch unzählige *trial and error*-Erfahrungen als zweckmäßig erwiesen haben), lässt sich dieses Wissen nur durch ein Wortsystem *bewahren* und *weitergeben*. Vieles deutet darauf hin, dass unser Wortschatz mit der Erweiterung des Rohstoffspektrums und der Entwicklung von Zubereitungstechniken erst seinen entscheidenden Schub erhielt.

Zu Teil II

Das Phänomen Wohlgeschmack setzt komplexe neurobiologische Prozesse und Gehirnleistungen voraus, die auf elementare Reizverarbeitungen archai- scher Einzellermembranen zurückgehen. Im Urmeer entwickelten kleinste Biosysteme (Pro- und Eukaryoten) erste *physikalische* und *chemische* Kon- taktstellen, mit denen sie 'Informationen' über ihre Umgebung erlangten, die so für sie 'erkennbar' wurde. Nahrungsmoleküle wurden (und werden) an Membranrezeptoren nach einem 'Schloss-Schlüssel-Prinzip' erkannt, das sich im Laufe der Evolution von reinen Ionenkanälen zu komplexen Andockstellen (*G-Protein-gekoppelte Rezeptoren*) entwickelt hat. Sobald hier ein passgenaues Molekül andockt, werden komplexe Reizweiterleitungskaskaden ausgelöst (*Signaltransduktionen*, Bildung *sekundärer Botenstoffe*), die im Biosystem zu spezifischen Reizantworten führen. Große Organismen verarbeiten diese Rezeptor-*Informationen* in einem Gehirn. Vermutlich deshalb, weil sich dort in zig Millionen Jahren Evolution ein neuronales Netzwerk gebildet hat, in dem alle relevanten physikalischen und chemischen Energieformen der Außenwelt (Schall, elektromagnetische Wellen, Ionen u. a.) als *aktivierbare*, biologisch äquivalente (im 'Ruhemodus' befindliche) Erregungsmuster präsent sind. Sie liegen in spezifischen Kerngebieten (die mit anderen Hirnarealen verbunden sind), in denen entsprechende Erregungszustände ausgelöst werden, sobald sie Rezeptorsignale erreichen. Nach diesem (vermuteten) Modell funktioniert das Gehirn wie ein »Energiewert-Erkennungssystem«, das die im Außenreiz liegenden kinetischen und physikalisch-chemischen 'Informationen' (Energiezustände) in biologisch adäquate Erregungen überführt. Diese Fähigkeit, Außenwelteigenschaften in ein neuronalen Netzwerk einzubetten – als biologisch adäquate Energiezustände – hat in Milliarden Jahren jenes Reizverarbeitungsorgan hervorgebracht, das wir Gehirn nennen. Deshalb können wir Reize mit den sie auslösenden Ursachen (Energieformen) identifizieren. Da alle äußeren Reize mit Empfindungen, Gefühlen und Emotionen gekoppelt sind, verfügt der Organismus über eine weitere Orientierung (ein Bewertungssystem), die unser *Meiden* und *Wollen* begründet. Bezogen auf die sensorische Qualität der Nahrung bedeutet das: Der Organismus 'weiß bereits', was er isst und was ihm bekommt.

Der Geschmack des Essens wird individuell erfahren. Er ist vom Klima, der Region und dem Kulturkreis geprägt. Nördlichere Erdregionen erfordern Nahrung mit höherer Energiedichte, und dort geerntete Produkte unterscheiden sich deutlich von landwirtschaftlichen Erzeugnissen Afrikas oder Asiens, weil Böden und Wetterverhältnisse anders sind. U. a. deshalb enthalten vergleichbare Rohstoffe unterschiedliche Inhaltsstoffe und sind geschmacklich verschieden. Die Prägung auf diesen Nahrungsvorrat, die bereits im Mutterleib beginnt, führt zu individuellen *Geschmacksvorlieben*.

Die Möglichkeit, aus einzelnen, geschmacklich überwiegend unattraktiven Rohstoffen – und das trifft auf die meisten Nahrungskomponenten zu – durch *Kombination* und *Gartechniken* schmackhaftes Essen herzustellen, erweist sich für den Menschen als Glücksfall. Tierische und pflanzliche Großmoleküle sind u.a. *hitzelabil* und lassen sich sensorisch gezielt verändern. Damit ist die 'Zunge' die alles entscheidende Instanz – und nicht der »Kochtopf«! Er aber ist die notwendige Voraussetzung zur Herstellung dieser von uns (vom Organismus) gemochten Zubereitungen.

Heute wissen wir, dass das 'Erfolgserleben', das Gefühl, ein Ziel erreicht zu haben, über neuronale Schaltkreise mit dem **Belohnungszentrum** im Gehirn (*Nucleus accumbens*)[13] gekoppelt ist. Offenbar war (und ist) die Möglichkeit, den Genusswert von Rohstoffen zu verbessern, ein starkes intrinsisches Motiv, Zeit und Arbeit zu investieren. Da weltweit und in allen Kulturen gekocht wird, muss das mit verbesserten Ernährungswerten und weiteren physiologischen Vorteilen verbunden sein, sonst hätten sich diese Verfahren nicht durchgesetzt und bewahrt. **Genuss- und Nährwert sind daher weder beziehungslos, noch zufällig, sondern gekoppelte Sachverhalte, die der Organismus erfahren und erinnern kann.** Vermutlich ist aus diesem »Körperwissen« das immerwährende Suchen nach Wohlgeschmack erwachsen, das die nahezu unbegrenzte Vielfalt der Nahrungszubereitung – die Kochkunst – begründet.

Zu Teil III

Vom Rohstoff zur Speise betrachtet das »*innere* System der Zubereitung«, das jede Rohstoffkombination und Gartechnik begründet. Es ordnet Verfahrensschritte und Zubereitungsoptionen in Abhängigkeit von Rohstoffmerkmalen und -anteilen. Die Technik, Nahrungskomponenten bereits 'außerhalb des Magens' zu kombinieren, ermöglicht, auch jene Anteile in relevanten Mengen zu verzehren, die allein eher ungenießbar wären (z. B. Essig, Salz, Schmalz, Talg, Kräuter und Gewürze). Diese Komponenten verbessern nicht nur den

---

[13] Der *Nucleus accumbens*, eine Kernstruktur im unteren (basalen) Vorderhirn, spielt eine zentrale Rolle im *mesolimbischen System*, dem »Belohnungssystem« des Gehirns, sowie bei der Entstehung von Sucht (ROTH 2014; S. 73, 75)

Nährwert, sondern erfüllen vielfältige verdauungsfördernde und *pharmakologische* Aufgaben (WATZL 1995).

Neben technologischen Aspekten werden auch Techniken der Genusswerthebung betrachtet, die (bisher) allgemein auf das fachliche Können des Kochs zurückgeführt werden. Doch wer oder was befähigt den Koch, mit unterschiedlichen Rohstoffen (allesamt Produkte der Fotosynthese und/oder im Tiermetabolismus entstandene Biosubstanzen) sensorische Qualitäten zu erzeugen, die die einzelnen Rohstoffe alleine nicht haben? Offenbar lassen sich organische Stoffe wie Elemente eines *Baukastensystems* nahezu beliebig kombinieren. Bei 'richtiger' Dosierung und gekonnter Zubereitung regen diese Kreationen unsere Sinne an und lassen uns genussvolle Momente erleben. Dieser Sachverhalt weist auf die Bedeutung des menschlichen Sensoriums für Zubereitungsziele hin.

Zu Teil IV

Die Begriffe Primär- und Sekundärstoffe sind lehr-/lerntheoretisch begründet. Sie sollen Schülern ermöglichen, das »System der Zubereitung« – seine Regeln und Bedingungen im Umgang mit Rohstoffen – auch theoretisch zu erfassen und zu begründen. Die Begriffe kategorisieren und ordnen Rohstoffe jeweils nach ihren »Funktionen« innerhalb einer Speisenherstellung – der gezielten Kombination verschiedener Komponenten. Der in klassischen Rezeptvorgaben gebräuchliche Begriff »Zutaten« verblindet den Kerngehalt der Zubereitung: die Vermischung von tierischen und pflanzlichen **Rohstoffen** (= Biomolekülen), die in der Regel durch Kochsalz Geschmacksfülle erhalten. Des Weiteren ist theoretisch bedeutsam, dass (meist) aromatisch wenig ansprechende Rohstoffe mit geschmacklich ebenfalls unattraktiven Rohstoffen kombiniert werden und in dieser *neuen Einheit* 'wie von Zauberhand' unseren Genusswünschen entsprechen. Ein »aromatisches Paradox« oder »sensorisch inverses« Phänomen, das Schüler erst realisieren müssen.

Die vielfältigen Funktionen der Rohstoffe innerhalb einer Zubereitung (Anteile und Mengen) ergeben sich aus ihren stofflichen und aromatischen

Eigenschaften. Dabei geht es im Kern um die Herstellung einer »vom Organismus gewollten« sensorischen Qualität – einem biologischen Mosaik aus evolutionären, genetischen, kulturellen und individuellen Komponenten. Schon deshalb ist die Kombination von Primärstoff und Sekundäranteilen nicht beliebig, sondern gehorcht Regeln der sensorischen 'Passung' und weiteren pharmakologischen und ernährungsphysiologischen Zwecken, die auch einen jahreszeitlichen Bezug haben. Beispielsweise müssen Sekundäranteile eine stofflich-aromatische Nähe zum Primärstoff haben, wenn sie sensorisch 'passen', seinen Eigengeschmack betonen und verbessern sollen. Die Ergänzung eines Obstsalates mit einer Fruchtsäure- und Zuckerkomponente hat u. a. hier ihre sensorische Begründung. Dieser übergreifende Sachverhalt lässt sich im Unterricht theoretisch betrachten und bewerten. Vor diesem Hintergrund wird *Zubereitung* zum theoretischen und praktischen Experimentierfeld, das den menschlichen Organismus mit seinen individuellen Bedürfnissen, Empfindungen und Gefühlen in den Mittelpunkt stellt.

Auch lassen sich die in der Speisekarte genannten Angebote anhand der *Primär- und Sekundärstoff-Systematik* definieren, die von der kleinsten Einheit der Zubereitung (der Speise) ausgeht. Alle weiteren gastronomischen Produkte, wie *Gericht, Menü* etc. sind danach systematisierte Speisenkombinationen.

Teil I
Ursprung und Entwicklung der Gartechniken

1 Zu den Anfängen der Nahrungszubereitung

1.1 Warum wir kaum etwas darüber wissen

Obwohl bereits Charles Darwin »*Kochen als die wahrscheinlich größte Entdeckung des Menschen außer der Sprache*« (WRANGHAM 2009)[14] bezeichnet hat, ist die Fähigkeit des Menschen, aus sensorisch unattraktiven Rohstoffen schmackhafte Speisen zu machen, kein Gegenstand anthropologischer Forschung. Diese Technik entspricht der Leistungsebene, die es uns auch ermöglicht, z. B. Klavierspielen zu erlernen oder sportliche Höchstleistungen zu erbringen. Es sind Fähigkeiten, die wir unserer *Hominisation* verdanken – und nicht umgekehrt. Dennoch bleibt die Frage, weshalb nur *Homo sapiens* das Kochen erfunden hat, nicht aber seine nächsten Verwandten, die Menschenaffen. Sie sind dem Menschen nicht nur anatomisch (und genetisch) sehr ähnlich, sondern verwenden Werkzeuge, um an Essbares zu gelangen (GOODALL 1991). Obwohl sie ungenießbare bzw. weniger attraktive Teile ihrer Nahrung entfernen (mithin »Vorarbeiten« kennen) (HESS 1989), haben sie keine echten Zubereitungsverfahren entwickelt. Nur die *Hominini* (die direkten Vorläufer des Menschen) kannten bereits Formen der »Food Preparation« und Feuergartechniken, mit denen sie ihre Nahrungsressourcen vergrößerten und die Qualität ihrer Nahrung optimierten. Auf diese Weise wurde der Mensch zum *Nahrungsgeneralisten*, der problemlos viele verschiedene organische Substanzen wie Fleisch oder Pflanzen verwerten und sich rasch an klimatisch bedingte und/oder regional begründete Rohstoffvarianzen anpassen kann (BEHRINGER 2010).

---

[14] A. a. O., S. 137

Hintergrundinformationen

Die Entwicklungslinie der *Hominini* beginnt mit den afrikanischen Urahnen: *Homo rudolfensis* (benannt nach dem Fundort Rudolfsee – heute: Turkana-See in Kenia) und *Homo habilis:* »geschickt«, »fähig«, »begabt«; beide werden als *frühe* **Homo-Typen** gesehen. Ihnen folgen der Frühmensch: *Homo ergaster;* »der arbeitende Mensch« (gilt als die *frühe afrikanische* **Form** des *Homo erectus*) (HOFFMANN 2014; S. 157. Die *asiatische* **Form** wird unverändert *Homo erectus genannt.* Aus verschiedenen ausgestorbenen vor-menschlichen Arten entwickelte sich der **archaische Homo sapiens** (ältester Fossilfund ist etwa 195 000 Jahre alt) und schließlich der anatomisch moderne (rezente) Mensch (Jetzt-Mensch) **Homo sapiens** (die einzige überlebende Homo-Art), der in der Zeitspanne zwischen 200 000 und 100 000 Jahren vor heute bereits in Afrika existierte. Voneinander unabhängig haben sich zuerst *Homo erectus* und dann *Homo sapiens* über die Kontinente ausgebreitet.

Die Ursachen und Bedingungen, die zur Entstehung des Kochhandwerks geführt haben, sind kein Forschungsgegenstand der Anthropologie. Zwar bestehen Ansätze in der Lebensmittelwissenschaft im Fachbereich Ernährungsphysiologie und Humanernährung, die mittels paläologischer Forschungen die Ernährungsweisen unserer archaischen Vorfahren zu rekonstruieren versuchen. Dabei geht es aber vor allem darum, die präventivmedizinische Relevanz der »Paläo-Diät« zu hinterfragen (STRÖHLE; WOLTER 2008). Ihre Befunde und Aussagen beschränken sich im Wesentlichen auf vermutete *Mengenverhältnisse* animalischer und pflanzlicher Kostanteile, die die frühen Homo-Typen[15] in den jeweiligen Habitaten klima- und jahreszeitabhängig verzehrt haben könnten (STRÖHLE; WOLTER 2008).[16] Der Anteil gegarter Nahrung, insbesondere stärkehaltiger Speicherwurzeln und Knollen (USOs),[17] wird in erster Linie unter energetischen Aspekten diskutiert, die mit dem *Glukosebedarf* der immer größer werdenden Gehirne früher *Homo-Spezies* in Zusammenhang stehen. Ob Garaktaktivitäten auch durch sensorische Phänomene angeregt wurden, ist ungewiss, kann aber vermutet werden, zumal Nahrungskomponenten epigenetische 'Schalter' aktivieren, auf die wir weiter unten noch zurückkommen (SAPOLSKY 2017; S. 303 ff.).

---

[15] *Homo Rudolfensis* und *Homo habilis* gelten als die ersten Vertreter der Gattung *Homo,* sog. *Urmenschen*; der Fund von *Homo Naledi* in Südafrika (in der Höhle Dinaledi) könnte diese »erste« Stellung allerdings noch verschieben; WRANGHAM geht davon aus, dass bereits vormenschliche Primaten, die Australopithecinen (Vormenschen), ihre Nahrung gezielt bearbeitet haben; WRANGHAM 2009, S. 189 ff.
[16] A. a. O., S. 173 ff.
[17] USOs: Underground storage organs (unterirdische Speicherorgane); belegt sind der Verzehr von »gegarten« Wurzeln (Gattung: *Hypoxis*) in einer Höhle Südafrikas vor etwa 170 000 Jahren (ZINKANT 2020).

Aussagen über veränderte Ernährungsweisen, die mit dem technologischen Fortschritt des modernen *Homo sapiens* einhergehen (und durch archäologische Funde belegt sind),[18] beziehen sich ausschließlich auf **Rohstoffanteile**, mit denen das Nahrungs*spektrum* erweitert wird (»*broad spectrum revolution*«) (STRÖHLE 2008; S. 180). Ob Zubereitungstechniken Ernährungsvorteile brachten,[19] sich begünstigend auf die Gesundheit und allgemeinen Lebensbedingungen, auf die Populationsgrößen und das Sozialverhalten ausgewirkt haben, wird nicht reflektiert (abgesehen von Überlegungen, die beispielsweise WRANGHAM 2009 dazu formuliert hat). Begründung: Es fehlen belegbare Anhaltspunkte.

Die letzte Entwicklungsphase von *Homo sapiens*, einem anatomisch und geistig modernen Menschen, liegt, gemessen an den großen Zeiträumen der *Hominisation* zeithistorisch in unmittelbarer Nachbarschaft zu unserer Gegenwart. Wir können diese Phase sozusagen noch mit eigenen Augen betrachten, nämlich als kulturelle Hinterlassenschaften (Artefakte, Mauern, Waffen, Geräte etc.) und künstlerisch-geistigen Zeugnissen (z. B. Höhlenmalerei). Es ist anzunehmen, dass in dieser Zeit auch komplexere *Zubereitungstechniken* entwickelt worden sind, die geschmackliche Ziele verfolgten (denn das Garen mit Hilfe von Feuer war bereits Usus) und damit den Wandel des Menschen vom Natur- zum Kulturwesen einleiteten.

1.1.1 Feuerstellen belegen die Anwesenheit von Menschen

Archäologische Aussagen zu Feuerstellen, an denen auch 'gekocht' wurde, sind meist mit Vorbehalten versehen und liegen zeithistorisch weit auseinander. Je weiter diese Fundstellen vor der jüngeren Phase der Steinzeit (*Neopaläolithikum*) liegen, desto weniger lässt sich ermitteln, ob an diesen Feuerstellen auch gekocht wurde. Dafür gibt es mehrere Gründe: Die meisten von Menschen bewohnten hoch gelegenen Höhlen oder Felsüberhänge (Abris)[20] bestanden aus

---

[18] Aus der Phase des *Jungpaläolithikums*, der jüngere Abschnitt der *eurasischen Altsteinzeit*, die sich etwa von vor 40 000 Jahren bis zum Ende der letzten Kaltzeit um etwa 9.700 v. Chr. erstreckt

[19] Die vermutlich spätestens mit dem Auftauchen von *Homo sapiens* in Europa vor etwa 40 000 Jahren gängige Praxis wurden

[20] Nach einem Fundort in der Dordogne, dem *Abri Cro Magnon*, wird der moderne Menschentyp (hohe Stirn, kleineres Gebiss, zurückgebildete Augenwülste) als *Cro-Magnon-Mensch* bezeichnet; (BEHRINGER 2010) a. a. O., S. 53

bestanden aus weniger hartem Buntsteinsand und Kalk, die rasch erodieren und an deren Wänden kaum Nutzungs- und Feuerspuren erhalten sind. Außerdem lagen Teile Europas vor etwa 500 000 und 400 000 Jahren wiederholt unter einer dicken Eisschicht, sodass viele Gletscher früheste Siedlungs- und Feuerstellen zerstört haben. Die derzeit älteste Fundstelle außerhalb Afrikas (Gesher Benot Ya'aqov im Norden Israels) belegt die Nutzung von Feuer vor 790 000 Jahren (GOREN-INBAR 2014). Dort wurden u. a. Faustkeile, verbrannte Reste von Samen, Oliven, Wildgerste und Wildtraubenkerne gefunden. Weitere Funde außerhalb Europas lassen vermuten, dass sich die Frühmenschen mindestens seit 1,9 Million Jahren – zumindest teilweise – von gegarter Nahrung ernährt haben (WEBER 2012).[21] Ebenso gibt es Hinweise auf Feuer und Röstaktivitäten, die zwischen 1,5 und einer Million Jahren alt sind,[22] und schließlich verorten einige Archäologen den Beginn der Gartechniken in ein wesentlich jüngeres Datum, nämlich in weniger als 200 000 Jahre (GIBBONS 2010).[23] Einigkeit besteht nur darin, dass *Homo erectus* als Erster die Fähigkeit besaß, Feuer zu entfachen und am Brennen zu halten (WONG; WOOD 2015, VIEHWEG 2011).[24]

---

[21] »*Erste Köche lebten vor zwei Millionen Jahren*« vermuten Forscher im Fachmagazin „Proceedings of the National Academy of Sciences", aufgrund der deutlich kleineren Backenzähne von *Homo erectus* im Vergleich mit den anderen Primaten; demnach müsste der Frühmensch (*Homo habilis*) bereits neben üblicher Rohkost zum Teil weiche und zubereitete Speisen gegessen haben

[22] GIBBONS nimmt Bezug auf J.HARRIS, der Steinwerkzeuge und verbrannten Ton in der Olduvai-Schlucht in Tansania und in Koobi Fora in Kenia fand, die 1,5 Millionen Jahre alt sind. Spuren von *Homo erectus* gibt es an beiden Stellen

[23] GIBBONS zitiert BRACE, C. LORING: »*Feuer hatten die Vormenschen schon vor etwa 800.000 Jahren unter Kontrolle, aber sie haben es weniger als 200.000 Jahre systematisch genutzt, um Speisen darauf zuzubereiten*«

[24] Er erschien etwa vor 1,8 Millionen auf der Bildfläche der Erde und war der erste Primat, der die Wiege der Menschheit, Afrika, verließ und wahrscheinlich laut neuen Analysen der Funde von Ngandong vor mindestens 143 000 Jahren, vermutlich aber schon vor mehr als 550 000 Jahren ausstarb

1.1.2　Geschichte der Menschheit – von Australopithecus afarensis bis Homo sapiens

Abbildung 1 Stammesgeschichte des Menschen

Die 'Südaffen' Australopithecus *afarensis* und *africanus* (die körperlich kleinste Gattung der Hominiden – eine Familie der Primaten) werden als Vorläufer des Menschen angesehen. *H. Rudolfensis* und *H. habilis* gelten als erste Vertreter der Gattung **Homo** (sog. Urmenschen). Weitere Homo Arten: *H. habilis* (bzw. *H. ergaster*), gelten als direkte Vorläufer des *archaischen H. erectus. H. antecessor* und *H. heidelbergensis* sind Vorläufer von *H. sapiens* – dem modernen Menschen. Die Entwicklungslinie von *Neandertaler* und *H. sapiens* hat sich vermutlich vor 800 000 Jahren getrennt (ALBAT 2019).Vergleichbar früh trennte sich der *Denisova-Mensch* (nicht eingezeichnet) von der Stammeslinie des rezenten Menschen. Genetisch passt er weder zum Neandertaler noch zum H. sapiens. Als *H. antecessor* (übersetzt: 'Vorläufer' des modernen Menschen) werden bis zu 900 000 Jahre alte Fossilien aus Nordspanien bezeichnet. Nach neuesten Funden kommen zwei weitere (nicht eingezeichnete) menschliche Vorläufer hinzu: *Australopithecus sediba* (er lebte vor knapp zwei Millionen Jahren in Afrika) und *Homo naledi* (ein möglicher Zeitgenosse des sehr frühen *Homo sapiens*) (DÖRHOFER 2019).

1.2   Die Begriffe »Garen« und »Kochen«

Obwohl es an dieser Stelle in erster Linie um die Rekonstruktion erster Gartechniken (ihrer *Protoformen*) geht, aus denen schließlich das Handwerk des Kochens hervorging, ist es sinnvoll, vorab die Begriffe *Garen* und *Kochen* zu definieren (s. Hintergr.-Info. unten). Diese Prozessbezeichnungen werden in Publikationen, die sich mit historisch zurückliegenden anthropogenen Ernährungsformen (u. a. in den Phasen des Paläolithikums) (BEHRINGER 2010)[25] befassen, synonym verwendet werden.

Hintergrundinformationen

Das Wort »Garen« (von ahd. *garo, garawēr: bereitgemacht, gerüstet, vollständig*) (KLUGE 1975)[26] meint den physikalischen Prozess hin zur *Verzehrfertigkeit* einer Zubereitung. Etwas ist 'gar', wenn durch innermolekulare Vorgänge die *rohe* Beschaffenheit beseitigt worden ist (enzymatisch oder mittels Säuren; meist durch Anlagerung von internem oder externem H_2O an die durch kinetische Effekte freigelegten Bindungsstellen der Moleküle). Das Wort »*Kochen*« bezeichnet *zwei* unterschiedliche Prozessschritte, die eine Zubereitung betreffen: Zum einen: das *Prozedere* der Zubereitung selbst (die manuellen Tätigkeiten) und zum anderen: verschiedene *thermische* Verfahren (Abschn. 13.1, S. 204 ff.). Daneben ist »Koch/ Köchin« eine Berufsbezeichnung für jemanden, »*der die Mahlzeiten zubereitet, heiß macht*« (KYTZLER et al. 1995)[27], was auf lat. *coquere*: »kochen« bzw. »sieden« zurückgeht. Letzteres setzt die Gegenwart von *Wasser* voraus, woraus sich der allgemeine Sprachgebrauch für *Kochen* als Garverfahren mit heißem Wasser erklärt. WRANGHAM bezeichnet jene Praxis, mit Feuer auf Rohstoffe direkt oder indirekt einzuwirken, sowohl als »*Kochen*« als auch als »*Garen*«. Allerdings wird heute niemand mehr das bloße »Hineinwerfen« von auf dem Feld liegenden Kartoffeln in brennendes Kartoffelkraut als *Kochen* bezeichnen. Andererseits ist es gebräuchlich, zu sagen, Eier, Spaghetti, Reis oder Kartoffeln zu »kochen« – nicht aber zu »garen«. Hier wird der Begriff »Kochen« als *terminus technicus* gebraucht, der das *feuchte Garverfahren* »Kochen« definiert (nämlich als das vollständige Eintauchen eines Garguts in 100°C heißes Wasser).[28] Feuer, ebenso Wasser, sind hier (energetisch unterschiedliche) *thermische* »**Werkzeuge« zur Herstellung der Genießbarkeit.** Wenn wir heute über *Kochen* sprechen, dann meinen wir eine zeit- und arbeitsaufwändige Bearbeitung von Rohstoffen, bei der verschiedene Anteile gezielt und nach aromatischen Kriterien kombiniert werden. Wer eine 'Feld-

---

[25] Altsteinzeit; von griech: *palaion,* »alt« und griech.-lat.: *lithicum,* »Steinzeit«; das Paläolithikum ist die früheste und längste Epoche in der Entwicklungsgeschichte des Menschen; Beginn vor etwa 2,5 Millionen Jahren - Ende ca. 10 000 v. Chr.

[26] A. a. O., S. 232

[27] A. a. O., S. 332

[28] Deshalb ist z.B. *Dämpfen* (ebenfalls ein *Terminus technicus*) ein feuchtes (gesättigtes) Nassdampfverfahren

Kartoffel' in die Glut wirft, »*kocht*« also nicht, sondern gart sie, macht rohe Kartoffelstärke *verdaubar*. Weil aber die Herstellung der *Gare* auch immer Ziel jeglicher Kochtätigkeiten ist, wird der Garvorgang selbst – obwohl er nur *Teil* der Zubereitung ist – zur Kernbedeutung dessen, was das Wort »*Kochen*« ausdrückt.

Zurück zu unserem Thema: der Rohstoffbearbeitung mittels Feuer, dem » Urwerkzeug« aller Garverfahren. Den Anfang machten *Homo erectus*, der 'archaische' *Homo sapiens* und *Homo Heidelbergensis* (dazu auch Wikipedia: *Homo erectus*),[29] indem sie vermutlich kleinere Rohstoffe auch direkt ins Feuer legten (eine Form *direkten Garens*). Mit der Technik des Feuergarens (GOREN-INBAR 2014)[30] ließen sich die »*inneren*« (molekularen) Strukturen der Rohstoffe verändern und u. a. deren Verdaubarkeit herstellen. Vermutlich schon weit vor (aber spätestens mit) der *Sesshaftwerdung* vor etwa 10 000 Jahren entstanden jene Garverfahren, die wir heute wie selbstverständlich anwenden (in dieser Zeit entstand auch die dafür notwendige Gefäßkultur, die das Garen in Wasser ermöglichte). Sie sind die Basis einer inzwischen zur Kochkunst avancierten Technik, die gezielt Geschmackskomponenten verschiedener Rohstoffe miteinander reagieren (amalgamieren) lässt und Aromen erzeugt, für die es in der Natur kein 'Vorbild' (Urmuster) gibt. Koch*kunst* zielt im Kern auf appetitsteigernde Sinneseindrücke. So gesehen ist die Entwicklungsgeschichte von *Homo sapiens* (lat. *sapere*: wissen, »*der weise Mensch*« – eigentlich: »*der schmeckende Mensch*«!) (LÄMMEL 2003)[31] – auch die seines Ernährungswandels, einer geistigen Fähigkeit, Rohstoffe mit weiteren Rohstoffen schmackhaft zu machen.

---

[29] *H. heidelbergensis* ging aus *H. erectus* hervor und entwickelte sich vor etwa 200 000 Jahren in Europa zum *Neandertaler* (H. neanderthalensis)

[30] Die älteste nachgewiesene Feuerstelle ist Gesher Benot Ya'aqov in Israel und etwa 790 000 Jahre alt. Nach der These des Primatologen R. WRANGHAM müsste *H. erectus* bereits vor 1,9 Mio. Jahren Feuer genutzt haben (WRANGHAM 2009)

[31] Das Wort *sapere* bedeutet eigentlich »*schmecken*« und lässt sich *nur* in einem übertragenen Sinne mit 'verstehen und Weisheit erlangen' übersetzen (wortwuchs.net 2019) – *als Substantiv gebrauchten die Römer das Wort nicht nur für den »wahren Weisen«, sondern gleichermaßen für den »Staatsmann« und den »Feinschmecker«*

1.3   Was haben unsere Vorfahren gegessen?

Nahrung und Lebensraum stehen in einem unabdingbaren Zusammenhang. Die Lebensumstände unserer Vorfahren (Klima und Umwelt) waren in ihren Habitaten keineswegs »konstant«. Klimaänderungen, Absenkung und Anstieg der Meeresspiegel, Hitze- und Kälteperioden (BEHRINGER 2010), sogar die Ausbreitung der *Tsetse-Fliege* (REICHHOLF 2008) hatten in Teilen Afrikas (BEHRINGER 2010) Einfluss auf den Lebensraum der Hominini und zwangen sie zur Anpassung oder – bei Letzterem – zum Verlassen der von ihnen besiedelten Gebiete.[32] Aus diesen (und weiteren) Gründen erreichte der Vorläufer des modernen Menschen, *Homo erectus*, nahezu alle Erdregionen (REICHHOLF 2008),[33] auch solche Gebiete, in denen die Temperatur dauerhaft nahe 0°C liegt.

Hintergrundinformationen

Aufgrund der Grenzen von Analysemöglichkeiten archäologischer Funde beziehen sich Aussagen über Ernährungsweisen früher Homotypen[34] und Vertreter der »Frühmenschen« (*H. erectus* bzw. *H. ergaster*)[35] ausnahmslos auf **Rohstoffe**, die sie vor etwa zwei Millionen Jahren aßen. So lassen winzigste *Abnutzungsspuren* an Zahnoberflächen, *Isotopenanteile* in Skeletten und im Zahnschmelz (oder im Zahnstein: z. B. Nachweis spezifischer *Phytolithen* – mikroskopisch kleiner Kieselsäurepartikel der Pflanzen) Rückschlüsse auf ihre Nahrung zu (HENRY 2012). Ebenso hinterlassen Nährstoffe, die ein Individuum zu Lebzeiten aufnimmt, unterschiedliche Konzentrationen von Spurenelementen im Skelett. Bei überwiegend pflanzlicher Ernährung ist der Anteil *schwerer Isotope* von *Barium, Strontium* oder *Zink* höher als bei tierischer Nahrung (GROLLE 2015).[36] Chemische Analysen erlauben auch Rückschlüsse darauf, ob die Nahrung mehr marinen Ursprungs war, ob also mehr Fisch gegessen wurde

---

[32] Nach Reichholf könnte die *Tsetse-Fliege* die Vertreibung aus dem 'biblischen Paradies' verursacht haben; alttestamentarisch liegt das Paradies an der Mündung von *Euphrat* und *Tigris* (CLINE 2016)

[33] **Out-of-Africa-Theorie**: Sie nimmt an, dass die Ausbreitung von H. erectus von Afrika ausging, da dessen älteste Fossilfunde außerhalb Afrikas rund 1,8 Millionen Jahre alt sind. Die Bezeichnung Out-of-Africa wird jedoch häufig auch auf die Ausbreitung von *H. sapiens* angewandt – vor etwa 60 000 bis 70 000 Jahren

[34] »Vor- und Urmenschen«: *Australopithecinen; H. rudolfensis, H. habilis*, die vor etwa 4,2 – 1,1 Mio. Jahren lebten

[35] Mit denen auch die archäologische Epoche der Steinzeit (Paläolithikum) beginnt – vor etwa 2,6 Mio. Jahren

[36] Ein Nachweisproblem der Radiokarbondatierung liegt darin, dass nicht unterschieden werden kann, ob ein *Hominine* C4-Pflanzen oder das Fleisch von Tieren, die C4-Pflanzen gegessen haben, verzehrt hat. C4-Pflanzen binden CO_2 besser als C3-Pflanzen – eine Anpassung an wärmere Regionen mit höherer Lichteinstrahlung. Vor allem Gräser und Nutzpflanzen, wie *Amarant, Hirse, Mais* und *Zuckerrohr* nutzen die C4-Photosynthese; die Bezeichnung 'C4' leitet sich vom ersten Fixierungsprodukt ab, welches durch die Assimilation von Kohlenstoffdioxid entsteht (GROLLE 2015)

HIRSCHBERG 2013). Insofern weisen diese Ernährungspräferenzen (und weitere archäologische Daten) zugleich auch auf Siedlungsräume und -perioden unserer frühen Vorfahren hin. Sie bevorzugten Randwälder von Savannen, lebten an Seen oder Fließgewässern (LEAKEY; LEWIN 1986), weil es hier für sie u. a. ergiebigere *Proteinquellen* als im Regenwald gab (REICHHOLF 2008). Neuere Analysen für Nahrungsmittelkrusten an Keramikgefäßen konnten etwa 300 Fischproteine (Karpfen, Rogen) nachweisen, die vor 6000 Jahren vermutlich in kleinen Mengen Flüssigkeit gegart worden waren (SHEVCHENKO 2018). In einer Berghöhle an der Grenze zwischen Südafrika und Swasiland fand man an einer archaischen Feuerstelle Reste stärkereicher Wurzeln (Rhizome der Gattung *Hypoxis*), die unsere steinzeitlichen Vorfahren vor mindestens 170 000 Jahren dort gegart hatten. Ein Indiz, dass Kohlenhydrate wichtiger Bestandteil des Nahrungsspektrums auch von *H. erectus* waren (ZINKANT, K., 2020).

Obwohl große Meere die Kontinente und damit Lebensräume frühmenschlicher Populationen trennten, haben sie in allen Erdteilen voneinander unabhängig vergleichbare Gartechniken entwickelt. Nicht aber, wie zuvor erwähnt, die Menschenaffen (Schimpansen, Gorillas, Orang-Utans), obwohl sie zeitgleich mit den Hominini lebten. Diese Primaten sind seit Millionen Jahren bei ihrer überwiegend pflanzlichen Kost geblieben, die sie in ihren Waldhabitaten vorfinden; ihr Organismus ist optimal auf diesen Nahrungsvorrat angepasst. Der vierte Primat, der Mensch, unterscheidet sich im Erbgut nur etwa 1,5 % von Schimpansen (PRÜFER 2012), hat aber ein deutlich größeres Gehirn als dieser. Offenbar gibt es auch einen evolutionsbiologischen Zusammenhang zwischen der Ernährung und Gehirnentwicklung – doch dazu später mehr.

1.4   Feuer – Schrecken und Segen archaischer Naturgewalt

Es muss gravierende Gründe für das Verhalten von *Homo erectus* gegeben haben, seine Nahrung ins offene Feuer oder in die Glut zu legen (Abschn. 4.3, S. 76 ff.). Genau genommen ergäbe nur die umgekehrte Richtung einen Sinn, nämlich die Nahrung rasch aus dem Feuer zu entfernen, damit sie nicht Raub der Flammen wird. Selbst das Argument, dass die Rohstoffe einer »kontrollierten« Feuergarung ausgesetzt würden, erklärt diesen Widerspruch nicht. Was hat Fleisch, das brennbar ist, im Feuer zu suchen – zumal es stets roh verzehrt wurde? An den Kochtechniken indigener Völker (beispielsweise in

Neuguinea: *Papua, Eipo* und *Dani;* auf Neuseeland: *Maori;* in der Kalahari: *!Kung;* im Amazonasgebiet: *Yanomami*) sehen wir aber, dass auch sie ihre Nahrung vor dem Verzehr hohen Temperaturen aussetzen (HARRER 1988).[37] Weder Fleisch noch Pflanzen verzehren sie in der Regel roh, und selbst die *Inuit* (Eskimos) essen ihr Fleisch nur auf der Jagd roh, wenn sie lange unterwegs sind. Zurück im Iglu schätzen sie warmes, gekochtes Fleisch wesentlich mehr (WRANGHAM 2009).[38]

Zwar kennen wir inzwischen die Vorteile einer hitzegegarten Nahrung; aber unsere Urahnen, die vermutlich schon vor mehr als einer Million Jahren erste Feuerexperimente mit ihrer Nahrung angestellt hatten, kannten diese Vorteile nicht (BECKERS 2012). Es muss daher *Auslöser* und *Gründe* gegeben haben, auf vertraute Rohstoffe vor dem Verzehr massiv mit hohen Temperaturen einzuwirken und diese Verfahren zur dauerhaften Praxis werden zu lassen (MUTH; POLLMER 2010).[39] Dazu verwendeten sie, wie erwähnt, vor allem *heiße Steine, Glut, heiße Asche, heißen Sand* (auch *heißes Wasser*),[40] also natürlich vorkommende Energiequellen.[41] Diese Fakten beantworten aber nicht die Frage, *warum* sie derart »massiv« auf Rohstoffe eingewirkt haben. Genau genommen fragt man sich, was hohe Temperaturen *an* und *in* empfindlichen biologischen Substanzen verloren haben? Ebenso: Weshalb wurden und werden diese gegarten Rohstoffe *mehr* gemocht als jene, an die sie und ihre Vorfahren seit Millionen Jahren bestens angepasst waren?

---

[37] A. a. O., S. 134 ff.

[38] A. a. O., S. 36

[39] Bei ausgewilderten Schimpansen hat man beobachtet, dass sie nach Buschbränden nach verkohlter Nahrung suchen, und dass sie, wie auch Orang Utans, versuchten, in der Wildnis das Entfachen eines Lagerfeuers nachzuahmen (Bezug: MCGREW; ebenda)

[40] Heiße Quellen, geothermal erwärmtes Grundwasser, gibt es besonders in vulkanischen Gebieten. Der ostafrikanische Grabenbruch (*engl.* Great Rift Valley im Westen Kenias) gilt als die Wiege der Menschheit. Er ist eine Landschaft vulkanischen Ursprungs mit vielen Seen, Geysiren und heißen Quellen (LEAKEY; LEWIN 1986); auch Maori, die Ureinwohner Neuseelands, nutzen die 200°–300°C heißen Quellen traditionell u. a. zum Kochen (STEIN-ABEL 2019), (STEUBER; BUCHER 2014) – mittels Spießen u. Netzen; über einer Feuerstelle waren geeignete Gefäße notwendig, die erst mit der Entdeckung der Töpferei den entscheidenden Durchbruch erhielt

[41] Offenes Feuer (direkte Flamme) ist als Garmethode für große Tierkörper ungeeignet, da äußere Bereiche verbrennen und das Innere roh bleibt; in Neuseeland werden kleine Tiere an einem Holzspieß gegrillt, der in unmittelbarer Nähe des Feuers schräg im Boden steckt (HABERLAND 1912). Diese Technik nutzt die Strahlungswärme des offenen Feuers

Mit der Fähigkeit, Feuer nicht nur zu erhalten, sondern es auch zur Aufbereitung von Nahrung einzusetzen, verbesserte sich deren Qualität enorm: sie enthielt weniger Gifte, war leichter verdaulich (auch das Nahrungsspektrum vergrößerte sich), bewirkte eine höhere Energieausbeute (u.a. aufgrund des geringeren **ATP-Verbrauchs** bei der Verdauung; s. Fußn. 159, S. 86) und hatte
gleichzeitig auch Einfluss auf das soziale Leben, da die Aufnahme von gegartem Essen weniger Zeit benötigt und die Verdauung schneller erfolgt (WRANG-
HAM 2009). Die Vorzüge thermisch aufbereiteter Nahrung waren gegenüber
der bisherigen *rohen* Nahrung so bedeutend, dass sich im Laufe von Millionen
Jahren alle an der Verdauung beteiligten Organsysteme veränderten: u. a.
wurde die Mundöffnung kleiner, die Zahnstrukturen flacher, das Verhältnis
von Dünn- und Dickdarmlänge änderte sich, wie auch das Spektrum der Entgiftungssysteme (WRANGHAM 2009). Wrangham vertritt in seinem Buch *Feu-
erfangen* die These, dass erst *gekochte* Nahrung die Zunahme unseres jetzigen
Gehirnvolumens (HARDY 2015)[42] begründet (nicht allein der vermehrte
Fleischverzehr), und Kochen zur Wiege der Familienbildung wurde. Essen zu
garen war zeitaufwändig, (HARRER 1988)[43] aber ernährungsphysiologisch
wertvoller als rohe Kost. Gekocht haben seiner Theorie zufolge Frauen, denen
das Essen oftmals von den körperlich überlegenen Männern gestohlen wurde.
Erst die Anwesenheit eines ranghohen Mannes verhinderte diesen Raub und
bot der Frau den nötigen Schutz, woraus dauernde Versorgungsbünde erwuch-
sen (WRANGHAM 2009).[44]

1.5   Der Organismus überwacht, was gegessen wird

Die »Mitsprache« des Organismus bei der Wahl der Nahrung wirkt im Ver-
borgenen, verläuft unbewusst. Vielfältige sensorische und hormonelle Regelsysteme steuern *vegetativ* den Appetit und die Nahrungspräferenz (und den

---

[42] Die Ernährungsforscherin Karen Hardy vertritt die Auffassung, dass das Kochen von Nahrung und der Zu-
wachs an *Amylase-Genen* in einer Art Co-Evolution stattgefunden haben, wodurch erhöhte Mengen Glukose
für das Gehirn, insbesondere während der Entwicklung im Mutterleib, zur Verfügung standen
[43] Bis zu drei Stunden Vorarbeit (zur Beschickung der Gargruben/Kochmulden) und etwa zwischen einer und
acht Stunden Garzeit wenden indigene Bergeinwohner West-Neuguineas auf, die sich heute noch *steinzeitlich*
ernähren; a. a. O., S.136
[44] A. a. O., S. 165 ff.

Metabolismus) (BERG et al. 2003), (LOGUE 1995).[45] Folglich war (und ist) jede vom Menschen *erzeugte* »willentlich« herbeigeführte sensorische Qualität ernährungsrelevant. Warum? Bereits der *Duft* und der *Geschmack* informieren über die zu erwartende »Qualität« der Nahrung, und nach dem Verzehr »urteilt« der Organismus über die Bekömmlichkeit und den tatsächlichen Wert, z. B. mit wohligem Empfinden und *Sattheit.* Stellen sich diese Zustände trotz ausreichender Verzehrmengen nicht ein, wird diese Nahrung – selbst wenn sie mundet – nicht (mehr) gemocht (POLLMER 2003). Nachteilige Rohstoffveränderungen hätten sich daher nicht durchsetzen können. Den verbesserten Wert der Nahrung »erkennt« der Organismus – neben der *Konsistenz* (der Textur) – vor allem am *Aroma* (Duft und Geschmack), weil diese Sinneseindrücke jeden Bissen andauernd »zertifizieren« (Abschn. 8.1, S. 128 f.). Auch die Wirkung der Nahrung auf die Darmbiota trägt wesentlich zum Wohlbefinden bei, denn etwa 95 % des Botenstoffs *Serotonins* wird im Magen-Darm-Trakt produziert (ENDERS 2016).

1.6   Natürliche Grenzen für die Beweisbarkeit der Kochanfänge

Garen zielt, neben der Herstellung der Verzehrfähigkeit, u. a. auf die Erzeugung *appetitsteigernder* Komponenten. Der Zusammenhang von Aromen und Ernährungswerten (im Kontext von Garverfahren), ist, wie betont, nicht Gegenstand anthropologischer Forschung (sondern Teil der Ernährungsphysiologie). Selbst wenn es einen Nebenzweig in der Archäobiologie gäbe, der molekularbiologische und sensorische Ernährungsaspekte als mögliche Co-Faktoren der Hominisation untersuchte, ließen sich diese Aussagen weder überprüfen noch belegen. Die früheren Wildpflanzen mit ihren damals typischen Nährstoff- und Giftanteilen gibt es nicht mehr – ähnliches gilt für das Jagdwild. Schon deshalb lässt sich das Aroma archaischer Kocherzeugnisse nicht

---

[45] Wir wissen heute, dass jeder Bissen im Organismus in verschiedenen Schritten *biochemisch* (enzymatisch) zerlegt und umgebaut wird (*Katabolismus*), bevor seine Moleküle den Zellen als Energie- und Baustoffe dienen (*Anabolismus*). Diese enzymatische Zerlegung erfolgt schrittweise (von komplexen Molekülgruppen bis runter zu einfachen) und kann nur unter bestimmten 'Voraussetzungen' ablaufen, überwiegend unter Anwesenheit von Wasser

mehr »nachbauen« und beurteilen. Letztlich sind physiologische Reaktionen, die diese Rohstoffe bei *Homo erectus* tatsächlich auslösten, reine Mutmaßungen, da seine tatsächliche Enzymausstattung und die Zusammensetzung seiner Darmbiota unbekannt sind. Daher bleiben Fragen, ob und wie sich *schmackhaftes* Essen begünstigend auf die Entwicklung der Hominini ausgewirkt haben könnte, durchweg spekulativ. Alle Nachforschungen können nur auf den heutigen Menschen und andere Primaten Bezug nehmen – einen Rückschluss auf die aromatische Qualität menschlicher Urnahrung erlauben sie nicht.

Das ist bedauerlich, denn ausgerechnet jener Aspekt, der Kochtechniken vermutlich erst angeschoben hat (die »Kochkunst« entwickelte sich nachweislich in Richtung Aromahebung – die vor allem durch Kombination verschiedener Anteile möglich wurde), bleibt aus Sicht der Wissenschaft eine Art *terra incognita*. Aussagen über die Nahrung der Frühmenschen können sich nur auf die Nennung der Rohstoffe beziehen, die auf dem »Speiseplan« standen. Auch der Hinweis auf eine Vorstufe der »Food Preparation«, die Gorillas anwenden (sie kennen insgesamt über 120 Futterpflanzen; HESS 1989),[46] ist kein Hinweis auf eine sich entwickelnde »Zubereitungs- oder Gartechnik« (Hess 1989).[47] Aromatische *Garprodukte* entstehen dabei nicht.

1.7   Ohne Sensorium kein Wohlgeschmack

Offenbar kann der Organismus unabhängig vom Verstand beurteilen, welche Nahrung für ihn günstiger ist (LOGUE 1995).[48] Er ist, wie bereits erwähnt, mit vielfältigen hormonellen und metabolischen Reglersystemen ausgestattet, die seine Nahrungswahl steuern, ihn Neues probieren lassen, warnen oder stimu-

---

[46] Ungenießbares wird aussortiert, Fasern abgestreift, Teile sorgfältig gewählt und Happen fortlaufend variiert: »*Zum Beispiel werden für kurze Zeit die zarten Selleriespitzen bevorzugt, dann erfolgt ein Wechsel zu Nesselblättern, danach steht Galium auf dem Programm und anschließend kehrt man zum Sellerie zurück, aber dieses Mal gilt das Interesse den wasserhaltigen, geschälten Stangenteilen*«; a. a. O., S. 77

[47] A. a. O., S. 75

[48] Experimente mit Versuchstieren haben gezeigt, dass Tiere über den Geschmack von präpariertem Futter (z. B. mit weniger Kalorien) die Nahrungsmenge steuern, indem sie automatisch mehr essen, wenn sie diesen Geschmack erkennen. Bei geschmacklich verschiedenen Lösungen (**A** mit weniger und **B** mit mehr Kalorien), werden sie durch Freisetzung von **Cholecystokinin** (steuert das Sättigungsgefühl – wörtlich: *Gallenblasenbeweger*) davon abgehalten, von der Lösung mit dem Geschmack A zu trinken, nicht jedoch mit dem Geschmack B; a. a. O., S. 75 ff.

lieren. Sowohl der Nahrungsbedarf als auch die Bewertung des Verzehrten unterliegen *endogen* Kontrollen (REHNER; DANIEL 2010).[49, 50] Sie schützen den Organismus vor giftigen und ungünstigen Nahrungszusammensetzungen. Wenn der geschmackliche Wert (»Impact«) nicht mit dem zu *erwartenden* Ernährungswert übereinstimmt, wird das u. a. vom enterischen Nervensystem (ENS oder '*Darmhirn*') registriert und an das Gehirn 'gemeldet'.[51]

Es ist zu vermuten, dass auch *Homo erectus* über »vergleichbare« endogene Kontrollsysteme verfügte, da sein Körperbau (u. a. der Brustkorb) auf gleiche Dünn- und Dickdarmlängen schließen lässt und somit auf gegarte Nahrung eingestellt war. Die *Epithelzellen* der Darmwände tragen *Riech-* und *Geschmacksrezeptoren*, die entsprechende Hormone oder Neurotransmitter je nach Nahrungskomponenten freisetzen (HATT 2006). Unsere Ahnen begannen also nicht ohne jegliche »Kontrolle« mit verschiedenen Rohstoffen und Gartechniken zu experimentieren. Vielmehr führte das am Essen und der Verdauung beteiligte *Sensorium* im Hintergrund »Regie«, entschied über »*like*« oder »*dislike*« dieser Kreationen. Die Realisierung attraktiver *Garprodukte* setzt aber nicht nur Wissen über vielfältige Nahrungsrohstoffe, sondern graduell handwerkliches Können und vor allem planvolles Handeln voraus. Ohne entsprechende Denkleistungen gäbe es diese (z. B. durch Rohstoffkombination) aromatisch optimierten Mahlzeiten nicht. Mit seinem relativ großen Gehirn konnte der in Europa lebende *Homo erectus* problemlos appetitlichere, vorteilhaftere Alternativen erinnern und zunehmend selber herstellen. Was aber sind *vorteilhaftere* Alternativen, wenn der Organismus kraft evolutionärer Entwicklung auf eine naturgegebene Nahrung »angepasst« ist?

---

[49] U. a. die autonome Kontrolle der Glukose- und Fettdepots ('*Notvorrat*'), Aminosäurespiegel des Plasmas und Speicherkapazitäten für ATP; die Regeneration des ATP-Pools muss durch Energieanteile aus der Nahrung gewährleistet sein und wird durch ein spezifisches *Hungergefühl* geregelt. Derzeit werden *weiße*, *braue* und *beige* **Fettzellen** unterschieden – das eigentliche Fettdepot besteht nur aus weißen Zellen; braune und beige Fettzellen dienen der unmittelbaren Energieerzeugung (unter Umgehung der ATP-Bildung) (REA, P. A. et al. 2015)

[50] Ein Nahrungssuchverhalten, wie es für Allesfresser typisch ist. Diskutiert werden gegenwärtig verschiedene *Transkriptionsfaktoren*, die durch die Bindung eines Liganden (meist Hormone) in der Lage sind, an DNA zu binden und die Transkription eines oder mehrerer Gene zu unterdrücken oder in Gang zu setzen. **Auf diese Weise kann jedes Individuum auf Nahrungsinhaltsstoffe spezifisch reagieren und vorteilhafte Komponenten durch die Ausbildung von Rezeptoren präferieren** (RUSCHKE 2007)

[51] Das *enterische Nervensystem* (ENS) ist Teil des Nervensystems; es enthält Neurotransmitter (u. a. Serotonin, Dopamin), die auch im Gehirn freigesetzt werden, wenn uns etwas gut schmeckt; auch deshalb steht die Darmbiota im Blick aktueller Forschung; siehe auch: BLECH 2019

1.8   Unspezifische Nahrungsvorzüge

Biologische Systeme sind grundsätzlich nicht statisch und befinden sich in einem ständigen Anpassungsmodus. Selbst im Zustand des *'Gut-angepasst-Seins'* verfügen sie über genetische Dispositionen, alternative Nahrung zu erkennen und zu nutzen (RUSCHKE 2007). Das ist biologisch sinnvoll, da sich ihr Lebensraum in einem (über erdgeschichtliche Zeiträume hinweg) andauernden Wandel befindet. Verändert sich z. B. aufgrund des Klimawandels ihr Nahrungsspektrum, werden jene Rohstoffe gewählt, die am schmackhaftesten und am besten verdaulich sind – vorausgesetzt, sie sichern damit ihr Überleben. Hierbei handelt es sich keineswegs um eine vollständig »neue« Ernährung, sondern um eine *graduelle Abweichung* zur bisher vertrauten Nahrung (die benötigten Nährstoffe sind mit anderen Begleitstoffen verpaart und liegen in einer anderen Rohstoffmatrix und in anderen Mengenverhältnissen vor). Stellte der Menschen solche abweichenden *'modifizierten Rohstoffe'* selbst her, musste in diesen Veränderungen ein »physiologischer Mehrwert« liegen (wäre das nicht so, hätten die Nachteile überwogen und dem Organismus auf Dauer geschadet). Dieser »Mehrwert« hatte (und hat) einen »Geschmack« – und zwar einen höchst attraktiven.

Grundsätzlich sind sensorische und metabolische Wechselwirkungen (als biologische Regulative) maßgeblich an der handwerklich »beabsichtigten« Veränderung von Rohstoffen beteiligt – eine Strategie zur Selbsterhaltung und -organisation (KÜPPERS 2012). Die Erfindung von Kochtechniken ist daher nichts anderes als eine vom Körper kontrollierte und herbeigeführte »*Nahrungsoptimierung*«.

1.9   Der Faktor Verstand

Bevor der Frühmensch verschiedene Handlungsschritte im Voraus durchdenken und in zeitlicher Abfolge ausführen konnte, benötigte er ein leistungsfähiges Gehirn (ROTH 2011).[52] Nach ROTH lag der sog. »zerebrale Rubikon« in

---

[52] A. a. O., S. 385, 386

der menschlichen Entwicklung bei etwa 750 g,[53] ein Wert, den *Homo erectus* mit 900 bis 1100 g deutlich übertraf. Damit war sein Gehirnvolumen mehr als doppelt so groß wie das der Schimpansen und Gorillas (400 bis 550 g). Da diese keine vergleichbaren technologischen Fertigkeiten wie der moderne Mensch entwickelt haben, liegt ein Zusammenhang mit der Gehirngröße nahe.[54] Allerdings lassen bloße Größen- oder Gewichtsaspekte des Gehirns nicht zwangsläufig auf den Grad der Intelligenz schließen (sonst müssten Elefanten und Wale intelligenter sein als wir). Entscheidend ist das relative Verhältnis von Gehirn- und Körpergewicht (ROTH 2011).[55]

Neben Ernährungsaspekten werden für die Größenzunahme des Gehirns (MARTIN 1995) vor allem auch anatomische Veränderungen vermutet, die mit der Entwicklung des *aufrechten Gangs* in Verbindung stehen. Einen in der Savanne in Aktion befindlichen Körper auf nur zwei Beinen stabil zu halten, erforderte ein leistungsfähigeres Gehirn als dafür, einen Körper von Ast zu Ast zu hangeln. Es müssen beim Gehen und Laufen 'unzählige' Muskelaktivitäten mit dem *Gleichgewichtssinn*, der Körperbewegung und -lage im Raum (*Propriozeption* = Eigenempfindung) koordiniert werden. Weiterhin war im aufgerichteten Körper ein höherer Blutdruck notwendig, um gegen die Schwerkraft das Gehirn mit ausreichend Blut, also auch mit Sauerstoff und *Nährstoffen* zu versorgen. Letzteres sollte sich bei einem weiteren Selektionsdruck hin zu größeren leistungsfähigeren Gehirnen als wichtiger *Co-Faktor* erweisen,[56] da die vermehrte, auch zur Kühlung erforderliche Blutzirkulation mehr Energie und Nährstoffe ins Gehirn transportierte. Insbesondere die Trockenzeit vor etwa 2 Millionen Jahren war laut C. Egeland »*die Zeit der Selektion immer größerer Gehirne*« (EWE 2009), weil das trockene Klima einen steten Selektionsdruck in Richtung innovativer Problemlösungen erzeugte.[57]

---

[53] A. a. O., S. 388
[54] A. a. O., S. 369
[55] A. a. O., S. 327 ff.
[56] Auf der Suche nach Nahrung in der unbeschatteten Savanne überhitzte rasch der Kopf, sodass sich nur jene Individuen behaupten konnten, deren Gehirn mit einem Geflecht kleiner Venen ausgestattet war, das die Hitze *aus* dem Kopf transportierte – eine Art »Klimaanlage« des Gehirns (HOFFMANN 2014; S. 137)
[57] »Verbesserte Werkzeuge, Anpassungen im Sozialverhalten (Aufteilen von Aufgaben und Ressourcen innerhalb der Gruppe, verstärkte Kooperation), Entwicklung von Sammel- und Jagdstrategien« (EWE 2009)

Eine vergleichende Genomanalyse zwischen Mensch und Schimpansen zeigt, dass sich die Aktivität ihrer Gene und Proteinbiosynthese im Gehirn – besonders bei den synaptischen Anlagen – deutlich unterscheidet. Auch ist das Wachstum des Gehirns bereits beim menschlichen Fötus (also schon im Mutterleib) größer als beim Fötus der Schimpansen. Zur Entwicklung eines größeren Gehirns trugen vermutlich auch zwei Gen-Inaktivierungen (durch *Mutation*) bei. Eins, das bei Säugern für die kräftige Muskulatur im Kieferbereich verantwortlich ist.[58] Diese war für eine gekochte, weichere Nahrung nicht mehr erforderlich. Nach HANSELL J. STEDMANN besteht ein zeitlicher und funktioneller Zusammenhang zwischen der Rückbildung der *Kaumuskulatur* und dem Beginn der Gehirnvergrößerung. Der zweite Genverlust betrifft einen DNA-Abschnitt für jene Enzyme, die beispielsweise bei Affen dafür sorgen, überschüssige (nicht mehr benötigte) Neurone wieder abzubauen, die im Laufe der frühen Gehirnentwicklung gebildet werden. Auf diese Weise blieben Neuronen vermehrt vorhanden, die das o. g. Gehirnwachstum (mit) begründen (RENO 2018).

Nur, wo genau liegt der Zusammenhang zwischen geistigen Leistungen und handwerklichem Können? Wird überhaupt – wie im Fall des Kochhandwerks – zur Geschmackshebung Intelligenz benötigt? Nasen- und Zungenreize werden intelligenzunabhängig erfahren, und sensorische Effekte folgen genetischen Programmen, die sich in archaischen Zeiten als vorteilhaft erwiesen haben – und deshalb in der DNA encodiert sind. Handwerkliches Können basiert überwiegend auf motorischen Fähigkeiten, die durch Training verbessert werden (können). Mehr noch: Schmeckt uns etwas, das bisher unbekannt war, reagieren unsere *Sinne* – nicht aber der Verstand.

Der Verstand ist aber am *Erfassen* und *Erinnern* von Geschmackseindrücken (Objektmerkmalen), der Fundstelle und *Erreichbarkeit* dieser Nahrung stets beteiligt; auch der räumliche und zeitliche Aufwand einer Wegstrecke (lohnen sich die Anstrengungen?) wird von ihm erfasst.[59] (OSTERKAMP 2014) Der Ver-

---

[58] Die Mutation des Gens, das für das Protein **MYH16** (*myosin heavy chain*) kodiert, habe sich vor rund 2,4 Millionen Jahren ereignet (gefunden in: Wikipedia)

[59] Man nimmt an, dass sich der Organismus mit sog. *Orts-* und *Gitterzellen* und auch *Zeitzellen* des Gehirns orientiert, mit denen er die Dauer der Wegstrecke ermittelt und erinnert; a. a. O.

stand »wägt ab«, bevor er den Organismus in Aktion setzt. Dabei gilt: Je höher der *sensorische* Wert, je wertvoller die Nahrung, desto mehr Aufwand ist er bereit zu investieren.[60] Die leckersten Früchte hängen bekanntlich ganz oben im Baum und ihre Erreichbarkeit erfordert mehr körperlichen Aufwand. Dieser Urtrieb, besonders Attraktives haben zu wollen, begründet offenbar auch die *Fähigkeit zur Impulskontrolle* (STOUT 2016), Rohstoffe nicht sofort, sondern erst nach aufwändiger Bearbeitung zu verzehren.

Bevor aber komplexere Zubereitungstechniken gängige Praxis waren, mit denen aromatische Kochprodukte gezielt hergestellt wurden, gab es einfachere Vorläufertechniken (*Proto-Stufen*), die nicht qua »Überlegung« entstanden, sondern das Ergebnis zufälliger Beobachtungen waren, die das Bessere von weniger Gutem unterscheiden ließen.

2 Lernfähigkeit befördert die Rohstoffbearbeitung

Auch wenn unsere nächsten Verwandten (Schimpansen, Gorillas, Orang-Utans) keine Kochtechniken entwickelt haben, so wenden sie dennoch, wie bereits betont, einfache (kognitiv weniger anspruchsvolle) Techniken zur Bearbeitung von Rohstoffen an. Es sind »*Einschritt-Arbeitstechniken*«, mit denen sie *direkt* (oft durch Wiederholung der gleichen Handlung) ein Ergebnis erreichen. Diese Techniken werden nur für den Rohstoff angewendet, für den sie ersonnen wurden – nur selten auch für die Bearbeitung *anderer* Objekte (EIBL-EIBESFELD 1996).[61]

---

[60] 'Prinzip der optimalen Futtersuche' (*optimal foraging*) oder das *Optimalitätsmodell*. Ein Aspekt der Ökologie, der die Nahrungsbewertung und Entscheidungsfindungen bei der Futtersuche und Nahrungsauswahl nach Kriterien einer 'Kosten-Nutzen-Rechnung' beschreibt (HARRIS 1990; S. 258 ff.)

[61] Eine »Mehrfach-Anwendung« wurde bei brasilianischen Kapuzineraffen beobachtet, die Steine unterschiedlicher Größe sowohl zum Freilegen von Wurzeln im Erdreich, zum Zerteilen dieser Wurzeln und zum Knacken von Nüssen verwendeten; a. a. O.

Aus Beobachtungen in freier Wildbahn konnte J. GOODALL (1999), (KÜHL 2016), vielfach dokumentieren, dass es vor allem bei Schimpansen unterschiedliche Formen des Werkzeuggebrauchs gibt. So kennen sie mehrere Varianten des *Honig-Sammelns* mittels verschiedener Zweigstrukturen, des *Termiten-Angelns* mit speziell für den betreffenden Hügel gefertigten Stöckchen,[62] die *Wasseraufnahme* mit Hilfe von Blättern sowie die Verwendung von welken Blättern beim Zerkauen von Fleisch (weil sich die Muskelfasern dann mit den Zähnen offenbar besser zerkleinern lassen – sie haben dann mehr 'grip', sind weniger »glitschig«). Westafrikanische Schimpansen sollen nach neuerer Forschung bereits seit Tausenden von Jahren mit Steinwerkzeugen Nüsse knacken und im Senegal benutzen Schimpansen gewohnheitsmäßig Speere, um Beutetiere zu jagen (BOESCH 2007), (EIBL-EIBESFELD 1996). Im Primatenzentrum der Universität von Madrid zerrieb ein zahnloser Schimpanse Früchte und Gemüse an Wandflächen, um dann das Fruchtfleisch abzulecken (das wohl auch durch die Reaktion mit Luftsauerstoff besser schmeckte) (WELT 2000). Berühmt sind die Beobachtungen der Japanmakaken auf der Insel Kōjima, die Süßkartoffeln vor dem Verzehr in Wasser waschen (um den Sand zu entfernen) und sogar das Eintauchen in Salzwasser praktizieren, um auf diese Weise einen zusätzlichen Geschmackseffekt zu erreichen (s. CARPENTER 1967, wiss. Film).

Diese wenigen ausgewählten und z. T. in Filmsequenzen dokumentierten Beispiele zeigen, dass Primaten Nahrungseigenschaften *erkennen* und *behalten* und die dafür notwendigen Veränderungen gezielt herbeiführen, sofern sie das mit einer (redundanten) Handlung erreichen können. Zu aufeinanderfolgenden, sich bedingenden Arbeitsschritten sind sie kaum fähig. Hierzu bedarf es der oben angesprochenen *Denkleistung*, in der die Handlungsabläufe auch in ihrer *zeitlichen Abfolge* vorab geplant werden. Damit tritt die kognitive Ebene in den Blick, ohne die es unsere Zubereitungstechniken nicht gäbe.

---

[62] Die nach dem Gebrauch weggeworfen werden, also jedes Mal neu gefertigt werden müssen; der Mensch würde das nicht tun (ROTH 2011; S. 298 ff.)

2.1   Verstandesleistungen und Gartechniken

Der Mensch verfügt über ein *multisensorisches* Gehirn, hat ein Gedächtnis und ist lernfähig. Bis auf instinkt- oder reflexhafte Reaktionen[63] steuert und kontrolliert dieses Gehirn (vor allem der Neocortex) alle Aktionen, löst Probleme und Herausforderungen, die zu seiner Existenzsicherung notwendig sind. Auch aus lehr-/lerntheoretischer Sicht, mit der wir uns im Kapitel IV näher befassen, stellt sich die Frage, ob eine absichtsvolle Tätigkeit, Rohstoffe u. a. *aromatisch* zu verändern, kognitiv auf der Ebene des »*Problemlösens*« liegt oder ob das handwerklich erzeugte Produkt letztlich das Ergebnis einer *sensorischen Präferenz* ist, die der *vegetativen* Kontrolle des *Mögens* oder *Meidens* unterliegt.

Zunächst ist Geschmack keine Verstandesleistung, sondern u. a. von der molekularen Zusammensetzung der Nahrung abhängig. Auf Empfindungen der Zunge hat der Verstand keinen Einfluss. Ihre *Geschmacksrezeptoren* sind zwar von Individuum zu Individuum unter-schiedlich dicht gepackt (so werden »*Nichtschmecker*«, »*Normal*- und *Superschmecker*« unterschieden) (HAUER 2005), funktionieren aber ohne geistiges Zutun. Ihre Reizantwort ist unabhängig davon, ob der Molekülmix natürlichen Ursprungs oder per Hand hergestellt ist. Entscheidend für das sensorische Empfinden ist die *Konzentration* schmeckbarer Anteile. Je mehr »gemochte« und je weniger »störende« Anteile vorkommen, desto attraktiver ist der Bissen. Genau hierauf nimmt die Bearbeitung, das manuelle Verfahren, Einfluss.

Rohstoffe werden u. a. mit dem Ziel bearbeitet und kombiniert, das Aroma zu verbessern. Hierbei steuert der Verstand die manuellen *Aktionen*. Damit sind die verbesserten sensorischen Werte das Ergebnis eines *gewollten Handelns*. Aber auch dabei ist unklar, ob das Zusammenstellen und Bearbeiten von Rohstoffen eine intellektuelle Leistung im Sinne des oben genannten »Problemlösens« ist (das u. a. *Gedächtnisbildung, assoziatives Lernen* und *Einsichten* zur Voraussetzung hat; ROTH 2011). Tatsächlich ist der verbesserte Geschmack

---

[63] Sie unterliegen vegetativen neuronalen Schaltkreisen, die auf *Schlüsselreize* mit einem angeborenen Auslösemechanismus (AAM) reagieren. Diese evolutionär erprobten Reaktionsweisen werden von den ältesten Gehirnregionen (verlängertes Rückenmark, Kleinhirn u. a. m.) gesteuert (ROTH 2011)

nicht nur die Summe aller Molekülanteile, ein abzählbarer physikalischer Wert, der die Zungenoberfläche reizt und Empfindungen zwischen *gut* und *schlecht* erzeugt, sondern Ausdruck des »Körperwillens«, der sich in technischen Fertigkeiten und im *guten* oder *schlechten* Geschmack zu 'erkennen' gibt.

Der Verstand begleitet und kontrolliert die *Wirkung* der Zubereitungsaktivitäten und *beurteilt* das »Vorher« und »Nachher« mit den Messinstrumenten, die ihm der Organismus dafür zur Verfügung stellt: seinem **Sensorium**. Ein schmackhaftes Kochprodukt ist daher weniger eine kognitive Leistung des »Problemlösens«, sondern das Ergebnis des *Einsichtslernens*, dass sensorische Eigenschaften mittels Verfahrensabläufen und Mischungen bestimmter Rohstoffe herstellbar sind.

2.2 Sensorische Qualitäten und Lernfähigkeit

Für das Erkennen von sensorischen Qualitäten im Zusammenhang mit der Bearbeitung und Beurteilung von Verfahrensschritten sind geistige Fähigkeiten des *Dazulernens* notwendig. In »*Wie einzigartig ist der Mensch*« beschreibt ROTH 2011 die verschiedenen Ebenen *kognitiver* Fähigkeiten, die sich im Laufe der Evolution im Tierreich entwickelt haben (s. Hintergr.-Info. unten).

Hintergrundinformationen
Zu den elementaren erfahrungsbedingten Anpassungsfähigkeiten gehören die *Habituation* und *Sensitivierung*. Ersteres ist das Nachlassen einer bestimmten Verhaltensweise oder körperlichen Antwort auf einen auffälligen Reiz, wenn dieser keinerlei Folgen (gute oder schlechte) für das Individuum hat. Anders die *Sensitivierung*. Der Organismus reagiert auf einen zunächst eher unauffälligen Reiz mit einer Steigerung einer physiologischen Reaktion und eines Verhaltens – sowohl auf negative als auch positive Impulse (ROTH 2011).[64] Diese Verhaltensänderungen gehen nur auf *einen* bestimmten Reiz zurück und werden als *nicht-assoziatives* Lernen bezeichnet. Die verstärkte physiologische Reaktion auf den als *besser* erkannten Geschmack ist eine Folge der *Sensitivierung* (z. B. vermehrte Mund- und Bauchspeichelsekretionen). Die Bereitschaft, mit aufwändigen Bearbeitungs- und Verfahrenstechniken diese sensorische Qualität herzustellen, hat hier ihren Grund. Der »Lustgewinn« beim Essen ist

---

[64] A. a. O., S. 2

ausschließlich eine »Bewertung« durch das Nervensystem. Diese Vorgänge laufen im Organismus (meist) automatisch ab und stellen sich ohne Verstandesleistung von alleine ein (ROTH 2011).[65]

Guter, respektive schlechter Geschmack sind nicht nur das Produkt sensorischer Informationen der Nase und Zunge, sondern auch an (individuell variable) Hormonspiegel gekoppelt. Die reizauslösenden Merkmale einer Zubereitung bewirken im Organismus die gleichen Effekte wie eine *klassische Konditionierung*.[66] Attraktive Aromen erhöhen u. a. Endorphinausschüttungen, wodurch nicht nur das Wohlbefinden, sondern auch der »Memory-Effekt« (als Folge spezifischer Genaktivierungen) erhöht wird. Dieses »Körperwissen« steuert jene Aktivitäten, die wir »Zubereitung« nennen.[67] Es sind also die Sinneseindrücke und daran gekoppelte hormonelle Effekte, **die »handwerkliche Aktivitäten« in die vom Organismus präferierte Richtung steuern und befeuern**. Aus Sicht der Motivationsforschung ist das *schmackhaftere* Essen die Belohnung für den Aufwand.[68] Einfache Gartechniken (z. B. Rohstoffe in der Glut oder auf heißen Steinen zu denaturieren) erforderten keinen »analytischen« Verstand und waren vermutlich auch deshalb Praxis der ersten Homo-Generationen (*Homo habilis, Homo erectus*). Erst mit der Erlangung der o. g. kognitiv »höheren« Ebene des »*Lernens durch Einsicht*« (das ein bereits *erkanntes Prinzip* unter ähnlichen Bedingungen – in einem vergleichbaren *Kontext* – anwendet) (ROTH 2011), konnten auch komplexere Gartechniken entwickelt werden – ähnlich der Fähigkeit, Jagdwaffen mit dünneren Speeren und feineren Pfeilspitzen (s. Hintergr.-Info. unten) zu entwickeln.

---

[65] A. a. O., S. 2

[66] Erste empirische Experimente zum Nachweis der klassischen Konditionierung am Experiment mit Hunden gehen auf den russischen Forscher *I. P. Pawlow* zurück (SAPOLSKY 2017); a. a. O., S. 53

[67] Die Entwicklung komplexerer Gartechniken, zu denen u.a. *Abwarten, dosiertes Ergänzen* verschiedener Rohstoffe gehören, liegt auf der Ebene der *operanten* oder *instrumentellen* Tätigkeit. Ein Verhalten, das eine bereits vorhandene Reaktion durch neue Reize abwandelt und zur Erreichung des Erwünschten modifiziert. Bevor diese kognitive Ebene erreicht worden war, und Eingang in die Zubereitung gefunden hatte, vergingen vermutlich tausende Jahrhunderte

[68] Der »Belohnungsmechanismus« ist die Hauptantriebsfeder für Handlungen; die zu erwartende Belohnung dient als Reizverstärker für vielfältige Verhaltensweisen (ROTH 2011), S. 302 f.

Hintergrundinformationen

Die Verbesserung von Werkzeugen und die Entwicklung effizienterer Jagdwaffen verlaufen historisch vermutlich parallel (eher vorlaufend) zur Optimierung von Zubereitungstechniken. Allerdings sind das nicht vergleichbare Leistungsebenen, zu dem das größer werdende Gehirn von *H. erectus* fähig war. Die Fähigkeit, immer ausgefeiltere Werkzeuge und Waffen herzustellen, basiert auf einem wesentlich komplexeren Erfahrungshintergrund und intellektuellen Anforderungen. An der Feuerstelle müssen weder die Existenz betreffende »Herausforderungen« gelöst werden, noch geht es beim Kochen um eine unmittelbare Gefahrenabwehr – gar um Leben und Tod – wie es bei der Jagd der Fall sein kann. Würde die Entwicklung von Gartechniken von der intellektuellen Ebene des *Problemlösens*, dem gedanklichen Verfolgen und Einschätzen geplanter Handlungen abhängen, *dann hätten sie auch von den Schimpansen erfunden werden können* – auch sie verfügen über diese kognitiven Fähigkeiten (ROTH 2011).

2.3 Zur »Abkehr« vom natürlichen Nahrungsvorrat

Wie bereits erwähnt, stützen mehrere archäologischer Befunde die Annahme, dass *Homo erectus* (möglicherweise auch schon *Homo habilis*)[69] Fleisch geröstet hat.[70,71] Dieses Tun ist im Grunde erstaunlich, denn die bisher unbeantwortete Frage, weshalb unsere frühen Vorfahren geröstete, denaturierte Nahrung präferiert haben sollten – wenn all ihre Verdauungssysteme seit Jahrmillionen an rohe Nahrung optimal angepasst waren – bleibt. Merkwürdigerweise scheinen die Gründe und Auslöser dieses Ernährungswandels kein wissenschaftliches Interesse zu wecken.

Jedes Lebewesen, ob Amöbe, Blattschneiderameise, Biene, Bartenwal oder Adler, frisst nur die Nahrung, an die es jeweils angepasst ist und die sein Überleben sichert. Primaten suchen, erkennen und wählen ihre Nahrung anhand sensorischer Merkmale (u. a. mittels Augen, Nase, Zunge und Kauwiderstand). Zusätzlich wird ihre Nahrung von den Organsystemen 'überwacht', die an der Verdauung beteiligt sind (Darm-, Leberrezeptoren u. a. m.). Diese liefern *während* und *nach* der Mahlzeit ihre »Messwerte« an das Gehirn, sodass Ab-

---

[69] Archäologische Hinweise zur Feuernutzung der *Australopithecinen* (vor 4 - 1,5 Millionen Jahren) und von *Homo habilis* (vor 2,5 - 2 Millionen Jahren) sind bis heute umstritten (GOUDSBLOM 2016)

[70] Vermutlich hatte schon *Homo habilis*, wie neuere archäologische Ausgrabungsfunde annehmen lassen, seine Nahrung gegart (WEBER 2011)

[71] Unabhängig von der archäologisch genauen Datierung, wann *Homo erectus* Feuer auch zum Garen verwendet hat, ist belegt, dass Frühmenschen schon vor rund einer Million Jahren Feuer nutzten (WEBER 2012)

weichungen von der »erwarteten« Qualität rasch erkannt werden. Damit hat die Evolution ein mehrfach ineinandergreifendes Kontrollsystem für die Nahrungswahl geschaffen (ein *'äußeres'* und *'inneres'*), das uns u. a. vor Giften und Mangelernährung schützt.

Wie erklärt sich, dass ein derart abgesichertes Schutzsystem vorbehaltlos denaturierte und geröstete Rohstoffe nicht nur akzeptiert, sondern sogar präferiert? Lebewesen, die ihre Nahrung vor allem nach »Geschmackswerten« beurteilen (sicher auch die *Hominini*), sind wählerisch. Bei einem Mangel an bevorzugter Nahrung suchen sie sich neue Futterplätze. Finden sie dort dauerhaft nicht ihre Leckerbissen, stellt sich ihr *Verdauungssystem* auf diese weniger attraktive Kost ein (u. a. durch eine Veränderung der *Darmbiota*). Reicht diese Anpassung aber nicht, die Existenz zu sichern, bleiben ein weiterer Ortswechsel – oder aber die technische Option: *die Rohstoffe selbst zu verändern und sie an die Verdauungsleistung des Organismus anzupassen.* Genau das haben die Vorfahren des Menschen gemacht. Allerdings nicht, um einen »Nahrungsmangel« zu überbrücken, sondern aufgrund ihrer sensorischen Fähigkeit, leichter Verdauliches und Wertvolleres zu erkennen.

Die Bearbeitung der Rohstoffe mittels Feuer stellte eine *Erweiterung* und *Modifizierung* des Nahrungsvorrats dar – und zwar eine höchst effiziente.[72] Sie wurde möglich, weil sich Rohstoffe molekular verändern lassen und der menschliche Organismus von gegarten Strukturen vielfältigen Nutzen hat.[73] Eine vollständige »Abkehr« von der Rohkost hat es dennoch nicht gegeben. Auch wir essen bekanntlich viele Feldfrüchte und auch tierische Produkte »roh« (z. B. Obst, Möhren, Leber, Mett, Tatar). Auf die biologischen Hintergründe und Zusammenhänge der Zubereitungsvarianzen von roher und thermisch gegarter Nahrung werden wir in Abschn. 15, S. 219 ff. genauer eingehen.

---

[72] Tatsächlich handelt es sich um ein komplexes System, zu dem zwei »Seiten« gehören: a) die Nahrung selbst = körperfremde Substanzen der Außenwelt und b) der menschliche Organismus, der diese Biomoleküle zur Existenzsicherung benötigt. Eine Veränderung natürlich gegebener Nahrung ist nur dann sinnvoll, wenn dadurch Vorteile für den Organismus entstehen, sich u. a. die (qualitative und quantitative) Verfügbarkeit der Inhaltsstoffe verbessert

[73] Eine andere Begründung kann es nicht geben, da sich sonst Garverfahren niemals hätten durchsetzen können

Mit der Erfindung von Gartechniken hatten sich unsere Vorfahren ein noch größeres Nahrungsspektrum geschaffen, als es ihnen die Natur selbst bot. Gegenüber Nahrungsspezialisten, die sich nur von bestimmten Rohstoffen ernähren (und davon abhängig sind), haben Omnivore mit ihren pflanzlichen und tierischen Nahrungsanteilen stets bessere Überlebenschancen. Hinzu kommt, dass der Organismus von Allesfressern auf variierende Nahrungsangebote gut vorbereitet ist. Er kann bei temporären Nahrungsengpässen oder einseitigen Nahrungsquellen auf im Organismus vorhandene Nährstoffdepots zurückgreifen – besonders jener Nährstoffe, die es oftmals – auch jahreszeitlich bedingt– nicht in ausreichender Menge gab.[74] Auch deshalb präferieren Allesfresser Nahrungsvielfalt, probieren sie hin und wieder Unbekanntes. Übertragen auf den im Hier und Jetzt lebenden Menschen erklärt das die unvergleichlich höhere Attraktivität eines kalt-warmen Büfetts gegenüber dem Angebot, ausschließlich aus Reis- oder Kartoffelspeisen zu wählen.

Auch *Homo erectus* war – wie für Allesfresser üblich – stets auf der Suche nach Lecker-bissen.[75] Die mit diesen gekoppelten Empfindungen führen u. a. zur Ausschüttung von Endorphinen, dem biologischen »Verstärker«, vorteilhafte Nahrung zu erinnern. Vermutlich ist das *der* sensorische 'Urstimulus' oder Impuls, weniger attraktive Rohstoffe aromatisch verbessern zu wollen.

---

[74] Bildlich ausgedrückt ist der Mensch ein auf zwei Beinen wandelndes »Nährstoffdepot«. Eine evolutionäre Anpassung auf Mangelphasen, denen Frühmenschen (besonders aufgrund jahreszeitlicher Bedingungen) wiederholt ausgesetzt waren (REA, P. A. et al. 2015); (BEHRINGER 2010). Wasser und Glukose speichert der Organismus nur minimal. Ohne Wasser kann er sich und seine Kinder nicht durchbringen – Glucose kann er jedoch aus Proteinen und Glycerin der Jagdbeute metabolisch erzeugen (Aspekt der physiologischen Ketose). In den meisten Erdregionen kommen Wasser und Stärke (Glucose) genügend vor – ihr Auffinden wird »vorausgesetzt« – und deshalb müssen diese Komponenten auch nicht gespeichert werden

[75] Im Gegensatz zu Versuchstieren sind Menschen keineswegs bereit, sich tagelang das gleiche, 'nährstoffkontrollierte' Essen verabreichen zu lassen, insbesondere, wenn dieses nicht bedarfsdeckend ist. Sie entwickeln Widerwillen

3   Der lange Weg zum Kochhandwerk

Unvorstellbar große Zeiträume liegen zwischen den allerersten Steinbearbeitungen (Chopper) (HOFFMANN 2014)[76] der *Vor-* und *Frühmenschen* und den handwerklichen Fähigkeiten von *Homo sapiens*, der vor etwa 44 000 Jahren als moderner afrikanischer Mensch nach Europa und Ostasien einwanderte und vor etwa 12 000 Jahren seine nomadisierende Jäger- und Sammler-Lebensweise aufgab (WONG 2015). Er begann Tiere zu domestizieren, Pflanzen zu züchten, Stallungen und einfache Häuser zu errichten, Felder zu bestellen und zu bewässern. *Homo erectus*, der zuvor etwa eine Million Jahre überwiegend vom Jagen und Sammeln lebte (LEAKEY 1980),[77] wurde s*esshaft* und legte damit den Grundstein dessen, was wir *Kultur* nennen (KYTZLER; REDEMUND 1995).[78]

Hintergrundinformationen

Die oben skizzierte Entwicklung fällt in die Phase der Klimaänderung am Ende der *Eiszeit* vor etwa 10 000 v. Chr.,[79] dem **Holozän** (griech. *hólos* »ganz, gänzlich«, *kainós* »neu«) – die nacheiszeitliche Warmzeit bis heute. Es ist der Beginn der Jungsteinzeit (*Neolithikum*) und der Anfang der sog. »neolithischen Revolution«, in der erstmals *Weizen, Gerste, Einkorn, Emmer, Dinkel* und u. a. *Schafe, Ziegen* und *Rinder* domestiziert wurden. Die Entwicklung der Landwirtschaft vollzog sich im Gebiet des *Fruchtbaren Halbmonds*. Klimatisch ist das ein Winterregengebiet, das sich vom Persischen Golf, dem heutigen Irak, über Syrien bis nach Israel erstreckt.[80] In mythologischen Erzählungen (biblischer Urquellen) wird besonders diese

---

[76] Von engl. »to chop« = *hacken;* die ersten (einseitig behauenen) *Steinwerkzeuge* (»Chopper«) markieren den Beginn der Steinzeit vor 2,6 Mio. Jahren; vor etwa 1,6 Mio. Jahren wurden zweiseitig (bifacial) zugerichtete »Chopping Tools« (tropfenförmige Faustkeile mit Schneide) entwickelt. Diese Steinwerkzeuge werden als *Acheuléen*-Tradition bezeichnet (nach einem Fundort in Frankreich *Saint-Acheul*). Aus den Grabungen in der *Olduvai-Schlucht* lässt sich die Geschichte typischer Steinwerkzeuge (*Oldowan, Acheuléen*) und damit die Entwicklung menschlicher Kultur fast 2 Millionen Jahre lang verfolgen; a. a. O., S. 183 ff.
[77] A. a. O., S. 148
[78] Von lat. *colere*: bebauen, pflegen, verehren; Kultur: neben geistigen und künstlerischen Lebensäußerungen Nutzung, Pflege und Bebauung von Ackerboden; a. a. O., S. 1047
[79] Die Eiszeit, das *Pleistozän* (*von* griech. *pleistos* »am meisten« ,*kainós* »neu« – ein neuer Abschnitt der Erdgeschichte von 2,6 Mio. bis 11 000 Jahre vor heute), endet mit Beginn des *Holozän*; (BEHRINGER 2010; S. 60)
[80] Von J. Henry BREASTEDT 1916 eingeführte Bezeichnung für das Winterregengebiet am nördlichen Rand der Syrischen Wüste, die sich im Norden an die arabische Halbinsel anschließt. Der »*Fruchtbare Halbmond*« gilt als eine der Ursprungsregionen der neolithischen Revolution, dem Übergang von der wildbeuterischen Lebensweise zu Ackerbau und/oder Viehzucht ab dem 12. Jahrtausend v. Chr. (gefunden in: Wikipedia: Fruchtbarer Halbmond)

Region (*Mesopotamien*) erwähnt und als »*Garten Eden*« (ein landwirtschaftliches Paradies) verortet (CLINE 2016).

Um von einer nomadisierenden Lebensweise zur *bäuerlichen Existenzwirtschaft* zu wechseln, sind nicht nur Wissen über ertragreiche Pflanzen und Tierhaltung, Bodenbeschaffenheit, jahreszeitabhängiges Einsäen und Ernten, Lagerhaltung und Haltbarmachung von Nahrung (und kooperatives Verhalten) unabdingbar, sondern eben auch *handwerkliches* Vermögen. Letzteres ist z. B. in uralten Steinwerkzeugen, Geräten, Gefäßen, Waffen oder Schmuck (sog. *dinglichen Erzeugnissen*) der Nachwelt erhalten geblieben, die wir archäologisch zu- und einordnen können (BEHRINGER 2010). Dieser Forschungszweig füllt inzwischen Bibliotheken. Allerdings fehlen in den Auswertungen archäologischer Fundstellen durchgängig Belege oder Hinweise auf einen Wandel des prozeduralen Fortschritts auch in der Nahrungszubereitung. Es werden grundsätzlich nur *Rohstoffe* genannt (ggf. die Art ihrer thermischen Bearbeitung und benutzte Holzarten) (a. a. O., S. 164 f.), die an den untersuchten Stellen gefunden wurden. Angaben jüngeren Datums (*Neolithikum* 5000–2000 v. Chr.) erwähnen zwar die »*gezielte Produktion von Nahrungsmitteln, mit entsprechend verbesserten Techniken der Nahrungszubereitung*« (BEHRINGER 2010; S. 59), doch was mit *verbesserter Zubereitung* gemeint ist, bleibt offen. Grund: Zubereitungen sind nicht konservierbare Prozesse. Spezielle Verfahren, technische Finessen, die es vermutlich in Ansätzen auch schon in prähistorischen Zeiten gab und deren Produkte dem archaischen *Homo sapiens* besonders mundeten, lassen sich weder belegen noch rekonstruieren – schon gar nicht, wenn es dabei um aromatische oder gesundheitliche Aspekte geht.

Trotz dieser Nachweisprobleme in Sachen Zubereitung müssen regionaltypische Verfahrenstechniken, z. B. Lufttrocknung, Salzlagerung, Räuchern, 'Sauer einlegen' (= 'Fermentieren'), Rohstoffkombinationen und die Verwendung von Kräutern und Gewürzen, Ernährungsvorteile gebracht haben. Weshalb sonst hätten sich diese Verfahren bis in die Gegenwart hinein bewahrt? Da das Nahrungsangebot je nach Klima und Jahreszeit variierte, sich dessen Nutzungsmöglichkeit durch Zubereitungstechniken erweiterte, wuchs insbesondere das Wissen über jene Verfahren, mit denen die Genusswerte und

Ernährungswerte verbessert werden konnten. Nur diese Techniken haben sich durchgesetzt und wurden an die nächste Generation weitergegeben. Daraus erwuchs eine Handwerkskunst, die es vermochte, aus roh ungenießbaren oder schwer verdaulichen Rohstoffen schmackhaftes und nahrhaftes Essen zu machen.

Weshalb und *wie* der Mensch diese Verfahren überhaupt erfinden und schrittweise weiterentwickeln konnte, bleibt vermutlich für immer eine unbeschriebene Seite im Buch der Kochkunstentstehung. Schließlich gab es für die Anfänge, die allerersten Schritte dieser Verfahren, weder »Vorbilder« noch »Wissende«, die die ‚richtigen' Handhabungen (schon) kannten oder zeigen konnten. Die Möglichkeit, den ‚Geschmack' der Rohstoffe zu verändern, musste erst einmal ‚erkannt' werden, bevor sie zur regelhaften (kenntnisbasierten) Zubereitungstechnik werden konnte. Nur wie? Meine Hypothese: Die Nahrungsbearbeitung, das gezielte Verändern von Rohstoffen, hat sich aus der aufmerksamen (der ‚merkenden') Beobachtung der Lebenswirklichkeit entwickelt: den wiederkehrenden Wirkungen von Wasser, Sonne und Lagereffekten auf Rohstoffe, dem Erkennen ihrer physikalischen Eigenschaften und Wandelbarkeit.

Diese *Arbeitshypothese* unterstellt, dass der frühe Mensch nicht nur die Handlungen seiner Artgenossen *nachahmte*, sondern eben auch das, was ihm die Natur ‚*vor*machte'. Demnach war es die Natur selbst, gaben *natürliche Ereignisse* die »Lehrstunden« für die gezielten Aktivitäten der *Hominini* im Umgang mit Rohstoffen. Einmal erworbene Verfahrenstechniken wurden durch dauerndes Üben perfektioniert und durch Vormachen (Zeigen) an die nächste Generation weitergegeben. Die Weitergabe von Können (und Wissen) – das *Voneinanderlernen* – ist »*das eigentlich definierende Kennzeichen von menschlicher Kultur*«, das den Menschen weit von anderen Primaten abhebt (STOUT 2016).

Die Anfänge der Gartechniken werden mit *Feuer und Heißstein-Gartechniken* (auch in Erdmulden) (BEHRINGER 2010; S.60) in Verbindung gebracht. Entwicklungsgeschichtlich sind diese aber bereits »vollendete Tatsachen«, sie existieren und werden angewendet. Gleiches gilt für die an vielen Orten der

Welt Jahrtausende lang praktizierte *Gruben-Gartechnik* (HARRER 1988).[81] Zwischen diesen belegten Verfahrenstechniken und jenen unserer ältesten afrikanischen Vorfahren liegen grob eine Million Jahre »Entwicklung« im Dunkeln. Denkbar ist, dass es zwischen den ersten »Feuergar-Experimenten« von *Homo erectus* und den Gartechniken heutiger indigener Völker keine weiteren bedeutenden Entwicklungsschritte gegeben hatte. Warum? Wo Feuer (lange) brennt, werden Sand und Steine durch *Wärmeleitung* heiß und bleiben es auch für lange Zeit, selbst wenn das Feuer erloschen ist. Diese natürliche Wärmespeicherung bot Möglichkeiten, Rohstoffe auch ohne direkte Feuerwirkung zu garen, da sich die *kinetische Energie* (Wärme) direkt auf (stets wasserhaltige) Rohstoffe überträgt. Der dabei von selbst ablaufende ,Garvorgang' stand im Verhältnis zur Dauer der Wirkung (ein Zeitfaktor). Im absichtsvollen Herbeiführen dieses thermischen Prozesses musste man sich lediglich in Geduld üben (Unterdrückung des Essverlangens) – nicht aber komplexe Fertigungstechniken beherrschen.[82] Solche temperaturabhängigen »Lagereffekte« waren zufällig beobachtet worden, und weil diese »gegarten« Rohstoffe vermutlich sensorisch attraktiver waren als in ihrer natürlichen Beschaffenheit (warm, zart, ,leckerbissenartig'), wurde dieser Effekt erinnert und gezielt angewendet.

Als Leckerbissen bezeichnen wir jene Rohstoffe, deren Genuss uns »das Wasser« im Mund zusammenlaufen lässt (der vorab sezernierte Speichelfluss) – eine vom vegetativen »Gedächtnis« des Menschen ausgelöste Reaktion auf Geschmackvolles = Gutes (LOGUE 1995), (POLLMER 2003). Auch *Homo sapiens* wird bei der Zubereitung zunehmend ein Gespür für ,passende' Rohstoffkombinationen und vorteilhafte *Aromaeffekte* entwickelt haben.[83] Dazu waren – neben Kompetenzen im Umgang mit Feuer und Glut (mit heißen Steinen, heißem Sand, heißer Asche, siedendem Wasser) – entsprechende

---

[81] A. a. O., S. 135 ff.; wobei diese möglicherweise auch mit einem großen Pferde- oder Rinderleder ausgekleidet werden konnten, bevor Wasser und heiße Steine folgten. Auf diese Weise konnte man darin Rohstoffe in erhitzter Flüssigkeit garen (mündl. Auskunft von Rainer-Maria WEISS, Direktor vom *Archäologischen Museum Harburg*)

[82] Dass dabei das Essen graduell entgiftet und die Keimfracht vermindert wurde, war den Akteuren nicht bewusst

[83] Spätestens in der Phase des *Jungpaläolithikums* – etwa 40 000 Jahre vor unserer Zeit (eine Vermutung, die jedoch nicht belegt werden kann). *Höhlenmalereien (jungpaläolithische Kleinkunst)* dokumentieren die ästhetische Ausdrucksfähigkeit des *Cro-Magnon*. In den künstlerischen (auch farblichen) Darstellungen u. a. von Jagdszenen erkennt man seine genaue Beobachtungsgabe. Diese Sensibilität wird er sicher auch für aromatische Kreationen entwickelt haben

Gerätschaften notwendig (z. B. hitzestabile Hohlgefäße). Spätestens mit Letzteren entwickelte sich »Kochen« zum eigenständigen Handwerk. Mit der Entwicklung von Haltbarkeits- und Konservierungstechniken konnten schließlich verderbliche Rohstoffe bevorratet werden und/oder wurden als Proviant transportabel.

Dennoch: Die Frage nach dem *Wie* und *Warum* sich dieses »Zubereitungs-Handwerk« bei den Vorläufern des Menschen (den *Hominini*) entwickeln konnte, ist nicht wirklich beantwortet. Hier kann unsere o. g. *Arbeitshypothese* – das 'Lernen aus/von Naturphänomenen' – weiterhelfen. Dazu gehen wir gedanklich noch einmal weit in ihre steinzeitliche Lebensweise zurück und versuchen jene »*Handlungsauslöser*« zu finden, die *Homo erectus* zur Bearbeitung von Rohstoffen angeregt haben (könnte).

3.1   Am Anfang war die Beobachtung

Nahezu alle *handwerklichen* Fähigkeiten haben sich ursprünglich aus jeweils primitiveren Vorstufen entwickelt. Wie und weshalb nur die Vorläufer des modernen Menschen manuelle Techniken entwickeln haben, unsere nächsten Verwandten (*Schimpansen)* aber nicht, obwohl sie ebenfalls über Arme und Beine verfügen und zeitgleich lebten, beginnt man erst jetzt zu verstehen. Neuere bildgebende Verfahren (DTI-Aufnahmen),[84] die verschiedene Gehirnbereiche von Mensch und Schimpansen sichtbar machen können, belegen, dass sich jene Areale zwischen Mensch und Schimpanse erkennbar unterscheiden, die bei handwerklicher Tätigkeit aktiv sind: Die Nervenstränge sind beim Menschen stärker ausgeprägt,[85] insbesondere jene, die hin zur rechten unteren Stirnwindung verlaufen, die auch für die *Impulskontrolle* zuständig sind

---

[84] DTI: Diffusions-Tensor-Bildgebung (engl. *diffusion tensor imaging*) ist eine Variante der Magnetresonanztomographie, mit der man insbesondere die weiße Substanz der Nervenfasern des Gehirns darstellen kann (STOUT 2016; S. 36). Ein *Tensor* ist eine mathematische Funktion, die eine bestimmte Anzahl von Vektoren (mathematische Größen einer Richtung) auf einen Zahlenwert abbildet

[85] Der Nachweis erfolgte bei aktiver Tätigkeit (während der Herstellung von Faustkeilen), indem Studenten über die Fußvenen radioaktiv markierter Zucker injiziert wurde, dessen Verteilung in den aktiven Hirnbereichen nachgewiesen werden konnte. In den DTI-Aufnahmen von Schimpansengehirnen zeigte sich das geringere Maß jener neuronalen Stränge, die beim Menschen während handwerklicher Tätigkeiten aktiv sind (STOUT 2016)

(STOUT 2016). Offenbar hat die nachweislich rasante Gehirnentwicklung den Menschen zum »*Handwerker*« (*Homo ergaster*) und schließlich zum »*Homo sapiens artifex*« (dem künstlerischen Mensch) werden lassen – aber auch der umgekehrte Fall wird diskutiert. »*Was von beiden Ursache und was Folge war, erzählen die Fossilien nicht*« (STOUT 2016).

Die Gehirngröße allein aber erklärt noch nicht »von selbst« das *Motiv*, Steinwerkzeuge, scharfe Klingen, Waffen und schließlich Artefakte aller Art herzustellen. Im Kern geht es um die Beantwortung der Frage, was den *Produktionswillen*, den *Handlungseifer* angestoßen hat, gestaltend auf Gegenstände oder Nahrungsobjekte einzuwirken (auch mittels Feuer). Dieses zielstrebige Verfolgen eines handwerklichen Produktes kennen andere Primaten nicht einmal ansatzweise. Bezogen auf unsere Thematik stellt sich die Frage, wie aus einfachen Bearbeitungsschritten (die viele Primatenspezies kennen und täglich anwenden) komplexe Techniken der Zubereitung entstehen konnten. Versuch einer Antwort:

3.2   Von der Beobachtung zur Handlung

Die ersten einfachen (und kognitiv anspruchslosen) Handlungen haben sich vermutlich durch die *Nachahmung* eines natürlichen (mechanischen) Vorgangs entwickelt, der zufällig beobachtet worden war und Aufmerksamkeit erzeugte. Das kann das Bestaunen des eigenen Produkts bzw. »Erfolgs« gewesen sein, wenn z. B. beim Gegeneinanderschlagen von Steinen Splitter entstanden und/oder wenn das »Nachmachen« von etwas Gesehenem einen direkten Nutzen hatte (PFAFFENZELLER 2016), (HARRER 1988).[86, 87] Immer dann, wenn ein natürlicher Vorgang Aufmerksamkeit auslöste, der auch »*mit Händen und*

---

[86] Prallen Steine aufeinander (z. B. beim Abrollen vom Hang), können scharfkantige Bruchstücke und Splitter entstehen; manuelles Aufeinanderschlagen von Steinen kann vergleichbare Bruchstücke erzeugen. *Kapuzineraffen* wurden dabei gefilmt, wie sie immer wieder Felsbrocken aufeinanderschlagen, dabei Steinwerkzeuge produzieren (Faustkeile, die sie aber nicht verwenden), um den pulverisierten Steinbelag abzulecken – vermutlich, um auf diese Weise Mineralstoffe aufzunehmen

[87] So trennen die *Yanomami* die unzähligen kleine Palmfruchtkapseln aus den Fächerzweigen, indem sie auf ihnen rumtrampeln; diese Trenntechnik hatten sie beim Durchqueren des Waldes erkannt, als sie über einen vom Baum niedergegangenen Zweig wiederholt laufen mussten; beim Spalten von Steinen »*hat blinder Zufall mehr zu seiner neuen Form getan als sehender Geist*«; a. a. O., S. 8

Füßen« nachgemacht oder herbeigeführt werden konnte, lag in diesem Gesehenen ein »*Urmuster*« für eigenes Tun. Nur wenige Beispiele mögen das belegen:

Das Hineinblasen in die schwach glimmende Glut erzeugt die *gesehene Wirkung* starker Winde, und das *Löschen von Flammen* mit Wasser hatte u. a. der Regen *vor*gemacht. Sicher nicht zuletzt deswegen verlagerte *Homo* sein Lagerfeuer vorzugsweise unter Felsüberhänge (*Abris*) oder in Höhlen (so diese vorhanden waren), wodurch er als »Mitnahmeeffekte« die Erwärmung des Raumes (und die Wärmespeicherung der Wände) und das Abplatzen von Gesteinsflächen (bei extremer Feuerwirkung) beobachten konnte (HARRER 1988).[88] Ein umgestürzter Baum überbrückte eine gefährliche Stromschnelle und regte eine Holzüberquerung da an, wo der Weg sonst zu Ende gewesen wäre; ein im Wasser treibender Stamm war das Vorbild des Einbaums. Josef REICHHOLF vermutet sogar, dass die Frühmenschen das Aufschlagen von Röhrenknochen und Schädelkalotten von zwei Geiertypen abgeschaut haben könnten: von den *Bartgeiern*, die Knochen aus der Luft über Felsen abwerfen, um nach dem Zersplittern an das Mark zu gelangen und den *Schmutzgeiern*, die mit Steinen im Schnabel Straußeneier aufschlagen (ihre Schnäbel wären dazu nicht hart genug) (REICHHOLF 2008).[89] *Homo habilis* wird nach diesen Beobachtungen faustkeilartige Steine (*Chopper*) verwendet haben. Schließlich haben u. a. Lavaströme im ostafrikanischen Grabenbruch gezeigt, wie Steppenbrände entstehen und welche Folgen diese für ihren Lebensraum hatten: verkohlte Landstriche, heiße Steine und Böden, verendetes Getier, denaturierte Knollen im Boden. Dies alles lieferte ein ganzes Bündel beobachtbarer Effekte, die allesamt mit Feuer in Verbindung stehen. Für den gezielten manuellen Einsatz von Feuer als »*ernergetisches Werkzeug*« (eine kognitiv anspruchsvolle Ebene der Anwendung von Beobachtetem) waren vermutlich jedoch nicht die verheerenden Steppenbrände entscheidend, sondern vielmehr der dauernde Kontakt an kleineren Feuerstellen: den *Lagerfeuern*.

---

[88] HARRER beschreibt die Steinaxtherstellung der *Papuas* auf Neuguinea: unterhalb von Felsüberständen wird ein starkes Feuer entfacht, bis Steinflächen abplatzen, aus denen besonders scharfe und haltbare Äxte hergestellt werden; a. a. O., S. 81 ff.

[89] A. a. O., S. 134

3.3   Der Fellverlust zwang zum Aufenthalt am Lagerfeuer

Der Aufenthalt am Lagerfeuer war für die in der Savanne lebenden *HomoSpezies* spätestens nach dem Verlust ihrer *Körperbehaarung* notwendig geworden, da die nächtlichen Temperaturen von etwa 10°C bis 12°C ihnen zu kühl gewesen sein mussten. Nächtliche Lagerfeuer wurden deshalb zur zentralen Existenzsicherung. Deren *Wärmestrahlung* sorgte aber nicht nur für wohlige Wärme, sondern wirkte auch auf erbeutetes Fleisch, wenn dieses (ohne Felldecke) nahe an der Glut lag: die Oberfläche begann stellenweise zu rösten und inneres Muskelgewebe zu denaturieren. Genau hier lag die für die Entwicklung von Gartechniken alles entscheidende Erfahrung: Diese Stellen waren *aromatisch auffällig*, sie schmeckten besser (!) als rohes Fleisch (dazu: Der Tagesspiegel 2015). Die dafür notwendige Prozessdauer (die u. a. mit dem Abstand zur Glut variiert), wurde aus unzähligen Lagerfeuererfahrungen verinnerlicht. Das Produktziel, schmackhafteres Fleisch, war ohne Wartezeit (ein Aspekt der *Impulskontrolle*) nicht zu erreichen – eine unhintergehbare Notwendigkeit.

Neben dem Hauptfaktor *Feuer*[90] waren für das Entstehen und die Entwicklung von Vor- und Zubereitungstechniken eine Vielzahl weiterer Naturbeobachtungen und Erfahrungen vorausgegangen: Der häufige Umgang mit *Wasser* ließ *Quellvorgänge* erkennen; ebenso *Trocknungseffekte* und deren Auswirkung auf das Aroma (besonders bei Pflanzen oder süßen Früchten), wenn diese länger lagerten. Auch lernte Homo, *Verdorbenes* und *Giftiges* rechtzeitig u. a. am Duft zu erkennen – zu riechen war stets ungefährlicher als zu probieren. Ein weiterer bedeutender Schritt war die Entdeckung der »*Wasser-Aromatisierung*« und die Möglichkeit, »neue« Aromen durch *Rohstoffkombinationen* (insbesondere auch in Flüssigkeiten) herzustellen. All diese Beobachtungen zusammen bildeten den praktischen und kognitiven (durch Erfahrungslernen

---

[90] Am Lagerfeuer sollte auch die Entdeckung berauschender Wirkung von Rauch gemacht werden, wenn entsprechende Hölzer mit halluzinogenem Rauch verbrannte. »*Rauch und Be(weih)räuchern nehmen insbesondere in kultisch-religiösen Ritualen eine zentrale Position ein, um die Menschen aufnahmefähig zu machen*« (REICHHOLF 2008; S. 253). Viele Pflanzen in tropischen Niederungsgebieten Südamerikas, aus Amazonien, werden (heute) angebaut, obwohl sie für die Ernährung bedeutungslos sind. Sie enthalten aber Rauschmittel. Hochlandindios und nordamerikanische Indianer bliesen sich gegenseitig den Rauch dieser Drogen in die Nasenlöcher; a. a. O., S. 255

erworbenen) Hintergrund für den gezielten Umgang mit Nahrung, den wir heute als »Kochen« bezeichnen.

3.4   Der Faktor Wasser

Homo erectus lebte, wie erwähnt, in wildreichen, savannenartigen Gebieten des ostafrikanischen Hochlands und, besonders während der trockenen Jahreszeit, am Ufer flacher Gewässer (LEAKEY 1980). Das sicherte nicht nur den täglichen Süßwasserbedarf, sondern hier gab es auch viel zu beobachten und wohl auch die Möglichkeit, Tiere in Wassernähe zu erlegen (LEAKEY 1980).[91] Was sich über viele Jahrhunderttausende an solchen Wasserstellen tagein, tagaus zugetragen hat, ist für unsere Überlegung nachrangig. Die ältesten *Steinwerkzeuge*, mit denen *Homo erectus* Tierkörper zerlegte und Röhrenknochen zerschlagen hatte, wurden am *Turkanasee* (früher *Rudolfsee*) in Kenia gefunden.[92] Dass er der erste *Primat* war, der sich auch von Großtieren ernährte, gilt inzwischen als unstrittig (REICHHOLF 2008).

Hintergrundinformationen
Gejagt hat er aber überwiegend in der Weite des Landes, in der es eine **Megafauna** von Säugetieren in unvorstellbarem Ausmaß gegeben haben muss. Reichholf begründet diesen Sachverhalt mit der Evolution der Geier, die selbst nicht jagen und völlig von der Verfügbarkeit toter Tiere abhängig sind, die es deshalb in Hülle und Fülle gegeben haben muss. Dass *Homo* bei der Jagd erfolgreich war, hängt unter anderem mit seiner Fähigkeit zu schnellem Lauf (Sprint) und Dauerlauf zusammen. Nur wer zuerst am frisch verendeten Tier war, konnte sich mit einigen guten Fleischstücken versorgen und sie mit zur Gruppe bringen, bevor andere Großtiere auftauchten. Reichholf vermutet, dass wir deshalb den Sieger bei Wettläufen so bewundern; auch habe sich unser Rechtsempfinden aus dem »Wer-war-zuerst-da«? entwickelt, das das

---

[91] Als Wiege der Menschheit gilt der *Ostafrikanische Grabenbruch*; berühmt sind die Funde aus der *Olduvai-Schlucht*, die Hinweise auf die Orte und Lebensbedingungen der frühen Menschen geben. Sie bevorzugten wildreiche Ufergebiete des damaligen Sees und entwickelten je nach Region unterschiedliche Steinwerkzeugkulturen (u.a. »Handäxte«, Meißel, Schaber, Ambosse). Die sog. *Karari-Kultur* am Rudolf-See kannte schwere Schabersteine, aber auch fein zugespitzte Steinwerkzeuge, mit denen sie Tierkörper wie mit einem Messer zerlegen konnten; a. a. O., S. 98 ff. und 109

[92] Auch andere Fundplätze lassen eine solche Aussage zu: *Kada Gona* liegt am Fluss Awash im Norden Äthiopiens; *Omo*, ein ganzjährig Wasser führender Fluss im südlichen Äthiopien; *Koobi Fora* am Turkanasee, auch am *Victoria-See* wurden tausende Steinartefakte gefunden (siehe auch Wikipedia: *Oldowan*)

»Recht des Stärkeren« in der Gemeinschaft in Bezug auf den Zugriff von Nahrung ablöste (REICHHOLF 2008; S. 111).

Für unsere Überlegungen zum Faktor Wasser sind vor allem die Lagerplätze in Wassernähe bedeutsam. Da sich *Homo erectus* nicht ausschließlich von Fleisch ernährte, sondern regelmäßig die Gebiete auch nach nahrhaften Pflanzen, Nüssen, Früchten und stärkereichen Knollen absuchte, wird er dieses Sammelgut auch mit ans Ufer getragen haben. Zufällig (oder aus anderen Gründen) sind Knollen ins flache Wasser geraten, deren anschließender Verzehr das Mundgefühl verbesserte: Sie waren weniger sandig.[93] Diesen »*Wasser-Reinigungseffekt*« gab es sicher auch, wenn starke Regenfälle auf frei liegende Wurzeln und Knollen niedergegangen waren. Der verbesserte sensorische Wert, das angenehmere Mundgefühl, war (und ist) der Impuls, Erdanhaftungen stets zu entfernen (womit zugleich anhaftende Keime mit abgespült werden). Gleiches gilt noch heute, wenn wir Obst, Kartoffeln und Gemüse mit viel Wasser säubern. Es war sicher nur eine Frage der Zeit, bis sich das Reinigen mit Wasser als wiederkehrende, regelhafte »Vorarbeit« etabliert hatte (dazu: CARPENTER 1967, wiss. Film).[94] So kamen Rohstoffe nun wiederholt mit Wasser in Berührung, was zu weiteren Beobachtungen führen sollte: Z. B. wurden (an)getrocknete Pflanzen,[95] Knollen, Wurzelteile oder Körner, die länger im Wasser gelegen hatten, *weicher* und *saftiger*.

3.4.1 Wasser macht quellfähige Rohstoffe weich und saftig

Die Empfindungen '*weich*' und '*saftig*' signalisieren dem Organismus vorteilhafte Nahrungseigenschaften und werden präferiert (LOGUE 1995). Trockene und harte Substanzen erfordern intensives energieverbrauchendes Kauen und

---

[93] Sand wird als unangenehmer Fremdkörper im Mundraum erlebt (führt zu Missempfindung). Ein genetisch begründeter Reflex auf wertlose Nahrungsanteile und Zahnschutz-Effekt, da Sand/Erde die Zähne schädigt/abschmirgelt (*Demastikation*)

[94] Filmaufnahmen von Rotgesichtsmakaken in Japan zeigen, dass auch Primaten die Reinigung mit Wasser kennen. Sie zeigen ein Weibchen, das mit den Händen am Ufer ausgelegte Süßkartoffeln wäscht, was schließlich von allen Gruppenmitgliedern nachgemacht wurde, die das beobachtet hatten. Spätestens wenn auch das *Alpha-Männchen* diese Technik übernommen hatte, blieb das Kartoffelwaschen ein typisches Verhalten dieser Population; schließlich präferierte diese Gruppe das Waschen in Salzwasser

[95] Die *Dani* (eine indigene Population auf Neuguinea) tauchen getrocknetes Gemüse in eine natürliche Solequelle als Saugschwamm, um auf diese Weise (nach ihrem erneuten Trocknen) Salz zu gewinnen (HARRER 1988; S. 166 f.)

haben eine ungünstigere »*Aufwand-Nutzen-Bilanz*«.[96] Nahezu alle höheren Lebewesen verfügen bei der Wahl ihrer Nahrung über biologische Kontrollmechanismen für *Nahrungseffizienz,* deren genetische Basis weit in die Anfänge ihrer Evolution zurückreichen. Auf diese Weise werden, wie bereits erwähnt, optimale Nahrungseigenschaften erkannt und langes Kauen auf wertlosen (nährstoffarmen) Anteilen vermieden.

Die moderne Kochkunst steckt voller Techniken, die unsere Rohstoffe *weich, saftig* und *locker* (luftig) machen. Gegartes Fleisch muss *zart* und *saftig* sein, um uns besonders zu gefallen. Nur Gemüse soll(te) nach heutigem Verständnis noch einen »Biss« haben (was fälschlicherweise mit höheren Nährstoffanteilen assoziiert wird – aber nur *vollgares* Gemüse kann vom Organismus optimal ausgewertet werden; POLLMER; WARMUTH 2002). Vollgares Gemüse ist nicht mehr »knackig«, hat keinen »Biss«, sondern einen weichen, rohstoffspezifischen Kauwiderstand. Welche Nahrungseigenschaften für den Organismus vorteilhaft sind, entscheidet *nicht* der Verstand, sondern unterliegt der vegetativen Kontrolle (LOGUE 1995), weshalb auch Tiere die für sie optimale Nahrung (*instinktiv*) finden. Insofern sind *anregende* sensorische Merkmale (*Duft, Geschmack, Aussehen, Textur*) nichts anderes als physische Stimuli, die den Organismus auf das Bessere lenken (sollen).

Unser fiktiver *Homo* wird solche sensorisch attraktiven Merkmale im täglichen Umgang mit Wasser erkannt und weiche, gequollene Rohstoffe bevorzugt haben. Befand sich der Lagerplatz nicht in unmittelbarer Nähe eines Ufers oder einer Quelle (Brunnen) (Gebr. GRIMM 1935–1984),[97] hatte er die Möglichkeit, Wasser (mit *Rohhautbeuteln, Tiermägen* oder *Kalebassen* etc.) zu transportieren und in Steinmulden oder anderen Erdhöhlungen kurzzeitig vorzuhalten.[98] Ausgehöhlte Baumstämme (Vorläufer der Holztröge und des Einbaums) gab es zu dieser Zeit noch nicht, weil die dafür benötigten Steinäxte und Holzbearbeitungstechniken noch nicht erfunden worden waren. In-

---

[96] Hierzu *Theorie der optimalen Futtersuche* (LOGUE 1995; S. 204–218)

[97] A. a. O.: Brunnen und Quelle haben semantisch die gleiche Bedeutung; etymologisch gehören 'Brunnen' und 'brennen' zusammen. Hier wird das 'Hervorzüngeln' einer Wasserquelle aus dem Erdreich 'flammenbildlich' ausgedrückt; vgl. *born, brunnen, brennen*

[98] Bergpapua auf Neuguinea kennen große runde *Baumrindenwannen* (HARRER 1988) a. a. O., S.83; in Sibirien kennt man Gefäße aus Birkenrinde (Papier-Birke: *Betula papyrifera* – sie hat eine weiße, glatte wasserdichte Rinde), deren Öle diese Gefäße konservieren (LEFLER 2015), (WÖHRMANN 2005)

zwischen finden sich Holztröge überall auf der Welt, die u. a. als Wasserbehältnisse und Tiertränken verwendet werden.[99]

Hintergrundinformationen

Weichheit und *Saftigkeit* werden präferiert (MUTH; POLLMER 2010)[100] und sind konnotativ positiv besetzt. Diese Sinneseindrücke tragen eine Art *Schlüsselbotschaft* in sich, die aus der Vielheit der haptischen Eindrücke besonders hervortritt. *Mechanorezeptoren* der Haut, die Objekteigenschaften erfühlen und unseren Körper 'informieren', liegen im Mundraum und auf der Zungenspitze besonders dicht (1–5 mm Abstand; siehe auch Wikipedia: *haptische Wahrnehmung*). Weichheit korrespondiert entweder mit gequollenen, elastischen Zellwandbestandteilen und /oder mit einer elastischen *Porosität*. Saftigkeit signalisiert hohe Flüssigkeitsanteile, mit der auch der Durst gestillt werden kann. In diesen sensorischen Phänomenen liegen ernährungsphysiologische Vorteile, die z. B. die Resorptionsgeschwindigkeit und den Energieverbrauch (*ATP*-Bedarf) betreffen, da bei gequollener Nahrung weniger *Hydrolasentätigkeit* anfällt. Für eine optimale Verdauung und Absorption der Nährstoffe wird ein bestimmtes Verhältnis von festen Molekülen und Wasser im Magen-Darm-Trakt benötigt (LOGUE 1995; S. 93 f.), das offenbar aus der Beschaffenheit der Nahrung bereits im Mundraum »abgelesen« werden kann.

Nur kleinste Bausteine sind resorbierbar. Kompakte Moleküle müssen daher erst hydrolytisch zerlegt werden. Um beispielsweise 1000 Glucoseeinheiten aus einem Stärkemolekül zu zerlegen, werden 999 Moleküle H_2O benötigt. Der extrem hohe Wasseranteil von Obst dient in erster Linie der Durststillung; für Hydrolasentätigkeiten (Abbau der *Pektinanteile*) wird deutlich weniger *Hydratationswasser* benötigt als bei stärke-, fett- und eiweißreicher Nahrung (LOGUE 1995): „*Wir antizipieren einen späteren Bedarf an Wasser und nutzen momentan verfügbares Wasser, um einem Defizit zuvorzukommen*"; ein Aspekt des »*antizipatorischen Trinkens*«; a. a. O., S. 85 ff.

3.4.2 Wasser entgiftet

Homo erectus sollte eine entscheidende Erfahrung mit pflanzlichen Rohstoffen machen, die (zufällig) länger im Wasser gelegen hatten: sensorische Missempfindungen oder körperliche Probleme, die sonst nach dem Verzehr dieser

---

[99] In der jüngeren Entwicklungsgeschichte, etwa mit dem Beginn der Sesshaftwerdung vor 10 000 Jahren, wurden Holztröge in Brettform, sog. *Zuber* gebaut; aus altd. »*zuoamber*«, das auch zu »*Amper*« wurde und einen *Eimer* mit Tragegriffen auf zwei Seiten bezeichnet; s. auch: *Bottich* und *Bütte* bei Wikipedia

[100] »Im Rahmen von Futterwahlversuchen wurden Schimpansen, Bonobos, Gorillas und Orang-Utans rohe und gegarte Speisen (Karotten, Kartoffeln, Fleisch, Äpfel) angeboten. Vorher konnten die Tiere gekochte Nahrung probieren, um *Neophobie* zu vermeiden. Alle bevorzugten die leichter verdauliche gekochte Nahrung. Aber auch Schimpansen, die nie gekochtes Fleisch bekommen hatten, griffen sofort zur gekochten Version. Die Autoren WOBBER et al. (2008) schlossen auch aus Versuchen mit gemahlener oder zerdrückter Nahrung, »dass dafür die weichere Textur verantwortlich sei«, in: MUTH; POLLMER 2010; S. 53

Gewächse gelegentlich auftraten, blieben aus (z. B. waren sie nicht mehr bitter, betäubende Effekte oder Schwindel- und Krämpfe traten nicht mehr auf), weil *wasserlösliche* Gifte (u.a. *Amygdalin, Linamarin, Blausäure*)[101] – deren *Toxizität* vor allem dosisabhängig ist – größtenteils ins Wasser übergetreten waren. Bevor jedoch dieser Auslaugeffekt erkannt war und das Einlegen bestimmter Knollen und Pflanzen in Wasser zu den regelmäßigen 'Vorarbeiten' gehören konnte, waren unzählige Erfahrungen zur *Dauer* (wie lange muss der Rohstoff im Wasser verbleiben?) und zum Zustand (Bearbeitungsgrad: Ab welcher Größe ist die Entgiftung erfolgreich?) vorausgegangen. Dass *Homo* schließlich diese Zusammenhänge überhaupt erkennen konnte, setzte kognitive Fähigkeiten voraus. Nicht nur, dass er wiederkehrende sensorische Eindrücke für längere Zeit erinnern und deren körperliche »Nachwirkungen« mit Nahrungsmerkmalen in Verbindung bringen können musste – er musste auch das *Ausbleiben* dieser negativen Körperempfinden als *Folge* der Wasserwirkung erkennen. Eine grundlegende Einsicht, die die *Machbarkeit von Verbesserungen* durch handwerkliches Tun ins Bewusstsein treten ließ – die kognitive Basis für alle nachfolgenden Entwicklungsschritte im Umgang mit Rohstoffen.

Auch intensives Kochen hat eine entgiftende und entkeimende Wirkung (wozu allerdings hitzestabile Gefäße notwendig waren, über die *Homo sapiens* etwa seit 20 000 Jahren verfügte – vermutlich aber schon früher – was jedoch nicht belegt ist). Spätestens mit der Besiedelung Europas und der Sesshaftwerdung wird *Homo* diese (heute weltweit üblichen) Entgiftungspraktiken gekannt und eingesetzt haben (siehe auch Wikipedia: *Maniok*).[102,103] Wer diese nicht kannte

---

[101] *Cyanogene Glycoside* sind weit verbreitete Pflanzengifte in Yamswurzel, Süßkartoffel, Zuckerhirse, Bambus, Leinsamen, Limabohne, Bittermandeln. Magen-Darmenzyme spalten diese Moleküle, wobei hochgiftige *Blau-säure* freigesetzt wird, die entfernt werden muss. Maniok wird nach einer alten Methode der Ureinwohner Amazoniens geraspelt und einige Tage eingeweicht. Anschließend presst man ihn aus und röstet den Rest. Das so gewonnene *Maniokmehl* wird dann vor allem zur Herstellung von Fladenbrot, Soßen, Suppen, Brei und von alkoholischen Getränken, wie dem sogenannten *Kaschiri*, benutzt

[102] *Maniok* ist eine stärkereiche Wurzel, die ursprünglich an der brasilianischen Atlantikküste beheimatet war und den Ureinwohnern als Ernährung diente. Erste Zeugnisse von *Entgiftungstechniken* sind (seit dem 16. Jahrhundert) von Indianern aus dem Amazonasgebiet bekannt, die die Knollen erst schälen, dann zerreiben oder raspeln und dann in Wasser einweichen. Nach einigen Tagen presst man die Masse aus, wäscht sie durch ein sogenanntes *Tipiti* (ein langes geflochtenes Behältnis aus Palmfasern) und röstet sie in Öfen

[103] *»Sie lernen allmählich unangenehme oder schädliche Substanzen aus den Speisen durch mühsame Zubereitungsarten ausscheiden, wie bei der Tarofrucht, den Yams, dem Maniok, der Kassavefrucht, sie wissen durch Schaben und Reiben, durch Klopfen und Filtern, durch Pressen und Gären Verwandlungen herbeizuführen, welche der Nähr- und Schmackhaftigkeit ihrer Küche gar sehr zugute kommen«* (HABERLAND 1912)

oder missachtete und regional übliche Knollen oder Pflanzenfrüchte ohne vorherige (ausreichende) Wasserbehandlung trotzdem verzehrte, brachte sich in Lebensgefahr (dazu: Hintergrundinformationen).

Hintergrundinformationen

Im Jahr 1860 starben bei einer großen englischen Expedition in Australien u.a. Robert Burke und William Wills, weil sie ihr *Busch-Brot* (Saatkuchen) nicht mit *ausgewaschenem* Mehl der Sporenkapseln der Nardoo-Pflanze (*Marsilea drummondii*) hergestellt hatten, so wie es die *Aborigines* seit Jahrtausenden tun.[104] Auch dürfen Samen der Cycad-Palme (*Cycas media*) erst nach aufwändigen Vorarbeiten (u. a. fünftägiges Auslaugen in fließendem Wasser) verwendet werden. Nur die gekochte Paste eignet sich schließlich zum Brot backen – roh und unbehandelt sind die Samen stark krebserzeugend. *Mais* muss traditionell mindestens 18 Stunden in Lehm- bzw. kalkhaltigem Wasser erhitzt werden – Schalen und Einweichwasser müssen entsorgt werden – und darf erst nach dem Trocknen zu einer Paste für Tortillas vermahlen werden. Anderenfalls besteht Gefahr, an *Pellagra* zu erkranken (POLLMER; NEUMANN 2006)[105]

3.4.3 Wasser als Suspensionsmedium

Vermutlich wesentlich früher als die oben angesprochenen Auslaugeffekte wird *Homo erectus* eine weitere, pharmakologisch aber weniger relevante Beobachtung im Umgang mit Wasser und stärkereichen Knollen gemacht haben: Am Boden eines Gefäßes setzte sich immer dann ein weißer, feiner, aber ziemlich fester Belag ab, wenn darin beispielsweise zerkleinerte Knollen zum Auslaugen gelegen hatten. Die Menge des Bodensatzes hing von der Füllmenge ab. Für den damaligen Akteur war das sicher eine bedeutende Entdeckung, denn er hatte beim Waschen und/oder Einweichen von Knollen etwas »hergestellt«, das es vorher nicht gab und er nicht kannte. Der Zufall sollte auch hier eine Entdeckung ermöglichen, die bis in unsere heutige Zeit reicht und in vielen Kulturen (jeweils regional modifiziert, wie unten genannte Beispiele zeigen), praktiziert wird. Eine *Wasser-Stärke-Suspension*, die länger steht und evtl. durch Sonnenwirkung erwärmt wird, beginnt rasch zu gären. Diese

---

[104] Die durchtränkte Saat muss erst verrieben und zu einer Paste verarbeitet werden, um die *Thiaminase* (ein Enzym, das *Thiamin* zerstört) auszuwaschen.

[105] Bei auf diese Weise hergestellten Maisgerichten werden die stets vorhandenen *Mykotoxine* weitgehend hydroxyliert [eine chemische Reaktion, bei der eine oder mehrere Hydroxygruppen (–OH) angelagert werden] und in ihrer Giftigkeit deutlich vermindert

Fermentation kann vor allem durch aus der Luft stammende Hefen, durch Milchsäurebakterien oder auch Enzyme des Mundspeichels in Gang gesetzt werden.

3.4.4 Wasser als Fermentationsmedium

In Amazonien und Südamerika bereiten Indios »Spuckbier« (*Chicha*) her, indem sie in den stärkehaltigen Brei hineinspucken. Die Stärke wird durch die Alpha-Amylase (*Ptyalin*) der Mundspeicheldrüsen in Zweifachzucker zerlegt, der dann von Hefen vergoren wird (REICHHOLF 2008). In Polynesien wird auf ähnliche Weise *Kava* hergestellt. Hier wird allerdings vor dem Ausspucken auf die mit Wasser ergänzten Mais- oder Mehlanteile erst ausgiebig auf Wurzeln des Rauschpfeffers (*Piperis methystici rhizoma*) gekaut (siehe auch Wikipedia: *Kava*). Das daraus entstehende berauschende süßliche Getränk wird von allen sehr geschätzt. Auch diese Herstellungstechniken müssen auf zufällige Beobachtungen zurückgehen, wenn z. B. mit Speichelenzymen versetztes Essen über längere Zeit stehen geblieben war. Die *Dani*, ein auf Neuguinea lebendes Bergvolk, stellen eine für sie äußerst begehrte *Ingwer-Kochsalz-Brühe* her, indem sie eine zu Brei zerkaute Ingwerwurzel in eine Mulde mit Wasser spucken und nach jedem erneuten Spuckakt Kochsalz hinzufügen (das sie *Tuan* = »Herr« nennen). Welche Funktion der menschliche Speichel in Verbindung mit Salz hier hat, wäre noch im Chemielabor zu klären. Auf jeden Fall sind es auch hier *Fermentationsprodukte*, die die Sinne stark stimulieren.

3.5   Wasser – die Wiege feuchter Gartechniken

Der (meist abwertend gemeinte) Hinweis, andere würden auch »nur mit Wasser kochen«, weist in Wahrheit auf etwas Grundsätzliches: Wasser ist *die* Flüssigkeit, die weltweit als *Hauptgarmedium* (als Wärmeleiter) eingesetzt wird. Die Gründe hierfür sind vielfältig – eine Auswahl:

– Wasser ist praktisch eine unbegrenzt »aufnahmefähige« Flüssigkeit, in die das zu Garende einfach eingelegt werden kann

- Die Wärme des Wassers wird von allen Seiten gleichmäßig auf das Gargut übertragen; pflanzliche Rohstoffe schweben wie auf einem Luftkissen in der Flüssigkeit und lassen sich trotz ihrer oft amorphen Strukturen (z. B. Blumenkohl) gleichmäßig garen
- Wasser ist geschmacksneutral und kann beliebig aromatisiert werden
- Wasser ist die Basis und Hauptbestandteil flüssiger Speisen

Da nahezu alle pflanzlichen und tierischen Rohstoffe – sieht man von empfindlichen Früchten einmal ab – erst ab Temperaturen von über 65°C vollständig *gar* werden (ein Zustand, in der alle molekularen Bausteine verkleistert bzw. denaturiert sind), wird, auch aus Gründen der Zeitersparnis, überwiegend mit *siedendem* Wasser (100°C) gekocht. Vielfältige physikalische Faktoren (s. Hintergr.-Info. unten) wirken dabei auf die Rohstoffe ein und nehmen die sonst vom Magen-Darm-Trakt zu leistenden Zerlegungsarbeiten vorweg, die wir weiter unten genauer betrachten werden.

Hintergrundinformationen

Die physikalischen Voraussetzungen für Quellvorgänge liegen zum einen in der *Dipoleigenschaft* der Wassermoleküle, die mit nahezu allen organischen und anorganischen Substanzen in elektrostatische Wechselwirkung treten können – sofern diese nicht *unpolar* oder *hydrophob* sind (wie z. B. Fette). Zur Reaktionsfähigkeit des Wassers trägt noch ein weiterer Faktor bei: die geringe Größe des H_2O-Moleküls. Es ist so winzig, das es eigentlich ein Gas sein müsste (DICKERSON/GEIS 1986).[106] Deshalb und wegen der Dipolkräfte kann Wasser nahezu überall eindringen und sich an die *hydrophilen* (wasserliebenden) Stellen von z. B. Stärke, Pektin, Zucker, Eiweiß und Faserstoffen anlagern. Die Geschwindigkeit, mit der das geschieht, hängt auch von der *Brownschen Molekularbewegung* ab, also der temperaturabhängigen Eigenbewegung der Moleküle.[107] Hohe Temperaturen begünstigen das Eindringen und Aufbrechen der Molekülverbände, da zu den anderen genannten Ladungsfaktoren die Bewegungsenergie als Reaktionsbeschleuniger wirkt. Aufgrund dieser drei physikalischen Eigenschaften kann Wasser unsere Nahrungsrohstoffe *quellen*, *denaturieren* und auch *auslaugen*. Dass mit diesen Veränderungen gleichzeitig auch ein *Ernährungsvorteil* einhergeht, erklärt sich keineswegs von selbst, sondern ist erst noch zu begründen. Hierzu müssen wir auf die

---

[106] Die *Edelgase* Argon, Krypton, Xenon und Radon haben einen z. T. erheblich größeren kovalenten Radius als ein H_2O-Molekül

[107] Die Bewegung kleinster Teilchen (Atome, Moleküle) steht mit der Temperatur bzw. Wärmeenergie in Zusammenhang. Je höher die Temperatur, desto schneller bewegen sich die Teilchen, wodurch sich ihre intermolekularen Anziehungskräfte lockern und schließlich Ladungen freigelegt werden, an die sich dann H_2O-Moleküle anlagern können.

Zellwände (Membranen) unserer Körperzellen schauen, durch die die Nahrungskomponenten hindurchtreten – vorausgesetzt, sie haben die entsprechenden »Transportgrößen« (Abschn. 7.3, S. 124 f.).[108]

3.5.1 Enzyme zerlegen große Moleküle mithilfe von Wasser

Die Haupteintrittspforte für Nährstoffe in den Körper ist die Darmwand, insbesondere die des Dünndarms. Bevor die Partikel durch die speziellen fadenförmigen Darmzellenfortsätze (*Mikrovilli*) gelangen, werden sie im Darmlumen (Innenraum) enzymatisch »aufbereitet«. Durch die Epithelzellen (*Saumzellen*) der Darmwand können nur Kleinstmoleküle *aktiv* oder *passiv* in den Organismus gelangen. Sind sie zu groß und/oder nicht zerlegbar, stehen sie als Nahrungskomponenten nicht zur Verfügung und werden »unverdaut« ausgeschieden (bis auf einige Zuckerverbindungen, wie z. B. *Raffinose* und wasserlösliche Ballaststoffe, die von Dickdarmbakterien entsprechend zu Darmgasen und oder zu kurzkettigen *Fettsäuren, z. B. Butyrat,* abgebaut werden). Deshalb müssen die großen Nahrungsmoleküle, die wir mit jedem Bissen unserem Körper zuführen, erst in ihre kleinsten Bausteine zerlegt werden, was Verdauungsenzyme (sog. *Hydrolasen*) erledigen. Sie *trennen* die (bio-)chemischen Verbindungen durch Anlagerung von H_2O-Molekülen.[109]

Nun wissen wir, dass alle Tiere, die ihre Nahrung *uneingeweicht* fressen, nicht verhungern. Nutzen können sie ihr Futter aber erst, wenn es im Magen- und Darmsystem *hydrolytisch* zerlegt worden ist. Das geschieht mithilfe der Wasseranteile aus der Nahrung selbst, zuzüglich der Mengen, die über Saufen aufgenommen werden. Hierdurch werden die großmolekularen Stoffanteile im Magen[110] und Darm[111] gespalten und resorbierfähig. Nicht zuletzt deswegen ist die Wassermenge (der a_w-Wert) im Darm ein entscheidender Faktor für die

---

[108] Einfachzucker, Aminosäuren und Fettsäuren haben Molekülgrößen, die nur mittels Transportmechanismen (in ligandengesteuerten Kanälen als aktiver oder passiver Transport) von Carrier-Proteinen durch die Membranen geschleust werden können; Biomembranen sind selektiv und nur für kleine lipophile (fettliebende) Moleküle (CO_2, Alkohole und Harnstoff) durchlässig (diffundieren)

[109] Von griech: *hydor* = Wasser und *lýsis*: Lösung, Beendigung; *Verdauungsenzyme* sind Hydrolasen. Sie werden als inaktive Vorstufen gespeichert und bei Bedarf in den Darm sezerniert und aktiviert (LEHNINGER 1985)

[110] Mittels *Salzsäure* und *Pepsin,* die die mit der Nahrung aufgenommenen Proteine hydrolysieren (spalten)

[111] Dessen Enzyme stammen zum Teil aus den *Brunner-Drüsen* im Zwölffingerdarm: *Trypsin* - ein Gemisch dreier Verdauungsenzyme, die im Dünndarm Eiweiße zersetzen (hydrolysieren); *Galle* emulgiert Fette; Enzyme aus dem *Pankreas* spalten Eiweiße, Kohlenhydrate und Fette hydrolytisch in ihre Grundbestandteile – die von der Darmschleimhaut aufnehmbaren (resorbierbaren) Größen (LÖFFLER / PETRIDES 1988)

Hydrolasentätigkeit und die maximal mögliche Aufnahme von Nahrung (LOGUE 1995). Diese Verdauungsarbeit benötigt Zeit und verbraucht Verdauungsenergie.[112]

3.5.2 Dominanz der Hydrolasen

Dass Darmenzyme Nahrungskomponenten nahezu ausschließlich mit Hilfe von Wasser zerlegen, ist ein Faktum, das naturwissenschaftlich nicht weiter hinterfragt wird, obwohl wir neben den Hydrolasen insgesamt 5 weitere Enzymarten kennen,[113] die auch infrage hätten kommen können.[114] Allerdings kann die »Bereitschaft« der großen Nahrungsmoleküle, sich besonders leicht von Wasser zerlegen zu lassen, kein Zufall sein, sondern muss einen evolutionsbiologischen Hintergrund haben. Den können wir rasch erkennen, wenn wir auf die Entstehung von Makromolekülen schauen, z. B. während der *Photosynthese*: Bei jedem einzelnen Zusammenschluss von Kleinstmolekülen – ob es sich dabei um die Entstehung von *Zwei-*, *Mehrfach-* oder *Vielfachzuckern* aus *Einfachzuckern* handelt, sich *Aminosäuren* zu *Di-* oder *Polypeptiden* verbinden oder sich *Fettsäuren* über *Esterbindungen* mit *Glycerin* zu einem Fettmolekül vereinen – geht eine *Abspaltung* eines H_2O-Moleküls voraus. Das heißt nichts anderes, als dass die Natur aus Mikrokomponenten (den sog. *Bausteinen*) deshalb große Verbände (Makromoleküle) hatte bilden können, weil an ihren funktionellen Gruppen das reichlich vorhandene Element *Wasserstoff* (H)[115] und *Hydroxygruppen* (-OH) leicht miteinander reagieren, wodurch als *Kondensationsreaktion* jeweils ein Wassermolekül (H_2O) abgespalten wird.

Das Besondere daran ist nun, dass sich diese chemische Reaktion auch wieder rückgängig machen lässt. Wird Wasser mit Hilfe von Enzymen wieder zu-

---

[112] Nahezu alle enzymatischen Vorgänge verbrauchen *ATP* (bis auf *nicht*-hydrolytische Spaltungen durch *Lyasen*)

[113] Die allermeisten Enzyme, die Nahrungsstoffe zerlegen, sind Hydrolasen: *Lipasen, Peptidasen, Nukleasen, Glycosidasen* (LEHNINGER 1985)

[114] *Oxidoreduktasen* katalysieren Redoxreaktionen; *Transferasen* übertragen die funktionelle Gruppen von einem Substrat auf ein anderes; *Lyasen* katalysieren die Spaltung oder Synthese komplexerer Produkte aus einfachen Substraten (ohne ATP-Verbrauch); *Isomerasen* beschleunigen die Umwandlung von chemischen Isomeren; *Ligasen* oder *Synthetasen* katalysieren Additionsreaktionen mithilfe von ATP (LEHNINGER 1985)

[115] Ist Wasserstoff (H) an ein stark elektronegatives Atom, zum Beispiel an Sauerstoff, gebunden, tritt eine Ladungsverschiebung auf und das H-Atom wirkt nun positiv polarisiert, da sein Elektron zum Bindungspartner hingezogen wird

gefügt, dann trennen sich diese großen Molekülverbände mit jedem neu ange-
lagerten Wassermolekül nach und nach wieder bis in ihre kleinsten Bausteine.
Bis auf wenige Ausnahmen (z. B. niedermolekulare *Peptide*) können nur diese
Mikromoleküle durch die *Darmzellen* ins Innere des Körpers gelangen.

3.6   Membranfunktionen im Spiegel der Evolution

Natürlich haben die Transportgrößen, die durch die Membranen der *Mikrovilli*
hindurchtreten können, ebenfalls einen evolutionsbiologischen Hintergrund,
der in die Anfänge irdischen Lebens vor etwa 4 Milliarden Jahren zurück-
reicht, nämlich in die Zeit der Entstehung von Einzellern (*Archaeen* bzw. *Ar-
chaebakterien* und *Eukaryoten*).[116] In diesen erdgeschichtlichen Anfangszei-
ten entstanden die Strukturen der Zellmembranen, die exakt an die Bedingungen des Meerwassermilieus, dessen Salze und gelöste Stoffe angepasst waren
und in heute (!) lebenden tierischen Organismen nahezu unverändert funktionieren, wenn auch in inzwischen hochspezialisierten *Zellverbänden*. Dass der
Stoffaustausch durch die Membranen dieser »*Ur-Organismen*« winzige Parti-
kelgrößen voraussetzt (durchschnittlich sind die Zellen etwa zwischen 1 und
100 µm groß – für das menschliche Auge nicht erkennbar), erklärt sich von
selbst. Wenn Zellmembranen aber heute noch nahezu den gleichen Aufbau wie
jene frühen Einzeller (*Eukaryoten*) haben, wird die Notwendigkeit, große Moleküle im Darm in eine resorbierfähige Größe zu bringen, verständlich.

---

[116] *Archaeen* sind Mikroorganismen (einfache Zellen ohne Kern oder Organellen). Sie werden auch als *Prokaryoten* bezeichnet, deren Größen von etwa 0,4 bis zu 100 µm variieren; im Durchschnitt sind die Zellen etwa
1 µm - *Mikrometer* = 10^{-6} m = 0,000001 m = 1/1000 mm) groß; *Eukaryoten* haben einen abgegrenzten Zellkern
und sind in der Regel wesentlich größer, ihr Volumen beträgt etwa das 100- bis 10 000-Fache der *Prokaryoten*.

Hintergrundinformationen

Grundlage für die *Osmoregulation*[117] in der *extrazellulären* Flüssigkeit heutiger Organismen sind Mineralien, deren *NaCl : KCl : CaCl$_2$* Verhältnis bei 100 : 2 : 1 liegt und im Meerwasser 100 : 2 : 2. Damit ist die Salzkonzentration mit der des Meerwassers nahezu identisch. Ein starkes Indiz, dass alles Leben seinen Anfang im Meer hatte. *Vielzeller* entstanden durch den Zusammenschluss einzelliger, kugelförmiger Lebensformen zu Großverbänden. Allein der Mensch besteht aus 10^{14} (100 Billionen = 100 000 000 000 000) Einzelzellen (KEIDEL 1979). Das »einzige« biologische Problem war die Nährstoffversorgung dieser Zellansammlungen, deren Membranfunktionen an das Meerwassermilieu gebunden waren und nur unter diesen Bedingungen optimal funktionierten. An die Stelle des Meerwassers ist jetzt, wie oben gezeigt, die extrazelluläre Flüssigkeit getreten, die die Zellen umspült. Umso verständlicher wird eine der elementarsten Aufgaben unseres Körpers, diese Salzkonzentration auf diesem »Meerwasser-Niveau« zu halten – sei es durch Salzaufnahme, -abgabe oder durch Flüssigkeitszufuhr. Diese Regulation erfolgt durch das *vegetative* (autonome) Nervensystem, das der direkten willkürlichen Kontrolle weitgehend entzogen ist.[118]

3.7 Nachtrag: Flüssiges »Brot«

Als Abschluss zum Thema Wasser (als Faktor der Kochentwicklung) soll eine weitere zufällige Beobachtung dienen, die aus Wasser ein nährwerthaltiges Getränk werden ließ. Nahrung könn(t)en wir für eine begrenzte Zeit (einige Wochen) entbehren, nicht aber Wasser. Als nach der Sesshaftwerdung im fruchtbaren Halbmond in Mesopotamien erste Großstädte entstanden (etwa 4000 Jahre v. Chr. – z. B. *Uruk*, mit 2,5 Quadratkilometern Fläche und bis zu 50 000 Bewohnern) (PODREGAR 2015), galt es, alle Stadtgebiete mit Wasser zu versorgen. Separate Wasserbehältnisse waren problematisch, da mikrobielle Verunreinigungen stehendes Wasser rasch kontaminierten. Für das Lagerproblem von Frischwasser sollte sich (wieder mal) eine Zufallsentdeckung gleich mehrfach als nützlich erweisen: Regenwasser, das durch Leckagen in der Abdeckung oder Bedachung in wasserdichte Getreidevorratsgefäße (RIEGER 2012)[119] gelangt war, blieb »keimfrei«. Daraus war ein hefever-

---

[117] Die Regulation des *osmotischen Drucks* zwischen extra- und intrazellulären Flüssigkeiten eines Organismus
[118] Osmoregulation; mittels körpereigener Hormone, wie *Antidiuretisches Hormon, Aldosteron* und *Angiotensin II,* kann der menschliche Körper die Nierentätigkeit regulieren (LÖFFLER; PETRIDES 1988)
[119] Weshalb Getreide in geflochtenen, mit Gips oder Bitumen verdichteten Körben gelagert wurde, ist wissenschaftlich umstritten. J. Reichholf sieht genügend Indizien dafür, dass der Getreideanbau weniger mit Brot zu tun hatte als mit der Herstellung von Bier (REICHHOLF 2008)

gorenes (obergäriges) und mit Nährstoffen angereichertes Getreidewasser entstanden, dessen leichte Säure und geringer Alkoholanteil (beides wirkt *antiseptisch*, *bakteriostatisch*) die Lagerfähigkeit erhöhten. Der bessere Geschmack und die stimmungshebende Wirkung dieses Getreidetranks (ob es ein »Bier« war, ist strittig)[120] führten dazu, dass anstelle von neutralem Wasser nunmehr diese Flüssigkeit getrunken wurde – die Nährstoffgehalte machten es in den Regionen des »Fruchtbaren Halbmonds« (der Wiege des Getreideanbaus) zum »flüssigen Brot« – auch in Ägypten gehörte es zur täglichen Ration (FISCHER 2016).[121]

3.8   Der Faktor 'Trocknung'

Dass die Verdunstung (das *Entweichen* von Wasser aus Rohstoffen) auch zur Entwicklung von Kochtechniken beigetragen haben könnte, scheint im Widerspruch zu vorangegangenen Betrachtungen zu stehen. Ohne Wasseranteile in den Rohstoffen, ohne Quellvorgänge, die nur in Gegenwart von Wasser ablaufen, wären Resorptions- und Verdauungsvorgänge nicht möglich. Wie sollten vor diesem Hintergrund ausgerechnet Trocknungseffekte die Entwicklung von Zubereitungstechniken befördert haben? Zunächst: Eine Zubereitung zielt nicht nur auf die Herstellung der Essbarkeit der Rohstoffe, sondern vor allem auf deren Geschmackshebung. Besonders Letzteres lässt sich mit Hilfe getrockneter Anteile erreichen.

Ob ein Rohstoff in seiner *natürlichen* Beschaffenheit *viel* oder *wenig* Wasser enthält oder ob er dieses durch *Verdunstung* verloren hat, sind verschiedene Sachverhalte. Insbesondere Verdunstungseffekte bewirken eine Aromaintensivierung, weil der Wasserverlust die *Konzentration* der Anteile erhöht, die

---

[120] Damerow, P., Max-Planck-Institut für Wissenschaftsgeschichte in Berlin, bezweifelt, dass das in der antike populäre Getreidegebräu das *Bier* war, was wir darunter verstehen; dazu auch JORDAN 2012

[121] *»Alle frühen Hochkulturen kannten und schätzten ... das Bier. Sowohl in der ältesten Literatur der Menschheit, dem Gilgamesch-Epos, als auch in ägyptischen Papyri und Inschriften findet der Trunk Erwähnung. Aus der sumerischen Kultur des Zweistromlandes sind Indizien überliefert, dass Brot möglicherweise zuerst ein Nebenprodukt der Bierproduktion war – als einfache Möglichkeit, die wesentlichen Zutaten zu lagern und zu transportieren – und erst später seine eigenständige Bedeutung als Nahrungsmittel erlangte. Für die ägyptische Gesellschaft war Bier so zentral wie für uns heute Brot. Das Getränk hatte eine eigene Göttin, fand als Opfergabe ebenso Verwendung wie als Zahlungsmittel und tauchte in rituellen religiösen Formeln auf. Arbeiter, zum Beispiel an den Pyramidenbaustellen, erhielten tägliche Bierrationen«* (FISCHER 2016)

nicht verdunsten (können). Deshalb haben getrocknete Gewürze einen etwa 10-fach höheren Anteil aromawirksamer Inhaltsstoffe (KAHRS-LEIFER 1965) und wirken als 'Geschmacksverstärker' – genauer: Aromaverstärker. Sie verleihen dem Essen die gewünschte Aromanote, die auch pharmakologisch bedeutsam ist. Warum wir kein fades, aromaarmes Essen mögen, betrachten wir genauer in Abschn. 16, S. 233 ff.

Hintergrundinformationen

Die Wasseranteile in Lebensmitteln unterscheiden sich erheblich: *Früchte* und andere *wasserreiche Pflanzen* enthalten bis zu 96 % freies Wasser (teilweise mehr);[122] *tierisches Muskelgewebe* etwa 70–72 % (je nach Fettgewebsanteil, der nahezu wasserfrei ist). Sehnen und Bindegewebe haben nur etwa ein Zehntel des Wassergehalts des Fleisches. *Fischfleisch* hat im Vergleich zu Warmblütern meist einen höheren Wasseranteil (zwischen 61 und 81 %) (BELITZ; GROSCH 1987), der je nach Fettgehalt schwankt. *Getreidekörner* enthalten, je nach Reifegrad, zwischen 20 % und 50 % Wasser,[123] ebenso *Nussfrüchte*. Damit ist der Wasseranteil in allen Rohstoffen (bis auf wenige Ausnahmen) der Größte. Dieser Anteil ist allerdings janusköpfig: Einerseits ist er, wie betont, relevant für die Ernährungstauglichkeit des Rohstoffs und andererseits begrenzt Wasser die *Lagerfähigkeit*. Freies Gewebewasser (a_w-Wert) beschleunigt den Verderb, da Mikroorganismen und Enzyme in einem wasserhaltigen, nährstoffreichen Milieu ideale Lebensbedingungen finden. Verdunstungseffekte senken zwar den a_w-Wert (er ist der zentrale Bakterienwachstumsfaktor), vermindern aber den von uns gemochten *Frischewert* – dieser ist jedoch nicht für jeden Rohstoff entscheidend.

Rohstoffe, die im angetrockneten Zustand kaum geschmackliche Mängel hatten, wurden von unseren Vorfahren bevorzugt bevorratet – besonders jene, die getrocknet problemlos roh und ungewässert gegessen werden konnten (Früchte, Datteln u. a. m.). Auch eiweißreiche Nahrung (Fisch und Fleisch) ließ sich trocknen. Vermutlich hatte schon *Homo erectus* Trocknungseffekte erkannt, wenn beispielsweise nach großem Fang einige gelagerte Fische von Winden, besonders an Steilküsten, zunehmend trocken wurden. Die Technik, Rohstoffe mittels Trocknung lagerfähig zu machen, entsprang also nicht einer

---

[122] Auf diese Weise kann mit der Nahrung ausreichend Wasser aufgenommen werden: »*... die Eingeborenen (trinken) fast nie Wasser: ihre Nahrung ist so flüssigkeitshaltig, daß ein richtiges Durstgefühl fast überhaupt nicht aufkommt*« (HARRER 1988)

[123] Man unterscheidet verschiedene Reifegrade: 50 % Wassergehalt (Milchreife), 30 % Gelb- oder Wachsreife, 20–25 % Vollreife; nach dem Nachtrocknen (Totreife) etwa 14–26 % Wassergehalt

spontanen Eingebung, sondern war – wie viele andere 'planvolle' Tätigkeiten – der Natur abgeschaut.

Hintergrundinformationen

Zu den einfachen und ältesten Lagertechniken von Fischen (geöffnet, auf Felsgestein auslegt oder an Stöcken in den Wind gehängt) kamen vermutlich in der Phase der Sesshaftwerdung weitere Verfahren hinzu, die deren Haltbarkeit verbesserten: mittels *Einsalzen* oder *Räuchern* – oft auch unter Verwendung von Kräutern und Gewürzen. Insbesondere ließen sich damit eiweißreiche Rohstoffe vor Verderb (Schimmel-, Hefen-, Bakterienbefall) schützen und länger bevorraten. Weil diese Verfahren den Zellen Gewebewasser entziehen, sinkt die Wasseraktivität (der a_w-Wert) in den Zellen, und der enzymatische Abbau wird gestoppt.

Welche Technik die frühen Menschen entwickelten, hing von den jeweiligen klimatischen Bedingungen ihrer Habitate ab. In eisnahen, kälteren Gebieten verdarben Fleisch-/Fischvorräte (durch das im Muskelgewebe vorhandene Enzym *Kathepsin*) aufgrund niedriger Temperaturen wesentlich langsamer als in wärmeren. Andererseits wachsen in warmen, tropischen Regionen die für die Haltbarkeit so nützlichen bakteriziden und fungiziden Gewürze – die in Speisen feuchtwarmer Klimazonen geradezu verschwenderisch verwendet werden.

Es ist zu vermuten, dass Trocknungseffekte besonders in Zeiten des Überflusses auftraten, weil Fleisch, Pflanzen, Knollen oder Früchte vor Tierfraß geschützt gelagert werden mussten. Beerenfrüchte, Datteln, Feigen, Nüsse, Esskastanien und Pilze gehörten vermutlich auch zum Nahrungsspektrum von *Homo erectus* und waren für ihn (an)getrocknet sicher genauso begehrt wie für uns. Je nach Trocknungsdauer erhöht sich im Obst die Süße, das immer dann besonders schmackhaft ist, wenn noch eine gewisse Restflüssigkeit erhalten bleibt. Diese Erfahrungen sollten sich als hilfreich in Zeiten des Mangels erweisen, da diese Rohstoffe über Monate lagerfähig waren. Blieb der Sammel- und Jagderfolg aus, konnte man so auf getrocknete »Reserven« zurückgreifen. Schließlich führten diese Bevorratungstechniken auch dazu, Fleisch und Pflanzen differenzierter zu betrachten: nicht allein nach ihrer Essbarkeit, sondern auch unter Aspekten ihrer Lagerfähigkeit.

Das Gehirn von *Homo erectus* benötigte energiereiche Nahrung, die zudem dauerhaft verfügbar sein musste.[124] Hier konnten getrocknete Rohstoffe (deren Nährstoffkonzentration und Energiewerte insgesamt erhöht sind) den täglichen Bedarf nicht nur in Notzeiten decken, sondern ermöglichten auch, weitere Wegstrecken zurückzulegen und für längere Zeit in unbekannten Gebieten zurechtzukommen. Wir wissen, dass in nahezu allen Kulturen Fisch und Fleisch,[125] Obst und Pflanzen an der Luft getrocknet wurden und werden (KAHRS LEIFER 1965). Fleisch wurde am Lager (meist zwischen Baumästen hängend) getrocknet (LEAKEY 1980). Dabei sind immer wieder Rauchschwaden des Lagerfeuers, das vor allem nachts brannte,[126] über das »hängende« Fleisch hinweggegangen. Es war eine Frage der Zeit, bis Trocknungs- und Haltbarkeitseffekte des Rauches erkannt und gezielt eingesetzt wurden (s. auch Tab. 1, S. 97).

4   Feuer – Auslöser und Motor der Ernährungs(r)evolution

Wann genau unsere frühen Vorfahren damit begonnen haben, mit Feuer (einer Naturgewalt, die alles Organische vernichten kann) Nahrungsrohstoffe gezielt zu bearbeiten, wissen wir nicht. Sicher dagegen ist, dass natürliche Feuer – insbesondere große Brände und deren Folgen – auch zur Erfahrungswelt der *Homininen* gehörten. Allerdings erklärt dieser Sachverhalt noch nicht von selbst, wie aus den konkreten 'Beobachtungen' von Feuerwirkungen handwerkliche Techniken im Umgang mit Feuer entstehen konnten. Dass es hier aber einen Zusammenhang geben muss, liegt nahe, zumal es im Ostafrikani-

---

[124] Allein im Ruheumsatz verbraucht das Gehirn etwa 20 % unserer zugeführten Nahrungsenergie, deren Bedarf sich bei konzentrierter Denkleistung nahezu verdoppeln kann (ROTH 2011)

[125] Die über 5000 Jahre alte Gletschermumie *Ötzi* hatte vor ihrem gewaltsamen Tod ein üppiges Mahl aus *getrocknetem Steinbockfleisch* und weiteren fettigen *Fleischstreifen* gehabt (FILSER 2014)

[126] HARRER (1988) berichtet von Beobachtungen, dass viele der *Dani*, ein Volk auf Neuguinea, große Verbrennungsnarben an Hüften, Knien und Schultern hatten. Grund: »*Nachts, wenn es kalt wird, kriechen sie zum Schlafen so nahe an das offene Feuer heran, daß aufsprühende Funken oder sogar glühende Holzstücke auf ihre nackten Körper fallen und schwer heilende Wunden hervorrufen*«; a. a. O., S. 149

schen Grabenbruch (Hauptregion der *Hominisation*) nicht nur nach *Dürreperioden*, sondern auch durch *Blitze*, *Lavaströme* oder brennende *Erdgase*[127] immer wieder zu Steppen- und z. T. wochenlangen Waldbränden kam.[128] Jedoch waren solche Ereignisse eher mit Ängsten, schmerzhaften Verbrennungen, Not, Flucht, Zerstörung und Tod verbunden.[129] Auf den ersten Blick scheint es daher widersprüchlich, Rohstoffe der Flammengewalt auszusetzen, zumal organische Substanzen nicht nur entflammen, sondern vollständig verbrennen können. Eigentlich hätten unsere Vorfahren eher darauf bedacht sein müssen, alles Essbare vor Feuer und Glut zu schützen, die Nahrung in Sicherheit zu bringen. Die Entwicklung verlief jedoch – wie wir wissen – anders. Weltweit und in allen Kulturen werden Mahlzeiten mit Hilfe von Feuer zubereitet.

Die Entdeckung, Feuer auch als *Garwerkzeug* einsetzen zu können, muss daher mit einer anderen Feuerquelle als der der Steppen- und Waldbrände gesehen werden: mit dem *Lagerfeuer*.[130] Als die frühen Menschen gelernt hatten, solche Feuer zu entzünden und am Brennen zu halten, veränderte das ihre Lebensbedingungen grundlegend. Sie hatten in den kühlen Nächten eine *Wärme-* und *Lichtquelle*, die auch Raubtiere auf Distanz hielt. Nach WRANGHAM (2009) war das archaische Lagerfeuer der Ort, an dem sich friedfertiges Miteinander und Gefühle der Zusammengehörigkeit (*Gruppenidentität*) entwickelten und die sprachliche Kommunikation ihren Anfang nahm.[131] Der dauerhafte Aufenthalt an solchen Feuerstellen sollte zu einer entscheidenden Beobachtung führen – nämlich der Wirkung von Wärme (*Wärmestrahlung*) auf

---

[127] Auch Gase, die im Moor durch Bakterien beim Vergären organischer Substanzen unter Luft- und Lichtabschluss entstehen, wie z. B. *Methan, Schwefelwasserstoff* oder *Phosphorwasserstoff*, können sich nach einem Gewitter entzünden. Wenn Phosphorwasserstoff an die Luft kommt, entzündet er sich von selbst und verbrennt mit einer blauen Flamme; »[auch] *gab es [...] permanente natürliche Feuerquellen, ähnlich der methangespeisten Feuerquelle nahe Antalya in der Südwesttürkei*« (WRANGHAM 2009; S. 201; auch heiße Erdlöcher können Gräser und Zweige entflammen, wie z. B. auf der Vulkaninsel Lanzarote (durch Hitzestrahlung der alten Lava des Timanfaya-Vulkans)

[128] „*Entlang der gerissenen Erdkruste erhoben sich zahlreiche Vulkane. Eine Serie von Erdbeben und gewaltigen Vulkanausbrüchen öffnete den Graben immer weiter. Magma schoss an die Oberfläche und bildete den Grund des Ostafrikanischen Grabenbruchs. Geysire und thermale Quellen sprudelten entlang des Grabenbruchs empor. Sie befördern noch heute kochend heißes Wasser aus dem Erdinneren nach oben*" (HEIDENFELDER 2017)

[129] Die alltäglichen Meldungen über die verheerenden Verwüstungen durch Steppen-, Busch- oder Waldbrände führen uns vor Augen, welche Bedrohung und Gefahren offenes Feuer für die Lebewesen hatten und haben

[130] Ein Lager ist dort, wo man *liegt* und sich *bettet*; altnord. *legr* 'Grabstätte', got. *Ligrs* 'Lager, Bett'; Ableitung zu *liegen* (KLUGE 1975; S. 419)

[131] A. a. O., S. 194-195

unmittelbar am Feuer gelagerte Rohstoffe – vor allem auf Fleisch (das auf diese Weise Röststellen bekam). Vermutlich war es genau diese Entdeckung, die die Abspaltung des Menschen von seinen stammesgeschichtlichen Verwandten forcierte und die Entwicklung zum modernen Menschen, nicht nur zum *Homo sapiens,* dem vernunftbegabten, sondern dem 'schmeckenden' Menschen in Gang setzte.

Paläoanthropologen bezweifeln allerdings, ob es jemals möglich sein wird, die Fragen nach den Ursachen und Anfängen der Feuerbearbeitungstechniken schlüssig zu beantworten.[132] Das wäre bedauerlich, da in diesem Fall der Beginn der Gartechniken und der schrittweise Übergang von roher zu gegarter Nahrung für immer eine ungeklärte Entwicklungsphase (*gap of development*) innerhalb der Menschwerdung (*Hominisation*) bliebe. Nachfolgende Überlegungen versuchen die möglichen Umstände, Bedingungen und Entwicklungsverläufe von Gartechniken mittels Feuer zu rekonstruieren.

Hintergrundinformationen
Physikalisch ist Feuer eine *chemische Reaktion* eines Brennstoffs (meist Kohlenstoffverbindungen) mit Luftsauerstoff, wobei *thermische Energie* (die Wärmebewegung der Atome und Moleküle) und *elektromagnetische Strahlung* (die sogenannte *Wärmestrahlung*) freigesetzt wird. Letztere sind elektromagnetische Wellen – sowohl im *infraroten* als auch im sichtbaren Bereich – die durch die Beschleunigung der elektrisch geladenen Atome und Elektronen erzeugt und als farbiges Licht wahrgenommen werden, das Elektronen beim Wechsel ihrer Atomorbitale aussenden.

4.1   Feuer – von der Wärmequelle zur Kochstelle

Einig sind sich die Paläoanthropologen, dass es im *Energiebudget* unserer Vorfahren entscheidende Veränderungen gegeben haben muss, denn in der Zeit zwischen 1,9 Millionen und 200 000 Jahren vor der Gegenwart hat sich ihre Gehirngröße verdreifacht (GIBBONS 2010). Als wahrscheinliche Ursache wird (wie bereits erwähnt) der vermehrte Fleischkonsum gesehen, der nach

---

[132] »*Wir werden wohl nie erfahren, wie das Kochen begann, da dieser Durchbruch so lange zurückliegt und wahrscheinlich innerhalb eines kleinen geografischen Gebietes sehr schnell erfolgte*« (WRANGHAM 2009; S. 196)

heutigem Erkenntnisstand vor etwa 2,7 Millionen Jahren mit dem Gebrauch scharfkantiger Steinwerkzeuge begann, wie u. a. Steinartefakte aus Gona (Äthiopien) belegen (GIBBONS 2010). Damit konnten die Vormenschen[133] Tierkörper enthäuten, zerlegen und auch klein schneiden. Infolge dieser energetisch hochwertigeren Nahrung hat sich das Gehirn unserer archaischen Vorfahren bereits nach einer Million Jahren verdoppelt (von ca. 400 auf 775 m3), wie ein 1,6 Millionen Jahre alter *Erectus*-Schädel zu belegen scheint.[134] Alan Walker geht davon aus, dass *Homo erectus* zu dieser Zeit Tierkadaver in sein Lager geschleppt und dort zerlegt hat (GIBBONS 2010). Ob *Homo erectus* zu dieser Zeit schon über die Fähigkeit verfügte, Feuer dauernd am Brennen zu halten und erste Gareffekte an Rohstoffe beobachten konnte, die in Feuernähe gelegen hatten, wissen wir nicht. Der älteste Nachweis einer Feuerstelle in Israel (*Gesher Benot Ya'aquv* – s. Fußn. 1, S. 12), an der nachweislich auch »gegart« wurde, ist 790 000 Jahre alt. So fehlen (derzeit) archäologische Indizien und Befunde für etwa 800 000 Jahre, die den Gebrauch einer Feuerstelle *auch* als »Garplatz« belegen. Allerdings fand der Paläoanthropologe Jack Harris in Tansania 1,5 Millionen Jahre alte verbrannte Steinwerkzeuge und verbrannten Ton in der *Olduvai-Schlucht,* ebenso in *Koobi Fora* in Kenia (GIBBONS 2010). Er ist überzeugt, dass die Verwendung von Feuer zu »Garzwecken« viel älter ist, als die Feuerstelle in Israel vermuten lässt.

Trotzdem liefern diese Funde und Indizien keinen nachvollziehbaren Grund, weshalb *Homo erectus* damit begonnen hat, seine ihm vertraute natürliche (rohe) Nahrung mit Hilfe von Feuer zu verändern. Dieses absichtsvolle Tun kann nicht aus dem Nichts entstanden, praktisch urplötzlich 'über Nacht' dagewesen sein. Es setzt neben der dauerhaften Verfügbarkeit von Feuer technische und kognitive Fähigkeiten voraus – und vor allem: das »Wissen« um das *Garziel*. Es ist daher durchaus wahrscheinlich, **dass Mensch und Feuerstelle anfänglich keinen Bezug zu 'Gartätigkeiten' hatten, sondern in einem viel älteren, nahrungsunabhängigen Zusammenhang stehen.**

---

[133] Als **Vormenschen** gelten die Australopithecinen (*Südaffen*), die etwa vor 4,2 bis 1,1 Millionen Jahren lebten. Sie stehen innerhalb der Gattung Homo am Beginn; aus ihnen entwickeln sich die Vertreter der Hominini. Als **Urmenschen** werden die ab etwa 2,6 Millionen Jahren auftretenden Homotypen: H. rudolfensis / H. habilis und H. erectus/ H. ergaster bezeichnet (HOFFMANN 2914); (s. Abb. 1, S. 26)
[134] Dazu auch Wikipedia: *Hominine Fossilien von Dmanissi*

Jede offene Flamme erzeugt nicht nur bei Primaten eine hohe Aufmerksamkeit, alle Lebewesen achten auf Feuer. Dieses instinktive Verhalten in Feuernähe schützt die Individuen vor gefährlichen Verbrennungen. Andererseits haben wir auch ein physiologisch begründetes Bedürfnis, die Nähe zum Feuer zu suchen, besonders, wenn es kalt ist. Ab einer bestimmten Nähe zum Feuer setzt ein wohltuender Effekt ein. Diesen »richtigen« Abstand finden wir am Lagerfeuer – ohne ihn erlernt oder gezeigt bekommen zu haben: Ein offenbar uraltes archaisches »Körperwissen« (dank *Thermorezeption* oder *Thermozeption*), das sich vermutlich in jener Zeit bildete, als die Frühmenschen ihr Haarkleid verloren hatten.

4.2   Zuerst war das Bedürfnis nach Wärme

Dass wir heute wärmendes Feuer schätzen, haben wir den Lebensbedingungen unserer auf zwei Beinen gehenden *homininen* Vorfahren zu verdanken. Sie lebten in der baumarmen offenen Savannenlandschaft Afrikas, die als Folge des Klimawandels vor etwa 2,5 bis 2 Millionen Jahren entstanden war. In dieser Zeit entwickelte sich ihr *tropischer Stoffwechsel*,[135] der tagsüber – in der Aktivitätsphase energetisch vorteilhaft war, nicht aber in den kühlen Nachtstunden, insbesondere nach dem Verlust des Haarkleids.[136,137] Dieser genetisch bedingte Fellverlust war, wie auch die Fähigkeit, durch Schwitzen den Körper zu kühlen, eine Anpassung an den Lebensraum (mit Tagestemperaturen auch über 30°C). In den Nächten, bei empfindsam kühlen Temperaturen von 8–

---

[135] Der Organismus verliert bei 27°C Außentemperatur (*Neutraltemperatur*) gerade so viel Wärme, wie der Stoffwechsel im Grundumsatz erzeugt. Dieser *tropische Stoffwechsel* reguliert noch heute den Energiehaushalt des modernen Menschen (REICHHOLF 2008; S. 101 und 142)

[136] *Homo erectus* hat vor etwa 1,5 Millionen Jahren am Ufer des *Baringo-Sees* in der Nähe des Vulkans *Karosi* in Kenia Feuer gemacht, wie Werkzeuge aus Lavagestein und gebranntem Ton vermuten lassen; Feuerstellen wurden auch an der äthiopischen Grenze an der Ostseite des *Turkana-Sees* (Camp Koobi Fora) gefunden, also beides Orte in der Nähe aktiver Vulkane (LEAKEY; LEWIN 1980)

[137] Der Wärmeverlust des Körpers mit tropischem Stoffwechsel ist bei Temperaturen unter 10°C erheblich. Der Zeitpunkt des vollständigen Haarkleidverlustes der Hominiden wird anhand evolutionsgenetischer Studien (über Hautpigmente, die vor Sonne schützen und zu dunkler Haut führten) auf mindestens 1,2 Millionen Jahre geschätzt. Schimpansen tragen unter ihrem schwarzen Fell hellrosige Haut – wie vermutlich die Vormenschen auch (insbesondere die Australopithecinen) (JABLONSKI 2010)

12°C, erwies sich der Fellmangel jedoch als Nachteil.[138] Bevor sich der inzwischen »nackte Affe« (MORRIS 1968) ein Ersatzfell (Tierfell) umhängte, konnte er der nächtlichen Unterkühlung nur entgehen, wenn er sich an warmen Stellen oder in Feuernähe (dicht aneinandergerückt) aufhielt. Die derzeit ältesten Spuren menschlicher Feuerstellen liegen in der Nähe von (damals aktiveren) Vulkanen im Ostafrikanischen Graben.[139] Andererseits konnte er sich auch nur deshalb unmittelbar am offenen Feuer wärmen (nahe genug herantreten), weil er kein Fell mehr hatte – jede Böe wäre sonst für ihn wegen des Funkenflugs eine Gefahr gewesen.[140] Wahrscheinlich besteht zwischen dem Verlust des Haarkleides und dem gezielten Aufsuchen und schließlich dem Herstellen von Feuerstellen entwicklungsgeschichtlich eine Parallele. Noch heute dient das Lagerfeuer indigenen Völkern (z. B. *San, !Kung, Hadza*) als Wärme- und Lichtquelle, sobald es kühl und dunkel wird. Hier sitzen Gruppen dicht beieinander und blicken auf die Flammen (LEAKEY; LEWIN 1980; S. 151). Nicht anders werden sich unsere »nackten« Vorfahren verhalten haben.

Diese biologisch begründete Notwendigkeit, bei kühlen Temperaturen die Nähe zum Feuer zu suchen, zwang unsere Vorfahren, wärmendes Feuer dauerhaft zu erhalten und entsprechende Techniken dafür zu entwickeln. Die Dauerwirkung der Wärmestrahlung sollte sich nicht nur als wohltuend für den Organismus erweisen,141 sondern sich auch, wie angedeutet, auf nahe am Feuer gelagertes Fleisch auswirken, das an einigen Stellen Rösteffekte aufwies. Diese Hitzewirkung auf Fleisch weckte die besondere Aufmerksamkeit der Frühmenschen, da sie die sensorischen Eigenschaften des rohen Fleisches veränderte. Vermutlich waren es genau *diese* Beobachtungen, die dazu führten, Feuer als Garmedium einzusetzen. Bevor wir diese Vermutung noch genauer

---

[138] So schlafen z. B. die Ureinwohner Neuguineas nackt am Lagerfeuer, wobei sie recht nahe an der Feuerstelle liegen und deshalb von Funkenflug und Glutwirkungen erhebliche Brandverletzungen davontragen (HARRER 1988; S 148, 149)

[139] *Homo erectus* hat vor etwa 1,5 Millionen Jahren am Ufer des *Baringo-Sees* in der Nähe des Vulkans *Karosi* in Kenia Feuer gemacht, wie Werkzeuge aus Lavagestein und gebranntem Ton vermuten lassen; Feuerstellen wurden auch an der äthiopischen Grenze an der Ostseite des *Turkana-Sees* (Camp Koobi Fora) gefunden, also beides Orte in der Nähe aktiver Vulkane (LEAKEY; LEWIN 1980)

[140] Allein die Vorstellung, ein behaarter Schimpanse hielte sich in der unmittelbaren Nähe offener Flammen auf, lässt uns die Gefahr sofort erkennen

[141] Der Mensch verfügt über eine Wahrnehmung für Strahlungsenergie, die im mittleren Wellenbereich der Infrarotstrahlung (Wellenlängen von 3,0 µm bis 8 µm) als angenehm erlebt wird

untermauern, werden wir kursorisch weitere Annahmen zur Entstehung von Gartechniken betrachten.

4.3   Vermutungen zur Entstehung erster Feuergartechniken

Da wir heute Feuer als Garmedium nutzen (oder vergleichbare Energieträger, die an die Stelle offener Flammen oder Glut getreten sind), muss es im Leben unserer Urahnen Ereignisse gegeben haben, die die Verwendung von Feuer zur Rohstoffbearbeitung in Gang gebracht haben. Aber welche? Offenbar hatte die *Natur* es ihnen wie in einer 'Arbeitsanleitung' anschaulich »*vorgemacht*« und sie erkennen lassen, dass »*ein bisschen*« Feuerwirkung keineswegs von Nachteil, dass »*An*branntes« (also eben nicht »*Ver*branntes«) nicht automatisch als Nahrung verloren war, sondern eher einem Leckerbissen entsprach. Ließe sich diese archaische »*Lernsituation*« der *Hominini* – einschließlich der dafür notwendigen kognitiven und manuellen Voraussetzungen – rekonstruieren, wüssten wir, *weshalb nur* der »nackte« Mensch (nicht aber die großen behaarten Menschenaffen)[142] schließlich zum »*Coctivor*« wurde. Die gängigste Vermutung dazu ist die einer »*Spontanentdeckung*«, die u. a. beim Hantieren mit Nahrung und Feuer gemacht wurde – u. a. WRANGHAM 2009. Aber auch andere Entdeckungsszenarien sind denkbar, wie z.B. die der »Inferno-Hypothese«.

4.3.1 Die »Inferno-Hypothese«

<u>Szenario</u>: Ein geradezu infernalisches, viele Tage wütendes Feuer hatte das Habitat einer unserer Ahnenpopulationen vernichtet. Sie selbst hatten sich durch Flucht in eine Felshöhle retten können. Als sie wieder ins Freie traten, sahen sie eine trostlose, schwarz verbrannte Landschaft ohne jegliches Leben, nur glimmende und rauchende Baumstümpfe. Getrieben von Durst und Hunger durchstreiften sie die Gegend und stießen auf einen Tierkörper mit starken

---

[142] Neueste Forschungsergebnisse zeigen, dass Schimpansengehirne über ein geringeres Maß jener neuronalen Stränge verfügen, die beim Menschen während handwerklicher Tätigkeiten aktiv sind (STOUT 2016; S. 36)

Brandspuren. Obwohl dieser widerwärtig roch, fingen sie an, daran herumzu-kratzen, um nach Fleisch zu suchen. Und tatsächlich: unter dem verbrannten Fell befand sich etwas, das zwar nicht blutrot, sondern grau aussah, auch nicht nach Fleisch roch, aber Fleisch sein musste. Der blanke Hunger ließ sie die abstoßenden Verbrennungsgerüche[143] und ihre instinktive Vorsicht gegenüber »fremder« Nahrung (*Neophobie*) überwinden. Der für sie existentielle Lebens-moment war gekommen: Entweder sicherten diese Bissen ihr Überleben oder sie würden verhungern.

Hier hat also der Zustand größten Hungers (und der der Not geschuldete Ge-schmackstest) einige Individuen unserer homininen Vorfahren jene sensori-sche Besonderheit entdecken lassen, die zu eigenen Garanstrengungen – der schrittweisen Abkehr von roher Fleischkost hin zu einer mit Feuer modifizier-ten (prozessierten) *weicheren* Nahrung – führte.[144]

4.3.2 Die »Zufällig-ins-Feuer-gefallen«-Hypothese

Die »*Inferno*«- und die »*Zufall*«-*Hypothese* nennen lediglich Beobachtungen und Geschmackseindrücke, erklären aber nicht, wie aus den »Zufallsentde-ckungen« eine planvolle, gezielte Herstellung, das technische Prozedere des Garens entsteht. Unklar ist, ab wann Aktivitäten am Feuer bereits als 'Herstel-len eines Garziels' betrachtet werden können: Wann beginnt, wann endet Ga-ren, wann ist das »Optimum« erreicht und wovon hängt dieses ab? Diese Fra-gen weisen auf die Komplexität des Garvorgangs. Ohne die Fähigkeit zur Pro-zesssteuerung, ohne Kenntnisse zeitabhängiger Garphasen (Veränderungen am und im Rohstoff) führt das Hantieren mit Rohstoffen am/im Feuer eher zu sensorisch unattraktiven Ergebnissen. Der Einsatz von Feuer als 'Garwerk-zeug' konnte ohne absichtsvolles, vorausschauendes Handeln kaum erfolg-reich sein.[145] Vermutlich waren unzählige Fehlversuche vorausgegangen, bis

---

[143] Haare (Fäden verhornter Zellen) bestehen hauptsächlich aus Keratin, ein Eiweiß mit hohem Schwefelanteil, wodurch bei der Verbrennung entsprechend übelriechende Schwefelverbindungen entstehen

[144] Zweifellos haben Hominini solche Beobachtungen und Erfahrungen gemacht. Aber erst ab einer Gehirn-leistung, die ihnen erlaubte, kausale Zusammenhänge zu erkennen, konnten diese Erfahrungen zu Auslösern planvollen Handelns werden

[145] In der Kognitionsforschung wird als *prozedurales, nichtdeklaratives* Gedächtnis bezeichnet, was »*alle Fer-tig-keiten, über die wir verfügen, seien sie kognitiver (...) oder motorischer Art, sowie die Ausbildung von Gewohn-heiten umfasst*« (ROTH 2011; S. 7)

das Gargut schmackhaft war. Stammesgeschichtlich sind deshalb diese erfolgreichen kochenden Akteure dem modernen Menschen näher als jene, die vor über einer Million Jahre die allerersten Feuerexperimente mit Rohstoffen anstellten.

4.3.3 Aussagekraft der genannten Entstehungs-Hypothesen

Die »*Inferno*«- und die »*Zufall*«-*Hypothese* nennen lediglich Beobachtungen und Geschmackseindrücke, erklären aber nicht, wie aus den »Zufallsentdeckungen« eine planvolle, gezielte Herstellung, das technische Prozedere des Garens entsteht. Unklar ist, ab wann Aktivitäten am Feuer bereits als 'Herstellen eines Garziels' betrachtet werden können: Wann beginnt, wann endet Garen, wann ist das »Optimum« erreicht und wovon hängt dieses ab? Diese Fragen weisen auf die Komplexität des Garvorgangs. Ohne die Fähigkeit zur Prozesssteuerung, ohne Kenntnisse zeitabhängiger Garphasen (Veränderungen am und im Rohstoff) führt das Hantieren mit Rohstoffen am/im Feuer eher zu sensorisch unattraktiven Ergebnissen. Der Einsatz von Feuer als 'Garwerkzeug' konnte ohne absichtsvolles, vorausschauendes Handeln kaum erfolgreich sein.[146] Vermutlich waren unzählige Fehlversuche vorausgegangen, bis das Gargut schmackhaft war. Stammesgeschichtlich sind deshalb diese erfolgreichen kochenden Akteure dem modernen Menschen näher als jene, die vor über einer Million Jahre die allerersten Feuerexperimente mit Rohstoffen anstellten.

4.3.4 Wärmestrahlung als Auslöser für Garaktivitäten

Dass unsere Vorfahren überhaupt dazu übergingen, Feuer gezielt als Garmedium einzusetzen, lässt sich nur mit der hohen sensorischen Attraktivität der dabei entstehenden Produkte erklären. Ihre verbesserte Schmackhaftigkeit ist die 'Belohnung' für den Aufwand - der seinerseits durch die *Belohnungserwartung* gerne erbracht wird.[147] Wahrscheinlich gehen diese Tätigkeiten nicht

---

[146] In der Kognitionsforschung wird als *prozedurales, nichtdeklaratives* Gedächtnis bezeichnet, was »*alle Fertigkeiten, über die wir verfügen, seien sie kognitiver (...) oder motorischer Art, sowie die Ausbildung von Gewohnheiten umfasst*« (ROTH 2011; S. 7)

[147] Die diesen Handlungen zugrunde liegenden hormonellen Regelkreise, insbesondere die des Belohnungserwartungssystems, sind inzwischen gut erforscht (ROTH, STRÜBER 2014; S. 147–150)

auf eine einzige Beobachtung, nicht auf ein einzelnes Erlebnis (einer Art »sinnlichen Erweckung«) zurück, sondern auf wiederholt auftretende (identische) sensorische Erfahrungen, die schließlich *erwartet* wurden. Nach heutigem Wissenstand ist davon auszugehen, dass auch *epigenetische* Faktoren (umweltbedingte Genregulationen, die Geschmackspräferenzen modulieren; s. Fußn. 165, S. 89) die Realisierung des 'verbesserten Geschmacks' zum intrinsischen Handlungsmotiv werden ließen.[148]

Der allmähliche Wandel hin zur gezielten Röstung von Fleisch lässt sich mit Vorgängen am Lagerfeuer erklären. Erjagtes Wild wurde nicht unmittelbar am Jagdort verzehrt, sondern am Lagerplatz und in unmittelbarer Nähe des Feuers gelagert, sobald mit dem Mahl begonnen wurde (GIBBONS 2010). Das begann mit dem Herauslösen und Kleinschneiden von Fleischstücken und dauerte über Stunden. Gab es große Fleischmengen, und lagerten Teile davon »dichter« am Feuer, entstanden an der dem Feuer zugewandten Fleischseite Röststellen. Deshalb war – so ist jedenfalls zu vermuten – die Beobachtung des *Wärmestrahlungseffekts*[149] der Auslöser für gezielte 'Garaktivitäten'.

4.3.5 Die »Wärmestrahlen-Hypothese«

Der erste Rohstoff, den *Homo erectus* durch Feuerwirkung molekular (zuerst *un*absichtlich) veränderte, war Fleisch. Warum? Immer, wenn Feuer lange gebrannt hatte, wurden auch die in unmittelbarer Nähe befindlichen Steine und

---

[148] Die verschiedenen genetisch bedingten neuromodulatorischen Regelkreise unter dem Einfluss von Erfahrungen (mit epigenetischen Folgen) und daraus entstehenden individuellen Handlungsweisen bzw. -motiven (ROTH; STRÜBER 2014)

[149] Wärmestrahlung ist ein Phänomen (thermisches Spektrum vieler Materieteilchen), das ein Körper (Glut, heiße Steine u. a.) infolge seiner Temperatur aussendet (deshalb wird die Wärmestrahlung auch als *Temperaturstrahlung* bezeichnet). Sie gehört zur *elektromagnetischen Strahlung* und ist in ihrer Ausbreitung nicht an Materie gebunden (wirkt auch im Vakuum). Im Spektrum der elektromagnetischen Strahlen schließt sich die Wärme-strahlung an das sichtbare rote Licht an. Sie wird daher auch als *Infrarot-* oder *Ultrarot-Strahlung* bezeichnet (HTWK Leipzig 2019 'A'), (HTWK-Leipzig 'B'). Bei einem Abstand von 25 cm wird ein kleines Feuer auf der Haut schon nach ca. 21 Sekunden als viel zu heiß empfunden; bei einem großen Feuer in einem Abstand von einem Meter bereits nach gut einer Minute. Die Temperaturen der Flammen reichen von etwa 800° bis 900° C. Die Wärmestrahlung selbst ist unsichtbar (Planet Schule SWR/ WDR 2019)

Sandflächen erhitzt.[150] Wenn darauf Fleischteile lagen und *Wärmestrahlung* auf nahe am Feuer gelegene Stücke wirkte, dann veränderten sich die Muskelfasern dieses Fleisches: es *denaturierte* an einigen Stellen und bekam die oben genannten sensorisch besonders auffälligen Röststellen.

Wenn wir heute gebratenes Fleisch mögen, so ist diese Empfindung ein physiologisches 'Feedback' auf diesen Geschmack, der weiter Appetit macht. Nicht anders wird es *Homo erectus* ergangen sein, wenn er angeröstete Stellen probierte.

Der Genusswert eines Bissens steuert – früher wie heute – die Aufmerksamkeit des Essers. Die sensorische Besonderheit (Röstaroma) konnte *Homo erectus* bereits zuordnen: Das in unmittelbarer Feuernähe gelagerte Fleisch verändert sich optisch, aromatisch, im Kauwiderstand, erscheint saftiger und schmeckt kräftiger. Solche veränderten Stellen waren attraktiver als das rohe Fleisch und wurden rasch zu den begehrtesten Stücken. Wie viele »Generationen« es gedauert hat, bis einige clevere Individuen ihre entbeinte Jagdbeute so in Feuernähe platzierten, dass die Hitze (durch Drehen und Wenden) allseits wirken konnte, ist für unsere Überlegungen nachrangig. Die alles entscheidende Entdeckung war die der »**Fernwirkung von Feuer**« auf Fleisch – insbesondere die der *Glut*. Damit ließen sich die Textur und der Geschmack verändern – es brauchte lediglich Zeit und die hatten sie, da sie sich ohnehin am Feuer aufhielten. Deshalb spricht vieles für die Vermutung, dass die Ernährungs(r)evolution – *der Einsatz von Feuer zu Garzwecken* – am Lagerfeuer ihren Anfang nahm.

4.4   Der gezielte Einsatz von Feuer als «energetisches Werkzeug»

Die Wirkung von Feuer auf Fleisch war anfänglich nur ein schmackhafter »Mitnahmeeffekt«. Diese 'passiv-beobachtende' Ebene änderte sich schließ-

---

[150] Diese physikalischen Phänomene und Beobachtungen sollten viele Jahrhunderttausende später zur Grundlage von Gartechniken werden; HARRER (1988) berichtet von Kochtechniken der Bewohner Neuguineas, bei denen Steine als »Kochplatten« und »Wärmespeicher« dienen; in Südalgerien, Tunesien, Sahara, Mali, Niger und Burkina Faso dient heißer Sand (durch Feuer erzeugt) zur Herstellung von Brotfladen (CLAUS; ROSSIE; 1976; wiss. Film)

lich, als die Menschen begannen, Feuer nicht nur als Wärmequelle, sondern gezielt auch als »Werkzeug« zur Veränderung ihrer Rohstoffe einzusetzen. Damit betrat der Mensch eine neue Handlungsebene, auf der nicht allein mit »Armen und Beinen« und mit harten Materialien, wie Steinen oder Stöcken, und feinmotorischen Fertigkeiten etwas produziert wurde, sondern durch den Einsatz einer Naturkraft. Der Mensch ließ Feuer *für sich* arbeiten. Diese Technik konnte offenbar genauso erlernt werden wie das *Imitieren* bestimmter Handlungen (s. Hintergr.-Info., S. 81). Hierbei handelte es sich aber *nicht um die beobachtete Tätigkeit eines Artgenossen, die man nachmacht* (die Wirkung von Feuer ist keine Tätigkeit eines Artgenossen), sondern setzt die *Wirkung* von Feuer/Glut planvoll ein. Das Erlernen von Gar- und Rösttechniken lag daher auf einer kognitiv höheren Ebene, als die »Eins-zu-Eins-Imitation« beobachteter Handlungen – es instrumentalisiert die »*Wirkung thermischer Energie*«. Das war der Beginn einer technischen Revolution, die viele Jahrhunderttausende später u. a. die Herstellung der *Mikrolithe* (kleine, durch Feuer glasierte Steinklingen) (MAREAN 2016), von Tongefäßen, Kupfer, Bronze und die Verhüttung von Eisenerzen möglich machte. Dass diese Technologien ihren Ursprung, ihren »Lernort«, am Lagerfeuer hatten, ist uns genauso wenig bewusst wie die Tatsache, dass genau dort die Kochkunst ihren Anfang nahm.

Hintergrundinformationen

Man unterscheidet bei Werkzeugen *natürliche* und *künstliche*, wobei Letztere eigens hergestellt werden. So benutzen, wie betont, »*Schimpansen (in der Wildnis) Steine zum Nüsseknacken, Blätter als Schwamm oder Tuch, Stöcke zum Dreschen oder als Prügel, andere Gegenstände als Waffen oder Wurfgeschosse, sie verwenden Stöckchen zum Selbstkitzeln, zum 'Angeln' von Termiten, zum Graben nach Ameisen und für vieles mehr*«(ROTH 2011; S. 301). Den Werkzeuggebrauch und die Werkzeugherstellung erforschen Verhaltensbiologen u. a. auch an Tieren (z. B. Vögeln) und an verschiedenen Affenarten. Erlernt werden *neue* Verhaltensweisen allein durch *Beobachten* von Aktionen *der Artgenossen*. Uneins sind die Forscher, ob es sich dabei um die für Menschen typische echte *Imitation* handelt oder das Interesse am Tun des anderen als reine *Reizverstärkung, Reaktionsbahnung* bereits angelegter Strukturen handelt oder aber als bloßes *Nacheifern* oder »Nachäffen« (*Emulation*) interpretiert werden muss. Entscheidend für die Aneignung dieser *gesehenen* Handlungen ist der eigene Erfolg (die *Belohnung*).Dieses Lernen (durch Tun) wird als *operative Konditionierung* bezeichnet und ist typisch für eng zusammenlebende Gruppen, wie z. B. der Menschenaffen (ROTH 2011; S. 298 ff.).

Für diesen Feuereinsatz zur Rohstoffbearbeitung bedurfte es nicht nur technischer Fertigkeiten. Er setzte die kognitive Fähigkeit voraus, *zwei* in zeitlichem Zusammenhang stehende Vorgänge als eine *Ursache-Wirkung-Beziehung* zu erkennen: die der **Feuerwirkung** (in Dauer und Intensität) und die damit einhergehenden variablen **sensorischen Effekte**. Insofern belegt der gezielte Einsatz von Feuer als »*energetisches Werkzeug*« eine Denkleistung, die die sensorische Veränderbarkeit der Nahrung als »Möglichkeit« bereits 'kennt'. Im *Gegarten* (dem Ergebnis einer »Teamleistung« aus *Sensorik* und *Verstand*) wird das vom Organismus '*Gewollte*' schmeckbar. Als wesentlicher Antrieb und Impulsgeber dieser Gartechnik muss der (sich zunehmend differenzierende) Geschmackssinn angenommen werden – ein Produkt auch epigenetischer Faktoren (SKINNER 2015). Aromen und Molekülkomponenten haben physiologische und hormonelle Systementwicklungen begünstigt, die unsere heutigen Geschmacksempfindungen begründen.

4.4.1 Feuer und Lernfähigkeit

Die *Wirkung* des Feuers auf Rohstoffe erkennen die Sinne entweder als Vor- oder Nachteil. Diese sensorischen Werte stehen mit den äußeren Bedingungen (Flammen, Glut) in einem optischen, zeitlichen und räumlichen Zusammenhang und erfüllen damit die Voraussetzungen einer Kontextkonditionierung. Der Organismus erlernt den Zusammenhang »*bestimmter Reize bzw. Ereignisse in einer ganz bestimmten Umgebung oder ganz bestimmten Verhältnissen, einem Kontext*« (ROTH 2011, S. 3). Dieser Zusammenhang wird zum Gedächtnisinhalt, der untrennbar mit der *Erwartung* – hier: schmackhaftes Essen – gekoppelt (assoziiert) ist.

Hintergrundinformation

Lebewesen reagieren auf ihre Umwelt nicht nur reflexartig und instinktgesteuert, sondern sie sind auch *lernfähig*, haben ein Gedächtnis und sind ab einer bestimmten Gehirngröße auch zu kognitiven Leistungen fähig. Zu den biologisch elementarsten *erfahrungsbedingten* Verhaltensanpassungen zählen die **Habituation** (eine Reaktionsabnahme auf einen Reiz, wenn sich dieser in der Wiederholung als harmlos erweist) und die **Sensitivierung**, bei der sich die anfänglich schwache Reizantwort verstärkt, sobald sich nicht erwartete *negative* oder *positive* (!) Konsequenzen einstellen. Beide Reaktionen sind ausschließlich **Bewertungen durch das Nervensystem**, die weitgehend autonom ablaufen. Lebewesen, die über ein Säugerhirn verfügen – also auch der Mensch – speichern und erinnern Ereignisse in der Regel *kontextgebunden*. Die Gedächtnisinhalte stehen mit besonderen zeitlichen und räumlichen Bedingungen in Zusammenhang (sind damit assoziiert). Physiologische Reaktionen sind an *erwartete* Zustände gekoppelt und können bereits auf kleinste Anzeichen »im Voraus« ausgelöst werden. Diese Körperreaktion (*Stimulus-Response*) bezeichnet die behavioristische Lernpsychologie dann als *konditioniert,* wenn zwei Reize in einem Kontext 'zeitnah' auftreten (z. B. zuerst ein Glockenton, dann Futtererhalt – wie der Physiologe *Iwan Pawlow* an Hunden zeigen konnte, die schließlich bereits bei dem Glockenton Speichelfluss bekamen). Auf das Essen bezogen lässt uns ein optischer oder olfaktorischer Reiz (z. B. gebräunt, Röstaroma) Schmackhaftes erwarten – wir bekommen Appetit.

Geschmackliche Eindrücke haben erst dann eine *Bedeutung* für den Organismus, wenn er ihre Vor- oder Nachteile erkennen kann, d. h., über Erkennungsstrukturen verfügt, in denen diese Merkmale bereits 'angelegt' sind (eigentlich: »wiedererkannt« werden). So lassen beispielsweise bittere oder stark saure Empfindungen nichts Gutes ahnen. Nicht nur *Homo erectus* verfügte über ein sensorisches »Gedächtnis« (und daran gekoppelte Emotionen), mit dem er den »Wert« eines Bissen rasch beurteilen konnte.[151] Alle höheren Lebewesen haben ein solches vegetatives Kontrollsystem. So verfügt der Mensch über verschiedene Geschmacksrezeptoren (davon allein über 25 *Bitterrezeptorarten*) – nicht nur auf der Zunge, sondern auch im gesamten Organismus unterschiedlich verteilt. Welche Doppelfunktionen insbesondere die Bitterrezeptoren auch beim Abwehren von Giften und Bakterien haben, ist Gegenstand aktueller Forschung und zeigt die biologische Verflechtung von Geschmack und Gesundheit (LEE; COHEN 2016).[152]

---

[151] Das 'Nahrungsgedächtnis' ist vor allem im *limbischen System* eingebettet. Dorthin gelangen die von den Sinneszellen empfangenen Geruchs- und Geschmackseindrücke (allesamt bioelektrische Signale) in Kerngebiete und lösen dort energetisch definierbare Erregungszustände aus, die, so ist zu vermuten, mit den sie auslösenden (die Rezeptoren aktivierenden) chemisch-physikalischen Energiepaketen in 'energieäquivalenter' Beziehung stehen. Erzeugen diese Signale im *Hippocampus* (eine Art Gedächtnisregion und zentrale Schaltstelle im limbischen System) den dafür angelegten »Erinnerungswert« (ein 'Energiewert-Äquivalent'), kann das Stirnhirn (im *präfrontalen Cortex*) diesen entweder als 'gut' oder 'schlecht' bewerten. Diese Reizverarbeitung mit Bewertungssystem (u. a. aufgrund hormoneller Effekte) hat sich evolutionär entwickelt und folgt (überwiegend) genetischen Programmen. Deshalb 'weiß' der Organismus, was ihm guttut; dazu auch Wikipedia: *Gehirn*

[152] Noam und Cohen weisen den Zusammenhang zwischen chemosensorischen Effekten (durch Signale der Geschmacksrezeptoren) und der Immunabwehr des Körpers nach: Insbesondere die Epithelzellen der »*Superschmecker*« (dazu: Fußn. 504, S. 211; Fußn. 505, S. 212) setzten nach ihrer Stimulation, z. B. durch einen Bitterstoff, vermehrt Stickstoffmonoxid (NO) zur Abwehr eindringender Bakterien frei: »*NO diffundiert in die Bakterien und tötet sie ab*«; ebenda

4.4.2 Viele Tiere mögen hitzedenaturierte Nahrung

Nahrungsaufnahme ist die elementarste Handlung (und entwicklungsgeschichtlich älter als der Sexualtrieb), die der Organismus kraft Evolution weitgehend autonom steuert und überwacht. Im Rahmen von Tierexperimenten,
bei denen *Schimpansen, Bonobos, Gorillas* und *Orang-Utans* zwischen rohen
und gegarten Speisen wählen konnten, entschieden sich *alle* (!) für die leichter
verdaulichen (gegarten) Karotten, Kartoffeln, Fleischstücke und Äpfel (nachdem sie vorab diese Speisen kurz probieren durften, um *Neophobie* zu vermeiden (MUTH; POLLMER 2010; S. 53). Selbst Schimpansen, die vorher nie gekochtes Fleisch gegessen hatten, in der freien Wildbahn aber gerne Buschbabys, Artgenossen (und auch Menschenbabys) mit Genuss fressen, wählten sofort die gegarte Version. Die Forscher begründeten dieses Futterwahlergebnis
mit der *weicheren* Textur, was sich auch mit der Präferenz von gemahlener
und zerdrückter Nahrung deckt (MUTH; POLLMER 2010).

Die *Weichheit*, ein haptisches Merkmal des Kauwiderstands, ist für die Nahrungswahl bedeutsam, da zeit- und energieaufwändiges Kauen geringer sind
(u. a. verbringen Berggorillas 60 bis 70 % ihrer aktiven Tageszeit mit der Nahrungsaufnahme (HESS 1989; S. 75). In der weichen Textur einer Nahrung liegen aber noch weitere 'sensorische *Informationen*' für den Organismus, die u.
a. die Resorptions*geschwindigkeit* betreffen (LOGUE 1995). Der tatsächliche
Nahrungsnutzen (stets ein Summenwert) kann offenbar bereits durch ein einzelnes her-vortretendes Merkmal »erkannt« werden, an das oft weitere metabolische Vorteile gekoppelt sind (z. B. raschere Bioverfügbarkeit, geringere
Keimbelastung, giftarm). Je vorteilhafter der Gesamtnutzen ist, desto attraktiver ist das Geschmackserlebnis. Über diese endogen ablaufenden Kontrollen
der Nahrungsqualität verfügen nicht nur unsere genetisch engsten Verwandten, sondern alle Lebewesen, die ihre Nahrung selektiv wählen.

In Regionen, wo Steppen- und Buschbrände regelmäßig vorkommen,[153] nutzen
viele Tiere die Brandgebiete zur Futtersuche:[154] »*Falken jagen fliehende Tiere*

---

[153] Blitzeinschlagsfeuer sind in diesen Regionen natürlich vorkommende Umweltfaktoren, die im Jahresmittel
bei einem Blitz pro 5 000 m² liegen

[154] »*Wenn Buschbrände über die Savanne fegen, schreiten Störche (in Scharen) und andere Vögel hinter der
Feuerfront her, um die solcherart 'gebratenen' Heuschrecken, kleinen Echsen und anderen Kleintiere aufzu-
sammeln und zu verzehren*« (REICHHOLF 2008; S. 134)

(...), Weißnacken-Störche und Königsgeier sammeln gegrillte Insekten oder Reptilien, wenn das Feuer weitergezogen ist (...). In Australien wurden zahlreiche Tierarten, wie Reptilien, Vögel und Ratten beobachtet, die nach Buschbränden die Flächen gezielt nach Futter absuchen (...). Manche Vögel patrouillieren entlang der Feuerlinie auf der Suche nach versengten Insekten (...)« (MUTH; POLLMER 2010; S. 53). Die durch Feuerwirkung veränderte Nahrung ist für diese Tiere ein 'Leckerbissen', weil ihr *Futtererkennungsschema* – eine in zig Millionen Jahren entstandene genetisch regulierte Nahrungsorientierung – den metabolischen Vorteil dieser denaturierten Strukturen 'kennt'.

Brände gibt es auf der Erde seit Äonen und es wäre geradezu eine Nahrungsverschwendung, wenn unzähliges Kleingetier und Insekten (alles hochwertige Eiweißlieferanten) als Nahrung wegfielen, 'nur' weil sie geröstet sind. Tatsächlich verhält es sich genau andersherum, und dafür muss es Gründe geben. Die sensorische 'Information' thermisch veränderter Nahrung löst bei den meisten Lebewesen eine Art Fress-Stimulus aus (der grundsätzlich an hormonelle Reaktionen gekoppelt ist),[155] und genau hierin liegt die attraktive Sonderstellung gerösteter Nahrung im sonst üblichen Spektrum begründet.

Durch die Einrichtung und Erhaltung einer dauerhaften Feuerstelle konnten jene attraktiven gegarten »Zustände«, die die Frühmenschen nach Buschbränden *auf* und unmittelbar *unter* dem Erdboden immer wieder finden konnten, nun selbst hergestellt werden. Das Warten auf ein Buschfeuer gehörte damit der Vergangenheit an.

4.5   Das Sammeln – Rohstoffe »kommen zum Feuer«

Ob die Frühmenschen Feuer gelegt haben, um u. a. Kleintiere aus ihren Verstecken zur jagen, wissen wir nicht, auszuschließen ist das aber nicht (BEHRINGER 2010).[156] Im großen Afrikanischen Grabenbruch (*Great Rift*

---

[155] Durch quantitative und qualitative Botenstoffwerte (abhängig von der Anzahl der Rezeptoren), die unser Organismus bei schmackhaften Speisen als »Memory-Faktor« ausschüttet (z. B. *Serotonin*), wodurch wir uns an das wertvolle Essen erinnern können. Hierzu auch (LEE; COHEN 2016) und (ROTH 2011; S. 95–152)

[156] *»Bereits paläolithische Jäger dürften das Feuer zur Jagd benutzt und damit weiträumige Umgestaltung der Landschaft bewirkt haben ...«*; a. a. O., S. 68

Valley) – der Wiege der Menschheit – gab es zu Zeiten der Hominiden vermutlich genügend heiße Erdstellen, die auf Vulkantätigkeiten zurückgingen und mit Phänomenen (geothermische Anomalien) vergleichbar sind, wie sie z. B. auf *Islote de Hilario* im Nationalpark *Timanfaya* der Kanarischen Insel *Lanzarote* vorkommen. Dort reicht die vom Erdinneren austretende Hitze aus, hineingeworfenes Gestrüpp sofort zu entflammen.[157] Von einer solchen »Feuerquelle« ließen sich glimmende Zweige abtransportieren und an anderen Stellen Brände entfachen. Da aber große Brände schnell Teile des Habitats zerstört hätten, mussten die gelegten Feuer eingegrenzt bleiben.[158] Dadurch waren sie zu unergiebig, um ausreichend geflüchtetes Getier und geröstete Leckerbissen zu finden. Die Lösung lag in der Umkehrung: **Nicht mehr das Feuer kam zu den Tieren und Pflanzen, sondern diese wurden (als Sammelgut) zum Feuer gebracht**.

Sammeln wurde zu einer Erkundungsleistung, bei der das Gesammelte (z. B. Kleintiere, Raupen, Knollen, Wurzeln, Körner, Nüsse) als »zum Garen geeignet« bekannt sein musste. Diese im rohen Zustand z. T. kaum genießbaren Rohstoffe waren dennoch »Nahrungsschätze«, da deren *gegarte Qualität* hohen Genuss verhieß. Vermutlich hatte dieser *sensorische Hintergrund* die »Sammlerkultur« regelrecht befördert. Warum sollte man sonst Rohstoffe aller Art erst mühevoll zu einer Feuerstelle tragen, wenn damit keine Vorteile verbunden waren?

4.5.1 Die Energiewirkung des Feuers mindert Verdauungsarbeit

Nach Berechnungen von WRANGHAM (2009) beträgt bei gegarter Nahrung die Energieeinsparung etwa 23,4 % (es wird weniger ATP verbraucht).[159] Auch

---

[157] Die vom Erdinneren austretende Hitze am *Islote de Hilario*, ausgelöst durch eine Magmakammer in geringer Tiefe (4–5 km Tiefe), reicht aus, um Fleisch zu rösten; dazu auch Wikipedia: *Nationalpark Timanfaya*

[158] Feuerjagdtechniken sind auf der Welt weit verbreitet. Nicht nur die Indianer Nordamerikas setzten Feuer als Mittel zur Treibjagd ein, auch die Ureinwohner Australiens. Die Aborigines » jagen nicht nur mit ihren Speeren, sondern sie legen bei der Jagd auch kleine Feuer« (KUHRT 2913)

[159] ATP (*Adenosintriphosphat*) ist eine energiereiche Verbindung, die durch einen komplizierten Vorgang in den Membranen der *Mitochondrien* entsteht. Dabei werden Protonen aus dem Innenraum der Mitochondrien nach außen gepumpt (die Energie stammt von der 'Verbrennung', der Oxidation der Fette, Kohlenhydrate und Proteine), wobei ein energetisches Konzentrationsgefälle entsteht, das die Synthese von ADP (Adenosindiphosphat) und anorganisches Phosphat (P_i) antreibt – sobald die zurückströmenden Protonen den Ionenkanal passieren. Hier wird die elektrochemische Energie des Protonengradienten in chemische Bindungsenergie des ATP umwandelt. Dieser *Ionenkanal* wird ATP-Synthase genannt; REA, P. A. et al. 2015; S. 28

sind die Dauer der Aufnahme und die Resorptionszeit der Inhaltsstoffe kürzer. Unser Appetit auf gegartes, geröstetes Fleisch wird über endogene Prozesse gesteuert, die mit den Inhaltskomponenten und der Verdaulichkeit in Verbindung stehen (LÖFFLER; PETRIDES 1988). Obwohl die Ur- und Frühmenschen überwiegend Fleisch roh aßen (selbst Schimpansen fressen, wie erwähnt, gelegentlich Artgenossen und Buschbabys), entwickelte sich zunehmend ihr Appetit auch auf Gegartes.[160]

Hintergrundinformationen

Wenn wir Fleisch essen, nehmen wir mit jedem Happen große Mengen Biomoleküle auf, deren molekulare Zusammensetzung und chemische Bindungsstrukturen Zerlegungsarbeit im Magen-Darm-System erfordern, bevor diese resorbiert werden können. Äße man rohes Fleisch (was Schimpansen in freier Wildbahn gelegentlich tun), müsste der Organismus alle notwendigen molekularen Abbauprozesse mit seinen 'physiologischen Bordmitteln' alleine leisten. Nach mühsamem Zerkauen folgt die Eiweißquellung mittels *Magensalzsäure* und *Pepsin* und eine enzymatische Spaltung der Großmoleküle (durch *Peptidasen*). Schließlich müssen die langen Peptidbindungen im Dünndarm in kurzkettige *Peptide* oder einzelne *Aminosäuren* (durch *Endo-* und *Exopeptidasen*) zerlegt werden. Erst so ist das vormalige Muskelgewebe resorbier- und nutzbar. Diese hydrolytischen Spaltungen – vom Kompaktmolekül bis zu den kleinsten Eiweißbausteinen (den Aminosäuren) – verbrauchen Zeit und Energie, die der Körper in Form von ATP (*Adenosintriphosphat*) aufbringen muss.

Die Wirkung von Flammen/Glut auf *hitzelabile* organische Substanzen lässt sich (am Beispiel von Fleisch) von außen gut verfolgen: Zuerst verdampfen Wasseranteile der Randflächen (mit Zisch- und Platzgeräuschen) und die Innentemperatur steigt. Dadurch nimmt das Zellvolumen zunächst zu (*thermische Expansion*), Zellwandbestandteile lockern sich, werden durchlässig und quellen. Die inzwischen 'wasserfreien' (über 100° C heißen) Außenflächen bräunen durch die sog. *Maillard-Reaktion* (bei der Eiweiß-Fleisch-Zucker-Verbindungen entstehen (dazu Hintergr.-Info. S. 89 f. unten und Abschn. 11.4, S. 183 f.). Flüchtige fleischtypische Röstaromen (bei Pflanzen entweichen ätherische Öle) lassen die Dauer und Intensität des Garvorgangs auch olfaktorisch erkennen. Schließlich hat sich außen eine braune Kruste gebildet, die auf den inneren Garzustand hinweist (hinweisen kann). Weil bei Garvorgängen die Moleküle ihre natürliche Struktur verlieren, bezeichnet man das als *Denaturierung* (denaturieren = den natürlichen Zustand wegnehmen).

---

[160] Was, wie bereits genannt, zu morphologischen Veränderungen führte. Innerhalb der Entwicklungslinie der Hominini kam es zur *Grazilisierung* des Gebisses, der Dünndarm wurde länger und der Dickdarm kürzer u. a. m.

Der Appetit ist eine vorgeschaltete physiologische Reaktion auf erwartete Inhaltsstoffe, die Genuss versprechen und in der Regel auch gut verdaut werden können. Deshalb sucht jedes Lebewesen in seinem Umfeld die Nahrung, die ihm am besten bekommt und ihm den größten Nutzen bringt (das oben erwähnte *Optimal foraging,* die »optimale Futtersuche«).[161] Alle Lebewesen sind mit vielfältigen Sensoren ausgestattet, um die für ihren Organismus geeignete Nahrung zu finden. Bei Säugern, also auch beim Menschen, beginnt das »Training von Gaumen und Stoffwechsel« bereits im Mutterleib: »*Während das Fruchtwasser Geschmacksstoffe aus der Nahrung aufnimmt* (Anm. d. Verf. – die so auf die Zunge des Fötus gelangen)*, liefert das mütterliche Blut die Nährstoffe aus der Nahrung und 'informiert' mittels hormoneller Signale über die Wirkungen. Später transportiert die Muttermilch einen Teil der sensorischen Botschaften der vorher verzehrten Speisen. Nach dem Stillen übt der Geschmack der ersten Nahrung eine prägende Wirkung aus*« (POLLMER 2003; S. 14). Auf diese Weise kann der Stoffwechsel prüfen, »*welche Substanzen in der Nahrung enthalten sind, um angesichts der Verfügbarkeit und Veranlagung den Stoffwechsel optimal einzustellen*« (ebenda).

4.5.2 Gefühlsbegleitende Effekte bei der Nahrungsaufnahme

Beim Menschen steuern, prüfen und bewerten zunächst die Kopfsinne jeden Bissen (*cephale Steuerung*), den wir aufnehmen (wollen). Danach wird die aufgenommene Nahrung von unserem evolutionsbiologisch ältesten Nervensystem kontrolliert, das unsere Darmwände mit einem dichten Nervengeflecht ummantelt und salopp als *Darmhirn* bezeichnet wird.[162] Dieses Nervensystem wird von Rezeptoren der Darmwand informiert, die an der Innenseite (dem *Lumen*) liegen. Sie funktionieren wie Riech- und Geschmackssinneszellen und »schmecken« nicht nur Nährstoffe, sondern reagieren auch auf Komponenten, die unseren Gefühlszustand beim Essen beeinflussen: die *Opioidrezeptoren.* Solche Rezeptoren befinden sich nicht nur in unserem zentralen Nervensystem und den Blutgefäßen, sondern eben auch in der Darmwand. Hier können

---

[161] Der deutsche Begriff dafür ist auch: **Optimalitätsmodell***;* a. a. O., S. 204 ff.
[162] Das enterische Nervensystem besteht aus einem komplexen Geflecht von Nervenzellen (Neuronen), das nahezu den gesamten Magen-Darm-Trakt durchzieht. Es besitzt beim Menschen 4–5 Mal mehr Neuronen als das Rückenmark (etwa 100 Millionen Nervenzellen); siehe auch Wikipedia: *Enterisches Nervensystem*

sogenannte *Exorphine* andocken, die in jedem Nahrungsgemisch unterschiedlich konzentriert vorkommen.[163]

Hintergrundinformationen

Das Besondere dieser Rezeptoren ist ihre Wandelbarkeit (Adaptationsfähigkeit). Ihre Empfindlichkeit für spezifische Nahrungsmoleküle ändert sich ständig (POLLMER et al. 2008/2009),[164] (BERG et al. 2003). Das geschieht auch durch An- oder Abschalten von Genen (Aspekte der **Epigenetik**),[165] die diese Rezeptoren regulieren und entsprechend auf gute oder ungünstige Komponenten reagieren lassen. Das heißt, dass auch Nahrungskomponenten das Ablesen von Genen und die Herstellung bzw. die Unterbindung von Genprodukten steuern, die für Sensibilität auf Inhaltsstoffe codieren (PFUHL; POLLMER 2013).[166] Auf diese Weise kann der Organismus die Ausschüttung von spezifischen Verdauungsenzymen regulieren und die Bildung neuer Rezeptoren verstärken – um auf wertvolle Nahrung effizienter zu reagieren (durch Aktivierung spezifischer Zellwachstumsfaktoren – sogenannte *Growth Factors*).

Wie erklärt sich nun die zunehmende Präferenz unserer homininen Vorfahren für gegartes, geröstetes Fleisch? Es war *weicher* und besser kaubar als rohes Muskelgewebe und hatte ein signifikantes *Röstaroma*. Diese Merkmale sind als *sinnliche Einheit* in den neuronalen Bereichen für Nahrungsmerkmale und -bewertung (besonders im Limbischen System) »verankert«. Deshalb löste jeder Fleischbissen bei *Homo erectus* einen Endorphinschub aus, den auch wir bei geröstetem, aromatisch saftigem Fleisch erfahren. Diese angenehme essbegleitende Empfindung hält zudem länger an als beim Verzehr von ungeröstetem Fleisch (s. Hintergr.-Info. unten).

Hintergrundinformationen

In den gerösteten Fleischanteilen haben sich durch das Verschmelzen von *Eiweiß* und *Fleischzucker* bei der oben erwähnten *Maillard-Reaktion* nicht nur *Melanoidine* gebildet, sondern

---

[163] »*Aus dem Fleisch und Blut werden während der Verdauung Exorphine (sog. Hämorphine) freigesetzt*«; Exorphine sind kurzkettige Aminosäuren (Peptide), die in Eiweißmolekülen enthalten sind und von den Darmenzymen nicht in Aminosäuren zerlegt werden. Sie wirken opioid, weil sie an Opioidrezeptoren koppeln (POLLMER et al. 2008/2009; S. 8)

[164] »*... erst wenn der Körper weiß, dass die Kost für ihn vorteilhaft ist, bildet er die jeweiligen Rezeptoren aus*«; a. a. O., S. 8; siehe auch BERG et al. 2003; S. 37

[165] Hierbei handelt es sich um chemische Faktoren, die Vorgänge im Zellkern steuern. So wird u. a. durch Methylierung oder Acetylierung der *Histone* (basische Eiweiße der Chromatinfäden = das Material der Chromosomen), in denen die DNA – Desoxyribonukleinsäure (engl. für Säure: *Acid* – deshalb DNA) - 'aufgerollt' vorliegt, das 'Ablesen' der Gene temporär reguliert (BLECH 2010); (NÜSSLEIN-VOLHARD 2004)

[166] A. a. O., S. 18 f.

auch Stoffe, die die Chemiker *Alkaloide* nennen. Hierbei handelt es sich um einfache *Indol-Alkaloide,*[167] die als *β-Carboline*[168] bezeichnet werden und sich u. a. in der braunen Kruste befinden und *opioid* wirken (sie docken nach dem Verzehr an die Opiatrezeptoren der Blut- und Hirngefäße). Auch sorgen sie dafür, dass diese Hochstimmung nach dem Essen länger anhält, denn sie blockieren Enzyme (u.a. *Monoaminooxidasen*, MAOs), die unsere *Hormone* und *Endorphine* abbauen, die den wohligen Zustand bewirken (KLEIN 2009) Deshalb hält der Wohlfühlzustand länger an, sobald sich im Blut Stoffe befinden, die die Aktivitäten der MAOs ausbremsen. Genau das leisten *β-Carboline*, denn sie wirken nicht nur opioid, sondern sind auch potente MAO-Hemmer [POLLMER (Hg.) 2010].[169] Schließlich wirken auch Komponenten des Muskeleiweißes selbst stimmungshebend, weil sie sogenannte *Exorphine* (Hämorphine) enthalten.

4.6   Feuerwirkung auf pflanzliche Bestandteile

Auch pflanzliches Gewebe wird durch Hitzewirkung molekular verändert, wodurch sich nicht nur die Aufnahme ihrer Nährstoffe deutlich verbessert, sondern auch große Anteile ihrer Abwehrgifte (*Antinutritiva*) zerstört werden. Zwischen den früheren Wildformen, die zur Zeit der *Hominini* wuchsen (von denen nur einige wenige in Kultur genommen worden sind) und den heutigen Kulturpflanzen bestehen in Bezug auf Gift-, Faserstoff- und Nährwertgehalte erhebliche Unterschiede. Viele Gemüsesorten können wir – dank genetischer Veränderungen (Züchtung) – inzwischen problemlos auch roh verzehren. Wer zu Zeiten von *Homo erectus* noch große Mengen roher Pflanzen, Knollen und Früchte auf dem Speiseplan hatte, musste über ein entsprechendes Darmsystem (und über Entgiftungsenzyme) verfügen und war in der Regel viele Stunden des Tages mit Suchen, Fressen und Verdauen beschäftigt. Für den modernen Menschen wäre der Rohkostplan unserer frühen Artgenossen nahezu ungenießbar (wie Selbstversuche von WRANGHAM 2009 gezeigt haben). Nicht nur weil uns u. a. Zellulasen und entsprechende *Entgiftungssysteme* fehlen,

---

[167] Indol-Alkaloide enthalten einen Indol- oder Indolin-Grundkörper (2 'Ringe'). Inzwischen kennt man über 12 000 Alkaloide, die überwiegend pflanzlichen Ursprungs sind. Sie dienen ihnen als chemische Abwehr gegen Fraßfeinde. Auch der menschliche Organismus kann aus körpereigenem *Tryptamin* (ein Amin) und *Acetaldehyd* (das in der Leber u. a. beim Abbau von Alkohol entsteht) *β-Carboline* herstellen

[168] Beta-Carboline gehören zur großen Gruppe natürlicher *Indol-Alkaloide*, die sich aromatisch unterscheiden und ein breites Spektrum pharmakologischer Eigenschaften aufweisen, u. a.: beruhigend, angstlösend, antiviral, antiparasitär und antimikrobiell (CAO et al. 2007)

[169] „*Beachtliche Gehalte an β-Carbolinen finden sich ... im Gebratenen und Gegrillten...*"; a. a. O., S. 116

sondern weil unser Organismus inzwischen auf gekochte Nahrung angewiesen ist (unser Dünndarm ist auf Gekochtes bestens vorbereitet – deshalb ist er auch wesentlich länger als der Dickdarm. Letzterer kann mit Hilfe der Darmbiota u. a. einige Ballaststoffe zu kurzkettigen Fettsäuren (u. a. *Butyrat*) zerlegen und energetisch und immunologisch nutzen.

Weltweit – auch in indigenen Kulturen – werden Pflanzen nicht roh, sondern vielfältig zubereitet und gegart verzehrt. Dafür gibt es ernährungsphysiologische Gründe. Stärkereiche Knollen und Wurzeln sind für das menschliche Verdauungssystem erst dann verwertbar, wenn die Stärke verkleistert (durch Wasseraufnahme gequollen) ist. Rohe Stärke ist nahezu unverdaulich, sieht man von wenigen modernen Getreidesorten ab (z. B. Haferflocken). Da viele Pflanzentoxine hitzelabil (z. B. *Linamarin, Phasin*) oder wasserlöslich sind (*Solanin, Chaconin*) und in das Kochwasser übertreten (das meist verworfen wird), konnten Garverfahren das pflanzliche Nahrungsspektrum erweitern. Viele unserer heute genutzten Pflanzen wären eigentlich wegen ihrer Giftanteile ungenießbar.

Werden Pflanzen- bzw. Gemüseteile direktem Feuer ausgesetzt (z. B. auf einen Grill gelegt), entstehen ebenfalls Maillard-Produkte, da auch Pflanzen Eiweiße und Zuckeranteile enthalten. Allerdings sind diese im Vergleich zu Röststoffen tierischer Rohstoffe weniger aromatisch. Der Grund liegt u. a. im Mangel an bestimmten Eiweißbestandteilen (wie der Aminosäure *Cystein*), die in Verbindung mit Zucker (Glukose) das fleischtypische Röstaroma erzeugen.

5 Älteste Gartechniken und was von ihnen geblieben ist

Würde man *Homo erectus* erneut auferstehen lassen und ihn einem modernen Menschen gegenüberstellen, ist Letzterer ein neues Wesen, eine andere Art, die über ein wesentlich größeres Nahrungsspektrum verfügt und sich komplexer ernährt. Betrachtet man die ersten Feuergartechniken, die vermutlich vor knapp zwei Millionen Jahren angewendet wurden, mit heutigen, sind diese 'Uralttechniken' jedoch noch (nahezu) erhalten. Ihnen liegen physikalische und chemische Wirkungen zugrunde, die sich begünstigend auf metabolische Vorgänge im menschlichen Organismus auswirken und deshalb unverändert nützlich sind. Die molekularen Stoffwechselprozesse *in* den Zellen sind nahezu gleich geblieben, nur die Organsysteme (z. B. Darm, Leber, Gehirn) haben sich der thermisch veränderten Nahrung mit entsprechender Enzymausstattung und Größe angepasst. Hinzugekommen sind Verfahrenstechniken, die durch lagerungsbedingte Rohstoffveränderungen (z. B. Gärvorgänge, Fermentation) erkannt worden waren. Auch sie sind ernährungsphysiologisch wertvoll und erweitern heute das Zubereitungsrepertoire in vielen Kulturen. Da solche 'Entdeckungen' jedoch auch an klimatische Bedingungen gebunden sind, gehören diese endemisch entwickelten Verfahren nicht zum Zubereitungsrepertoire aller Kulturen.

Die Garpraxis heute existierender indigener Völker (*Danis, Papua, Eipo, Yanomami, !Kung San, Hadza*) ermöglichen einen Blick zurück auf zehntausende Jahre alte archaische Feuergartechniken.[170] Je nach Lebensraum dieser Ethnien werden Rohstoffe entweder direkt mittels Feuer oder indirekt mit heißen Steinen oder aber in heißem Sand gegart (CLAUS; ROSSIE 1976; wiss. Film). Diese Arbeit erledigen bei den *!Kung* und *Danis* überwiegend Frauen, die vormittags das Gelände nach Früchten, Knollen, Wurzeln und Raupen absuchen (ihre Kleinkinder tragen sie dabei in einer Art Ledertasche rücklings oder auf der Hüfte).[171] Zurück in ihren Hütten sortieren sie die Feldfrüchte und garen stärkereiche Knollen (z. B. *Yamswurzeln, Süßkartoffeln*) in heißem Sand oder heißer Glut bzw. Asche,[172] bevor sie sie anschließend direkt an der Feuerstelle

---

[170] Der Gebrauch von Feuer wurde in Swartkrans auf bis vor 1 Million Jahre datiert und wird als zweitältester bekannter Nachweis für die Nutzung des Feuers in der Welt angesehen; dazu auch Wikipedia: *Swartkrans*. Aus heutiger Sicht wird der Gebrauch des Feuers zur Herstellung leichter verdaulicher Nahrung als die eigentliche Ursache für die Entwicklung zum vernunftbegabten Menschen gesehen (WRANGHAM 2009)

[171] Die Länge und Dauer des Weges wird vom Tagesrhythmus (Helligkeitsdauer) bestimmt. Auf diese Weise gibt es ein natürliches Gleichgewicht zwischen dem Sammelerfolg (Nahrungsmenge) und der Populationsgröße des Dorfes. Es können maximal so viele Menschen ernährt werden, wie der Sammelerfolg in einem Ablauf-Radius um das Dorf ermöglicht. Je nach Region und Klimagürtel sind das zwischen 35 und 65 Menschen (LEAKEY; LEWIN 1980)

[172] Noch im letzten Jahrhundert warfen Landarbeiter liegengebliebene Kartoffeln nach der Kartoffelernte in die Glut/ Asche des verbrennenden Kartoffelkrauts

verzehren. Asche- und Sandanhaftungen werden nur grob abgeschüttelt, also z. T. mit aufgenommen (MUTH; POLLMER 2010).[173]

Um größere Tiere zu garen, sammeln Papua auf Neuguinea (meist Frauen) Brennholz (auch Rundholz und kleinere Stämme) und entfachen ein großes Holzfeuer, in welchem sie Steine erhitzen. Die von Männern auf der Jagd erbeuteten Tiere werden ausgeweidet (wie auch Hausschweine, die mit Pfeil und Bogen getötet werden), die Borsten bzw. das Fell über dem offenen Feuer abgebrannt und deren anhaftende Reste mit bloßen Fingern abgekratzt. Die im Feuer liegenden Steine dienen als Hitzespeicher und werden mit gabelartigen Holzzangen in eine mit Bananenblättern ausgekleidete Erdmulde gelegt, worauf das entborstete Tier (mit verschiedenen wasserreichen Pflanzen, Palmenblättern und Soden bedeckt) für mehrere Stunden »wie in einem *Römertopf*« gart. Auch legt man in Blätter eingewickelte Wurzeln hinzu, die aber nicht der »Aromatisierung« des Fleisches dienen, sondern um die in Betrieb befindliche Garstelle sinnvoll zu nutzen (WRANGHAM 2009).[174] Vorher entnommene und entleerte Därme füllt man (nach dem Umdrehen – innen nach außen) durch Einspucken einer vorher gut zerkauten Masse aus Kräutern und Pflanzen und gart diese Würste ebenfalls in der Glut.[175]

5.1   Vom direkten Feuergaren zum Garen in Gefäßen

Das Garen am offenen Feuer, in heißer Glut/Asche, in heißem Sand oder auf erhitzten Steinen (in *Gargruben* – dazu auch Wikipedia: *Erdofen*) ist weltweit und unabhängig voneinander erfunden worden. Diese Techniken sind noch heute bei vielen indigenen Völkern in Gebrauch (SCHURZ 2011). Es sind einfache *direkte* Garmethoden, bei denen die Energie der Wärmequelle direkt auf das Gargut übertragen wird – ausschließlich um den *Garpunkt* zu erreichen. Sieht man von der vorne genannten »Dschungelwurst-Herstellung« einmal ab,

---

[173] Asche-/Erdanhaftungen oder der Verzehr spezieller Tonerden (Geophagie) dienen manchen Populationen auch als Mittel zur Entgiftung von kochstabilen Alkaloiden (z. B. *Blausäure* – hemmt die Atmungskette in den Mitochondrien); a. a. O., S. 47

[174] A. a. O., S. 133

[175] Offenbar verfügen sie über 'Kenntnisse', welche Pflanzen sich zu diesem Zweck – der Herstellung von 'Dschungelwürsten' – eignen. Auch belegen diese Techniken, dass alle Teile des Tieres verwendet werden

sind diese Garpraktiken für *Rohstoffkombinationen*, mit denen aromatisch-synergistische Wirkungen erreicht werden sollen, schon deshalb nicht geeignet, weil die dazu notwendigen großvolumigen Gefäße fehlen. Natürliche Behältnisse, wie z. B. Muschelschalen, Straußeneier, Schildkrötenpanzer oder Baumbusrohrbehältnisse, sind für die Befüllung mit vielfältigen Rohstoffanteilen zu klein.

Das einzige volumige »Kochbehältnis«, das z. B. die *Krahó*-Indianer in Brasilien ersonnen haben, sind Kuhlen, die sie unmittelbar am Ufer eines Gewässers (in handbreitem Abstand) ausheben. Diese Sandmulden werden mit Bananenblättern ausgelegt und mit Wasser aufgefüllt[176]. In diesen »Naturtopf« werfen sie aus einem am Bachrand entfachten Lagerfeuer entnommene heiße Steine, die das Wasser ausreichend erhitzen, um die darin eingelegten Palmenfrüchte (*Bacaba-Palme*) zu erweichen. Anschließend werden diese entnommen und ins Lager getragen, gepresst und vergoren. All diese Arbeiten verrichten Frauen. Der leicht alkoholhaltige Saft wird mit Genuss (von Männern) getrunken (SCHULZ 1968; wiss. Film). Diese »Naturtöpfe« müssen an jedem »Küchentag« jedes Mal neu ausgehoben werden, da die Sandgruben nicht überdauern. Es gibt aber auch stabilere Gargruben oder Erdöfen, die auf der ganzen Welt in unterschiedlichen Größen gefunden worden sind, vor allem im Pazifikraum.[177]

Tiefere Erdöfen (etwa 50–60 cm), die man öfter nutzen wollte, hat man bevorzugt in steinfreien Böden ausgehoben, deren Wandungen formfest blieben. Populationen, die sich u. a. aus klimatischen Gründen in einem Habitat niedergelassen hatten, dessen Böden zufällig aus Lehm oder tonhaltigem Lehm bestanden, konnten nicht ahnen, welche Beobachtungen sie am Lagerfeuer und in ihren Gruben machen sollten, in die sie glühend heiße Steine gelegt hatten. Nicht nur dass der Boden unter der Feuerstelle steinhart wurde und die Wärme lange speicherte – auch die Wandungen ihrer Kochmulden wurden fest.

---

[176] Der Wasserstand der Mulde ist mit dem Wasserspiegel des Baches auf gleicher Höhe und versickert nicht (physikalisches »Prinzip kommunizierender Röhren/Gefäße«)

[177] Auch Aborigines in Australien verwenden bis heute unterschiedliche Formen von Erdöfen; ebenso kalifornische Indianer, in der Karibik und Südamerika; siehe auch Wikipedia: *Kochstein*

In seinem natürlichen (feuchten) Zustand waren Lehmböden plastisch, weshalb sich damit Formen aller Art – auch Figuren – modellieren ließen. Gerieten solche »Artefakte« in die Nähe oder direkt ins Feuer, härteten sie aus und blieben erhalten. Diese (wiederum) zufälligen Beobachtungen mit Ton/Lehm und Feuer lösten einen Formungs- und Gestaltungswillen aus, der zur Herstellung einfacher Gefäße führte. Dazu wurden auf einem Tonboden wülstige Stränge kreisförmig zu Wandungen aufgestapelt und mit Wasser geglättet. Diese Behältnisse härteten bereits in unmittelbarer Nähe des Feuers aus. Richtig fest wurden sie aber erst in der Glut. Die ersten gebrannten (nicht glasierten) Tonwaren (*Terra cotta*) wurden während der letzten Eiszeit erfunden (die etwa vor 21 000 Jahren ihren Höhepunkt hatte).[178] Mit der Erfindung der Töpferscheibe (eine der ältesten Basisinnovationen der Menschheit) wurde schließlich eine Handwerkskunst mit Möglichkeiten zur Serienfertigung erfunden – und die älteste Manufaktur der Menschheit geschaffen: das *Töpferhandwerk*.[179]

Die ältesten Keramikfiguren sind über 24 000 Jahre alt, Keramikgefäße sind etwa 18 000 Jahre alt und stammen aus *China* (dazu auch Wikipedia: *Töpferei*). Es ist gut vorstellbar, dass die Vorläufer der bauchigen Keramikgefäße (*Vasenformen*) in den Wandungen der wiederholt benutzten Erdöfen entstanden sind, die nach oben etwas verjüngt waren. Die durch Hitzeeinwirkung gerissenen Innenwände wurden wahrscheinlich regelmäßig mit Lehm verschmiert, sodass dann die glutartige Hitze der darin eingelegten Steine nach und nach ein im Erdreich gebranntes volumiges Tongefäß entstehen ließ (dazu auch Wikipedia: *Keramik*). Vielleicht war es eine Art 'Urmuster' der uns heute vertrauten unzähligen vasenähnlichen Gefäße, in denen wir Naturalien bewahren oder die wir mit Wasser, Wein oder Öl befüllen.

---

178 Sehr informativ dazu auch Wikipedia: *Urgeschichte*
179 Das Töpferhandwerk hat eine Vielzahl weiterer kulturbedeutsamer Techniken nach sich gezogen, z.B. ein »Expertenwissen« über Bodenbeschaffenheit, Brenn-, Lager- und Transporttechniken, sowie die verschiedenen Anwendungsmöglichkeiten und den Handel mit diesen neuen Gebrauchsgegenständen

5.2   Gefäße ermöglichen das Garen in Wasser

Mit dem Aufkommen einer Gefäßkultur[180] wurde die uralte Praxis, Kokosnuss-schalen, Schädelkalotten, Straußeneier oder Kalebassen als Behältnisse zu ver-wenden, verdrängt (LEAKEY; LEWIN 1986). Nun konnten Lebensmittel und Flüssigkeiten nicht nur länger gelagert und vor Tierfraß geschützt (bisher in Körben oder Fellbeuteln), sondern auch direkt auf die Glut gestellt werden. Gefäße, die das Essen nicht nur vor direktem Feuer schützen, starke Verbren-nungen oder Verschmutzung durch Sand oder Asche verhindern, können mit unterschiedlichen Rohstoffen befüllt werden, die gemeinsam garen. Das war etwas grundlegend Neues in der sich entwickelnden Zubereitungstechnologie. Mit der Herstellung und Nutzung gartauglicher Gefäße veränderte sich das Er-nährungsspektrum in bisher nicht gekanntem Ausmaß. Vermutlich begannen hier auch die ersten Aromaexperimente mit Rohstoffen, die in Wasser gegart wurden (Entdeckung der **Wasseraromatisierung**). Damit war eine Zuberei-tungsmöglichkeit erfunden worden, die Schmackhaftigkeit weit über das Ge-gebene hinaus erzeugte. Es war der Beginn einer »*aromaorientierten Zuberei-tung*«, die den *Coctivor* (MUTH; POLLMER 2010), den kochenden Menschen, zum *Homo sapiens*, dem 'erkennenden' (wissenden) und *schmeckenden* Men-schen machte. Dieser 'weiß', wie man Rohstoffe schmackhaft zubereitet.

5.3   Von der Beobachtung zur Zubereitung – Übersicht

Es ist davon auszugehen, dass alle Verfahrenstechniken zunächst auf Beobach-tungen zurückgehen, die unsere Vorfahren in ihren Habitaten und natürlichen Lebenswelten machen konnten. Es sind physikalische und chemische Fakto-ren – natürliche Wechselwirkungen aufgrund von Naturkonstanten – die ihre Rohstoffe veränderten.

---

[180] Fragmente von Keramikgefäßen wurden in einer Höhle in der chinesischen Provinz Jiangxi gefunden und sind etwa 20 000 Jahre alt. An den Keramik-Scherben aus der *Xianrendong-Höhle* wurden Brandspuren ent-deckt, die ihre Verwendung als Kochgefäße erkennen lassen (WEBER 2012). Tatsächlich ist die Verwendung von Gefäßen auch zu Garzwecken vermutlich wesentlich älter – nur kann das nicht belegt werden, weil ent-sprechende Funde fehlen

Tabelle 1 Übersicht: Von der Beobachtung der Zubereitung

Beobachtung	Effekte
Trocknungsvorgänge	*Pflanzen*: Einige Pflanzen sind lagerfähig, trocknen, ohne rasch zu verderben; der Gehalt an aromaintensiven Inhaltsstoffen erhöht sich im Maße der Verdunstung; »Vorläufer« der Gewürze *Tierische Nahrung*: An windigen (kühlen) Stellen (Steilküsten) trocknet gelagerter *Fisch* und bleibt länger haltbar; Salz – z. T. durch Verdunstung von Meerwasser am Fels haftend – erhöht die Lager-fähigkeit. *Jagdbeute* wird aus Schutz vor Fraß im Geäst aufgehängt, wobei Trocknungseffekte auftreten, die ihre relative Haltbarkeit erkennen lassen
Quellvorgänge	Getrocknete Pflanzen, Körner verändern in Wasser ihre festen, trockenen Eigenschaften; werden weicher und z. T. saftig; heißes Wasser beschleunigt diese Vorgänge – lässt Stärke verkleistern
Wirkung thermischer Strahlung – Lagerfeuer	Erbeutete Tiere werden zum Lagerplatz geschleppt und in unmittelbarer *Nähe des Lagerfeuers* abgelegt, mit Steinklingen zerteilt und verzehrt. Aufgrund der Wärmestrahlung rösten/denaturieren Teile des Fleisches (Grilleffekt) an jenen Stellen, die dichter am Feuer liegen. Fleischmahlzeiten bestehen daher sowohl aus rohen als auch gegarten Teilen. Die zunehmende Präferenz für Gegartes erklärt sich aus der besseren Verdaubarkeit und verbesserter Genusswerte
Gareffekte auf heißen Steinen / in heißem Sand, heißen Quellen	Besonders durch **Lagerfeuer erhitztes Gestein** (o. erhitzter Sand) speichert für lange Zeit Hitze; Rohstoffe aller Art, die darauf/darin liegen, werden »gar«; gleiches gilt für heiße Thermalquellen, die bis zu 100°C heißes Wasser oder heißen Wasserdampf ausstoßen können
Gareffekte in heißer Asche/Glut	Pflanzen und stärkereiche Knollen, die sich neben/unter lange brennenden (glimmenden) Harthölzern befinden, verändern ihre Konsistenz: werden weicher, verkleistern. Als natürlicher Trenn- u. Glutschutz eignen sich Blätter oder ein Lehmmantel
Gär- und Fermentierungsprozesse	Fruchtmark, Fruchtfleisch wurde/wird mit natürlich vorkommenden *Hefen* vergoren (vermutlich zuerst vor etwa 9000 Jahren in China); auch Stärkebrei lässt sich mittels *Speichelamylase* fermentieren; Ursprung der Bierherstellung (historisch jüngeren Datums: etwa 5000 Jahre v.Ch.) in China; Göbekli Tepe (Türkei)
Dickwerden der Milch	In Mägen der Kälber fand man Quark: Dicklegung erfolgt durch das Labferment *Chymosin* (auch *Rennin*), ein Milchgerinnungsenzym aus der Schleimhaut des Labmagens (wird heute gentechnisch hergestellt)
Effekte des Salzens/ Räucherns/Säuerns	Haltbarkeitseffekte (besonders bei tierischen LM) wurden zufällig erkannt; Salz ist hygroskopisch, führt zur Herabsetzung des a_w-Wertes; Rauchschwaden des Feuers reduzieren ebenfalls freies Wasser; Aerosole und Säuren (Essigsäure, Milchsäure) sind u. a. bakterizid, verbessern die Haltbarkeit
Geschmacksunterschiede, Wasseraromatisierung	Gelagertes Fleisch verdirbt weniger rasch, wenn es mit bestimmten Pflanzen (den späteren 'Gewürzen') eingewickelt transportiert/gelagert wird; aus zeitökonomischen Gründen werden Rohstoffanteile gleichzeitig in derselben Flüssigkeit gegart, die ein entsprechendes Aroma erhält

6 Nahrungszubereitung – Wiege der sprachlichen Kommunikation?

6.1 Allgemeines zur Sprachentwicklung

Was hat die Entwicklung von manuellen bzw. technischen Fertigkeiten mit sprachlicher Kommunikation – der Entstehung einer lautsymbolischen Verständigung – zu tun? Zunächst: Handwerkliche Tätigkeiten setzen *manuelles* Können, nicht aber Sprechen voraus – beides sind voneinander unabhängig entwickelte menschliche Leistungen.[181] Entsprechend ernüchternd sind Ergebnisse der linguistischen Forschung (Paläolinguistik), die Aussagen über die Anfänge der Sprachentstehung für nicht beweisbar hält. Hierbei handele es sich, so ihr Argument, durchweg um *Konstruktionen* einer *vermuteten Entwicklung*, für die es keinerlei Belege gebe und geben kann. Bliebe diese Einschätzung unwidersprochen – wäre alles gesagt. Was bleibt, ist die Neugier und der Ansporn, doch noch etwas über die Anfänge und Entwicklungsschritte zu erfahren, die der modernen Sprache vorausgegangen sein mussten (TOMASELLO 2011).

Allgemein ist Sprechen das Hervorbringen von informationstragenden Lautfolgen, die sich an einen Hörer richten, um mit ihm in Kontakt zu treten und zu informieren. Formen dieser auf Lauten basierenden Kommunikation hat man inzwischen u. a. auch bei besonders intelligenten *Primaten* (z. B. Kapuzineraffen, Meerkatzen) entdeckt. Ihre Rufe sind nicht nur bloßes Warnen oder Imponiergehabe, sondern sie transportieren auch *konkrete* Informationen über eine herannahende Gefahr: die Gewarnten »hören heraus«, ob es sich um eine Schlange, einen Tiger oder einen großen Greifvogel handelt und aus welcher Richtung die Gefahr droht (DUEBLIN 2013); daneben erfüllt ihre lautliche Kommunikation viele soziale Funktionen (WRANGHAM 2009). Die Tatsache, dass nicht nur der Mensch, sondern auch evolutionär verwandte Primaten bereits mit Lauten kommunizieren, die in Ansätzen Sprachelemente (*morphose-*

---

[181] Die aber eine 'neuronale Einheit' bilden

mantische Merkmale)[182] besitzen, ist für unsere weitere Überlegung hilfreich. Sie können als Indizien für die Anfänge unserer Symbolsprache gewertet werden, die *Homo sapiens* (dank seiner Gehirngröße) zu einem Sprachsystem mit *Grammatik* und *Syntax* perfektioniert hat. Die unmittelbaren Vorläufer des Menschen (Hominini) hatten ein größeres Gehirn als die o. g. Kapuzineraffen, sodass sie vermutlich mit komplexeren Lauten kommuniziert haben, als es besagte Affenarten heute tun.

Wie allerdings aus diesem animalischen Lautrepertoire eine moderne Sprache werden konnte, ist bis heute ungeklärt. Als Hauptmotive gelten: *auffordern, informieren* und *teilen* (vor allem in Bezug auf Nahrung, Gefühle, Einstellungen), mithin Absichten und Tätigkeiten, die für den Zusammenhalt von Gruppen grundlegend sind. Der größte Teil der Tageszeit unserer Vorfahren wurde für die Beschaffung (Jagen, Sammeln) und die Vor- und Zubereitung der Nahrung benötigt. Letzteres schon deshalb, weil die tägliche Einrichtung einer Feuerstelle aufwändig war. Jagd und Gartechniken erforderten Teamarbeit und Arbeitsteilung (Männer gingen auf die Jagd, Frauen sammelten Feldfrüchte und kümmerten sich um das Feuer und die Kinder). Beide besorgten Brennmaterialien – wie alte Filmaufnahmen u. a. über die Lebensweise der *Eipo* auf Neuguinea dokumentieren (SIMON 1989). Diese kooperativen Aktivitäten realisieren gleiche Ziele, teilen gleiche Absichten (Intentionen), sichern den sozialen Halt und die Entwicklung der Gruppe.

6.2   Faktoren sprachlicher Kommunikation

Unsere Überlegungen unterstellen einen Synergieeffekt zwischen der Sprach*entwicklung* und der Zubereitung von Rohstoffen. Warum? Auf der Ebene einer (bereits) entwickelten Gartechnik konnten »namenlose« Rohstoffe und »das-damit-zu-Machende« (meist aufeinanderfolgende Arbeitsschritte) kaum

---

[182] *Morphem*: kleinste bedeutungtragende Einheit; *Semantik*: Teildisziplin der Linguistik; beschäftigt sich mit der Bedeutung von Wörtern/Lexemen; *semantisches Merkmal:* Grundeinheit der Bedeutungsanalyse; die *Seme* eines Semems stellen dessen (angenommene) semantische Mikrostruktur dar

effizient memoriert und tradiert werden.[183] Auch ist davon auszugehen, dass sich der Wortschatz mit jedem neu entdeckten und verwendeten Rohstoff erweiterte. Ebenso wuchsen soziale Interaktionen des *Gebens* und *Nehmens* mit dem Anwachsen der Gruppe – das (Auf-)Teilen von Essen in einer Gruppe gehörte zu den zentralsten täglich wiederkehrenden Handlungen – woran sich bis heute nichts geändert hat.

Nahezu jede Form lautsymbolischer Verständigung muss sich daher aus dieser Lebenswirklichkeit, ihren Alltagsbedingungen, entwickelt haben. Die alles entscheidende Frage ist aber, wie aus dem Lautvorrat, mit dem bereits Affen kommunizieren, genauer: wie aus dem Spektrum tierischer Ruf- und Signallaute (mit morphosemantischen Merkmalen)[184] ein Laut*system* werden konnte, das die komplexe Erscheinungswelt der Objekte und Subjekte, die das, was sie tun und/oder lassen, in Schallereignisse überführt und erkennbar macht. Dies setzt kognitive Fähigkeiten voraus, die Gesehenes/ Erfahrenes im Schallobjekt (im lautlich Ausgedrückten) wiedererkennen (BORNKESSEL-SCHLESEWSKY 2014). Auf der einfachsten Beziehungsebene wird die »Tätigkeit« des Objekts[185] – **das, was es »tut«** – **mit dem Objekt selbst** (seiner physikalischen Erscheinung) **in eins gesetzt**. Alles Existierende (Seiende) ist untrennbar mit »Bewegung« – mit Tun und Bewirken – verbunden (selbst die absolute Unbeweglichkeit ist ein Aspekt des ‚Tuns' – nämlich des Nichttuns). Jede Aktivität, jeder Zustand, jede Zustandsänderung vollzieht sich im Lebensraum und ist zeitabhängig, was ein Beobachter erkennen und augenblicklich als z. B. ‚bedrohlich' oder ‚nützlich' erfassen kann.

Selbsterzeugte Lautgesten (*Morpheme*), aus der später die Sprache hervorgehen sollte, waren in ihren Anfängen vermutlich nichts anderes als Modula-

---

[183] Vermutlich führte insbesondere das zunehmende Wissen über medizinisch wirksame Rohstoffkombinationen zu den gezielten Zubereitungen, zu Verfahrensregeln, wie sie noch heute in der *Traditionellen Chinesischen Medizin* (TCM) angewendet werden

[184] Zusammengesetzter Begriff der Linguistik aus: *Morph*: eine noch nicht klassifizierte, nicht weiter zerlegbare bedeutungtragende Einheit (*Morphem* – kleinste bedeutungtragende Einheit) und *Sem* (auch: *semantisches Merkmal*): Grundeinheit der Bedeutungsanalyse; die Seme eines Semems (Teilbedeutung tragender Laut) stellen dessen (angenommene) semantische Mikrostruktur dar (DEMIR 2019)

[185] Auch Menschen und Tiere sind »handelnde« Individuen; die Selbstwahrnehmung des Menschen gründet sich auf das, was ihn antreibt, zu tun und was er im Tun erlebt – er ist ein Akteur

tionen bereits verwendeter Laute.[186] In dieser akustischen »Variation« lag das »Mehr« an Information, das auf das konkret Beobachtete und Gemeinte zielte. Wie aber »Gesehenes« und »Gemeintes« in eine lautliche Information eingebettet werden konnte, ist und bleibt das Schlüsselproblem in der Sprachursprungsforschung. Mit dem Fachbegriff der **Arbitrarität** wird »die Beziehung zwischen dem *Bezeichnenden* (**womit** etwas bezeichnet wird: Signifikant, Lautbild, Zeichengestalt) und dem *Bezeichneten* (das, was gemeint ist)« ausschließlich auf menschliche Konvention und Vereinbarung zurückgeführt, nicht aber auf natürliche Gesetzmäßigkeiten. Damit wären Sprachlaute willkürlich (Arbitrarität; lat. *Arbiträr* = willkürlich) und hätten keinen ursprünglichen und unmittelbaren Bezug zum Benannten. Das ist aber eher unwahrscheinlich.

Der lautliche Bezug zum Benannten[187] trägt eine »emotionale« Qualität – ist fühlbar. Durch Techniken der Sprachmodulationen (Höhen und Tiefen, weichen und harten Konsonanten, dunklen und hellen Vokalen) können die Eigenschaften des Gemeinten betont werden. Das belegen beispielsweise künstliche Wortschöpfungen für Figuren – *Maluma* und *Takete*, deren Klangbild den gefühlten Zusammenhang zwischen Laut und Form sofort erkennen lassen: *Maluma* klingt eher weich, rund und volumig, während *Takete* spitz, eckig und hart klingt (dieser emotional mitschwingende Effekt wird als *Anmutungsqualität* bezeichnet).[188] Auch Töne und Farben werden neuronal *synchron* erlebt: helle Farben werden mit hohen Tönen, dunkle Farben mit tiefen Tönen assoziiert, wie u. a. Forscher der Charité und der Humboldt-Universität Berlin bei Menschen und Schimpansen zeigen konnten (LUDWIG 2011).

Diese evolutionären archaischen Verbindungen zwischen Klangbild und optischen Eigenschaften waren sicher auch bei der Entstehung von ‚Lautsymbolen‘ beteiligt und formbildend. So könnte sich die Erweiterung des oben erwähnten natürlichen Lautvorrats der Primaten aus *Betonungsvarianzen* und

---

[186] Wobei Phonations- und Artikulationsprozessen natürliche Grenzen durch Größe und Form körpereigener Organe gesetzt sind, die Laute und Sprechen erzeugen. Auf diese Weise entstehen individuentypische Schallmuster, die auf den Schallerzeuger schließen lassen

[187] Schon wegen unzähliger *onomatopoetischer* 'lautmalender' Verben, die außersprachliche Schallereignisse akustisch wiedergeben – zum *Hörbild* werden lassen

[188] Dazu Wikipedia: *Anmutung*

Dopplungen kurzsilbiger Laute entwickelt haben, in denen aber der ursprüngliche Bezug des vormals (kürzeren) Lauts (des darin 'Gemeinten') nicht verloren gehen durfte. Lautliche Erweiterungen, Ergänzungen dienten dann als Zusatzinformation z. B. in Bezug auf allgemeine Mengen (viel/wenig), Richtung bzw. Abstand von Angreifern und Gefahren oder aber die Bedeutung einer Futterquelle.

6.3 Zu möglichen Archetypen der Sprache

Der Paläolinguist R. FESTER (1980) hat in seiner linguistischen Vorgeschichtsforschung kurzsilbige Wortgruppen mit Verb- und Nomenbedeutung gefunden und systematisiert, die als universelle Bausteine in nahezu allen Sprachen vorkommen und z. T. vergleichbare Bedeutungen haben.

Hintergrundinformationen

Nach dem Vergleichen von über zweihundert Sprachen kommt FESTER in seinem Buch »*Sprache der Eiszeit*« zu der Auffassung, dass keine Sprache von einer anderen *abstammt,* sondern dass sich alle aus einem »gleichen archaischen Mundvorrat an Archetypen her(leiten)« (a. a. O., S. 43). Diese sprachlichen Archetypen sind einsilbige Morpheme, die in ihrer phonetischen Struktur zugleich Urform und Basis des *stimmlich Machbaren* darstellen. Ihre Lautung ist unmittelbar an die natürliche anatomische Begrenztheit des Sprechapparates gebunden. Im Laufe der diachronen (zur geschichtlichen Entwicklung einer Sprache gehörenden) Entwicklung haben sich, so FESTER, phonetischen Gesetzmäßigkeiten gehorchend, infolge »uferlose(r) Sekundärvarianten« (a. a. O., S. 50) die komplexen Formen der gegenwärtigen Sprache herausgebildet. Von den sechs als Fundament aller Sprachen gefundenen Archetypen (*Ba, Kall, Tal, Tag, Os* und *Acq),* muss »'Ba' als die erste Wortform angesehen werden« (FESTER et al. 1980), »*da es ein 'Wort' ist, das Kinder noch vor Erreichen ihrer eigentlichen Sprechfähigkeit nachbrabbeln*« (a. a. O., S. 81). FESTER fand in den von ihm untersuchten Sprachen, dass *Ba-Formen* sich überall dort finden, »*wo es um Menschen geht, um sein körperliches Sein*«. »*Die Bereiche des **Machens** und **Wollens** sind gesättigt davon*« (a. a. O., S. 80).[189]

---

[189] Fester stellt überzeugend dar, wie der Basislaut 'Ba' infolge veränderter Lippenstellung und variierter Atemluftströme neue Vokalendungen erhielt (von *a* »über *au* und *ao* zu *o* und … schließlich über das *e* … zum *i*« (a. a. O., S. 81) und wie er sich zu einer Vielzahl neuer Morpheme erweiterte. Er begründet aber nicht, weshalb der *'Ba-Laut'* zu einem akustischen Repräsentanten von Tätigkeiten geworden ist, z. B. zum Lautsymbol des *Machens* und *Wollens.*

So scheint es durchaus denkbar, dass bereits der gemeinsame Vorfahre von *Homo sapiens* und *Neandertaler* – Homo erectus – solche einfachen Laute (Morpheme) und Lautfolgen verwendete.[190] Neben der phönizischen Konsonantenschrift und der sumerischen Keilschrift ist das *Sanskrit* eine unserer ältesten Sprachquellen. Hierin finden sich eine Vielzahl von Verben, die Tätigkeiten der Nahrungsaufnahme benennen oder davon abgeleitet sind, z. B. statt Milch '*geben*' oder '*nehmen*': »mit Milch bezahlen« (ROTH et al. 2017).

Den Zusammenhang von *Handlung*(en) und *Objekt*(en) werden wir noch genauer auch anhand neuerer Erkenntnisse aus der Kognitionsforschung betrachten, die sog. neuronale »*Pfade*« im Gehirn gefunden hat, die »**Wort und Handlung**« als kognitive Einheit verbinden (BORNKESSEL-SCHLESEWSKY 2014). Das könnte erklären, weshalb zentrale Aussagen eines Satzes durch Verben (»*Tuwörter*«) festgelegt sind. Alle weiteren Wortarten strukturieren das Handlungsgeschehen, ordnen die Beziehungen zwischen *Akteur*(en) und seiner *Umwelt*. Auch sie haben einen *Handlungskontext* – einen Sprachursprung – aus dem sie hervorgegangen sind.[191]

Auf einfachster Sprachebene (mit direktem, konkretem Bezug) hatten Morpheme eine *deiktische* (hinzeigende) Funktion, die anfänglich Finger-, Arm- und Körpergesten begleiteten. Das Verstehen von Laut und Gemeintem war dann möglich, wenn beide das Gleiche sahen, auf das sich der Laut richtete. Worte und Gesten erzeugen einen psychomotorischen Aktionszusammenhang, in dem Verständigung erzielt werden soll. Besonders das (*Ab*-)*geben* und *Nehmen* von Nahrung wird dabei bedeutsam gewesen sein, wie noch gezeigt werden soll.

Die nachfolgend postulierten Zusammenhänge zwischen der Sprach- und Zubereitungsentwicklung werden u. a. durch Analysen von Sprachstrukturen indigener Völker,[192] Erkenntnisse zum Wortgebrauch bei Schimpansen nach langjährigem Sprachtraining (BORNKESSEL-SCHLESEWSKY 2014; S. 60–67)

---

[190] Dann wären die ersten Sprachformen (Protosprachen) älter als 200 000 Jahre; diskutiert wird das »Sprachgen« **FOXP2**, das im Neandertalergenom (und auch bei Tieren) nachgewiesen wurde (WONG 2015)

[191] Nicht zuletzt haben alle Lautungen und Silben, Vokale und Konsonanten ebenfalls eine Formungsphase und Entwicklung durchlaufen, die insbesondere feinmotorische Zungen- und Lippenbewegungen mit dem Luftstrom beim Ausatmen betreffen

[192] Dazu: *Spektrum der Wissenschaft* 2014 Hefte 5 bis 10; Teile 1 bis 6

und durch neurobiologische Aspekte der Laut- und Worterzeugung (ROTH 2011) untermauert. Dennoch ersetzen die hier zusammengetragenen Einzelaspekte keine valide linguistische Forschung. Die Annahmen und Vermutungen von sich wechselseitig befördernden Effekten der Sprach- und Zubereitungsentwicklung können allenfalls als Anregungen aufgefasst werden, in diese Richtung zu forschen.

6.3.1 Ernährung und Sprachentwicklung – Versuch einer Beziehungsherleitung

Die frühesten Anfänge der sprachlichen Kommunikation, insbesondere ihre Protoformen, sind unbekannt. Vage Aussagen dazu könnten aus vorhandenen (alten) Sprachen gemacht werden, deren Vorformen sich rekonstruieren ließen und über deren noch früheren sprachlichen Vorläufern Vermutungen angestellt werden. Spätestens hier befinden wir uns auf der Ebene reiner Spekulation. Auch wenn alte Höhlenmalereien und Schmuckgegenstände, die uns Neandertaler hinterlassen haben, indirekt auf eine (komplexe) Sprache hinweisen, ändert das nichts daran, dass es für die ältesten historischen Anfänge keine Beweise gibt und (vermutlich) nicht (mehr) geben kann. Auffällig ist jedoch, dass es zwischen dem modernen, kooperativen Menschen, *Homo sapiens*, und seinen nicht-kooperativen nächsten Verwandten, den Affen, zwei Verhaltensunterschiede gibt, die möglicherweise in einem (indirekten) Zusammenhang stehen:

– Schimpansen, Gorillas und Orang-Utans kennen keine Gartechniken

– Sie sind zu einer echten Sprache mit Syntax und Grammatik nicht fähig

Nun kann man sofort einwenden, dass es hier keinerlei kausale Beziehungen gäbe – wenn überhaupt, wären das nur eine zufällige Korrelation. Nur fragt sich, ob diese Koinzidenz tatsächlich nur Zufall ist? Als sicher gilt, dass die Umstellung von roher auf gegarte Kost vielfältige anatomische Veränderungen bewirkte, die unsere Sprechfähigkeit erst ermöglichte. Nur können *anatomische* Dispositionen allein die Entstehung, Entwicklung und Verwendung eines Sprachsystems, mit dem Handlungsabsichten koordiniert und

Überzeugungen ausgedrückt werden, nicht allein erklären. Dafür muss es weitere Gründe gegeben haben, die mit zentralen Lebensbedingungen in Zusammenhang standen.

Zunächst: Warum sollte der einfache kommunikative »Lautvorrat« (eine Art Protosprache), über den die Frühmenschen sicher verfügten, nicht (auch) mit der täglichen Manipulation von Rohstoffen in Verbindung gestanden haben? Die planvolle Verwendung und Bearbeitung verschiedener Rohstoffe zur Herstellung von Mahlzeiten setzte Kenntnisse über das *Garziel* (wie vorne angesprochen) voraus. So mussten Frühmenschen z. B. wissen, welche Rohstoffanteile und welche Gardauer Schmackhaftigkeit versprachen und welche Komponenten auch gegen Erkrankungen oder Entzündungen etc. halfen. Die Weitergabe solchen Erfahrungswissens wäre nicht denkbar ohne eine sichere, verlässliche Information.

6.3.2 Biologische Aspekte der Sprachentstehung

Unsere heutige Sprachfähigkeit geht auf die evolutionäre Weiterentwicklung einer der ältesten sensorischen Fähigkeiten zurück: nämlich natürliche Schallmuster (aus der Umwelt oder vom Körper selbst kommend) zu hören und zu unterscheiden. Darauf baut die interaktive Verständigung mittels konkret erzeugter Schallmuster auf. Diese evolutionär alten neuronalen Leistungen (die auch bei Schimpansen existieren) können akustische Ereignisse grundsätzlich mit der den Schall erzeugenden Quelle »in eins setzen«. Gehörtes wird als ein **auditives Objekt** erkannt und kann neuronal auf unser Sprachsystem übertragen werden (BORNKESSEL-SCHLESEWSKY 2014). Schallereignis und Schallerzeuger gehören auf der Ebene der Reizverarbeitung (aufgrund der sensorischen Bahnen, zu denen immer auch der Sehsinn gehört), stets zusammen. Diese »Einheit« findet sich in der Sprache, den bewusst erzeugten Lautsymbolen, wieder.

Lange hat die linguistische Forschung angenommen, dass die sprachliche Kommunikation mit differenziertem Satzbau (*Syntax*) und Regeln (*Grammatik*) den Menschen vom Tier unterscheide. Verantwortlich für diese Abgrenzung seien die im menschlichen Gehirn liegenden Zentren für Sprachwahrnehmung (*Wernicke-Areal*) und Sprachproduktion (*Broca-Areal*). Letzteres gäbe es nur beim Menschen und dies ermöglichte erst die syntaktisch-grammatische Sprache (ROTH 2011). Dieses auf nur zwei neuronale Zentren reduzierte Sprechvermögen ist nach neuester Forschung so nicht mehr haltbar (BORNKESSEL-SCHLESEWSKY 2014). Vielmehr haben Untersuchungen an Gehirnen der Schimpansen gezeigt, dass diese über eine mit dem Menschen vergleichbare neuronale Ausstattung zur korrekten Verarbeitung komplizierter akustischer Ereignisse verfügen. Die Wege der akustischen Informationsverarbeitung verlaufen beim Schimpansen und Menschen auf vergleichbaren »Pfaden«, die sowohl für die *Identifizierung* und *Unterscheidung* von lautlichen Informationen (im sog. *ventralen* Pfad) als auch für die zeitliche Abfolge, den Ort und die Richtung akustischer Ereignisse zuständig sind (im sog. *dorsalen* Pfad). Entscheidend dabei ist, dass jedes akustische Ereignis erst beim Durchgang durch das Bewegungszentrum (*primärer* und *prämotorischer Kortex* – durch den alle Laute grundsätzlich gehen) seine »lautliche« Bedeutung erlangt.

Damit stehen Laute und Bewegung (Aktivität) in einem direkten neuronalen »Zyklus«, der all unsere Handlungen, unsere Interaktionen mit der Außenwelt einschließlich ihrer auditiven Phänomene verarbeitet. Das heißt, dass sich die menschliche Sprache neurobiologisch überwiegend durch die Interaktion von Sensorik *und* Motorik entwickelt hat (BORNKESSEL-SCHLESEWSKY 2014)

6.3.3 Sprachexperimente mit Schimpansen

Versuche, Schimpansen und Gorillas Sprechen anzutrainieren, indem man sie als Babys in menschlichen Familien aufzog, sind gescheitert. Menschenaffen können aufgrund anatomischer Bedingungen nur wenige *Konsonanten*, nicht aber *Vokale* bilden. Dagegen war der Versuch, ihnen Sprechen anhand der (amerikanischen) Gebärdensprache (ASL) beizubringen, sehr erfolgreich. Sie erlernten hunderte von Wörtern, mit denen sie sich mit den Betreuern und z. T. auch untereinander verständigen konnten (ROTH 2011). Der Rekord erlernter Wörter liegt bei etwa 800. Ein Bonobo namens *Kanzi* verwendete bei der sprachlichen Kommunikation sogar Symbole (etwa 1000), die er auf einem Bildschirm blitzschnell antippte (ROTH 2011; S. 382). Dennoch, diese sprachliche Kommunikation hatte eine klare Grenze: Sie überstieg einfache Zwei- und Dreiwortsequenzen nicht. In diesen kurzen Sätzen waren die Verben »*haben(-wollen)*« und »*geben*« dominant,[193] exakt so, wie es in der Sprechweise für zweieinhalbjährige Kinder typisch ist. Grammatikalische Strukturen, die beim Menschen nach etwa zweieinhalb Jahren geradezu wie von selbst entstehen, entwickeln Schimpansen nicht (ROTH 2011; S. 383).

Unabhängig von dieser Leistungsgrenze förderte das Sprachtraining aber etwas Bemerkenswertes zutage: Schimpansen können Bezeichnungen und Wörter mit Objekten in Verbindung bringen, allerdings nicht wie wir es tun, indem wir u. a. Nomen und Verben trennen. Sie sehen in dem benannten Objekt das, *was man damit machen kann* (z. B. essen), *was es tut, wo es sich befindet*. Mit dem Namen »Apfel« hat ein Schimpanse (*'Nim Chimpsky'* – in Anlehnung an den Sprachforscher Noam Schomsky) sowohl das Verzehren als auch den Ort der Aufbewahrung verbunden (BORNKESSEL-SCHLESEWSKY 2014). Wie ist das zu erklären?

Objekte und das, was sie tun (Bewegungsaspekt) und wo sie sich befinden (Lokalität), sind aufgrund der neuronalen Verschaltung ein zusammenhängendes Ereignis (sind *kopräsent*). Das klassische Chinesisch kennt noch Einzelwörter, »*die sowohl ein Objekt als auch die damit verbundene Handlung bezeichnen*« können (BORNKESSEL-SCHLESEWSKY 2014; S. 63). Diesen Sachverhalt bezeichnen Sprachwissenschaftler als *Trans-* oder *Präkategorialität*. Auf der Insel *Riau* (Indonesien) gibt es ein Wort für Huhn (*ayam*), für essen oder fressen (*makan*). Der Satz »*Ayam makan*« bedeutet nicht nur »Das Huhn frisst« oder »*Jemand isst das Huhn*«, sondern auch »*Jemand isst dort, wo sich das Huhn befindet*« (BORNKESSEL-SCHLESEWSKY 2014). In der auf Papua-Neuguinea gesprochen Sprache der *Fore* erschließt sich der Sinn z. B. aus der Dreiwortsequenz »Wildschwein«, »töten« und »Lehrer« (im Sinne von Wissender), indem sie unterstellen (festlegen), wer in einer Handlungssituation »normalerweise« etwas tut – ein Mensch, ein nichtmenschliches Lebewesen oder ein unbelebtes Objekt. Deshalb wird aus dieser Dreiwortfolge geschlossen: »Der Lehrer tötet das Wildschwein« – und nicht wie im Deutschen, das

---

[193] Ein entscheidender Aspekt für die Entstehung der sprachlichen Kommunikation des Menschen

durch Wortstellung und Kasus auch den Sachverhalt ermöglicht: »*Das Wildschwein tötet den Lehrer*« (BORNKESSEL-SCHLESEWSKY 2014). Wörter mit *Präkategorialität* verweisen auf die archaischen Anfänge der Sprach- und Wortschatzentwicklung. Objekte und Handlungen (das, *was das Gesehene tut, was man damit machen kann/muss*) fallen in ihrem Sein zusammen.

6.4　Welcher »Ur-Impuls« war sprachauslösend?

Die alles entscheidende Frage ist die nach den Auslösern, die eine Sprachentwicklung in Gang setzten, die uns heute befähigt, zu verstehen, was der andere denkt, und es ermöglicht, die Erde gedanklich zu verlassen und Fragen zu unserem Ursprung zu stellen. Ohne Sprache wären Gedanken, Ideen und Glaube nicht in der Welt. Die darin liegenden abstrakten Vorstellungen, über die wir heute wie selbstverständlich reden, gab es zu Zeiten der hier betrachteten Anfänge nicht. Diese gedanklichen Weiten haben sich erst entwickeln können, nachdem die Wortbedeutungen, die unseren Bezug zur Welt ausdrücken, eine von der konkret erlebten Wirklichkeit gelöste Ebene (*Imagination*) erreichten und im Kopf zur eigenständigen Sprachwelt geworden waren. Wir können in Gedanken mit allem, was unser Sein ausmacht und benennbar ist, in Interaktion treten, ohne dass die konkreten Objekte und Personen anwesend sind, und ohne jegliches physisches Handeln.

Was hatte den frühen Menschen veranlasst, akustische Muster zu erzeugen, die über die bereits existierenden animalischen Warn-, Distanz-, Droh-, Schmerz- und Rufgeräusche hinausgingen, die Bedeutung und den Informationsgehalt der Laute durch weitere, bisher nicht existierende Lautmodulationen und Wortfolgen zu erweitern? Warum und worüber wollte man sich überhaupt lautlich austauschen und vertragen? Das setzte nicht nur anatomische Strukturen (Lautbildung mittels Kehlkopf, Mundhöhle und Lippen u. a. m.), sondern auch kognitive Fähigkeiten voraus. Das im Laut Gemeinte musste daraus hervortreten, musste für den Hörenden eindeutig sein. Und es musste einen natürlichen Grund gegeben haben, eine über das übliche Spektrum an Lautmustern hinausgehende Botschaft auszudrücken.

Noch genauer gefragt: Warum war es von Vorteil, all das, was man u. a. sehen, anfassen, fühlen, schmecken, gebrauchen oder haben wollte, zu *auditorischen Objekten* zu machen, lautlich auszudrücken? Tatsächlich liegt darin eine einzigartige evolutionäre Entwicklung der Disposition zur auditiven Kommunikation. Aus bedeutungstragenden Lauten wurden Wörter und Sprache, mit denen die Erscheinungswelt ein zweites Mal als neuronales (»energetisches«) Muster erschaffen wurde. Die uns umgebende Welt besteht dadurch sowohl ursprünglich, unbenannt, sprachfrei als (konkret erlebbare) Wirklichkeit als auch ein zweites Mal als lautliche Repräsentation, als Schallereignis im gesprochenen Wort.

6.4.1 Vom Laut zum Gemeinten

Das eigentlich unlösbare Problem, vor dem *Paläolinguisten* stehen, ist, die Anfänge der menschlichen Sprache empirisch zu belegen, die mit *neuen* Lauten und Lautfolgen etwas sinnlich Wahrgenommenes und gedanklich Gemeintes ausdrückt. Da der untersuchte Gegenstand noch *vor* den Anfängen der ersten Denk- und Weltmodelle von *Homo sapiens* liegt,[194] können nur wissenschaftstheoretische Konzepte des Schließens, wie *Deduktion* (Schluss vom Allgemeinen auf das Besondere), *Induktion* (generalisiert die Beobachtungen) und *Abduktion* (Schluss auf die beste Erklärung) weiterhelfen (SCHURZ 2011).

Sehr wahrscheinlich war der Mensch schon vor weit mehr als 200 000 Jahren dazu fähig, gezielt Lautsequenzen zu artikulieren. Das Gehirnvolumen von *Homo erectus* war, wie ausgeführt, mehr als doppelt so groß wie das unserer heute lebenden nächsten Verwandten, der Affen. Bereits sie setzen gezielt Laute zur Kommunikation ein. Z. B. kennen die oben erwähnten Kapuzineraffen (sie zählen zu den intelligentesten Neuweltaffen) eine Vielzahl von Lauten, die sie als Instrument sozialer Bindung ständig austauschen. Sie produzieren bestimmte Laute, wenn sie Futter finden, und verwenden differenzierte Warnsignale z. B. für Schlange und Wildkatze (GAFFRON 2012). Der jeweils besondere Warnruf transportiert also nicht nur eine Warnung, sondern zugleich

---

[194] Vor etwa 100 000–50 000 Jahren aus sprachlich-sozialen Konzeptionen hervorgegangen, die die eigenen Art-genossen als intentional handelnde Wesen erkannten (SCHURZ 2011; S.7)

auch, wovor (!) gewarnt wird (PODBREGAR 2015).[195] Auch Meerkatzen (mittelgroße, vorwiegend baumbewohnende Primaten) sind in der Lage, ihren Lauten unterschiedliche Bedeutungen zu verleihen.[196] Laute sind demnach niemals allein nur Aufmerksamkeit erzeugender Schall, sie transportieren gleichzeitig eine Vielzahl weiterer Informationen. Derartige Lautmodulationen mit entsprechenden Konnotationen konnte *Homo erectus* (auch aufgrund anatomisch günstigerer Voraussetzungen), sicher noch besser eingesetzt haben, als es heutige Primaten tun. Er wird Laute hervorgebracht haben, für die es in der Natur keine (bedeutungstragende) Schallmuster gab. Was heißt das nun für unsere Sprachentwicklungs-Hypothese?

Der Paläolinguist R. FESTER (1980) behauptet im Untertitel seines Buches *»Sprache der Eiszeit«* geradezu eine Sensation, nämlich *»die ersten sechs Worte der Menschheit«* gefunden zu haben. Für ihn ist die Sprache so alt wie der Mensch selbst (a. a. O., S. 23) und wurde von Frauen aus der Interaktion mit ihren Babys und Kleinkindern entwickelt. Was macht ihn so sicher, die allerersten »Sprachlaute« oder »Wörter« gefunden zu haben? Beim Vergleich von über 200 Sprachen fiel ihm auf, dass sich viele Wörter aus Silben mit den Vokalen 'a' und 'o' zusammensetzen, die in Verbindung mit Konsonanten einen Wortschatz ermöglichen, mit dem alles, was der Mensch tut, was seinen Körper betrifft – einschließlich seiner ökonomischen und sozialen Verhältnisse – sprachlich ausgedrückt werden kann. Die von ihm gefundenen, bereits genannten *»Archetypen«* der Sprache: **'Ba', 'Kall', 'Tal', 'Tag', 'Os'** und **'Acq'** entsprechen seiner Auffassung nach sechs Lebenssituationen und bilden die Basis aller Sprachen weltweit. Es sind Laute, die eine akustische Verbindung zur Lebenswirklichkeit des Menschen herstellen, in denen zentrale Ereignisse, Handlungen und Objekte im Schallmuster erkennbar werden.

---

[195] A. a. O.: *»Besonders auffallend aber waren die leisen Laute, die die Gibbons in der Präsenz von Raubtieren von sich gaben: Je nachdem, ob die Affen einen Greifvogel, einen Leoparden, einen Tiger oder eine Python vor sich sahen, nutzten sie einen anderen Hoo-Laut. Bei Sichtung eines Greifvogels fiel das Warnflüstern besonders leise, tief und kurz aus«*

[196] Mit zugefügten bzw. weggelassenen Tönen geben sie ihren Rufen unterschiedliche Bedeutung. So warnen die Tiere mit speziellen Schreien vor Feinden in der Nähe. Entwarnung dagegen gilt, wenn den Warnlauten *zwei tiefe Rufe vorgeschaltet* werden. Die Artgenossen *erkennen an den »Vortönen«*, ob Gefahr oder Entwarnung herrscht (ZUBERBÜHLER 2002)

Es fragt sich jedoch, was den frühen Menschen bewog, diese Laute zu formen, sie als Informationsträger seiner Absichten einzusetzen? Darauf können wir nur dann eine Antwort finden, wenn wir auf die zentralen Lebensbedingungen schauen, die schließlich über Leben und Tod entscheiden: Krankheit, Verletzungen, Durst und Hunger, Kooperation.

6.4.2   Motive zur Sprachbildung

Jeder Tag war zuallererst eine Herausforderung, ausreichend Nahrung zu finden oder zu erjagen. Verletzungen oder Erkrankungen erschwerten diesen Überlebenskampf. Neben der Abwehr von Gefahren (Fressfeinden), sozialen Rangkämpfen und Beseitigung von Alltagshindernissen, erforderte die Sicherung der Nahrung das zeitlich größte Investment – und das jeden Tag aufs Neue. Zugute kam Homo sein (durch gegarte Fleischnahrung) größer gewordenes Gehirn, das ihn mit mehr Verstand ausstattete, ihn schlauer machte. Mit dieser kognitiven Besserstellung wird er seine Umwelt genauer beobachtet und Zusammenhänge schneller erkannt haben als seine Vorfahren oder konkurrierende Primaten. Auch konnte er Geräusche besser unterscheiden und seine Gruppenmitglieder mittels differenzierterer Lautsignale vor Gefahren warnen oder auf eine besonders attraktive Futterquelle hinweisen (so wie es die erwähnten Kapuzineraffen und Meerkatzen auch tun). Und er hatte gelernt, Giftiges (Unbekömmliches) und Schmackhaftes an äußeren Merkmalen zu erkennen und Unkundigen diese Kenntnisse mit begleitenden Lauten weiterzugeben. Akustische Hinweise wird er auch immer dann eingesetzt haben, *wenn der Blickkontakt fehlte*, um trotzdem Informationen auszutauschen (z. B. befand sich eine Person weit oben in der Baumkrone, um Honig zu ernten, oder der Angesprochene befand sich hinter einem Hügel).

6.4.3   Die Willensbekundung »Haben wollen«

Was könn(t)en solche Laute an Wichtigem transportiert haben, das jederzeit auch verstanden werden konnte? Sie mussten an die Lebenswelt und -bedingungen, den Erfahrungen des Angesprochenen direkt anbinden, an das, womit er selbst täglich zu tun hatte, was ihm vertraut war und für sein Überleben Bedeutung hatte. Deshalb ist es sehr wahrscheinlich, dass es anfangs einfachste Laute im Umfeld der Nahrung für »*Haben-wollen*« (gib mir!)[197] gab, die von einer Art Bettelgeste (einer ausgestreckten Hand) begleitet waren. Diese Lautungen standen stets in einem unmittelbaren Zusammenhang mit der konkreten Lebenssituation, stellten den Bezug zu dem Gemeinten her.

Forderungen (auch Betteln), die auf einen Erwerb (vor allem von Nahrung) zielen, erzwingen eine Handlung – genauer zwei: *Geben* und *Nehmen* (deshalb sind diese Handlung stets an Objekte gebunden, mit denen »der Objekttransfer« vollzogen wird). Lautgesten, die der Absicht Nachdruck verliehen und sich als hilfreich erwiesen, konnten als lautlicher Stimulus auf viele vergleichbare Situationen und Gegenstände übertragen werden, die '*Haben-wollen*' und '(*Ab*)*geben-wollen* bzw. (*Ab*)*geben-sollen*)' betrafen. Solche Handlungen wiederholten sich ständig, besonders im Umfeld der Nahrung. Welche Laute, Ausdrücke oder Morpheme es waren, wissen wir nicht. Sie stehen aber mit den Möglichkeiten und Grenzen des Mundraumes (Lippenkoordination, Stimmmodulation etc.) in Verbindung, indem neben dem Klang auch ein *optischer* Ausdruck erzeugt wird (spitze, schmale, offene Lippenstellungen, Mundöffnung u. a. m.), womit lautlich Gemeintes auch visuell durchschien. Nur ein offener Mund kann etwas aufnehmen (wollen), Lippenbewegungen können Ess- und Trinkhandlungen demonstrieren, sodass dabei erzeugte Laute auch einen optischen Bezug zum Gemeinten herstellen können.[198]

Eine einzelne Person benötigt keine Sprache. Sprechen setzt ein Gegenüber voraus. In einer Gemeinschaft, im sozialen Miteinander, wo es vornehmlich um die Beschaffung und Teilung der Nahrung, insbesondere des Fleisches, geht (wer bekommt was und wie viel?), entwickelten sich zunehmend differenzierte Symbollaute für das, was zu tun oder zu lassen war.

---

[197] Vergleichbar mit der »Sprechweise« des Affen *Kanzi*, in der »*haben*(-*wollen*)« dominierte (Abschn. 6.3.3, S. 106)

[198] Nicht zuletzt beruht das Vermögen, Sprache von den Lippen abzulesen, auf der Beobachtung und Erkennung der Gesichts- und Lippenbewegungen. »*Lippenlesen aktiviert den auditiven Kortex – die Hörrinde – sowie verwandte Hirnregionen, die beim Hören von Sprache mitwirken*« (ROSENBLUM 2014; S. 26. Der auditive Hirnstamm dient nicht nur der groben Vorverarbeitung von Geräuschen, sondern reagiert »*auch auf gewisse Aspekte von gesehener Sprache*«; ebenda

6.5   Sprechen ordnet »Geben« und »Nehmen«

Die meisten Sprachen der Welt verwenden einfache Sprachlaute und bevorzugen Silben, die mit einem Konsonanten anfangen, wie z.B. die Kombination
von *Konsonant plus Vokal* in 'ba' oder 'ta' – oder aber sie wählen die gegentei-
lige Reihenfolge, wie es die *Aranda* (australische Aborigines) pflegen und
»tat-at-at-at-a« sprechen (BORNKESSEL-SCHLESEWSKY 2014), a. a. O., S. 70.
Was uns hier vor allem interessiert, ist die Frage, wie einfache Silben und Sil-
benfolgen *Handlungen* (!) auslösen konnten, die auch im Laut gemeint sind.
Handlungen und Objekt sind, wie betont, untrennbar miteinander verbunden.
Das bloße Objekt ist unbedeutend, wenn man nicht weiß, was man damit machen kann (z. B. essen, sich damit schützen). Hat es die Option, essbar zu sein,
werden Handlungen nötig, die den Verzehr ermöglichen: zuerst das Ergreifen,
dann die Aufnahme durch den Mund und schließlich das Kauen und Schlu-
cken. Diese »Handlungen« würde es ohne das (Nahrungs-) Objekt nicht geben.
Nahrung und Essen stehen daher in einer sich wechselseitig bedingenden Pro-
zessgebundenheit. Wie lange der Mensch gebraucht hat, den Gegenstand (z. B.
das Nahrungsobjekt) und die Tätigkeiten auch sprachlich zu trennen, wissen
wir nicht. Was wir aber wissen, ist, dass unzählige Nomen Ableitungen (No-
minalformen) von Verben sind.[199]

Bezogen auf unsere Überlegungen zu den Motiven und Ursprüngen menschlicher Sprache, insbesondere im Hinblick auf appellative Gesten, waren sicher
auch *Mutter-Kind-Interaktionen* bedeutsam[200] – wenn nicht sogar *der* eigentliche Ursprung aller sprachlichen Stimuli für *Geben* und *Nehmen*. Betrachten
wir nur den *Ba-Laut*. Er entsteht durch Öffnen des Mundes und den Luftstrom,
der die Stimmbänder beim Ausatmen schwingen lässt. Wir hören ein »Baah«.
Eine Mutter kann beim Füttern des Säuglings ihren Mund geöffnet haben, um
so optisch dem Säugling vorzumachen, was er tun soll, um den Happen aufzunehmen. *So fungieren Laut und Mundform der Mutter als Einheit* des vermutlich ältesten Stimulus (deiktisch und appellativ) zwischen zwei Menschen, der
die interaktive Handlung begründet und dazu auffordert.

---

[199] So ist z.B. das Nomen *Baum* mit *biegen* verbunden: '*der sich im Wind Biegende*' oder gehören *Haus, Höhle*
und *hallen* zusammen (Gebr. GRIMM,1935–1984)
[200] Den Fester (1980) vermutet

Dieser Laut konnte sich deshalb zum Instrument der Interaktion zwischen Mutter und Kind entwickeln, weil er an das Bedürfnis des Kindes, Nahrung aufzu*nehmen* und an den Willen der Mutter, Nahrung zu *geben*, gekoppelt war. Laut (Morphem) und optisches Bild (offener Mund) treten zusätzlich im Handlungsgeschehen als Aktionsimpulse auf. Im *Sanskrit* finden sich viele Verben, die auf diesen Archetypus 'Ba' aufbauen und seine Urbeziehung zum Umfeld von Nahrung erkennen lassen: Das Etymon '*bhar*' hat unter anderem die Bedeutung von *erhalten, unterhalten, ernähren, hegen, pflegen; mit Milch bezahlt, einbringen* (in den Leib) (ROTH et al. 2017). In Verbindung mit der Präposition *Vi* (Anm. d. Verf.: *auseinander*), *Vibhar*, die Bedeutung »*hin und her bewegen ... den Rachen aufsperren*« (WHITNEY 2019).[201]

Hintergrundinformationen

Essen und Trinken gehören in vorgeschichtlicher Zeit wie heute zu den primären Bedürfnissen des Menschen. Diese Tatsache müsste in der Urbedeutung der *Ba-Formen* – sofern FESTERS Hypothese stimmt – ihren Niederschlag gefunden haben. FESTER liefert eine Fülle linguistischer Fakten, denen zufolge der Archetyp 'Ba' (mit seinen vokalischen und konsonantischen Abwandlungen) einen Bedeutungsreichtum im »*Bannkreis des Mundes*« aufweist (a. a. O., S. 57). So steht *Bazoo* im Englischen für Mund und »verführt geradezu zu dem Gedanken an lat. Bassius; frz. Baisé, sp. Beso, dt. (mundartlich) *Busserl* für Kuss« (ebenda); »engl. *Pout* und frz. *Bouder* bezeichnen das Vorwölben der Lippen beim Schmollen«. Hierzu merkt FESTER an: »sch'moll'en – das '*Sch*' ist hier, wie in vielen andern Fällen auch das '*S*' – eine späte Zutat, und so ist das Wort praktisch identisch mit *maulen*; *Maul* aber ist auch eine *Ba-Form*« (a. a. O., S. 57)

6.6 Naturvorgänge – sichtbare Zeichen eines unsichtbaren Akteurs

Nicht nur der Mensch war Akteur, der etwas macht, nimmt oder gibt, auch seine Umwelt erschien ihm als unaufhörlicher Strom wiederkehrender Aktivitäten (Sonnenauf- und -untergang, Mond und Sternenhimmel, Wolkenbildung, Blitze, Regenbogen, Donner, Dürre, Vulkanaktivitäten, Geburt, Tod, das Keimen, Wachsen und Verdorren der Pflanzen usw.). Um ihn herum tat sich

---

[201] A. a. O., S. (107–116): *bhaks* 'partake of eat'; S. 107; *bhar* 'speak'; S. 108; *bharv* 'devour' (verschlingen), S. 109; dazu auch: CHREUBIN (Hg.) 1975

ständig etwas, dessen Erscheinungen unvergleichlich wirkmächtiger als die seiner eigenen Leistungen waren. Hier konnte (und musste) ein viel größerer Akteur als er selbst tätig sein. In diesen natürlichen und rätselhaften Vorgängen erkannte er zunehmend die ihm vertrauten Strukturen des Gebens und Nehmens: Geburt und Tod, die sprudelnde Wasserquelle und ihr Versiegen, das Wachsen und Verdorren der Früchte u. v. a. m. Da alle Handlungen nur auf der Ebene eigener (physischer) Bezüge verstehbar waren, lag es nahe, diese auch für prozesshafte Vorgänge (alles in der Natur, was Veränderung erzeugt) zu verwenden, sobald er dafür auf einen Begriff zurückgreifen konnte, den er für Vergleichbares aus seinem Handlungsspektrum nutzte. Das war die Geburt sprachlicher Transduktion von menschlichen Tätigkeiten auf natürliches Geschehen: vor allem der Verben. Damit konnte die Erscheinungswelt mit ihren wiederkehrenden Veränderungen – und auch das, was Tiere tun – mit bereits bekannten Verben ausgedrückt und/oder im Sinne von »*so wie*« bezeichnet werden.[202] Das erklärt, weshalb nicht zuerst die Objekte benannt wurden, sondern das, was sie tun, und deshalb sind Nomen überwiegend substantivierte Verben (Gebr. GRIMM, 1935–1984).

6.7 Resümee

Wir haben gesehen, dass einige Primaten (Kapuzineraffen, Meerkatzen) über vielfältige Laute verfügen, mit denen sie nicht nur Angreifer unterscheiden und deren Angriffsrichtung Artgenossen mitteilen können, sondern auch den besten Fluchtweg andeuten. Zwei vorgeschaltete (tiefere) Töne stehen für Entwarnung. Diese akustische Kommunikation ist zwar noch weit entfernt von einer strukturierten Sprache, wie sie der Mensch anwendet. Sie belegt aber die Fähigkeit, Laute und Rufe von Artgenossen zu erkennen – selbst wenn es nur *Tonaufzeichnungen* sind – und sich folgerichtig zu verhalten (Blickausrichtung, Positionswechsel etc.). Wir können unterstellen, dass unsere direkten Vorfahren (Hominini) über ein komplexeres Repertoire auditiver Kommunika-

---

[202] Zum Beispiel ist *Born* die md. nd. Form für *Brunnen* (= Quelle) und auch mit *brennen* verwandt (ebenso *Brandung*); Quelle bezeichnet das »Hervorzüngeln« einer aus dem Erdreich heraustretende Wasserstelle und wird mit dem Herausstrecken der Zunge bildlich verwoben; vgl. »Emporzüngeln« der Flammen – weshalb starke Wellen als *Brandung* (»Feuerwellen«) bezeichnet werden

tion verfügten, allein schon wegen des größeren und leistungsfähigeren Gehirns. Schließlich entstand aus diesen informationstragenden Schallmustern ein Lautsymbol*system*, mit dem *Homo sapiens* seine Lebenswelt, alle Objekt-Subjekt-Beziehungen, erfassen, benennen und beurteilen konnte.

Wir haben danach gefragt, was diese Sprachentwicklung in Gang gesetzt hat. Notwendig waren kognitive sowie anatomische Voraussetzungen und vor allem: **Motive zur Kommunikation**. Interessant wäre zu wissen, worüber die Vorläufer von *Homo sapiens* gesprochen haben. Schimpansen, denen man eine Gebärdensprache (ASL) beigebracht hatte, verwendeten diese gestische Kommunikationsform insbesondere bei Interaktionen des *Gebens* und *Nehmens*. »*Haben(-wollen)*« und »*Geben(-sollen)*« gehören mit zu den ältesten kommunizierten Absichten von Individuen. Diese Aktivitäten setzen ein Objekt voraus, auf das sich die jeweilige Absicht bezieht. Ohne Gegenstand, ohne ein Objekt, gibt es (auf der materiellen Ebene) weder Geben noch Nehmen – und ohne Subjekte gibt es keine absichtsvollen Interaktionen. Hatten sich für den Akt des Objekttransfers Lautungen (kurzsilbige Wörter) eingebürgert, ließen sich damit auch gleichsinnige Handlungsabsichten benennen und auf andere Objekte bzw. Absichten übertragen.

Die alles entscheidende Frage, wie *an die Stelle* eines Objektes (seinen Merkmalen/ Eigenschaften, seinem Zweck oder Nutzen) ein stimmlich erzeugter Laut – ein »Klangbild« – treten kann, in dem dieser Konnex liegt und lautlich repräsentiert wird, ist der Ur-Forschungs-Gegenstand der Linguisten. Oben haben wir auf Richard Festers Archetypen der Sprachlaute verwiesen, deren einfachster phonetischer Repräsentant der '*Ba*-Laut' ist. Er wird vermutlich als lautlicher Stimulus zwischen Mutter und Kind fungiert haben, bei dem es um Nahrungsaufnahme geht.

 Die Absicht der Mutter, ihr Kind zu ernähren, zeigt sich in der Ur-Interaktion des 'Gebens' und 'Nehmens' (von Nahrung). Der lautliche Stimulus '*Ba*' von Seiten der Mutter öffnet ihren Mund; damit animiert sie den Säugling, es gleich zu tun. In diesem lautlichen (und optischen) Impuls sind wechselseitige Ziele eingebunden: Nahrung *geben* (zu wollen) und Nahrung *nehmen* (zu sollen) – der Ursprung einer handlungsauslösenden Kommunikation. Der Laut (das

Wort) lässt sowohl das von der Mutter *Gewollte* (dass der Säugling den Mund öffnen möge) als auch das *Gemeinte* (den gereichten Happen aufzunehmen) »mithören« (ist kognitiv *kopräsent*). Laut und Handlung stehen in einem neuronal synchronen Zusammenhang.

War dieser Zusammenhang von Laut und Gemeintem erkannt, ließen sich vergleichbare Situationen des 'Gebens' und 'Nehmens' (lautlich moduliert) benennen. Der zentrale Ort, an dem sich diese ersten Formen lautlicher Verständigung zwischen Erwachsenen entwickeln konnten, war das nächtliche Lagerfeuer. Hier saß man beisammen, aß, sprach oder hörte aufmerksam zu. Dabei ging es vermutlich um Erlebnisse der Jagd (*wo* Tiere erlegt wurden, um den Waffengebrauch, um Gefahrensituationen etc.), die Probleme bei Vor- und Zubereitungen, die Mengen und die gerechte Verteilung der Nahrung. An dieser wärmenden Feuerstelle – alias »Futterplatz« – entwickelte sich der Wortschatz des frühen Menschen. Jahrhunderttausende später, als der Mensch über einen größeren, differenzierteren Wortschatz verfügte und diesen in Schriftzeichen (Piktogramme) setzen konnte, entstanden die ersten Zeugnisse über Techniken der Nahrungszubereitung in Form von Rezepten. Sie waren kostbare, in Worte gefasste Verfahrensegeln, die die menschlichen Lebensbedingungen verbessern halfen.

Teil II
Das Phänomen Wohlgeschmack

7 Betrachtungen über Sensorik und ihre evolutionären Hintergründe

Vorbemerkung

Der *sprichwörtlich* »gute« Geschmack hat merkwürdigerweise zunächst keinen Bezug zum Essen. Er sagt etwas über das ästhetische Vermögen eines Menschen, z. B. in Bezug auf Literatur, Bekleidung, Kunst, Möbel, Musik oder Partnerwahl. Wer im Bereich der Kunst und Kultur einen *guten Geschmack* hat, gilt als kultiviert und gebildet. Wehe jenem, dem es hier an Feingespür fehlt. Er hat entweder einen *schlechten* Geschmack, seine Haltung oder Tätigkeiten haben ein *Geschmäckle* oder aber sind verachtungswürdig *geschmacklos*.

Diese metaphorische Verwendung von Geschmack war und ist vermutlich in nahezu allen Kulturen gebräuchlich (siehe auch Wikipedia: *Titus Petronius*). Offenbar besitzt die im übertragenen Sinn gemeinte Aussage eine derartige Klarheit, dass sie von jedem sofort verstanden werden kann. Der Grund für diese Eindeutigkeit liegt darin, dass alle Menschen über einen biologisch vergleichbar effizienten Geschmackssinn verfügen, dessen Schutz- und Stimulus-Funktion sich in Gefühlswelten von lustvollem Genießen bis hin zu Ekelempfindungen ausdrückt. Guter oder schlechter Geschmack hat also immer auch mit Emotionen zu tun, deren Empfindungen sich auf Sachverhalte übertragen lassen, die nichts mit Nahrung zu tun haben.

 Der Geschmack des Essens wird individuell erfahren und ist vom Klima, der Region und dem Kulturkreis geprägt. Nördlichere Erdregionen erfordern Nahrung mit höherer Energiedichte, und dort geerntete Produkte unterscheiden sich deutlich von landwirtschaftlichen Erzeugnissen Afrikas oder Asiens, weil die Böden und Wetterverhältnisse anders sind. Auch deshalb haben vergleichbare Rohstoffe nicht die gleichen Mengen an Inhaltsstoffen und sind geschmacklich verschieden.

7.1   Zum Wohlgeschmack

Unsere Fähigkeit »zu schmecken« reicht weit in die Anfänge der Evolution zurück – vermutlich bis auf erste Formen zellulären Lebens. Denn nicht nur der Mensch kann Komponenten der Nahrung mit Hilfe hochselektiver *Membranrezeptoren* wahrnehmen und unter-scheiden, sondern auch archaische Einzeller sind mit ihren einfachen Membranen dazu fähig (ROTH 2011). Woran aber erkennen Rezeptoren, ob die Nahrung 'gut' oder 'schlecht' ist? Sie detektieren ihre *physikalischen* und *chemischen* Eigenschaften (ihre »*molekularen Fingerabdrücke*«) nach einem 'Schloss-Schlüssel-Prinzip' und leiten ihre »*Informationen*« über Neurone in das Gehirn. Dieses funktioniert wie ein energetisches »Feedback-System«, da alle Duft- und Geschmacksmoleküle aus physikalischer Sicht jeweils Energiezustände sind, die im Gehirn in einer Art »*evolutionärem Gedächtnis*« auf noch nicht geklärte Weise 'präsent' sind und als Empfindungen und Gefühle in unser Bewusstsein treten. Wie sich dieses Gedächtnis im Laufe der Evolution gebildet hat und auf welche Weise es während des Essens Kontrollfunktionen ausübt, ist ebenfalls noch nicht vollständig verstanden. Vermutlich handelt es sich bei diesen neuronalen Vorgängen um *aktivierbare* Erregungszustände in Kernarealen des Gehirns,[203] in denen spezifische äußere Reize (energetische Impulse) im Laufe der Evolution in ein neuronales System 'strukturell' eingebettet worden sind und durch betreffende Signale wieder aufgerufen (erregt) werden (können). In diesen Erregungszuständen liegen die »Informationen« (z. B. süß, sauer, salzig), die diese zugleich

---

[203] Vergleichbar mit *Orts-* und *Gitterzellen*, die nur dann 'feuern', wenn sich das Lebewesen an dem Ort aufhält, für den das bestimmte Neuron »reserviert« ist, die diese Stelle zum »Hier« macht. Neuronale Erregungen in Kernbereichen des Gehirns, die mit der äußeren Erscheinungswelt in energetischer Beziehung stehen, lassen sich nur als *quantenphysikalische* **Superpositionen** verstehen, in denen verschiedene 'Realitäten' gleichzeitig vorliegen, die je nach Reiz (ein 'Messvorgang'), nur einen Zustand annehmen – den wir dann erleben; dazu: EIDEMÜLLER 2017

zur (inneren) subjektiven Realität machen – sie werden während des Essens »aktuell« (PENZLIN 2014, S. 286).[204]

Der Organismus erfasst in unterschiedlichen Bereichen des zentralen Nervensystems den metabolischen Aufwand aller Zellprozesse, die an der Verdauung der Nahrung beteiligt sind (PENZLIN 2014). Der jeweils aktuelle »Messwert« (ein gefühlter temporärer Zustand, der u. a. auch von einer Art »*Thermostat*« des Gehirns ermittelt wird)[205] »repräsentiert« den tatsächlichen *Gesamtnutzen* des Essens. Da daran auch das Gedächtnis beteiligt ist, können wir vorteilhafte Nahrung erinnern und entsprechend präferieren. Gäbe es dieses »*metabolische Gedächtnis*« nicht, wäre der Organismus unfähig, wertvolle Nahrung von wertloser zu unterscheiden, wäre das *Biosystem Mensch* in Bezug auf Nahrungswahl orientierungslos (»Gutes« wäre dann vom Zufall abhängig), und es gäbe keinen Grund für individuelle Vorlieben. Das Finden und Erkennen geeigneter Nahrung ist eine grundlegende Voraussetzung – die *conditio sine qua non* – allen Lebens (ROTH 2011; S. 243 ff.).

Vor diesem Hintergrund ist jede *Nahrungszubereitung* eine von Homo sapiens entwickelte Ernährungsweise, die sich vor allem an sensorischen Werten orientiert. Wohlgeschmack, Leckereien, Köstlichkeiten, der Gaumenschmaus etc. sind die gefühlten »Referenzwerte« des Organismus für physiologisch wertvolles Essen – respektive gelungener Zubereitungen. »Wohlgeschmack« ist somit eine Funktion des Körpers und erfüllt biologische Zwecke; er ist das Produkt hochkomplexer Wechselwirkungen zwischen Nahrungsmolekülen und Organismus (seinem *Sensorium*), dem wir uns im Folgenden zuwenden wollen.

---

[204] Eine solche Realitätswahrnehmung bedingt ein energetisches **Systemganzes**. So steht die *Reizursache* (hier ein äußerer Impuls) mit der *Wirkung* im Gehirn in energetischer Beziehung – unabhängig davon, wie viele sekundäre Botenstoffe, Neurotransmitter und Hormoneffekte darauf Einfluss hatten (Zusammenhänge, die wir später genauer betrachten wollen). In Nervensystemen werden nichts anderes als Energiewerte transportiert, die durch physikalische oder chemische Reize an einem Rezeptor ausgelöst worden sind (ROTH; STRÜBER 2014). Und weil das Gehirn mit diesen biochemischen und elektrischen Signalen arbeitet, müssen die Produkte dieser Energiepakete – das, was wir real erleben – ebenfalls energetischer Natur sein

[205] Einer Region im *Stammhirn*, am Übergang vom Rückenmark zum Kleinhirn, die in Zusammenarbeit nicht nur die Körpertemperaturen einstellt, sondern auch die *Energiebilanz* 'erfasst' und andere autonome Funktionen reguliert (Blutdruck, Flüssigkeitshaushalt); dazu auch LEHNEN-BEYEL 2017

Im Rahmen des Buchthemas können nur einzelne, exemplarische Sachverhalte angesprochen werden, die *Zubereitung* – das Herstellen essfertiger Produkte – als eine vom Organismus 'gewollte' und kontrollierte Nahrungsoptimierung erkennen lassen. Denn jedes technische Verfahren (dazu Abschn. 16, S. 233 ff.) zielt auf biologisch determinierte *sensorische Werte*, die die verwendeten Rohstoffe attraktiver machen. Dass wir überhaupt Rohstoffe und Zubereitungsprodukte unterscheiden und bewerten können, geht auf evolutionäre Uranfänge des *'Schmeckens'* zurück: auf Membranfunktionen und Reizverarbeitungen, die sich vor Milliarden Jahren bereits bei Einzellern entwickelt haben. Es sind genau diese sensorischen Grundlagen, denen im Folgenden unser Interesse gilt, und die Nennung biologischer Fachbegriffe (Termini) macht das Einfügen von Zusatzinformationen und längeren Fußnoten notwendig.

Die hier gewählte 'wissenschaftsorientierte'[206] Darstellungsweise ist auch der Intention geschuldet, angehenden Lehrern (z. B. in Köche-Klassen) eine Art 'Zusammenschau' des inhaltlichen Spektrums an die Hand zu geben, das zu den elementaren Aspekten der Zubereitung gehört. Ein fachlich kompetenter Koch benötigt neben handwerklichem Können ein naturwissenschaftliches Basiswissen, das – überspitzt ausgedrückt – über das bloße 'Kennen der Nährstoffe', Ernährungstrends und Techniken 'schonender Verfahren' hinausgeht. Bedeutsamer scheinen mir *sinnesphysiologische Grundlagen* zu sein, die den Blick auf den Menschen richten, dem schließlich alle Kochanstrengungen gelten. Anderenfalls blieben die Hintergründe des Wohlgeschmacks – und damit das Kochhandwerk selbst – weiterhin eine *terra incognita*, blieben sie Produkte mechanisch ausgeführter vorgegebener 'Verfahrensalgorithmen'. Dass hinter dem Hauptziel der Kochkunst – der Erzeugung von Wohlgeschmack (dem »Applaus der Sinne«) - **ein biologisches Prinzip der 'Selbstbelohnung'** steht, wird in den Fachbüchern der Kochausbildung nicht reflektiert.

---

[206] Als Quellen werden sowohl wissenschaftliche Arbeiten als auch populärwissenschaftliche Publikationen, Zeitungs- und Internet-Artikel herangezogen, die sich auf wissenschaftliche Veröffentlichungen beziehen

7.2　Unsere Nahrung: Ein Kosmos chemischer Bausteine

Alles, was wir sehen, riechen, schmecken, trinken und anfassen können, besteht aus unvorstellbar vielen winzigen und mit bloßem Auge nicht erkennbaren Materiebausteinen, den *Molekülen,* die selbst wiederum aus noch kleineren Elementen, den *Atomen,* aufgebaut sind. Uns interessiert an diesem Mikrokosmos der Materie (der im Nanobereich und darunter liegt; 1 nm = 10^{-9} m), ausnahmslos deren **Wirkung auf den Organismus**. Diese Materiewinzlinge beeinflussen schon deshalb unser tagtägliches Fühlen, Denken und Handeln, weil wir davon beim Essen und Trinken unvorstellbare Mengen aufnehmen – Mengen, für die uns jeglicher »sinnliche« Bezug fehlt.

Dass 18 Gramm Wasser (ein Mol H_2O – etwa die Flüssigkeitsmenge eines Doppelkorns) aus über 6×10^{23} (600 Trilliarden)[207] Molekülen bestehen, können wir nur als einen abstrakten 'kalten' physikalischen Wert zur Kenntnis nehmen. Wie es aber möglich ist, dass eine »Handvoll« Flüssigkeit weit mehr Moleküle enthält als die Sahara Sandkörner, bleibt uns rätselhaft. Eine vergleichbare Gefühlswallung, die sich z. B. beim Anblick eines mächtigen schneebedeckten Gebirges einstellt, lösen diese gigantischen Molekülmengen nicht aus. Der Grund: Für *Materieteilchen,* aus denen alles besteht – auch wir selbst – haben wir keinen Sinn! Unsere Sinne sind evolutionär nur für das Erkennen *makroskopischer* Körper entwickelt.

Hintergrundinformationen

Das Phänomen der Kleinheit und 'Unsichtbarkeit' dieser Teilchen ist Gegenstand der Atom- und Quantenphysik, die sich mit der Natur der Mikromaterie (*Quantenobjekte*) – auch des Lichtes (den *elektromagnetischen Wellen* oder *Photonen = Lichtquanten*) befasst (EIDEMÜLLER 2017). Sie sind aber auch Objekte der Physiologie, die beispielsweise unsere *Sehfähigkeit* mit Erregungszuständen im visuellen System (vor allem der Großhirnrinde) als Wirkung unterschiedlicher Frequenzen des Lichtspektrums (deren Lichtquanten) auf die *Zapfen* und *Stäbchen* der *Netzhaut* beschreibt. Für das Erkennen und Zuordnen von Nahrung liefert der optische Reiz (ein Fernsinn) die erste Information. Farben, Formen, Proportionen, Abstände etc. haben sich in den frühesten phylogenetischen Anfängen der Säuger entwickelt und sind

---

[207] Die nach *A. Avogadro* benannte physikalische Konstante gibt an, wie viele Teilchen – etwa Atome eines Elements oder Moleküle einer chemischen Verbindung – in einem *Mol* des jeweiligen Stoffes enthalten sind: 6,022140857 x 10^{23} ; dazu Wikipedia: *Avogadro-Konstante*

grundlegend für die räumliche Wahrnehmung. Optische Reize werden im physikalischen Sinne nahezu *instantan* (schlagartig) erfasst.

Allerdings ist die letzte Aussage erklärungsbedürftig. Dem Menschen fehlt zwar (ohne technische Apparaturen) die Fähigkeit, Moleküle zu sehen und zu unterscheiden, denn das war für sein Überleben nachweislich nicht notwendig. Er ist aber dank Evolution mit einem *Sensorium*[208] ausgestattet, das ihn 'physikalische Zustände' seiner Außenwelt schnell und deutlich *wahrnehmen* lässt: Wir **fühlen** und **empfinden** sie – das gilt auch für unsere Nahrung. Ob uns etwas beispielsweise kalt, heiß, bitter, fettig, trocken oder aromatisch erscheint, liegt grundsätzlich an den molekularen Zuständen, der Konzentration bestimmter Makro- und Mikroanteile. Schon hier lässt sich das Wirkungsfeld von Zubereitungen erahnen, die bekanntlich darauf abzielen, Rohstoffeigenschaften zu manipulieren – und auch erst im prozessierten Zustand richtig munden. Läge in diesen technisch z. T. aufwändigen Verfahren kein biologischer Nutzen, wären Veränderungen nativer Nahrungsmittel – genauer: die **erzeugten sensorische Werte** – widersinnig: Warum sollte uns etwas 'Bearbeitetes' besser schmecken, wenn darin kein physiologischer Vorteil läge?

Zubereitungen zielen im Kern aber nicht auf die Rohstoffe (sie sind im Grunde 'nur' plastische Nahrungsmaterie), sondern einzig und allein auf den Organismus – auf das Verdauungssystem, den *Metabolismus*,[209] auf Empfindungs- und Stimmungszustände. Das geschieht auf einer »unsichtbaren« molekularen Ebene, da nur Mikrobausteine des Essens in unsere Zellen gelangen und 'energetisch' wirken. Hierbei leisten Garverfahren, wie wir später noch sehen werden, Entscheidendes: Sie nehmen dem Stoffwechsel vielfältige energieverbrauchende »Zerlegungsarbeiten« ab.

---

[208] Die Gesamtheit aller Sinnesleistungen (Sensorik/Wahrnehmung = *Perzeption*) einschließlich des Bewusstseins (ROTH; STRÜBER 2014; S. 45 ff.)

[209] Gesamtheit aller biochemischen Prozesse in Lebewesen, wobei bei der Nahrung über vielfältige Zwischenprodukte (*Metabolite*) schließlich durch eine kontrollierte (langsame) »Verbrennung« (Oxidation) der Endprodukte (bei der jeweils zwei Wasserstoffatome und ein Kohlenstoffatom aus dem Molekül mit Hilfe von Sauerstoff »abgetrennt« werden) schließlich CO_2 und H_2O übrig bleiben

Hintergrundinformationen

Bereits ein Blick durch das Mikroskop auf unsere Körperzellen reicht, um uns eine Vorstellung davon zu geben, wie unser Organismus mit den unsichtbaren »Zwergen« (*nano* = Zwerg), den Nahrungsbausteinen, interagiert und was – biologisch betrachtet – *klein* ist. Unser Organismus besteht aus rund 100 Billionen *Zellen*. Jede einzelne Zelle ist eine hochkomplexe dynamische biologische Einheit (die im Verbund mit anderen Zellen *Organe* bildet), in denen unzählige molekulare »Akteure« Prozesse in Gang halten, die letztlich das begründen, was wir *Leben* nennen. Ein unvorstellbares Gewimmel an Wasserstoff-, Natrium-, Kalium-, Chlorid-Ionen, Lipiden (Fettverbindungen), Peptiden (= kurze Eiweißfäden) u. v. a. m. ist dicht gepackt auf engstem Raum in Organell-, Röhren- und Membransystemen aktiv: um Konzentrationsverhältnisse einzuregeln, Gene im Zellkern an- und abzuschalten, Eiweiße und Enzyme auf- und abzubauen, Nährstoffe an den richtigen Ort zu transportieren und Überflüssiges auszuschleusen – und das alles unter der »Beachtung« ankommender Signale von angrenzenden Zellen.

Diese Zellprozesse bezeichnen wir als **Metabolismus**. Auch das Volumen einer Zelle (etwa 10^{-12} l, der Durchmesser liegt zwischen 1–10 Mikrometer; 1 μm = 10^{-6} m), in dem diese Vorgänge ablaufen, zeigt, wie winzig erst die Bausteine der Nahrung sein müssen, um durch die Zellmembran treten und verstoffwechselt werden zu können. Über 2000 Enzymsysteme (*Biokatalysatoren*) sind an diesen Prozessen beteiligt und sorgen für das notwendige Fließgleichgewicht im Organismus (PENZLIN 2014; S. 247). Anzumerken bliebe noch, dass alle chemischen Prozesse innerhalb einer Zelle (ein kybernetisches Netzwerk) nur in eng begrenzten Temperaturbereichen ablaufen können (a. a .O., S. 223).

7.3   Der Weg vom Groß- zum Mikromolekül

Nahrungskomponenten können erst dann metabolisiert werden, wenn sie entsprechende molekulare Größen aufweisen. Die »Kleinheit« ist damit per se *der* Resorptionsfaktor. Denn: Je weniger enzymatische Zerlegungsarbeit notwendig ist (wobei jedes Mal ATP verbraucht wird – *Adenosintriphosphat* ist der Hauptenergiespeicher, den der Organismus für Stoffwechselprozesse einsetzt),[210] desto größer ist der Nettonutzen für den Organismus und diesen kann bereits die »Zunge« antizipieren. Wir werden das noch im Zusammenhang mit Geschmackseindrücken, u. a. dem von Zucker, näher betrachten.[211]

---

[210] ATP – *Adenosintriphosphat*, ein Baustein (Nukleotid) der Kernsäure *Adenosin* – nämlich das Triphosphat; s. auch Fußn. 159, S. 86

[211] Je nachdem, ob wir Zucker als Kompaktmolekül (als verkleisterte *Stärke*) aufnehmen oder als kristalline Bausteine (*Einfach-, Zweifachzucker*), reagiert unserer Zunge extrem unterschiedlich: Je kleiner das Molekül ist, desto intensiver ist das Geschmackserlebnis; große Moleküle (Stärke) sind ausdrucksarm (s. Abb. 6, S. 232)

Hintergrundinformationen

Das »Schreddern« der Makromoleküle (in die wir z. B. hineinbeißen) beginnt im Mund: Hier zerkleinern unsere Zähne den Happen soweit, dass er als eingespeichelter *Bolus* (lat. Ball) durch die Speiseröhre (*Ösophagus*) passt und hinuntergeschluckt werden kann. Am unteren Ende des Magens (dem *distalen* Bereich = *Antrum*) wird der angesäuerte und mit Verdauungsenzymen durchsetzte Mageninhalt weiter zerkleinert, indem die Magenwände (mit Blutgefäßdrücken bis über 100 mm Hg)[212] die Bestandteile in der »*Antrummühle*« zerreiben, bis die Bruchstücke weniger als 2 mm Durchmesser haben. Dann erst öffnet sich der Schließmuskel am Magenende (Pförtner = *Pylorus*) und entleert den Mageninhalt[213] portionsweise in den oberen Dünndarm (Zwölffingerdarm = *Duodenum*), sobald dieser dem Magen signalisiert, dafür bereit zu sein. In weiteren Dünndarmabschnitten (Leerdarm = *Jejunum* und Krummdarm = *Ileum*) zerlegt dann eine Armada verschiedenster hochspezialisierter Enzyme[214] die Partikel auf molekulare Größen, die dann aktiv oder passiv durch die Schleimhautzellen des Darmes (*Mukosa*) in den Blutkreislauf gelangen (zunächst in die *Pfortader*, die die Nährstofffracht via Leber transportiert) – Fettbausteine wandern zunächst in das *Lymphsystem*.

Zubereiten zielt aber nicht allein darauf ab, Makromoleküle der Nahrung vor dem Verzehr zu zerlegen und Bausteine durch thermische Verfahren mittels »Wasserummantelungen« (Hydrathüllen) zu lockern bzw. voneinander zu trennen, sondern Zubereiten ist zugleich auch **eine gezielte, fein austarierte Kombination *verschiedener* Rohstoffe**. Mitunter sind es minimale Ergänzungen (eine Messerspitze, Prise oder Spritzer), die den Höchstwert eines sensorischen Eindrucks ausmachen. Sinnesreize des Mundes und der Nase sind daher die entscheidenden Instanzen, die uns bereits Auskunft über die Qualität der Nahrung geben, noch bevor wir sie herunterschlucken – eine biologische Höchstleistung, die uns während des Essens nicht bewusst ist. In Millisekunden werden multiple sensorische Rückkopplungssysteme aktiviert, die uns kontinuierlich einen Gesamteindruck wahrnehmen lassen. Nur bei sensorisch

---

[212]'Hg' ist das chemische Zeichen für *Quecksilber*; griechisch **hydrargyrum** = flüssiges Silber; mmHg ist die Maßeinheit für den Blutdruck: 1 mmHg = der Druck, den eine 1 Millimeter hohe Quecksilbersäule ausübt

[213] Die durchschnittliche Verweildauer beträgt bei Flüssigkeiten einige Minuten, bei einer Reismahlzeit 1–2 Stunden, bei gekochtem Fleisch 3–4 Stunden und bei fettreicher Nahrung (z. B. Ölsardinen) 6–9 Stunden

[214] Diese Enzyme sind meist **Hydrolasen**, die das Substrat durch Anlagerung von H_2O-Molekülen aufbrechen (trennen). »*Die Darmsekrete enthalten kohlenhydrat-, fett-, eiweiß- und nukleinsäurespaltende Enzyme aus dem Pankreas (der Bauchspeicheldrüse); auch beteiligen sich membranständige Oligopeptidasen des Bürstensaums im Dünndarm an der Spaltung zu Aminosäuren, Di- und Tripeptiden, welche von der Mukosa resorbiert werden können*«; HINGHOFER-ZSALKAY 2019

auffälligen Anteilen schaltet sich auch der Verstand ein und sucht nach Erklärungen für diese Besonderheiten.

Hintergrundinformationen

Unser Organismus kann nur, wie betont, kleinste Nahrungsmoleküle wahrnehmen. Dafür hat er Rezeptoren, die vor allem auf *chemische* Stoffe spezialisiert sind.[215] So liegen Riechzellen, so genannte *Rezeptor-Neurone* (das sind *primäre* Sinneszellen des Zentralen Nervensystems) unter einer Schleimschicht im so genannten *Riechepithel*[216] (der Ort der *olfaktorischen* Wahrnehmung, von lat. *olfacere*: riechen) und Geschmackssinneszellen, die *gustatorische* Wahrnehmung (von lat. *gustare*: kosten, schmecken) als *sekundäre* Sinneszellen (reine Rezeptorzellen) zu Hunderten in warzenartigen und von Mundspeichel bedeckten Papillen auf der Zungenoberfläche. Beide Sinne können physiologisch relevante *Moleküle* und *Atome* der Nahrung sofort erkennen (*detektieren*) – sofern sie gelöst vorliegen (s. Abb. 6, S. 232).

Die verlässlichste sensorische »Information«, die wir von unserem Organismus über *wertvolles* Essen erhalten können, ist der Summeneindruck *Wohlgeschmack*. Deshalb zielt jede Zubereitung – ohne hier auf weitere Details einzugehen – auf die Beseitigung negativer Eindrücke, die oft auch von *giftigen Komponenten* oder *Antinutritiva* der Rohstoffe herrühren. Danach sind sie *genießbar* und *schmackhaft*. Letzteres tritt in der Regel aber erst dann ein, wenn alle störenden und schädigenden Anteile beseitigt sind. Deshalb lässt uns Wohlgeschmack das jeweils »Richtige« *wählen* und *erinnern*. Jean-Jacques Rousseau hat das folgendermaßen formuliert: *Alles, von dem mir mein Gefühl sagt, dass es gut ist, ist auch wirklich gut; alles, was mein Gefühl schlecht nennt, ist schlecht* (zitiert nach HARARI 2015; S. 478).

---

[215] Diese *Chemosensoren* – die ersten, wichtigen Kontrolleure – sind nicht nur in den Kopfsinnen, sondern befinden sich auch im Darmsystem, dem *enterischen Nervensystem* ENS – es kann *riechen* und *schmecken*. *»Die Chemosensorik ist in der Evolutionsgeschichte sehr alt, man findet sie schon im Fadenwurm Caenorhabditis elegans. Offenbar hat die Natur ihre Erfindung wieder und wieder verwendet«*; LENZEN 2019

[216] *Riechzellen* leiten die Geruchsinformationen direkt ins zentrale Nervensystem (ZNS). Ihre langen dünnen *Zilien* sind *mit Geruchsrezeptoren besetzt, die in den* Schleim des Riechepithels ragen. Sobald sich an diese Rezeptoren Duftmoleküle heften, kommt es zur *Depolarisation der Membran* (Ladungsumkehr): Positiv geladene *Natrium-* und *Kalium-Ionen* strömen ins Zellinnere, negativ geladene *Chlorid-Ionen* strömen hinaus. Dadurch verändern sich die elektrischen Eigenschaften der Zelle. Aus dem chemischen Reiz, dem Duftmolekül, wird ein elektrischer, der in Form eines *Aktionspotentials* durch das Axon in Richtung ZNS rast (REINBERGER 2013). Die in der Zellmembran befindlichen *Natrium-Kalium-Pumpen* sorgen dafür, dass das Ruhepotential (unter Energieverbrauch = ATP) sofort wieder eingestellt wird (BERG et al. 2003; SS. 369, 380, 413)

Dass unser Organismus über ein solch perfektes Kontroll- und Informationssystem verfügt, er Nahrung »bewerten« kann und wir diese Körperurteile als Gefühlsvarianzen erleben, geht, wie bereits betont, bis auf die evolutionären Anfänge einzelliger Lebewesen zurück. Genauer: auf die Entwicklung von *Membranen* der Einzeller. Nachfolgende Ausführungen über evolutionäre Anfänge der Sensorik – die energetischen Zusammenhänge zwischen Molekülen und Organismus – können nur skizzenhaft sein, mehr nicht. Der umfangreiche Forschungsstand zur Wahrnehmung und Sensorik sowie genauere physiologische Zusammenhänge sind der entsprechenden Fachliteratur zu entnehmen, z. B. ROTH 2009, 2011, 2014 und SCHURZ 2011; PENZLIN 2014.

8   »Geschmack«: Ein archaisches Kontroll- und Erhaltungssystem

Die Fähigkeit **biologischer Systeme**, auf Signalstoffe der Umwelt *energetisch* (chemisch und physikalisch) zu reagieren, führte innerhalb der Evolution größerer Lebewesen u. a. zu dem Wahrnehmungssystem, das wir heute als **Sensorik** bezeichnen (sie gehört zur *Sinnesphysiologie* und ist Teil der **Physiologie**). Hier stellt sich natürlich die Frage, weshalb wir bei der Suche nach den Ursprüngen unserer Fähigkeit, zu 'schmecken', die Membran eines archaischen **Einzellers** betrachten sollten? Dafür gibt es zwei Gründe: Erstens haben diese einzelligen Organismen Membranen, die sich von denen menschlicher Zellhüllen kaum unterscheiden. Und zweitens stehen wir evolutionär mit diesen mikroskopisch kleinen Organismen seit mehr als 3,5 Milliarden Jahren in ununterbrochener Verbindung. Wenn wir verstehen wollen, warum ein bestimmtes Spektrum an Außenreizen auf Zellmembranen wirkt, müssen wir auf ihre evolutionären Anfänge schauen, denn hier begann nicht nur das, was wir *Leben* nennen (PENZLIN 2014), sondern hier entwickelte sich eben auch das, was wir heute als **Geschmack** bezeichnen.

Auch wenn im Folgenden entwicklungsbiologische Details nur selektiv angesprochen werden können und diese scheinbar nur wenig mit unserem eigentlichen Thema zu tun haben (den Geschmackszielen der Zubereitung), so lässt sich unsere sensorische Fähigkeit, *'Gutes'* und *'Schlechtes'* zu unterscheiden, nur evolutionsbiologisch begründen: *Nichts in der Biologie ergibt einen Sinn, außer im Lichte der Evolution* (DOBZHANSKY 1900–1975). Sie erst ermöglicht einen Blick hinter die Kulissen *physiologischer* »Urteile«, die uns heute beim Kochen unbemerkt die Hand führen. Deshalb gehen wir an dieser Stelle zunächst weit in die Anfänge des Lebens zurück.

8.1   Zu den Anfängen der Reizerkennung durch Biomembranen

Alles begann vor etwa 4 Milliarden Jahren im Urmeer mit der Entstehung von **Urbakterien** (*Archaeen*) und **Bakterien** (*Prokaryoten*). Etwa eine Milliarde Jahre später folgten größere Einzeller (**Eukaryoten**), deren »Außenhüllen« (*Biomembranen*) – wie auch die ihrer kleineren Vorläufer – in einem energetisch dynamischen Verhältnis zum *Meerwassermilieu* standen. Meerwasser enthält u. a. viele gelöste Salze (*Ionen*), die für organische Verbindungen (die Bausteine der Einzeller) problematisch sind, weil sie deren schwache (*nichtkovalente*)[217] elektrostatische Bindungen gefährden. Erst eine *Lipiddoppelmembran* – sie besteht im Wesentlichen aus *Phospholipiden*,[218] die praktisch zwei wässrige Räume voneinander abgrenzt und u. a. für große Moleküle und gelöste Salze zunächst eine Barriere ist – bot Einzellern ausreichenden Schutz. Allerdings enthält dieser 'Fettmantel' kleine Öffnungen (*Porine*), die nicht

---

[217] Grundlage chemischer Bindungen sind *elektrostatische Wechselwirkungen* (Kräfte zwischen zwei *Punktladungen* oder kugelsymmetrisch verteilte elektrische Ladungen) und *Wechselwirkungen von Elektronen*. Besonders fest sind Atombindungen (Elektronenpaarbindungen), die auch als *kovalente Bindung* bezeichnet werden (z. B. hat die Bindung des Wassermoleküls H_2O zwei kovalente Sauerstoff-Wasserstoff-Bindungen). Dagegen sind *nichtkovalente* Verbindungen, z. B. *Wasserstoffbrücken-Bindungen*, in wässriger Lösung 30 bis 300-fach schwächer; sie können deshalb rasch entstehen und wieder getrennt werden. Kovalente Bindungen lassen sich nur mittels hoher Aktivierungsenergie (z. B. durch Enzyme) trennen (PENZLIN 2014; S. 233–245)

[218] Das sind phosphorhaltige Fettverbindungen mit einem *hydrophilen* (wasserliebenden) und einem *hydrophoben* (unpolaren, wasserabweisenden) Anteil; sie bilden »von alleine« Doppelschichten und/oder Kugelformen (*Mizellen*), deren Außenseite und der dem Zellinneren zugewandten Seite *hydrophil* sind, während die Zwischenräume aus wasserabweisenden (*hydrophoben*) Fettsäureketten bestehen

nur 'Signale' von außen nach innen weiterleiten, sondern auch »erwünschte« Partikel durchlassen (sie ist daher *selektiv permeabel*). Ebenso werden durch diese 'Zellwand' überflüssige Anteile nach draußen befördert. Diese Form des *Ein-* und *Ausströmens* polarer Teilchen durch eine »fetthaltige Doppelmembran« war die erste *systemsichernde Interaktion* zwischen einem 'Biosystem' und der Umwelt – die »**Ur-Kommunikation**« von Organismen mit *anorganischer Materie*. Sie war und ist so perfekt, dass sie bis heute in gleicher Weise die Konzentrationsgradienten an Zellmembranen von Vielzellern reguliert (KEIDEL 1979; S. 1.2).

Jede evolutionäre Entwicklung vollzieht sich im Wesentlichen durch »Hinzufügen« an das, was bereits existiert. Evolution ist »*wie ein Flickschuster, der sich bei einer gegebenen Situation dessen bediene, was gerade zur Hand sei*« (PENZLIN 2014; S. 107). Deshalb stehen alle Organismen mit ihren unzähligen Formen und vielfältigen physiologischen Eigenschaften mit diesen ersten Einzellern in Verbindung. Es sind komplexe *chemodynamische Systeme*, die mit ihrer Außenwelt – deren *physikalischen* und *chemischen* Energieformen – in einem *energetischen* Austausch stehen und zugleich von diesen Energien abhängig sind. *Außen* und *Innen* sind daher ein **Systemganzes**. Ohne diese äußeren Energieformen gäbe es keine Biosysteme (denn sie sind aus ihnen hervorgegangen). Die Hereinnahme von Energie sichert nicht nur ihre Existenz, sondern ist auch die Voraussetzung für den Aufbau und die Entwicklung neuer komplexer Biostrukturen. Es scheint, als hätten sich **Biosysteme** (Organismen) **nur deshalb bilden können, weil sie zu einer Art molekularem Käfig verschiedener Energiearten wurden, in denen 'eingefangene' Energien zu (biologischen) Strukturen geführt haben, die – einmal entstanden – fortan nur unter andauerndem Energieverbrauch existieren können.**

Bezogen auf unsere Fragestellung nach den Ursprüngen des »Schmeckens« und der darin liegenden '**Information**' für den Organismus, sind, wie betont, vor allem **die Wirkung geladener Moleküle** an der *Zellmembran* und im Zellinneren bedeutsam. Auf jeder Seite dieser Lipiddoppelmembran befinden sich *Ionen* (elektrostatisch geladene Atome oder Moleküle) in unterschiedlicher Konzentration, deren räumliche Trennung an dieser hauchdünnen Biomembran (4–5 nm) einen »natürlichen« *elektrischen Spannungszustand* (etwa

-70 mV) erzeugen. Dieses *elektrische Potential* hängt jeweils von der Konzentration der beteiligten Ionen ab. Es sind neben **Wasserstoffionen** vor allem *positiv* geladene *Natrium-, Kalium- und Calciumionen* und *negativ* geladene *Chloridionen*. **Die gleichen Ionen** regulieren Milliarden Jahre später die Konzentrationsverhältnisse an jeder der etwa 100 Billionen Zellmembranen unseres Organismus'.[219] Auch sind sie für die Reizweiterleitung in komplexen Nervensystemen verantwortlich. Damit gehen alle Interaktionen zwischen Außen- und Innenwelt auf energetische Wechselwirkungen zwischen Elementladungen und Ionenverhältnissen an Membranen zurück (und deren Effekte auf das Gesamtsystem – wozu bei Organismen mit einem Gehirn auch *Empfindungen* und *Emotionen* gehören, auf die wir später noch zu sprechen kommen).

Jede Reiz*wirkung* auf ein biologisches System geht vor allem auf *physikalische* und/oder *chemische* Kräfte sowie *elektromagnetische Strahlung* zurück, die es auf unserem Planeten ubiquitär und immerwährend gab und gibt. Diese verschiedenen *Außenweltzustände* – ob als feste, flüssige oder gasförmige Materie – sind das, was wir als **Wirklichkeit** (das, was 'wirkt') wahrnehmen. Der andauernde, unerschöpfliche Vorrat an mikrokosmischen Energieformen (u. a. Ionen, Photonen, Schall, Wärme) ließ bereits bei Einzellern vor Milliarden Jahren *rezeptive Strukturen* entstehen, die mit diesen Naturkräften interagierten. Neben den festen und flüssigen Bestandteilen der Materie (z. B. Gestein, Makromoleküle) waren es vor allem die Bausteine der *Mikrowelt* (auch deren atomare und subatomare energetische Eigenschaften), die auf die Organismen Reiz- und Signalwirkungen hatten – »*Informationen*« über Außenwelt lieferten und damit Orientierung gaben).[220]

Und was ist daraus im Laufe der Evolution in Bezug auf inzwischen *multisensorisch* ausgestattete Vielzeller geworden – zu denen auch der Mensch gehört? Hier sind es nicht mehr einzelne isolierte Nahrungspartikel, die von einer

---

[219] Ein Vergleich der Salzkonzentrationen des Urmeeres mit *extrazellulären* Bedingungen (Grundlage für die *Osmoregulation*) im menschlichen Organismus zeigt, dass die Mineralverhältnisse von $NaCl : KCl : CaCl_2$ bei 100 : 2 : 1 liegen – im Meerwasser: 100 : 2 : 2. Damit ist die Salzkonzentration mit der des Meerwassers nahezu identisch. Ein starkes Indiz, dass alles Leben seinen Anfang im Meer hatte (KEIDEL 1979; S. 1.2)

[220] Auch sicherte das Meerwassermilieu ihre Existenz, da es die für ihren Stoffwechsel notwendigen Nährstoffe enthielt. Bereits *Escherichia coli* besitzt verschiedene *Membranrezeptoren* und *Ionenkanäle*. Sie verfügen über »*mehr als ein Dutzend Typen von Chemorezeptoren (...), die Nahrung und Baustoffe wie Zucker oder Aminosäuren aber auch Gifte wie Schwermetalle erkennen*« (ROTH 2011; S. 80)

einsamen Zelle aufgenommen werden, sondern jeder Happen, den wir essen, besteht aus zig Milliarden Ionen und Molekülen, die einen gewaltigen *multisensorischen* Signalstrom (von den **Rezeptoren** des *Geruchs-, Geschmacks-, Tast-, Seh- und Hörsinns*) auslösen und das Gehirn umfassend über das 'informieren', was wir im Mundraum haben. Von besonderer Bedeutung sind hierbei die *G-Protein-gekoppelten Rezeptoren* (kurz: G-Proteine).[221] Bindet ein Nahrungsmolekül an einen solchen Rezeptor, führen komplexe Signalkaskaden im Zellinneren zur Veränderung von *Enzymaktivitäten* und *Ionenkanälen,* die bis in den Zellkern hineinwirken, indem sie dort Gene an- oder abschalten (BERG, J. et al. 2003, S. 432–460).[222] Auf diese Weise kann es z. B. zu einer vermehrten Produktion des Neurotransmitters *Serotonin* kommen, wodurch sich u. a. unser Lebensgefühl verbessert (den Zusammenhang von Nahrungskomponenten und Stimmungszuständen werden wir später noch mal aufgreifen).[223]

Hintergrundinformationen
In der Neurobiologie unterscheidet man **G-Protein-gekoppelte Rezeptoren** und **ionotrope Rezeptoren** (reine ligandengesteuerte Ionenkanäle). G-Protein-gekoppelte Rezeptoren (*metabotrope Rezeptoren,* abgeleitet von *metabol* = den Stoffwechsel betreffend) sind u. a. für Geruchs- und eine Vielzahl von Geschmacksreizen zuständig und werden auch von Hormonen und Neurotransmittern angesteuert. Im Gegensatz zu ihnen sorgen *ionotrope* Rezeptoren für eine schnellere direkte Signaltransduktion, sobald ein Ligand (z. B. Salzionen Na^+, Cl^-) andockt. »*Als* **Ligand** *wird in der Biochemie (…) ein Stoff bezeichnet, der an ein Zielprotein, beispielsweise einen* Rezeptor, *spezifisch binden kann. Die Bindung des Liganden ist üblicherweise reversibel und wird insbesondere durch Ionenbindungen, Wasserstoffbrückenbindung,*

---

[221] Im Unterschied zu *ionotropen* Rezeptoren gibt es solche, die die Zellmembran mit *sieben* oder *zwölf* Eiweißschleifen (Helices) durchziehen und als *G-Protein-gekoppelte Rezeptoren* bezeichnet werden. Koppelt ein großes Signalmolekül (z. B. *ein Hormon*), das nicht ins Zellinnere gelangen kann, an diesen Rezeptor, folgt die Weiterleitung des Signals (*Signaltransduktion*) in die Zelle durch eine räumliche Änderung der Helices und führt zur Bildung von *sekundären Botenstoffen* (u. a. **cAMP** – cyklisches Adenosinmonophosphat). Dabei entsteht im Zwischenschritt der Signaltransduktionskette ein Protein, das ein *Guanin-Nucleotid* bindet. Dieses Protein wird als **G-Protein** bezeichnet (BERG et al. 2003; S. 435 f.)

[222] Auch um die Zelle dazu anzuregen, verstärkt diese Rezeptoren zu bilden. Außenreize sind erst in bestimmter Kombination als *growth factors* = Wachstumsfaktoren wirksam (HINGHOFER-ZSALKAY 2019). Neue Rezeptoren entstehen durch den *sekundären Botenstoff* (cAMP – s.o.), der den Prozess der Neubildung anstößt; dazu auch Wikipedia: *Second Messenger*

[223] Für die Aufrechterhaltung des inneren Milieus (*Homöostase*) und das Überwachen u. a. des Appetits, der Sättigung, der Körpertemperatur, des Energie-, Salz- u. Wasserhaushalts ist der **Hypothalamus** zuständig. Seine Zellen messen den Zustand vom Blut (Salzgehalt, Temperatur, Hormonkonzentrationen) und haben über Verschaltungen sowohl auf das untergeordnete *vegetative Nervensystem* als auch auf die Ausschüttung verschiedener *Hormone* Einfluss auf unsere Gefühle; dazu MAYER 2019

Van-der-Waals-Kräfte und hydrophobe Effekte ermöglicht«; aus Wikipedia: *Ligand* (Biochemie)

Mithilfe dieser multisensorischen Signale (einem synergistisch wirkenden »Informationssystem«) kann der Organismus die *'Beschaffenheit'* und den *'Wert'* der Nahrung erfassen. Bis auf den Tastsinn sind die Sinne seit ihren Uranfängen auf die kleinsten Bausteine unserer Rohstoffe spezialisiert – auf **Atome** und **Moleküle**.[224] Sie sind so etwas wie die zuvor erwähnten sensorischen »Fingerabdrücke«. Im Gehirn werden die 'Signale' dieser Winzlinge im Millisekundenbereich mit jeweils »*erwarteten*« Mustern abgeglichen und vor allem danach »beurteilt«, ob sie *giftig* sind oder hohe Genusswerte versprechen (Letztere korrelieren auch mit der Ausschüttung von *Dopamin* – worauf wir später noch einmal zurückkommen werden). Diese Fähigkeit des Organismus, Nahrung anhand *optischer, molekularer* und *atomarer* Bausteine zu *identifizieren* und zu *bewerten*, geht letztlich auf physikalische und chemische Vorgänge an der mehrfach erwähnten Membran erster *einzelliger Organismen* zurück. Bevor auf der Erde *vielzellige* Organismen entstanden (vor etwa 800 Millionen Jahren), existierten Einzeller bereits drei Milliarden Jahre. Knapp vier Fünftel der bisherigen Evolution »*war Evolution auf zellulärer Ebene, war Zellevolution*« (PENZLIN 2014; S. 54). Deren Zellmembranen standen, wie betont, in dauerndem Kontakt mit dem wässrigen Lebensmilieu (der »Ursuppe«), einer »Nährlösung« mit extrem kleinen Materieteilchen, die von ihnen selektiv genutzt wurden – und werden.[225]

Größere Lebewesen nehmen o. g. Mikromaterie mithilfe erwähnter spezifischer **Rezeptoren** jeweils »separat« wahr und leiten die daran gekoppelten Reizeffekte (u. a. mit sekundären Botenstoffen)[226] über Nerven in Gehirnbereiche, wo sie entsprechende *Wirkungen* (Erregungszustände) auslösen. Bei

---

[224] Der *optische* Sinn reagiert auf *elektromagnetische Wellen* (**Photonen**) des Sonnenlichtes, die von den beleuchteten Objekten (und eben auch von der Oberfläche unserer Nahrung) in den Raum zurückgeworfen werden. Also jene Wellenlängen, die beim Hin- und Herspringen von Elektronen im Rohstoff entstehen und als deren Farben (Lichtquanten) von uns wahrgenommen werden

[225] Inzwischen werden auch vulkanische heiße Quellen und Tümpel auf dem Festland als Bildungsort erster Zellen diskutiert; dazu: *Wie entstand das Leben?* (Van KRANENDONK 2017)

[226] U.a. **cAMP** = *cyclisches Adenosinmonophosphat* und **cGMP** = *cyclisches Guanosinmonophosphat*; sie werden innerhalb der Zelle von bestimmten Enzymen aus ATP (*Adenosintriphosphat*) bzw. GTP (*Guanosintriphosphat*) hergestellt

identischen Reizen entstehen dort »gleiche« Erregungsmuster, da diese Signale auf ein evolutionsbiologisch entwickeltes *neuronales Netzwerk* treffen, das auf diese speziellen Außenreize reagiert – reagieren kann. Der spezifische **Reiz**effekt ist damit (bei gleicher Reizursache bzw. Reizstärke) *bereits im System angelegt.* So ist zu vermuten, **dass in diesen 'potenziellen' Erregungszuständen faktisch basale energetische Mikrozustände der Außenwelt ein** »*zweites Mal*« **vorkommen – nun aber als modifizierte** »*komplementäre Energiewerte*« **in einem Biosystem.**[227]

Hintergrundinformationen

Das »Außen« (seine *energetischen Mikrozustände*) wird am Rezeptor auf elektrische und biochemische Überträgersubstanzen *transduziert*, die über Nervenbahnen jene »Erregungsmuster« des Gehirns *aktivieren*, die für diesen Reiz angelegt sind. Im Moment ihrer Erregung erlangt der Reiz seine *makroskopische Realität* (EIDEMÜLLER 2017). **Auf diese Weise »erfährt« sich die komplexe *Wirklichkeit* in einem Biosystem**, weil *multisensorische Außenreize* verschiedene neuronale Kerngebiete gleichzeitig erregen (isolierte Reize könnte das Gehirn nicht zuordnen), die ihrerseits mit vielen weiteren Gehirnarealen in Verbindung stehen (und sich auch reziprok »austauschen« (ROTH; STRÜBER 2014, S. 54 ff.). Es ist zu vermuten, dass besonders in den ältesten Arealen (*Stammhirn, Limbisches System* und *Kleinhirn*) die meisten basalen 'Außenweltzustände'[228] – sofern die vorne als Hypothese formulierte Annahme zutrifft – als aktivierbare *komplementäre* Erregungszustände »bereitstehen«. Damit wäre das Gehirn ein (biologisches) System, das Quantenzustände der Mikrowelt in die Makrowelt biologischer Strukturen, vom »Möglichen ins Faktische«, überführt bzw. überführen kann (EIDEMÜLLER 2017).

Bei jeder Interaktion des Organismus mit seiner Umwelt (ob er sich bewegt, handelt, sieht, hört oder schmeckt etc.) werden in seinem Gehirn (die hier postulierten) komplementären »Erregungsmuster« durch ankommende Reize (Aktionspotentiale) aktiviert und ermöglichen (deshalb!) ein sinnvolles Agieren in »vertrauter« Wirklichkeit.[229] So können große Organismen rasch auf

---

[227] Dieser energetische Zusammenhang von Mikrowelt und Biosystem bedarf einer umfassenden präzisen Darlegung, die den Rahmen dieses Buchthemas überschreiten würde (vgl. EIDEMÜLLER 2017)

[228] Die energetische Mikrowelt – das »physikalische Sein«, mit denen Biosysteme seit ihrer Entstehung interagieren

[229] Die neuronalen Netzsysteme haben sich aus den Interaktionen von Organismus und Umwelt im Laufe der Evolution entwickelt und sind in genetischen Programmen niedergelegt. Die hier unterstellte »Komplementarität« zwischen energetischen Mikrozuständen der Außenwelt und neuronalen Erregungsmustern ist wissenschaftlich nicht abgesichert; es gibt jedoch Indizien (EIDEMÜLLER 2017)

bewährte (energetisch günstigere) »Verhaltensmuster« zurückgreifen und müssen nicht jedes Mal neu und zeitaufwändig nach optimalen Reaktionen suchen, die wiederkehrende »bekannte« Reize betreffen. Diese Reaktionen sind jedoch nicht statisch, sondern situativ variant – wodurch auch Nahrung in veränderten Lebensräumen erkannt und unterschieden werden kann.

Hintergrundinformationen

Die an Rezeptoren aktivierten *Energiepakete* treffen in bestimmten Gehirnzentren auf »in Wartestellung« befindliche Biostrukturen, die elektrische Energie absorbieren, chemisch verarbeiten und ihre Architektur (im Mikrobereich) graduell modifizieren (können). Das alles geschieht in gewaltigen neuronalen Netzwerken (mit etwa 5,8 Millionen km Länge, 100 Milliarden Neuronen und 100 Billionen synaptischen Verbindungen) (DENK 2015). Bestimmte Regionen werden immer dann (besonders) aktiv, wenn die ankommenden Energiepakete (u. a. über *Projektionsneurone*) jene Zentren aktivieren, die für diese spezifischen Außenreize »bereitstehen« (u. a. *Pyramidenzellen* der Großhirnrinde). Oder anders ausgedrückt: Die für die Verarbeitung der Reizinformationen[230] notwendige neuronale Architektur existiert offenbar schon *vor dem Reiz* (s. auch Fußn. 291, S. 163). Letzterer selbst ist somit eine Art »**Aktivierungsenergie**«, die die im Gehirn (hier: vermuteten) *komplementären Erregungsmuster* erzeugt. Diese jeweiligen Erregungszustände oszillieren so lange im Gewirr myriadenfacher Interaktionen der Neurone, bis sie »erlöschen« – in der Regel nach wenigen Millisekunden – sofern keine weiteren Reize folgen. Der *Ausgangsreiz* wird im Akt der »Spannungseinhegung« im Gehirn »ausgelesen« und als das »identifiziert«, was er »außen« war.

8.2 Weitere Überlegungen zu den Anfängen der Reizwahrnehmung

Im Laufe der Evolution entwickelten sich nicht nur energiespezifische Membranrezeptoren, sondern es entstanden auch nach *innen* gefaltete Membranen (Krypten) oder eingestülpte Membranvesikel (durch eine Membran umschlossene Bläschen), sodass auch im Zellinneren abgegrenzte Strukturen (Zellorganellen) entstanden, die auf gleicher Weise mit ihrer »Außenwelt« (nun Zell-

---

[230] *Information* selbst ist ein schwieriger Begriff. Im nachrichtentechnischen Sinne ist es die Übertragung von Signalen und deren Speicherung auf Datenträgern. In der Biowissenschaft, in der Neuro- und Kognitionswissenschaft versteht man unter Information ein *bedeutungshaftes* Signal. Die Bedeutung dieses Signals liegt in seiner *Wirkung auf den Organismus* (ROTH 2011; S. 53). In den *Reaktionsstrukturen* (*Antwortmustern*) liegt ein »Körperwissen«, das durch die *Information* eines Reizes oder Signals im Organismus abgerufen bzw. aktiviert werden kann

plasma) interagierten – wie die Rezeptoren der Außenmembranen von Einzellern mit ihrer Umwelt (LITTKE; KLUGE 2000). Bei Vielzellern ist die Trennwand zur Außenwelt die **Haut**, in der Rezeptoren verschiedenste Tastwahrnehmungen über *Neurone* (Nervenzellen) an das Gehirn weiterleiten.[231] Die evolutionären Entwicklungsschritte von der einfachen Membranstruktur über Nervenzellen bis hin zur Entwicklung des Nervensystems beginnen mit jedem neuen Leben immer wieder ganz von vorne und zwar in der *Embryogenese*. Dabei entwickeln sich aus einem der drei Keimblätter, dem **Keimblatt des Ektoderm,** *Haut, Nervengewebe* und das *zentrale Nervensystem*.

Wir sind mit unserem sinnesphysiologischen Exkurs noch nicht am Ende, denn es fehlt noch der gedankliche Schlussstein. Noch wissen wir nicht, wie aus einem *sensorischen Ereignis* eine **»Information«** wird, die auch unser Handeln beeinflusst. Weshalb wir – und darauf sollen schließlich alle hier angestellten Betrachtungen hinauslaufen – unsere Rohstoffe so bearbeiten, wie wir es tun. Der 'Geschmack' spielt dabei die entscheidende Rolle. Auch wenn die Forschung im Bereich der **Wahrnehmung** nicht wirklich weiß, wie in unserer pastösen Gehirnsubstanz die Welt z. B. zum »optischen Ereignis« wird – oder simpler noch: wie Salz seinen typischen *Salzgeschmack* erhält – können wir davon unabhängig an dieser Stelle festhalten: Es geht bei der Reiz-Wahrnehmung um informationstragende (bedeutungshafte) *Energiewirkungen am* und *im* Organismus.

Hintergrundinformationen

Ungeklärt ist bis heute, *wie* in einem **Biosystem** (speziell dem menschlichen Gehirn – eine Materieansammlung u. a. aus Eiweiß, Fett, Cholesterin, Mineralien und Wasser) äußere materielle und *energetische* Zustände als *Realität* erfahren werden – etwas, was wir erfühlen, benennen und beschreiben können. Bewusstsein und Realitätserfahrungen werden als *emergente* Phänomene betrachtet (also Eigenschaften oder Strukturen, die sich nicht aus den wirkenden Anteilen *allein* erklären lassen). Was aber ist *Realität?* Letztere ist, soweit die Physiker heute wissen, bis in ihre subatomaren Bausteine, den Quantenzuständen, stets »bewegt«

---

[231] Zu den frühesten elektrischen 'Zell-Zell-Kontakten' zählen die *Gap-Junctions* – feine Zellkanäle, die die Membranen zweier benachbarter Zellen durchqueren, durch die *Signale* (Ionen oder kleine Moleküle) direkt auf die Nachbarzelle (durch Diffusion) übertragen werden. Die Herausbildung eigenständiger Neurone (Nervenzellen) steht mit der Zunahme der Zellsysteme größerer Organismen in Verbindung – Einzeller brauchen keine langen Leitungsbahnen. Der Aufbau und die Funktionen der Neuronen ähneln dem der »Membran-Systeme« von Einzellern

und »ruhelos« (ein Kontinuum unendlich kleiner »vibrierender« Quantenobjekte, Punktladungen aus »gekräuselten« Energiefäden, sogenannten *Strings*), die sich scheinbar im dauernden Wettstreit um Platz und Raum befinden). Unsere physikalische Welt, die von uns erlebte Realität, ist am tiefsten Grund ein energetischer Zustand. Voraussetzung für die Realitätserfahrung ist ein **biologisches Energieverarbeitungssystem**, das verschiedene energetische Mikrozustände der Außenwelt »bündeln« und zum eigenen systemerhaltenden 'Vorteil' in Beziehung setzen kann. Vermutlich liegt in dieser Fähigkeit, unterschiedliche Energien aufzunehmen und zur Existenzerhaltung zu nutzen, der Entstehungsgrund allen Lebens; **unbelebte Materie »arbeitet« nicht mit unterschiedlichen Energien und ist auch nicht von ihnen abhängig.**

Sogar einzellige Lebewesen, die es nach neuester Forschung bereits seit knapp 4 Milliarden Jahren gibt (CHARISIUS 2017), können diskrete Außenweltreize unterscheiden und darauf entsprechend reagieren. Diese Einzeller haben kein Nervensystem, »*aber ihre Reizaufnahme und Reizverarbeitung entspricht im Prinzip denjenigen der vielzelligen Organismen*« (ROTH 2011; S. 79). Da sie nur mit ihrer Außenhülle in Kontakt zur Außenwelt standen – und stehen, denn Urbakterien (= *Archaeen* und *Bakterien*) existieren immer noch – gehen alle Interaktionen zwischen Organismus und Umwelt (wie mehrfach betont) auf bereits beschriebene **Leistungen und Funktionen dieser archaischen Membranen** zurück. Diese biologische »Außengrenze« macht eine Membran zu einem komplexen »Detektionssystem«, das jene Verbindungen und Atome erfasst und kontrolliert, die wir heute u. a. als *Nahrungs-, Geruchs-* und *Geschmacksmoleküle* bezeichnen. Inzwischen existieren in diesen Membranen komplexe Geschmackszellen mit lamellenartigen Strukturen und Einstülpungen (*Krypten* – zur Oberflächenvergrößerung), die oben genannten *G-Protein-gekoppelten Rezeptoren*.

Hintergrundinformation
Der Organismus kann nur unter ständiger Energiezufuhr existieren (durch die Aufnahme sogenannter Nährstoffe), weil alle Prozesse zum Erhalt seines Systems Energie (ATP) verbrauchen. Der »Energiehunger« von Biosystemen ist physikalisch begründet und hängt u. a.

mit den Gesetzen der *Nicht-gleichgewichtsthermodynamik* zusammen.[232] Organismen benötigen schon allein deshalb Energie, »*um den eigenen Zerfall zu kompensieren, den lebendigen Zustand gegen die zerstörerischen Kräfte aufrecht zu erhalten, die das System ins thermodynamische Gleichgewicht führen würden*« (PENZLIN 2014; 159 ff.). Thermodynamisches Gleichgewicht hieße für eine Zelle, dass in ihr keine Zustandsänderungen, keine stationären Ströme (Wärme- und Diffusionsstrom) mehr auftreten (a. a. O.). Wären diese Zellsysteme nicht offen und energieverbrauchend, wären sie nach dem **2. Hauptsatz der Thermodynamik** (*Entropie*) nicht lebensfähig, da jede Energiewirkung auf ein geschlossenes System die Unordnung vergrößerte.[233] Das »Kunststück der Natur« bestand darin, den Energie- und Stoffbedarf des Organismus zu sichern, ohne dabei das Biosystem durch diese »Inkorporationen« zu gefährden.

9 Die Veränderbarkeit der Rohstoffe ermöglicht Nahrungsvarianz und Schmackhaftigkeit

Unsere Nahrung besteht, wie wir wissen, ausnahmslos aus *Molekülen* (Elementeinheiten), die ihrerseits aus *Atomen* aufgebaut sind.[234] Mit diesen Materiebausteinen haben der Organismus und unser Stoffwechsel (*Metabolismus*) zu tun, sobald wir etwas essen – faktisch schon, wenn wir nur die *Absicht*

---

[232] Hierbei handelt es sich um ein *Stabilitätskriterium* makroskopischer Strukturen, die durch sogenannte **dissipative Strukturen** (entropieerzeugende Systeme) aufrechterhalten werden müssen – indem sie u. a. Energie mit der Umgebung austauschen. Ein Begriff, den der Physikochemiker Ilya Prigogine für die Theorie der *Nicht-gleichgewichtsthermodynamik* vorgeschlagen hat

[233] Der zweite Thermodynamische Hauptsatz besagt, dass die Natur aus einem unwahrscheinlicheren dem wahrscheinlicheren Zustand zustrebt. Der wahrscheinlichste Zustand ist immer der der größtmöglichen Unordnung (Boltzmann). Aus diesem Grunde können Biosysteme nur durch Zufuhr von Energie existieren, die zur Aufrechterhaltung der »geordneten« Strukturen erforderlich sind

[234] Weitere Elementarteilchen und Fundamentalkräfte, die mit physikalischen Körpern wechselwirken, sind für unsere Betrachtungsebene nicht relevant

hegen, etwas Bestimmtes zu essen.[235] Im Laufe von Jahrmillionen haben höhere Lebewesen die Fähigkeit entwickelt, das »Richtige« zu finden – eben das, worauf sie physiologisch (u.a. mit entsprechendem Gastrointestinaltrakt und adäquater Enzymausstattung) angepasst sind. Allerdings müssen diese Fähigkeiten fortwährend an den ständigen (multifaktoriellen) Wandel des Habitats angepasst werden.[236] Diesem Veränderungsdruck hat sich der Mensch inzwischen weitgehend »entzogen«. Nicht seine Verdauungsleistung muss sich an veränderte Ressourcen anpassen (das setzt Veränderungen von Genprogrammen voraus), sondern umgekehrt: **Der Mensch passt die Nahrung an seinen Organismus an.**

Der moderne Mensch isst inzwischen nicht mehr nur, was er »findet« (pflückt, sammelt, erntet, fischt oder fängt), sondern *verändert* diese Rohstoffe vor dem Verzehr. Dabei verliert der Ausgangsrohstoff oftmals nicht nur seine optischen, sondern auch *stofflichen* und *aromatischen* Eigenschaften (z. B. wird aus Milch *Käse*, aus Getreide *Brot, Spätzle* oder *Bier*, werden Kartoffeln zu *Chips,* Schweinefleisch zu *Wurst, aus* Teeblättern *Aufgussgetränke* etc.). Auch separiert er Rohstoffkomponenten (z. B. bei der Gewinnung von Olivenöl, Keimöl, Milchfett, Stärke, Kristallzucker) und destilliert *Alkohol* u. a. aus vergorenen Früchten – um nur wenige Beispiele zu nennen.

Natürliche Rohstoffe sind für den Menschen nur dann attraktiv, wenn sie »**Leckerbissen-Qualitäten**« haben, wie beispielsweise Bananen und andere vollreife Früchte. Deshalb sind (neben Anbau- und Ernteaspekten) Schmackhaftigkeit und die Verwendungsoptionen die entscheidenden Auswahlkriterien für Lebensmittel. Wir werden das in Abschn. 10, S. 156 ff. und 10.2, S. 159 noch genauer betrachten. Zunächst wollen wir auf ausgewählte metabolische

---

[235] Wie z. B. beim »**präabsorptiven Insulinreflex**«, der einige Menschen genetisch begünstigt, besser mit stärkereicher Nahrung zurechtzukommen. Nicht nur dass sie über vermehrte Speichelamylase verfügen, sondern ihre Leber stoppt während der Mahlzeit die tonische Abgabe von Glukose ins Blut (denn Stärke liefert Zucker). Menschen, die genetisch überwiegend auf tierische Nahrung angepasst sind (*Inuit, Mongolen, Massai* u. a.), haben kein »Vorabinsulin«, und ihre Leber gibt auch während der Mahlzeit keine Glukose ins Blut ab. Vermutlich hat das vermehrte Auftreten von Diabetes auch einen Bezug zur generell empfohlenen Getreidenahrung und der Reduktion des Fleisch- und Wurstkonsums (POLLMER 2012)

[236] Alle 100 000 Jahre wechselt die Umlaufbahn der Erde um die Sonne von 'elliptisch' zu 'kreisförmig'; klimawirksam ist die Änderung der Rotationsachse der Erde (Milanković-Zyklen = Warm-, Kaltzeiten,), Tektonik, Vulkanausbrüche u. a. m. verändern ständig die Lebensbedingungen – nicht zuletzt Populationsgrößen

Aspekte und sensorische Besonderheiten eingehen, die unseren Appetit und das Phänomen Wohlgeschmack betreffen.

9.1   Grundlage allen Lebens: Essen und Trinken

Zu den elementaren Grundlagen unserer biologischen Existenz gehört die tägliche Aufnahme von Nahrung und Flüssigkeit.[237] Bleibt diese aus, besteht Gefahr für Leib und Leben. Damit keine Unterversorgung eintritt, verfügt der Organismus über ein komplexes **metabolisches Kontrollsystem**, das verschiedene Hormone (u. a. aus dem *Hypothalamus*) in das Blut abgibt, die unser Essverlangen bedarfsgerecht steigern – wir empfinden *Hunger* und *Durst*.[238] Diese unangenehmen Mangelzustände sind endogene »Order« des Organismus, sofort Abhilfe zu schaffen. Deshalb kreisen die Gedanken nur noch um einen einzigen Sachverhalt: dem des Essens und Trinkens (hierzu: *Minnesota-Studie* 1944) (LUTTEROTH 2014). Auch der Geruchssinn wird sensibler: Düfte unsere Umwelt erleben wir bewusster und intensiver (HATT 2006). Nagender Hunger und brennender Durst sind die machtvollsten Aktivatoren, die der Organismus kennt. Um diese Missempfindungen ertragen zu können, bildet er u. a. vermehrt so genannte *Dynorphine*, (endogene *Opioide*), die Schmerzempfindung unterdrücken.[239]

---

[237] Dieses Erhaltungsprinzip gilt für alle Organismen, die über einen Stoffwechsel (*Metabolismus*) verfügen und sich reproduzieren. Da sie sich von organischen Substanzen anderer Spezies ernähren, gehören sie biologisch zur Gruppe der **Heterotrophen** – altgriechisch *heteros: 'fremd', 'anders'* und *trophé*: Ernährung. *Pflanzen* gehören zu den autotrophen Lebewesen (altgriechisch *autos* 'selbst' und *trophé* s. o.), die ihre Baustoffe (und organischen Reservestoffe) ausschließlich aus *anorganischen* Stoffen aufbauen. Die dafür erforderliche Energie liefert das Sonnenlicht

[238] Das **Hungerempfinden** entsteht vor allem im *Hypothalamus*, der *Ghrelin* und das Neuropeptid *Orexin* ins Blut abgibt. Ist der Nahrungsmangel freiwillig, wie z. B. beim **Fasten**, werden zwar auch Stresshormone gebildet – diese führen aber nicht zum Dauerstress, wie bei einem erzwungenen Hunger. Die Empfindung **Durst** wird von Nervenzellen des *Hypothalamus* durch die Synthese des *antidiuretischen Hormons* ADH erzeugt, das den Wasserhaushalt reguliert und in Verbindung mit *Angiotensin II* das Trinkverhalten anregt (KEIDEL 1979). Der *Appetit* hat einen anderen physiologischen Hintergrund. Hier ist *'der zu erwartende Genuss'* der Auslöser, der sich auf etwas Bestimmtes richtet (ROTH; STRÜBER 2014; S. 97 ff.)

[239] *Dynorphine* sind körpereigene Botenstoffe (*Neuropeptide*), die von Nervenzellen in verschiedenen Teilen des zentralen Nervensystems (ZNS) produziert werden, unter anderem im *Hypothalamus*, im *Hippocampus* und im Rückenmark. Sie spielen beim Ausschalten von Schmerzempfinden eine wichtige Rolle; siehe auch: Spektrum.de 2000: Dynorphine

Wird der Nahrungsmangel nicht beseitigt, hat das gravierende Folgen.[240] Der Organismus stellt sich (im Verlauf weniger Tage) auf den **Hungerstoffwechsel** (*Katabolismus,* eine physiologische Ketose) um. Die Körpertemperatur sinkt etwas, der Blutkreislauf und Stoffwechsel verlangsamen sich. Fett- und Muskelzellen werden täglich weiter abgebaut und die Nährstoffdepots geleert – u. a. wird dem Skelett Kalzium entzogen. Auch die Zusammensetzung der *Darmbiota* (Darmbakterien und Hefen) ändert sich gravierend. Ein Mensch kann ohne Wasser nur wenige Tage überleben. Ohne Nahrung tritt der Tod (je nach vorherigem Allgemeinzustand und bei Wasserzufuhr) etwa nach 46 bis 73 Tagen ein (STACHURA 2015).[241] Neben *Glukose, Vitaminen* und *Mineralstoffen* fehlen vor allem *Eiweiß*- und *Fettanteile*, die zum Aufbau und zur Funktionserhaltung der etwa 100 Billion (10^{14}) Zellen benötigt werden (PENZLIN 2014).

Jedoch ist nicht alles, was wir kauen und herunterschlucken können, *per se* unverzichtbar. Einige Rohstoffe und Substanzen nehmen wir beispielsweise nur wegen ihrer anregenden *psychotropen* Wirkungen auf oder weil ihre Inhaltsstoffe uns vor Krankheiten schützen – beispielsweise Safran und Pfeffer vor *Malaria* (s. Abschn. 17, S. 237 f.) – bzw. entgiftende Wirkungen haben (*Geophagie*). Entscheidend für unsere Existenz sind ausschließlich *essenzielle* Komponenten: neben Wasser sind das Mineralien, bestimmte *Vitamine, Amino-* und *Fettsäuren*, weil der Organismus sie nicht in Eigensynthese herstellen kann (deshalb sind sie unverzichtbar: *essenziell* = lebensnotwendig) (BERG et al. 2003; S. 732–754).

Unser Essen enthält aber nicht nur 'wertvolle' Anteile, sondern auch Komponenten, die unverdaulich sind (z. B. wasserunlösliche Faserstoffe wie *Zellulose*) oder die die Aufnahme von Nährstoffen behindern (sog. *Antinutritiva*

---

[240] Neben physischen – Abbau der Muskulatur, Verkleinerung der inneren Organe, auch des Herzmuskels – auch psychische: Stimmungsschwankungen, Aggressionen, Depressionen, Schlafstörungen und Rückgang des Sexualtriebes

[241] Die Dauer ist ein Hinweis auf evolutionär immer wieder vorkommende Hungerphasen, die es durchzustehen galt. Das Anlegen von Fettdepots in Zeiten des Überflusses sind evolutionäre Strategien, um besser für Mangelphasen gerüstet zu sein (aus Fettsäuren bildet er *Ketonkörper*, die anstelle von Glucose das Gehirn mit Energie versorgen). Es ist der *Metabolismus*, der ständige Auf- und Abbau körpereigener Zellen und Substanzen, der uns auch bei Mangel für eine bestimmte Zeit überleben lässt (PENZLIN 2014)

oder *Antinährstoffe*).[242] Und eben auch solche Stoffe, die der Organismus *selbst* herstellen kann: einige *Vitamine,*[243] *Amino- und Fettsäuren* und *Cholesterin.* Er produziert diese Substanzen bedarfsgerecht in Eigensynthese und zwar aus den Bausteinen, die im andauernden Ab- und Umbau der Körperzellen (im Metabolismus) anfallen (PENZLIN 2014). Die Menge der jeweiligen Eigensynthese hängt u. a. von der Nahrungszusammensetzung ab: Enthält sie beispielsweise viel Cholesterin, produziert der Körper weniger – und umgekehrt. Auf diese Weise wird der Cholesterinspiegel im Organismus auf dem Level gehalten, der individuell (genetisch) jeweils vorgegeben ist (HARTENBACH 2008).

Alles was wir essen, wird von verschiedenen Sinnessystemen überwacht und reguliert,[244] sowohl *vor, während* und *nach* dem Essen.[245] Der Bedarf wird im Wesentlichen von der Körpergröße (Muskelmasse) und anderen genetischen Anlagen bestimmt.[246] Das Alter, der Gesundheitsstatus, physische Anforderungen (Arbeit, Sport), Stress (*Cortisolspiegel*), das Geschlecht, die Jahreszeit u. a. m. haben Einfluss auf unseren Appetit und die Verzehrmengen. Große Rohkostportionen allein bewirken keine *anhaltende* Sättigung (durch Dehnungsrezeptoren des Magens), wenn nicht zugleich auch Fetthaltiges dabei ist (z.B. Olivenöl, Nüsse, Avocado, Samen, Kokosmilch). *Chemorezeptoren* im gesamten *gastrointestinalen System* und der Leber registrieren, wie viele (und welche) Nährstoffe mit einer Mahlzeit aufgenommen werden (MAYER 2019), (HINGHOFER-ZSALKAY 2019). Diese »Messwerte« gehen an jene Gehirn-

---

[242] Zu antinutritiven Substanzen gehören vor allem **sekundäre Pflanzenstoffe** wie *Phytinsäure, Saponine, Lektine, Tannine u. a. m.;* dazu zählen auch die als Abwehr- oder Kampfstoffe der Pflanzen bezeichneten *Phytoalexine* und *psychogene Substanzen*, wie z. B. biogene *Amine, Alkaloide* und *Amphetamine* (dazu Abschn. 11., S. 169 f.). Sie haben sich durch Selektion und Mutation gebildet und als Abwehrstoffe gegen Fraßfeinde bewährt (WATZL, LEITZMANN 1995; S. 18–116

[243] Z. B. Vitamin D (ein Hormon), Folsäure (B9), Vitamin K. Vitamine werden auch als *akzessorische* (»hinzutretende«) Nährstoffe bezeichnet, die u.a. als *Coenzyme* (der Biokatalysatoren) fungieren. Man kennt derzeit 20 Vitamine, wovon 13 für den Menschen als unerlässlich gelten; der Organismus speichert Vitamine über Wochen bis zu mehreren Jahren, wie das Vitamin B12 (LANG 1979)

[244] Dazu auch Wikipedia: »*Set-Point-Theorie*«

[245] Ein Mangel an Inhaltsstoffen, der z. B. bei Fütterungsversuchen mit fester Nahrung (durch Untermischen von Zellulose, Kaolin – oder bei flüssiger Nahrung durch Verdünnung mit Wasser) experimentell herbeigeführt wurde, glichen die Tiere durch Mehrfraß aus (POLLMER 2003; S. 7–16

[246] Die Humanbiologie unterscheidet individuelle *Körperbautypen* nach ihrer Neigung, eher schlank (*leptosom*), muskulös (*mesomorph*) oder rundlich-gedrungen (*pyknisch*) zu sein; auch die Brustkorbtiefe hat Auswirkung auf die Verluste von Körperwärme

regionen (*Hypothalamus*), die auch die Signale vom Magen und Darm (vom *Enteric nervous System* – ENS) erhalten.[247] Daraus resultiert eine fortlaufende »Zustandsmeldung«, die wir z. B. als (mitunter diffusen) *Appetit* oder aber *Sättigung* erfahren – und nach einer (guten) Mahlzeit als wohligen Zustand. Ein sättigendes, gut gewürztes und »ausgewogenes« Mahl (was das ist, betrachten wir im Teil III, S. 187 ff.) wirkt vielfältig auf unser Gehirn. Daran sind, wie erwähnt, sowohl körpereigene *Opioide* als auch die *Exorphine* der Nahrung beteiligt, die uns nach dem Essen für etwa eine halbe Stunde eine »*entspannte Selbstzufriedenheit*« genießen lassen (FOCK; POLLMER 2010). Schon deshalb lässt sich ein Stimmungstief temporär mit etwas *Schmackhaftem* lindern.[248]

Der Wert einer Nahrung korreliert aber nicht allein mit den essenziellen Komponenten und der Nährstoffdichte, sondern mit ihrer »*biologischen Verfügbarkeit*«. Diese hängt grundsätzlich (neben genetisch variierenden Resorptionsleistungen) von der jeweiligen molekularen Beschaffenheit – der Zusammensetzung der Nahrung – und der *Darmbiota* (s. Hintergr.-Info. unten) ab. Diese stofflichen (molekularen) Voraussetzungen variieren von Rohstoff zu Rohstoff und *werden im hohen Maße* von der **Art der Zubereitung** bestimmt (TERNES 1980). Letztere entscheidet, wie viel von der aufgenommenen Nahrung tatsächlich im Körper ankommt – unabhängig davon, ob es sich um eine *Rohkostzubereitung* oder *thermisch gegartes* Essen handelt.

Hintergrundinformationen

Die Gesamtheit aller Bakterien und Hefen, die sich im Darm befinden, wird als **Darmbiota** (veraltet: Darmflora) bezeichnet. Im Dünndarm befinden sich etwa 10^3 bis 10^9 und im Dickdarm ca. 10^{11} bis 10^{12} Mikroorganismen pro Milliliter (= 1 cm³). Die intestinale (*Intestinum* = Darm) Mikrobiota bildet ein Ökosystem, dessen Zusammensetzung stark von der Ernährung abhängt. Die einzelnen Darmbakterien stehen in einem Wettbewerb um Ressourcen –

---

[247] »*Das gastrointestinale System ist mit Rezeptoren ausgestattet, die mechanische und chemische Reize detektieren; das löst z. T. lokale Vorgänge (Sekretion, Kontraktion, Hormonsekretion ...) aus, z.T. werden diese Informationen bis zum Gehirn weitergeleitet und beeinflussen dort u.a. Hunger- und Sattheitsgefühle*« (HINGHOFER-ZSALKAY 2019)

[248] Auch Schokolade kann helfen, denn sie enthält nicht nur das Pseudoalkaloid *Theobromin*, sondern neben *Anandamid* reichlich *Phenylethylamin*, die Stammsubstanz vieler psychedelisch wirksamer Halluzinogene, die mit der Entstehung von Lust- und Glücksempfindungen in Verbindung stehen; dazu auch Wikipedia: *Phenylethylamin*

insbesondere der Fett- und Polysaccharidanteile. U. a. begünstigen hohe Fett- und Kohlenhydratanteile das Wachstum einiger Bakterien aus der Gruppe der *Firmicutes* (ein artenreicher Bakterienstamm) und führen zur Abnahme der *Bacteriodetes* (stäbchenförmige, auf Sauerstoff angewiesene Bakteriengruppe, die keine Sporen bildet). Hingegen stieg der Anteil der *Bacteroides* (sporenbildende, strikte *Anaerobier*, die ein sauerstofffreies Milieu benötigen) bei anhaltendem Verzehr von tierischem Eiweiß und Fett. Die Darmbiota metabolisiert Nahrungsbestandteile (u. a. im Dickdarm Ballaststoffe; sie erzeugt Vitamine und Fettsäuren) und sorgt für die Abwehr pathogener Keime (KHODAMORADI et al. 2019); ebenso ist sie für die Entwicklung des intestinalen Immunsystem zuständig (BAYER; SCHMID 2013).

Das, was sich im Dünndarm (*Lumen*) befindet, ist zunächst nichts anderes als eine mit Enzymen durchmischte Biomasse, eine körperwarme »Außenwelt«. Die darin enthaltenen Nahrungsbestandteile können nur dann resorbiert werden, wenn sie die molekularen Voraussetzungen für den *Stofftransport* durch die Darmwand erfüllen. Sie müssen, wie betont, klein genug sein und an dafür vorgesehene Rezeptoren andocken können. Aber selbst wenn diese molekularen Bedingungen erfüllt sind, heißt das keineswegs, dass die aufgenommenen Nährstoffe zu 100 % auch in den Blutkreislauf (zuerst in die *Pfortader*) und das *Lymphsystem* (langkettige Fettsäuren) gelangen. Die *Resorption* ist an biologische Voraussetzungen geknüpft, z. B. an die Effizienz der Verdauungsenzyme (sie variiert individuell – *Enzympolymorphismus*)[249], oder wird durch vielfältige Resorptionsstörungen (z. B. chronisch-entzündliche Darmerkrankungen, wie *Colitis ulcerosa* und *Morbus Crohn*) beeinträchtigt; und nach neuerem Forschungsstand auch die bereits angesprochene *individuelle Darmbiota* (sie ist Teil des menschlichen *Mikrobioms*).[250]

Grundsätzlich begleiten sensorische Eindrücke und Stimuli jedwede Nahrungsaufnahme (der *teleologische* Hintergrund biologischer Existenzerhaltung). Durch die Kombination verschiedener Rohstoffe und Verfahrenstechniken kann die *Intensität* und *Dauer* des Essgenusses verstärkt bzw. verlängert

---

[249] Hierzu zählen auch genetische Unterschiede, die den *Acetyliererstatus* (Entgiftungsleistung der Phase II) betreffen

[250] Die Gesamtheit aller den Menschen besiedelnden Mikroorganismen; sie liegt nach neuester Schätzung bei etwa 10^{14} (100 Billionen); im Mengenverhältnis kommen rund 1,3 Mikroorganismen auf eine Körperzelle (ABBOT 2016)

werden (z. B. durch *MAO-Hemmer,*[251] die entweder die Rohstoffe selbst enthalten oder durch Garverfahren erzeugt werden und dafür sorgen, dass unsere angenehmen Gemütszustände nach einer Mahlzeit länger anhalten). Die (Vor-)Freude auf das Produkt wird sowohl durch verschiedene *appetitsteuernde Hormone* (u. a. *Ghrelin*) als auch durch den Neurotransmitter **Dopamin** beeinflusst (ROTH; STÜBER 2014; S. 96 ff.)

9.2 Nahrungsmangel lässt den Zusammenhang von Ernährung und Gesundheit erkennen

Der Zusammenhang von Ernährung und Gesundheit war unseren Vorfahren seit Jahrzehntausenden bekannt. Dieses Wissen existierte lange vor der »Sesshaftwerdung« und ist wohl auch älter, als älteste Zeugnisse und Grabbeigaben (z. B. im *Grab von Shanidar*) vermuten lassen (VAN SCHAIK; MICHEL 2016), (HARARI 2015). Dieses Wissen betraf überwiegend »Heilwirkungen« bestimmter Rohstoffe und basierte vor allem auf Erfahrungen mit Nahrungsmangel. Der Körper *fühlt*, was 'zu wenig' oder wertlose Nahrung bedeutet: Im *Hungerzentrum*[252] produzieren 'hungersensitive' Nervenzellen verschiedene Botenstoffe (*Orexigene*) und das Hormon *Ghrelin* (dazu: Fußn. 538, S. 289), die nagendes Hungerempfinden auslösen.

 Diese Missempfindungen entstehen nur in Mangelphasen. 'Ersatznahrung' – der Verzehr verdorbener und sonst gemiedener Nahrungsanteile – führten (und führen) ebenfalls zu Unwohlsein und eben auch zu Erkrankungen. Besonders aus den Erfahrungen mit quälendem Hunger und den körperlichen Folgen (Schwäche, Abgeschlagenheit) entwickelte sich ein »*Ursache-Folge-Wissen*«, das direkt auf die tägliche Ernährung zurückgeführt werden konnte. Denn bei ausreichendem Essen gab und gibt es diese physisch belastenden Zustände

---

[251] Monoaminooxidasen-Hemmer ('*Monoamino-*' = sie haben nur eine Aminogruppe) sind Stoffe, die jene Enzyme ausbremsen, die stimmungshebende biogene Amine, u.a. *Serotonin,* rasch wieder abbauen

[252] Im Gehirnbereich, der sog. *Amygdala* des *Limbischen Systems*, werden Signalstoffe ausgeschüttet, die nahrungsbezogene Gefühle auslösen. Diese Signalstoffe regulieren auch, wie viel Nahrung aufgenommen werden muss, damit ausreichend Nährstoffe im Organismus vorhanden sind (HINGHOFER-ZSALKAY 2019)

nicht. Im Gegenteil: Vielfältige *Sattheitshormone*[253] (und »Wohlfühlhor-mone«, u. a. Serotonin) sorgen für eine temporäre Behaglichkeit, die in der Regel auch im episodischen Gedächtnis »Spuren« hinterlässt (und erinnert werden kann).

Gute und schlechte Körperzustände konnten so (auch) auf die Menge und Qua-lität der Nahrung von jedermann erkannt und kommuniziert werden. Dieses Wissen über Folgen längerer Mangelphasen führte zu 'prophylaktischen' Maß-nahmen – zur Entwicklung verschiedener Lager- und Bevorratungstechniken (z. B. Windtrocknung, Einsalzung, Fermentationstechniken, das Einwickeln bzw. Bedecken mit Kräutern in Gefäßen), die ihrerseits Kenntnisse über die Lagereignung der Jagdbeute und des Sammelgutes lieferten. Aus diesem Kon-text entstanden auch **Gartechniken, bei der *gelagerte*[254] und *frische* Roh-stoffe gleichzeitig verwendet wurden – die eigentliche Wiege experimen-teller Kochtechniken.** Aus diesem Erfahrungswissen (gepaart mit religiös-animistischen Vorstellungen) entstanden unzählige Ge- und Verbote im Um-gang mit Rohstoffen und vielfältige Zubereitungsregeln (*Rezepturen*), die un-sere traditionellen Esskulturen so reich und einzigartig machen. Ebenso entwi-ckelten sich Vorstellungen und Theorien über *den Wert einzelner Rohstoffe* für den Organismus.

Das Spektrum dieser Ernährungsratschläge reicht heute von der unsinnigen *Lichtnahrung* (esoterischer Ansatz des *Breatharianismus*) über *Veganismus* (Ablehnung aller tierischen Lebensmittel und Erzeugnisse), *Mazdaznan-Er-nährung* (vegetarische Kost einschließlich täglicher Atem- und Meditations-übungen), *ayurvedischen* Ernährungskonzepten, *anthroposophischen* Ernäh-rungsregeln nach *Rudolf Steiner*, strenge und erweiterte *vegetarische* Kostfor-men (ausschließlich Gemüse oder ergänzt mit tierischen Produkten), die Über-zeugung, dass nur *ungegarte Nahrung* (Rohkost) wertvoll sei, und viele wei-tere »alternative« Einstellungen, die besonders den Lebensstil betreffen (u. a. mit kritischer Haltung zur Agroindustrie und zu industriell erzeugten

---

[253] *Leptin, Insulin, CCK* (Cholecystokinin) u. a.

[254] Hier erwiesen sich u. a. getrocknete Pflanzen, die »Vorläufer« der *Gewürze und Kräuter,* als Quelle aroma-tischer Ergänzungen. Im getrockneten Zustand enthalten sie bis zum Zehnfachen ihrer sonstigen aromawirk-samen Anteile (KAHRS-LEIFER 1965)

Lebensmittel, der Verwendung von Zusatzstoffen, künstlichen Aromen, Geschmacksverstärkern) (POLLMER 2010). Sie alle eint das umgreifende Ziel: Körper, Geist und seelisches Befinden in Harmonie zu halten bzw. zu bringen, wobei zur »gesunden« Lebensführung (zu nachhaltigem Ressourcenverbrauch und fairem Handel) vor allem »gesundes« Essen gehört – *Gesundheit* ist zur ethischen Maxime, zum kategorischen Imperativ sinngebender und 'achtsamer' Lebensführung geworden.

Hintergrundinformationen

Die in vormodernen Zeiten vermuteten »übersinnlichen« Kräfte (*schamanistisches Denken*) und *alchimistische Naturvorstellungen* über die Nahrung hielten sich bis zum Beginn der Neuzeit (*Paracelsus* 1493–1541) und bestimmten das Denken und Handeln der Menschen. Inzwischen sind empirische Wissenschaften an die Stelle hermeneutischer Naturdeutungen getreten. Dank moderner Forschung wissen wir recht genau, woraus unsere Nahrung besteht, was Nährstoffe sind, welche davon unverzichtbar (*essentiell*) sind, welche keinen Nährwert haben und welche hirnchemisch (*psychogen*) wirken – also unsere emotionalen Zustände beeinflussen. Auch beginnen wir zu verstehen, dass an Letzterem die nahrungsabhängige Zusammensetzung der *Darmbiota* beteiligt ist.[255] Überphysikalische (*metaphysische*) »kosmische Kräfte« werden als Erklärung für Krankheit und Glückszustände nicht mehr benötigt. Allerdings hat sich in den letzten Jahrzehnten die Wahrnehmung von Nahrung als Option eines persönlichen Gesundheitsmanagements in den Vordergrund geschoben (WAGNER 2010).

In welchem Maß die Genusswerte der Nahrung bereits zu Zeiten des archaischen *Homo sapiens* für »Gesprächsstoff« gesorgt haben, können wir heute, etwa 40 000 Jahre später, nur spekulieren. Jedoch spätestens mit der Entdeckung gesundheitlicher und stimmungsverbessernder Effekte aufgrund *pharmakologisch* und *psychotrop* wirkender Stoffe (Abschn. 11, S. 169 ff.) gesellte sich zur reinen Geschmacksempfindung ein weiterer »*kognitiver*« Sachverhalt: das durch Erfahrung erworbene Wissen über die *Wirksamkeit* von Rohstoffen auf den Körper. Es öffnete den Raum für Mutmaßungen und Deutungen, regte eine Diskussion über den 'Wert' oder 'Nutzen' des Essens an. Dabei

---

[255] Insbesondere der *Serotoninspiegel* - Serotonin ist der phylogenetisch älteste Neurotransmitter (einschließlich seiner Rezeptoren) und wurde bereits im Nervensystem von Amöben und des Fadenwurms *Caenorhabditis elegans* gefunden. Das Serotoninsystem (Serotonin-Rezeptor) entstand vermutlich bereits im *Präkambrium* vor etwa 700 Millionen Jahren. Etwa 95 % des körpereigenen Serotonins befindet sich im *Magen-Darm-Trakt*; dazu auch Wikipedia: *Serotonin*

ging es vermutlich nicht allein um Gesundheitsaspekte (z. B. um die Beseitigung oder Linderung von Schmerzen oder parasitärer Erkrankungen), sondern auch um Rauscheffekte, die mit dem Verzehr bestimmter Pflanzen oder Pilze immer wieder eintraten. Rauscherfahrungen haben unsere omnivoren Vorfahren vermutlich besonders in Phasen des Mangels gemacht, in der sie ihr vertrautes Nahrungsspektrum erweiterten – erweitern mussten – und bei der Suche nach Essbarem auch mal an »*Cocablätter oder psychoaktive Pilze*« gerieten [POLLMER (Hg.) 2010].

Im *Rausch* konnte man nicht nur für eine kurze Zeit der gleichförmigen Lebenswirklichkeit entfliehen und mit »Verstorbenen, Göttern und Dämonen« in spirituellen Kontakt treten, sondern er linderte zugleich auch Schmerzzustände aller Art. War die Rauschwirkung eines Rohstoffs einmal erkannt, verloren die meist bitteren Substanzen ihre Warnfunktion – das intrinsische Verlangen nach Rauscherlebnissen war (und ist) offenbar stärker. Deshalb verzehrt (und trinkt) der Mensch selbst dann 'high-machende' Rohstoffe (z. B. Pilze, Pflanzen, Alkohol, Gewürze, Krötenhaut, Spinnenbeine, Kugelfische, Fermentiertes), wenn Geschmack und Widerwille geradezu auf »Leben und Tod« miteinander ringen. Rausch- und Trancezustände wurden und werden in allen Kulturen – oft auch bei kollektiven Anlässen[256] – in Form schamanistischer Riten und Gebräuche zelebriert (REICHHOLF 2008). Wir werden auf den Aspekt opioider Nahrungsfaktoren, sowohl der exogenen als auch der endogenen, im Schlussteil dieses Kapitels noch einmal zurückkommen.

Hintergrundinformationen

Bestimmte pflanzliche Inhaltsstoffe: **Opioide** (Stoffe, die an im ganzen Körper vorhandenen Opioidrezeptoren binden können und psychisch wirksam sind) lassen den Organismus auch Widrigkeiten, wie Müdigkeit, Hitze, Kälte, Durst und harte Feldarbeit besser ertragen. Deshalb werden u. a. *Betelnuss, Kath-Kraut* oder *Cocablätter* (Basis für *Kokain*) als natürliche

---

[256] Zu den bestgehüteten Geheimnissen der Antike gehören die *Eleusinischen Mysterien*, die zu Ehren der Göttinnen *Persephone* (Göttin der Toten, Unterwelt und Fruchtbarkeit) und *Demeter* (Göttin des Ackerbaus) im Frühling und Herbst in Eleusis (heute Elefsis) bei Athen stattfanden. Die Teilnehmer solcher kultischen Riten tranken einen (vermutlich) mit Mutterkorn versetzten Wein, der Rauschzustände und Halluzinationen hervorrief (Mutterkorn enthält Alkaliode, die dem LSD ähneln). Diese Mysterien waren nur Eingeweihten vorbchalten (auch antike Philosophen wie *Sokrates, Platon, Sophokles, Aristoteles* u. a. gehörten dazu), für die der »heilige Trank« spirituelle Erfahrungen ermöglichte [POLLMER (Hg.) 2010; S. 51–56]

euphorisch stimmende Wachmacher besonders im indomalayischen Raum, in Jemen und in Ländern Südamerikas gekaut oder geraucht. Die weitverbreitete Sitte des Betelnusskauens in Südostasien wird auch mit der Verhinderung parasitärer Erkrankungen (Schweine- und Rinderbandwürmer) in Verbindung gebracht (POLLMER 2010; S. 96). Andererseits können opioide Substanzen den Organismus auch gefährden: In hohen Dosen rufen sie *Rauschzustände* oder *Halluzinationen* hervor, die den Menschen zeitweise orientierungslos und im schlimmsten Fall abhängig machen.

9.3   Woher »weiß« der Organismus, was 'gut' oder 'schlecht' für ihn ist?[257]

Die Fähigkeit, 'gute' bzw. 'schlechte' Nahrung bereits im Mundraum zu erkennen, geht, wie zuvor angesprochen, auf ein 'evolutionäres Gedächtnis' zurück, das in verschiedenen (insbesondere älteren) Hirnbereichen 'eingebettet' ist (u. a. in der *Medulla oblongata* – dem verlängerten Mark), in dem sich auch das *Brechzentrum* befindet. Andere Gehirnareale, in denen *sensorische Spektren* erkannt werden, sind das *Stamm-* und *Mittelhirn* sowie das *Limbische System*. In ihnen liegen basale Aromamuster als 'aktivierbare Reizzustände' vor.[258] So können Organismen Essbares zuverlässig erkennen, weil dessen 'Erregungsmuster' bekannt ist und als ungefährlich gilt. Auch die Fähigkeit, jeweils aktuell Verzehrtes für eine bestimmte Dauer zu memorieren (einschließlich der Umstände und Örtlichkeiten – z. B. den »Futterplatz«), ist nicht auf den Menschen beschränkt, selbst Tiere sind dazu fähig (ROTH 2011).[259]

---

[257] Diese Frage zielt nicht nur auf die basalen biologischen Hintergründe unserer Nahrungspräferenz, sondern betrifft auch *Zubereitungsziele*, die wir beispielhaft an konkreten Rohstoffkombinationen im Teil III, S. 187 ff. besprechen werden.

[258] Wie betont haben Nahrungskomponenten spezifische **Signalwerte**, die bei ausreichender Stärke *Aktionspotentiale* auslösen (*elektrische* Erregungen oder Spannungsimpulse) und als (*transduzierte*) körpereigene *bioelektrische* und *biochemische Signale* in das Gehirn gelangen. Die »Reiz-Information« liegt in der *Feuerfrequenz* (den Raten) und *Zeitfolgen* der Salven. Die Wissenschaft betrachtet die neuronale Kodierung von Reizen unter zwei Aspekten: a) die *Raten-Kodierung* (wie viele Spikes werden erzeugt) – sie korrelieren jeweils mit der Reizstärke und b) die *zeitliche Kodierung*, die die Abstände zwischen den einzelnen Aktionspotentialen (auch die zeitlichen Muster zwischen den Neuronen) misst (Informations-Korrelate) (HORNER 2005/2006)

[259] Tatsächlich haben Untersuchungen an Bakterien (z. B. *Escherichia coli*) gezeigt, dass selbst einfachste Lebewesen kurzzeitig *erinnern* (für etwa 2 Sek.; a. a. O., S. 81), wo sich wertvolle Nahrung befindet. Hier führen temporäre Spannungszustände (auf molekularer Ebene) zu einer »Aufmerksamkeit« und entsprechendem Verhalten

Geschmackseindrücke in der Mundhöhle[260] haben ausschließlich »Kontroll-funktionen«.[261] Bei der Herstellung von Speisen fungieren sie gleich in mehr-facher Hinsicht: sowohl als **Messsystem**, das die Dosis bzw. Konzentration der Anteile erfasst und den Gesamteindruck aller Komponenten bewertet (so-genannte *Qualia*) und als **Impulsfaktor**, z. B. für Nachbesserungen. Ob eine Prise Salz, ein Spritzer Zitronensaft, ein Klacks Butter, ein Hauch Muskat oder eine Idee Zimt etc. jeweils »*fehlt*«, ist stets ein *sensorischer Wert* – ein »Ur-teil« der Zunge über das *bereits Gefertigte*. Jedoch ist es der Verstand, der die defizitären Komponenten erkennt. Er greift auf ein kulturell adaptiertes »Nah-rungsgedächtnis« (s. Fußn. 151, S. 83) zurück, mit dessen Hilfe sich sensori-sche Mängel konkreten Rohstoffen zuordnen lassen – sofern ein entsprechen-des 'Vorwissen' besteht. Es sind diese beiden synergistisch arbeitenden Ge-hirnfunktionen – *Sensorik* und *Gedächtnis* – die uns bei der Zubereitung ge-zielt agieren lassen. Wir stellen die erwünschten Konzentrationswerte her und erfahren anschließend den Erfolg: *Genuss* – der »Applaus der Sinne« für die 'richtigen', vom Organismus gewünschten Komponentenverhältnisse.

Vor diesem physiologischen Hintergrund sind alle Zubereitungen nichts ande-res als *biologisch* »gewollte« **Nahrungsmanipulationen.** Dem *Verstand* kommt dabei eine unterstützende Funktion zu: Er erinnert die Handlungsab-läufe und Rohstoffanteile und analysiert Verfahrensfehler. Das fertige Produkt wird, wie betont, im Moment des Verzehrs durch **Körpersinne** des Mundbe-reichs erfasst und bewertet. Diese »Sinnes-Urteile« lassen sich nicht qua Denkleistung hintergehen – sie treten bei jedem Bissen auf, ob wir das wollen oder nicht. Nahrungsaufnahme ohne Körpereffekt, ohne 'Schmecken' und 'Fühlen', gibt es aus gutem Grund nicht (höchstens im Traum), weil jedes Han-deln (eben auch das des Essens) eigene, spezifische Empfindungen erzeugt.

---

[260] Viele Geschmacksrezeptoren sind im gesamten Körper vorhanden, »*auf Zellen in den oberen Atemwegen, im Verdauungstrakt, in Bauchspeicheldrüse, Leber, Galle, Nieren, Fettdepots, Knochen, Herz, Gehirn und den Spermien*« (BURGER 2015)

[261] *Süß, sauer, salzig, bitter, umami* und *fett* sind markante sensorische Reize, die die zu *erwartende* molekulare Fracht, ihre jeweilige Konzentration und 'Bedeutung' für den Organismus »vorab« erkennen lassen. Die beson-dere sensorische Attraktivität der 'Süße' lässt sich möglicherweise auch damit erklären, dass der Organismus nicht nur mit Glukose versorgt wird, sondern außerdem Energieüberschüsse als Fettdepots anlegen kann – besonders mit *Fruktose*

Sie sind mächtige vorsprachliche Orientierungen, die unser Tun und unsere Absichten unbewusst lenken.

Wenn wir etwas essen, entstehen Genusswerte, die vorne angesprochenen **Qualia** (*emotionale Zustände*), die an sensorische Reize gekoppelt sind. Auf diese Weise erfasst und bewertet der Organismus Geschmackseindrücke doppelt: **physiologisch** und **psychisch**. Diese biologischen Kontrollsysteme lassen uns etwas 'mögen' beziehungsweise 'nicht mögen'. In welche Richtung wir dabei tendieren, hängt auch von den aktuellen Lebensumständen ab. Bei starkem Hunger sind wir nicht so wählerisch, tolerieren Trockenes, Fades, Unappetitliches oder olfaktorisch Auffälliges – aber nur dann! Dass wir bei Zubereitungen variable Geschmackswerte gezielt herstellen, weist auf ihren biologischen Hintergrund: **Offenbar benötigen wir diese aromatischen Varianzen** (Genaueres dazu in Teil III, S. 187 ff.). Nicht zuletzt hat die Aufforderung, sich *abwechslungsreich* zu ernähren – *das Nonplusultra* sinnvoller Ernährungsratschläge – hier ihre Berechtigung.

Da Geschmacksmoleküle (in der Regel) nicht isoliert, sondern mit anderen vergesellschaftet vorkommen, sind eben auch diese »Anderen« sensorisch bedeutsam. Sie können ernährungsrelevante Anteile u. a. verdünnen, durch Synergieeffekte verstärken, pH-Werte (Säure-/Basenwerte) abpuffern und so den Gesamteindruck (das sensorische *Profil*) variieren – heben oder senken. Obwohl wir beim Hineinbeißen in eine Frucht oder in ein Steak die makroskopischen Strukturen (deren Textur) augenblicklich erkennen, sind es vor allem die darin liegenden kleinsten Komponenten (*Fruchtsäuren, Zucker, Glutamat, Salze* u. a. m.), die wir aufmerksam registrieren. Sie sind die eigentlichen 'bedeutungstragenden' Anteile (die vorne erwähnten aromatischen »Fingerab–drücke«), die uns den »erwarteten« Rohstoff *identifizieren* lassen.[262]

---

[262] Die rasche Erkennung erfolgt z. B. beim Geruch (Duftkomponenten) nach *sensorischen Karten*, die im Riechkolben entstehen (in dem etwa 350 olfaktorische *Glomeruli* liegen, die je nach Duft neuronale Aktivierungsmuster bilden). Diese Karten (stets zusammen auftretende Komponenten) ergeben sich aus der Tatsache, dass jeder Duft, ob Apfel, Rose, Vanillekipferl oder verdorbener Fisch aus jeweils über hundert Einzelkomponenten zusammengesetzt ist, die mit entsprechenden Riechrezeptoren ein Muster erzeugen. Das Gehirn kann bereits aus wenigen Duftkomponenten auf das ganze duftauslösende Objekt schließen (HATT 2006); dazu Hintergr.-Info., S. 158)

Aussehen, Geruch, Geschmack, Fluidität, Schärfe, Textur (*Kauwiderstand*) *und Temperatur* sind das sensorische Mosaik, das uns darüber informiert, was wir gerade essen. Jede einzelne Kau- und Zungenbewegung liefert fortwährend »*Informationen*« über das aktuell im Mundraum Befindliche an das Gehirn (Duftmoleküle auch *retronasal*), dessen sensorischen Werte mit denen im Nahrungsgedächtnis vorhandenen 'übereinstimmen' müssen (unabhängig davon, ob wir Rohkost oder Gegartes verzehren), um es zu mögen. [263]

Hintergrundinformationen

Der Organismus eines modernen Menschen hat gute Gründe, beim Essen entweder mit *Genuss* oder *Widerwillen* zu reagieren – ein seit Urzeiten bewährtes genetisches Programm, das zum Überleben des Trägers beitrug. Das Spektrum der Empfindungen reicht von z. B. *geschmacklos, ausdrucksarm (fade), milde, lieblich, aromatisch, gehaltvoll, herzhaft, würzig, kräftig, pikant* bis hin zu *intensiv* und *feurig* (s. Abb. 7, S. 232). Weitere Sinneseindrücke (Qualia) sind *wässrig, trocken, ölig* etc. Es sind »**Wie-Zustände**«, sind Adjektive, die die molekularen Konzentrationsunterschiede und Mischungsverhältnisse ausdrücken. Allerdings sind es nur sprachliche »Näherungen« an das von uns Empfundene, denn die molekulare Zusammensetzung einer Zubereitung ist (aus vielerlei Gründen) niemals zu 100 % identisch. Deshalb ist es unmöglich, sensorisches Empfinden wie physikalische Werte messgenau zu benennen. Nur isolierte Werte sind eindeutig – im Sinne von vorhanden oder nicht (süß, sauer, bitter, salzig etc.). Individuelle Empfindungsunterschiede bestehen in Bezug auf die Konzentration – wie: gerade noch erkennbar, deutlich etc. (und auch von molekularen 'Begleitstoffen' abhängig).

Jede Abweichung von einem *erwarteten* Gesamteindruck erhöht unsere Aufmerksamkeit, lässt uns in Sekundenbruchteilen neu beurteilen, ob die Genusswerte in der tolerierbaren Bandbreite liegen. Diese Kontrolle ist schon deshalb notwendig, weil im warmen Mundraum und beim Zusammenfließen von extra- und intrazellulären Zellsäften Verbindungen entstehen, die nicht nur Schleimhäute reizen (z. B. durch Senföle der Zwiebel), sondern auch Gifte entstehen: z. B. durch *Amygdalin*.[264] Beim Zerbeißen von Mandeln wird in

---

[263] Sollte jemand auf die Idee kommen, diese archaisch bewährten aromatischen Cluster künstlich nachzubauen – jene Komponenten, die unsere Nase und Zunge aus dem Molekülmix herausfischen – und in eine andere (weniger teure) Nahrungsmatrix zu implementieren – wäre unser Erkennungssystem getäuscht. Wir äßen dann etwas mit Genuss, das in Wirklichkeit nur eine schöne Verpackung ist, nicht aber das vom Organismus Erwartete; dazu die Broschüre: *Zusatzstoffe von A–Z*; »**Deutsches Zusatzstoffmuseum**« (POLLMER 2010)
[264] Ein *cyanogenes Glycosid*, das in Samen von Steinfrüchten , u. a. in Pfirsich, Aprikosen, Apfelkernen, vorkommt

Gegenwart von Wasser und Enzymen *Blausäure* (HCN = *Cyanwasserstoff*) freigesetzt. Auch können sensorische Irritationen auf der Zunge auftreten: sogenannte **Geschmackskonversionen**. Was vorher *sauer* war, wird plötzlich als *süß* empfunden, z. B. durch die Wirkung von *Mirakulin*, einem Eiweiß-Zuckermolekül (*Glykoprotein*) der *Wunderbeere* (Mirakelfrucht – Synsepalum dulcificum).

Es sind also immer *Moleküle*, die wir schmecken, die uns darüber informieren, welchen Wert eine Nahrung für uns hat. Den *Duft* und *Geschmack* erleben wir in der Regel als Gesamteindruck (*Aroma*). Wir können aber auch einzelne molekular 'identische' Bestandteile geschmacklich unterscheiden; z. B. schmeckt *Carvon*[265] entweder nach *Minze* oder *Kümmel* – obwohl sie molekular »gleich« sind. Ihr einziger Unterschied: Sie kommen *spiegelsymmetrisch* vor (wie linker und rechter Handschuh – *Spiegelbildisomerie*).[266, 267] Selbst die Gegenwart von ein oder zwei Atomen kann einen Nährstoff in ein Gift umwandeln, einen ungenießbaren Stoff essbar und einen stechenden Geruch wohlriechend machen.[268]

Dass es dieses physiologische Bewertungssystem überhaupt gibt, verdanken wir dem wiederholt erwähnten *evolutionären Gedächtnis*. Deshalb können wir heute *Gutes* und *Schlechtes* (nicht nur was Nahrung betrifft) unterscheiden. Was wir schmecken, genauer, **was wir von dem Geschmack halten sollen (!)**, entscheidet unsere *individuelle Disposition* – mithin unsere *Gen-Ausstattung*[269] (und deren epigenetische Veränderungen). Sie begründet die Vielzahl biologischer Enzymunterschiede, die auch das Tempo beim Ausschleusen von Giften oder pharmakologisch wirksamen Substanzen bestimmen. Diese Enzymdispositionen stehen u. a. mit Nahrungsmittelunverträglichkeiten und

---

[265] Carvon, $C_{10}H_{14}O$ - ein *ätherisches Öl* aus der Gruppe der *Terpene* (ATKINS 1987; S. 143 f.)

[266] *Isomer*: von griech. *isos* = gleich und *meros* = Teil

[267] Vergleichbarer Effekt: Das wasserlösliche **Glutamat** (das Mononatriumsalz) kommt als L-Glutaminsäure und D-Glutaminsäure vor. Die geschmacksverstärkende Wirkung hat **nur die L-Version** – sein Spiegelbildisomer weist keine derartige Wirkung auf (BERGER 2010)

[268] »*Dass der Austausch eines einzigen Atoms derartige Folgen haben kann, gehört zu den Wundern in der Welt der Chemie*« (ATKINS 1987; S.10)

[269] Es gibt Menschen, die den *Veilchenduft* (durch das *Beta-Ionon* hervorgerufen) als säuerlich-scharf und unangenehm empfinden, andere Personen (mit einer anderen Genvariante) nehmen diesen als entzückend wahr (HATT; DEE 2012; S.147 f.)

damit assoziierten Folgeerkrankungen in Verbindung. »Geschmack« ist deshalb eine höchst individuelle Angelegenheit und aus genannten Gründen nicht generalisierbar.

Wie und was wir schmecken, hängt auch von der Anzahl und der Struktur der *Zungenpapillen* ab. Diese variieren von Mensch zu Mensch. Entscheidend für ihre Empfindlichkeit gegenüber Geschmacksmolekülen ist auch ihre *Architektur*. So genannte »*Supertaster*« verfügen über eine besondere Variante des Gens »**TAS2R38**« – einem **Bitterrezeptor**,[270] der bei *Normalschmeckern* in einer anderen räumlichen Struktur vorkommt. Unter anderem liegen hier die Gründe, ob von uns *Kohlgemüse, Brokkoli, Grapefruit*, mitunter auch *Kaffee, Tee, Alkohol* und *kohlensäurehaltige Getränke* gemocht werden (CZEPEL 2014). Neben der *Sensibilität* der Geschmacksknospen begründen vor allem o. g. genetische Enzymvarianten unsere individuellen Präferenzen, denn jede Nahrung ist zugleich auch ein potenzieller »Transporter« für Mikroorganismen, Gifte und Fremdstoffe aller Art. Die zentrale Aufgabe des Organismus ist es, diese Komponenten auszuschleusen, noch bevor sie Schäden anrichten. Was nicht über *Harn* oder *Fäzes* ausgeschieden werden kann, wird im Organismus durch eine *chemische Transformation* in ausscheidbare Stoffe überführt. Diese **Biotransformation** wird in *Phase I* und *Phase II* unterschieden.[271]

9.4 Einordnung des bisher Betrachteten

Warum war dieser gedankliche Ausflug zu den Anfängen des Lebens, den Membranstrukturen einzelliger Organismen und den energetischen Aspekten

---

[270] Bitterrezeptoren werden als Teil des *angeborenen* Immunsystems betrachtet, die Epithelzellen (z. B. der Lunge) u. a. zur Bildung von Sticksoffmonoxid (NO) anregen (s. auch Fußn. 503, S. 269 und Fußn. 505, S. 271)

[271] In der **Phase I** wird z. B. eine funktionelle Gruppe (beispielsweise eine -*OH*-Gruppe) angeheftet (z. B. durch *Monooxidasen* der *Cytochrome P450)*, damit wird der vorher unpolare Stoff wasserlöslich und kann anschließend durch *Konjugation* (z. B. mit dem Enzym *Glucuronyltransferase)* zur Niere transportiert und ausgeschieden werden (**Phase II**). Ebenso sind an der Entgiftung u. a. auch das **Glutathion** (die *Glutathion-S-Transferase)* und **Sulfotransferasen** beteiligt (dazu Wikipedia: *Biotransformation*). Letztere sorgen auch für den Abbau von *Stresshormonen*. Wie effizient diese Entgiftungssysteme arbeiten, hängt davon ab, wie *schnell* oder *langsam* Stoffe *acetyliert* werden (als **Acetylierung** wird in der organischen Chemie der *Austausch von einem Wasserstoffatom* durch eine *Acetylgruppe* (-CO-CH$_3$) bezeichnet) und wird durch genetische Varianten des NAT2 (*N-Acetyltransferasen2*) Gens bestimmt (IPgD 2012)

der Reizverarbeitung für ein Thema notwendig, das die **Prinzipien der Rohstoffkombination**, das **»innere System der Nahrungszubereitung«** – also das, was wir summarisch als »Kochen« bezeichnen – beschreiben will? Ein wesentlicher Grund liegt darin, dass Garprodukte im Vergleich zu den Ausgangsrohstoffen eine veränderte molekulare Struktur und Zusammensetzung haben, die wir besonders **mögen!** Und weil an dieser Empfindung unzählige Nerven- und Hormonreaktionen, Enzymsysteme,[272] unser Nahrungsgedächtnis und unser Belohnungssystem beteiligt sind, richtet sich die Frage nach dem *'Warum-wir-kochen'* automatisch auf die Reizverarbeitung, Molekülwirkungen, Membranfunktionen und den Metabolismus und nicht zuletzt auf die *Gesamtwirkungen des Essens* auf den Organismus. Diese Wirkungen lassen uns oftmals 'innerlich jubeln': Wir finden das Essen »*besonders lecker*«, »*sehr schmackhaft*«, »*wunderbar*«, »*unbeschreiblich genussvoll*« etc.

Im Kern zielt Kochen auf die sensorischen Effekte, die bei jeder Nahrungsaufnahme am und im Organismus auftreten. Die jeweils prozessual veränderten Strukturen der Nahrungskomponenten passen räumlich perfekt an die evolutionär entwickelten Andockstellen (Rezeptoren) unserer Zunge, »treffen den Nerv«, der sie erkennen kann. Diese Sensibilität für Gegartes inspirierten allerdings nicht nur die Vorgänger von *Homo sapiens* (bereits vor etwa 2 Millionen Jahren), Rohstoffe ins Feuer zu halten – auch Menschenaffen und viele Tiere wählen Hitzedenaturiertes (wenn es das zu finden gibt, z. B. nach Buschbränden). *Mögen* und *Nicht-mögen* entspringt (neben den erwähnten individuellen Entgiftungsaspekten) auch dieser spezifischen molekularen Passung an Rezeptoren.[273] Da sich diese Rezeptorsensibiliät von Mensch zu Mensch graduell unterscheidet, haben individuelle geschmackliche Vorlieben auch hier ihren biologischen Hintergrund (BERGER 2010).

---

[272] Insbesondere Enzyme mit Bindungszentren, deren Aktivitäten je nach Bindung von sog. *Effektoren* ihre räumliche Gestalt verändern (*allosterische Umwandlung*) und so in ihrer Enzymleistung aktiviert oder gehemmt werden. Sie werden als *allosterische* Enzyme bezeichnet (von *griech.* 'allos' = *anders* und steros 'Festkörper', 'Gestalt')

[273] Das betrifft die *molekulare Komplementarität*. Im 'Design' der Moleküle liegt eine »*gespeicherte Strukturinformation*«; sie ist Grundlage der molekularen 'Erkennung'. Die meisten enzymatischen Ab- und Aufbauprozesse im Stoffwechsel sind *reversible* Knüpfungen, aufgrund sogenannter nichtkovalenter Bindungen (die rasch wieder lösbar sind – vor allem Wasserstoffbrückenbindungen); (PENZLIN 2014; S. 244, 245)

Wie ebenfalls mehrfach betont, sind es *genetische Anlagen*, die darüber entscheiden, welches Essen ein Individuum präferiert.[274] In vielen Garerzeugnissen werden Ausgangsrohstoffe zu **»Elementen einer neu kreierten Rohstoffeinheit«**. Ihre jeweiligen Anteile erfüllen in dieser Einheit einen Zweck: die Erzeugung von **Wohlgeschmack.** Er ist *der* Schlüsselbegriff, der Wesenskern aller Verfahrensziele. Die Begriffspaarung *'Wohl'* (das Wohl = ein Körperzustand) und *'Geschmack'* (ein sensorisches Ereignis) weist auf die Koinzidenz zwischen Esserleben und Körperempfinden. Welche technologischen Fertigkeiten jene sensorisch attraktiven Qualitäten erzeugen, wie sich aus weniger schmackhaften Rohstoffen durch Kombinations- und Gartechniken hohe Genusswerte herstellen lassen, wird Gegenstand unserer Betrachtungen in Teil III, S. 187 ff. sein.

Zunächst gilt es noch genauer herauszuarbeiten, *warum* die meisten pflanzlichen oder tierischen Rohstoffe in ihrem *natürlichen* Zustand sensorisch mehr oder weniger unattraktiv, *zubereitet* (d. h. kombiniert) dagegen wohlschmeckend sind – *eigentlich ein »aromatisches Paradox«*. Jedoch ist Wohlgeschmack nicht allein auf gelungene Zubereitungen beschränkt. Die Natur selbst bietet ihn: Die molekularen Anteile und Mengenverhältnisse von Honig, Bananen und **vollreifen Früchten** erleben wir als besonders schmackhaft und *köstlich*.

Beispielhaft wollen wir die »Bausteine« eines Apfels betrachten. Er ist nicht nur biblisch der Ursprung »aller Erkenntnis« und Ursache für die Vertreibung

---

[274] Seit der Sesshaftwerdung vor etwa 10 000 Jahren hat es hunderte genetischer Veränderungen gegeben, die im Zusammenhang mit Ernährung und dem Ernährungswandel stehen. Ein Vergleich menschlicher Genome später Jäger und Sammler, die vor etwa 8000 Jahren gelebt haben, und früher Ackerbauern in Europa aus der Zeit vor 7200–5400 Jahren, belegen genetische Dispositionen für vermehrten Getreideverzehr oder die Fähigkeit, als Erwachsener Milch zu konsumieren (KRAUSE 2016)

aus dem Paradies,[275] sondern auch ein gern bemühtes philosophisches Objekt – wonach er immer »*mehr als die Summe seiner Bausteine ist*«. Jedoch ist dieses »philosophische Mehr« weniger tiefgründig, rätselhaft oder unerklärlich: Es ist ein *emergentes Phänomen* chemisch-physikalischer Wirkungen auf unser Sinnsystem – aus 'leblosen' Molekülen entsteht ein höchst 'lebendiger' erfahrbarer *Wohlgeschmack*.

10 Geschmackssache: Der »köstliche« Apfel

Ein Apfel ist ein außerordentlich komplexes Gemisch hunderter organischer Verbindungen. Zu den Mikroanteilen eines Apfels gehören u. a. *Wasser, Pektine, Apfelsäure, Mineralien, Fruchtzucker, Sorbit, Aminosäuren, kurzkettige Ester* (Duft- u. Aromastoffe, wie z. B. *Valeriansäuremethylester*), *Ballaststoffe und Wachse* (Ester höherer Fettsäuren und Alkohole). Als isolierte Komponenten hätten sie geschmacklich zwar variable, grundsätzlich aber nur singuläre »einsame« Werte.[276] Diese Moleküle sind mengenmäßig und räumlich so angeordnet, dass sie in (genau) dieser Zusammensetzung den 'köstlichen' Eindruck erzeugen. Es sind also die **molekularen Mengenverhältnisse** (z. B. auch die von *Süße* und *Säure*, von *Kauwiderstand* und *Saftigkeit*), die darüber entscheiden, was wir als genussvoll erleben – vorausgesetzt, es handelt sich dabei um (giftfreie) **leicht verdauliche Nährstoffgemische** (nicht aber um uniforme, ausdrucksarme Anteile, wie z. B. reine Stärke).[277] Der Apfel ist ein

---

[275] Nach Genesis, Kapitel 3, Verse 2 und 3 wurden Adam und Eva aus dem *Paradies* vertrieben, weil sie einen Apfel »vom Baum der Erkenntnis« gegessen hatten – gegen »Gottes Gebot«. Van SCHAIK & MICHEL sehen darin einen Beleg für das Entstehen der Landwirtschaft, die zu *Besitz* und *Eigentum* führte. Etwas, was nicht einfach genommen werden durfte (gilt heute als Mundraub) und den archaischen Jäger- und Sammlergesellschaften fremd war. 'Erkenntnis' wäre dann der Lernzuwachs, keine Feldfrüchte 'stehlen' zu dürfen. Das Wort Paradies (von griech. *Paradeisos*) bezeichnet einen 'umgrenzten Bereich', der sich auf persische Königsgärten (auf 'Gottesgärten' – *Garten Eden*) bezog; a. a. O.

[276] Bis auf Wasser kommen diese Komponenten in der Natur nicht als isolierte Substanzen, sondern in der Regel mit anderen vergesellschaftet vor; sie hätten einzeln nur »beziehungsfreie«, nicht »zugeordnete« Reize

[277] Die »Knackigkeit« eines Apfels (ein gemochter sensorischer Stimulus, der uns kräftig zubeißen lässt) ist abhängig von seiner Frische. Gelagerte Äpfel verlieren durch Wasserverdunstung ihren Innendruck; u. a. soll die natürliche Wachsschicht (*Cuticula*) das verhindern (das gilt gleichermaßen für alle Gemüsesorten: Hier korreliert *Frische* auch mit dem nicht durch *Dissimilation* verminderten Nährstoffgehalt). Es gibt Menschen, deren Leber dieses Wachs nicht verarbeiten kann. Bei regelmäßigem Verzehr kann es zur tödlichen »Paraffinleber« kommen (MEIER 2009)

solches Idealgemisch. Er ist ein Produkt der »Natur« (und genetischer Züchtungserfolge) (NÜSSLEIN-VOLHARD 1998) und mundet aus sich selbst heraus – wie Bananen und viele andere Früchte auch.[278, 279] **Auf molekularer Ebene ist er aber nichts anderes als eine systemische Anordnung verschiedenster Mikrosubstanzen, die mit *Chemorezeptoren* der Zunge und den Geruchsnerven interagieren.**[280]

Wir erinnern uns: Alle *sensorischen Ereignisse* nehmen Einfluss auf unsere Stimmung und unser Handeln. Wenn wir einen vollreifen Apfel essen, ist das »Körper-Feedback« eindeutig: Wir erleben Genuss und werden während des Kauens angeregt, so lange weiterzuessen, bis der Appetit gestillt ist. Es sind offenbar die tief in unserem Gehirn angelegten *bewährten* biologischen »**So-muss-es-sein-Vorgaben**«, die uns herzhaft zubeißen lassen. Daran knüpft sich zwangsläufig die Frage: Was *sind* biologische Vorgaben?

10.1 Geschmack und Düfte – nichts als Erregungsmuster im Gehirn?

Bleiben wir beim Geschmack – genauer: *Aroma*, weil flüchtige aromatische Verbindungen aus dem Mund- und Rachenraum *retronasal* in die Nase gelangen und etwa 80 % des 'Geschmacks' begründen (und wir deshalb bei Schnupfen weniger schmecken). Vollreife Früchte empfinden wir auch ohne Ergänzungen und Zubereitung meist als köstlich – und zwar deshalb, weil die jeweiligen Komponenten der Früchte **ein in unserem Gehirn angelegtes**

---

[278] Dennoch vertragen einige Menschen bestimmte Komponenten nicht, reagieren auf das *Mal d 1-Protein* des Apfels allergisch; *Sorbit* (ein Zuckeralkohol) oder *Fructose* können Durchfälle auslösen (auch aufgrund der *Fructosemalabsorption*). Das *Mal d 1-Protein* ist instabil, sodass Erzeugnisse wie Kompott, Kuchen und pasteurisierte Säfte von Allergikern besser vertragen werden. Im Gegensatz zum Mal d 1-Protein ist *Mal d 3* extrem stabil und unempfindlich gegen Erhitzen. Hier kann der Apfelverzehr *Nesselfieber, Übelkeit* und *Bauchschmerzen* bewirken (NEUMÜLLER 2019)

[279] Früchte munden nicht nur dem Menschen, sondern auch vielen anderen Säugern. Sie sind eine sogenannte *Sonnenkost* und verbreiten sich u. a. im Darm von Säugern (*säugerverbreitetes* Obst), indem die Verdauungssäfte die Samenschale auf die Keimung vorbereitet (*Endochorie*). Das Fruchtfleisch *vogelverbreiteter* Früchte enthält u. a. auch *Sorbit*, das zum raschen Ausscheiden des eigentlich nahrhaften Kerns führt. Das nahrhafte Fruchtfleisch fungiert damit als Lockstoff, der die Samenbeförderung sensorisch »belohnt«

[280] Duftreize gelangen auf *direktem* Wege in das *Limbische System* – dessen Bedeutung als »vorsprachliches Gedächtnis«, für unser Fühlen und Empfinden bereits angesprochen wurde. Es ist evolutionär älter als die Großhirnrinde (*Neokortex*), die uns zum Denken und Analysieren befähigt (SEJNOWSKI; DELBRÜCK 2013)

»aromatisches Gedächtnis aktivieren« (mit entsprechenden fruchteigenen *»sensorischen Mustern«*), das sich in zig Millionen Jahren genetischer Entwicklungen für das Erkennen von Nahrung entwickelt hat. So können wir bereits Düfte *identifizieren*, wenn von ihnen nur 30 % der meist aus vielen hundert verschiedenen Gasmolekülen bestehenden Düfte – z. B. der von Kaffee – Rezeptoren aktivieren. Das reicht, weil Düfte stets ein typisches (vergesellschaftetes) **Aktivierungsmuster** haben, sodass das Gehirn bereits mit wenigen Kombinationsanteilen das ganze Bukett (die *Objekteinheit*) erschließen kann.[281]

Hintergrundinformationen

Der Mensch verfügt über etwa **350 Duftgene**, die jeweils nur für *einen* einzigen Rezeptortyp codieren (ihn hervorbringen), woran auch nur **ein einziges** »passendes« Duftmolekül koppeln kann. **Deshalb sind *Gen, Rezeptor* und *Duftmolekül* eine biologisch determinierte »physikalisch-chemische« Einheit**. Gäbe es keine Duftmoleküle, hätten sich keine Rezeptoren (die dafür erforderlichen Gene) entwickelt. Insofern haben die Merkmale der Außenwelt (hier: Gasmoleküle) die spezifischen Gen- und Rezeptorleistungen eines Biosystems »erzeugt«. Beide – die Außenwelt und das Biosystem – sind ohne den jeweils anderen Teil nicht existent – sie werden erst in ihrer **Interaktion** (ihrer energetischen Wechselwirkung) – real. Duftmoleküle, für die es keine Rezeptoren gibt, können wir folglich nicht wahrnehmen. Die 350 Rezeptoren ermöglichen allerdings unzählige Kombinationsvarianten, weshalb die Vielfalt der Duftnuancen nahezu unbegrenzt ist (HATT; DEE 2012).[282]

Wie sich solche funktionellen *»energetischen«* Einheiten z. B. für Duft- und Geschmackswerte und ein **sensorisches Gedächtnis** im Laufe der Evolution entwickelt haben, versuchen Hirnforscher zu enträtseln. Dabei werden einzelne anatomische Bereiche, deren Verbindungen und reziproken Wechselwirkungen nach ihren »Zuständigkeiten« und Funktionsweisen untersucht und welche Neurotransmitter sie aktivieren oder hemmen (ROTH 2007, 2011,

---

[281] Vergleichbar mit dem Brettspiel *Scrabble*, bei dem aus einer zufälligen Buchstabenvorgabe durch Einfügen weiterer Buchstaben Wörter entstehen (die »fehlenden« Buchstaben ergänzt das Gehirn – es »kennt« das gesuchte Wort; Gleiches gilt für »fehlende« Duftmoleküle eines 'bekannten' Duftmusters

[282] Für unsere Geschmacksrezeptoren gilt das gleichermaßen. Auch sie melden von den Geschmacksknospen vorwiegend nur eine Geschmacksqualität: *süß, sauer, salzig, bitter, umami* (auch *fett*). Bei der Bindung einer Geschmackssubstanz werden Signalmoleküle aktiviert (*Gustducin*), die zur Verstärkung und Übermittlung des Ausgangssignals beitragen. Auffällig ist die strukturelle Ähnlichkeit von Gustducin und *Transducin*, das für die Umwandlung der Lichtenergie (*Photonen*) in den *Sehzellen* (Photorezeptoren) sorgt; dazu auch Wikipedia: *Signaltransduktion*

2014). Es ist aber weiterhin unklar, wie im Gehirn aus den unzähligen Akti-onspotentialen eine »real erlebte Wirklichkeit« wird. Unabhängig von diesen neuronalen energetischen »Summeneffekten« (die uns Wirklichkeit erfahren lassen), müssen unsere Fähigkeiten, 'gute' und 'schlechte' Nahrung zu unter-scheiden und zu erinnern, mit den Lebensbedingungen in Zusammenhang ste-hen, mit denen die Vorfahren von *Homo sapiens* tagtäglich zu tun hatten: **Be-vor sie etwas Essbares in den Händen hatten, mussten sie tätig werden.**[283] Diesen evolutionsbiologischen Teilaspekt wollen wir kurz (skizzenhaft) be-trachten.

10.2 Die Fähigkeit, die ‚richtige' Nahrung zu erkennen

Vielzellige Organismen sind in der Regel *Nahrungsspezialisten*, die ihre Nah-rung u. a. am *Duft, Aussehen* und *Geschmack* erkennen. Es sind wiederkeh-rende, verlässliche Merkmale (sog. *Schlüsselreize*), die sie aus der Fülle (über-wiegend) pflanzlicher Nahrung erkennen.[284] Ihre Rohstoffpräferenz ist gene-tisch begründet (sie sind auf bestimmte Nahrungsmerkmale '*geprägt*').[285] Bei Allesfressern (*Omnivoren, Pantophagen*) gibt es diese enge Prägung nicht. Sie decken ihren Bedarf sowohl mit pflanzlichen (mit Blättern, Früchten, Gräsern, Wurzeln, Beeren, Pilzen u. a. m.) als auch tierischen Anteilen (mit Raupen, Würmern, Kleintieren etc.). Der Erfolg ihrer Nahrungssuche hängt von ihrer Fähigkeit ab, 'Gutes' von 'Schlechtem' zu unterscheiden. Vielfalt bietet zwar Überlebensvorteile, da jede Verknappung einer bestimmten Ressource durch eine andere (mit ähnlicher Zusammensetzung) ersetzt werden kann – sie birgt aber auch Risiken. Die Wahrscheinlichkeit, etwas Schädigendes aufzunehmen, ist umso größer, je 'offener' das Nahrungsspektrum ist. **Giftiges** muss jedoch sofort erkannt und **Wertvolles** (das, was der Organismus verstoffwechseln

---

[283] Die Frage, woher der Organismus »weiß«, was ihm 'guttut', welche biologischen Kontrollen ihn 'das Rich-tige' auch in Bezug auf Nahrungszubereitung tun lassen, hat einen evolutionsbiologischen Hintergrund, der insbesondere die Gehirnentwicklung von *Homo erectus* betrifft (s. Teil I) (ROTH; STRÜBER 2014)

[284] Fleischfresser suchen und wählen ihre Nahrung (Beutetiere) nach dem damit verknüpften »Aufwand« (Ent-fernung = Laufaufwand, Größe = Widerstand u. a. m.) und zielen auf »leichte Beute« (z. B. geschwächte Tiere), die gefahrloser erlegt werden können

[285] Die *Nahrungsprägung* (eine Sonderform der Objektprägung) erfolgt bei Tieren in einer sensiblen Phase der ersten 12 Lebenstage. Diese zuerst erhaltene Nahrungsart präferieren sie selbst dann, wenn sie jahrelang mit anderer Nahrung gefüttert wurden; dazu: *Nahrungsprägung*; dazu: *Lexikon der Biologie*, Spektrum.de 1999

kann und ihn ernährt) **rechtzeitig** von Wertlosem unterschieden werden – und zwar, *bevor* eine Unterernährung eintritt. Das gelingt dem Organismus (dem zentralen Nervensystem) vor allem durch das Erfassen und Zusammenführen verschiedener Faktoren, die »**im Kontext des Nahrungserwerbs**« stehen. Dazu gehören vor allem Tätigkeiten, die grundsätzlich durch **zeitliche, örtliche und aufwandsbezogene** (energieverbrauchende) Größen definiert sind.

Es sind die seit ewigen Zeiten geltenden unerlässlichen Erwerbsbedingungen, die jeder Mahlzeit vorausgehen. Erfasst werden sie von verschiedenen Kernbereichen des Gehirns, die sie hormonell »bewerten«; als Gedächtnisinhalte sind sie Entscheidungshilfen für künftiges Handeln (ROTH; STRÜBER 2014).[286]

a) Zeitliche Faktoren: Hierzu zählt die Fähigkeit, sich an eine zurückliegende Mahlzeit für eine begrenzte Dauer zu erinnern. Das wiederum setzt ein *temporäres Erinnerungsarchiv* voraus, das sensorische Werte des Essens länger erinnern lässt, als verschiedene *Gedächtnismodelle* (Kurzzeit- und Arbeitszeitgedächtnis, Spurenzerfall Hypothese)[287] vermuten lassen (STANGEL 2019). Dabei geht es um die Grenzen des 'Arbeitsspeichers' und die individuellen Unterschiede in der Merkfähigkeit. Für die Memorierung der Nahrungsaufnahme existieren offenbar weitere sensorische »Schleifen«, die mit dem Langzeitgedächtnis in Verbindung stehen. Deshalb können wir uns an Mahlzeiten sogar für mehrere Tage erinnern[288] – allerdings mit rasch abfallender Genauigkeit (diese Zeitspanne deckt sich in etwa mit der Inkubationszeit häufig vorkommender Erreger). Noch problematischer ist es, schädigende oder defizitäre Anteile zu erkennen und zu erinnern, deren metabolische Folgen erst 'im Laufe der Zeit' eintreten (langsames Abmagern).

b) Der Nahrungsplatz bzw. die Futterstelle: Er ist für jedes Lebewesen der wohl bedeutendste **Ort**, den es zu erinnern gilt. Im Gehirn von Mäusen hat man in bestimmten Gehirnbereichen Neurone gefunden, die immer dann »feuern«, wenn sich das Tier an einer bestimmten Stelle aufhält. An diesem 'Hier'

---

[286] Insbesondere die *Basalganglien* (eine Ansammlung von Nervenzellen – die sog. 'graue Substanz'), die unterhalb der Großhirnrinde liegen und mit vielen Gehirnbereichen verknüpft sind und motorische, kognitive und limbische (Gefühle erzeugende) Funktionen haben; a. a. O., S. 82, 83 f.

[287] Dazu auch Wikipedia: *Baddeleys Arbeitsgedächtnismodell*

[288] Weil verschiedene Sinnesreize (u. a. Geruch, Geschmack, Textur, Gefühle, Dauer des Essvorgangs und Bedingungen des Mahls – allein oder in Gesellschaft) unterschiedliche Gehirnareale gleichzeitig aktivieren

wird die (dafür »reservierte«) Zelle aktiv (sie »feuert«) (OSTERKAMP 2014). Ein Futterplatz steht zugleich mit weiteren sensorisch bedeutsamen Ereignissen in Zusammenhang: Wie lange hat es gedauert, diese Stelle zu erreichen? Gab es auf dem Weg dorthin Hindernisse, Gefahren, besondere Gerüche? War Wasser in der Nähe? U. v. a. m. Jede dieser Erkundungsleistungen erfordert eine **erhöhte Aufmerksamkeit**, die im Gehirn durch *Dopamin-* und *Noradrenalinfreisetzungen* entsteht, vor allem durch **Muskelaktivität**. Beides wird vom Gehirn (ereignisabhängig) verschieden lange erinnert.[289] Daran ist vermutlich auch der Neurotransmitter *Acetylcholin* beteiligt, damit »*die Aufmerksamkeit fortgesetzt auf solche Reize ausgerichtet bleibt, die gerade im Fokus stehen ... Es erhöht die Aktivitäten der Zellen ... und verstärkt deren Einbindung in synchron aktive Neuronenverbände. Bedeutsame Reize können hierdurch effizienter repräsentiert werden*« (ROTH; STRÜBER 2014, S.115).

Hintergrundinformationen
Unter dem Schlagwort »*GPS im Gehirn*« wurden 2014 John O'Keefe sowie May-Britt und Edvard Moser berühmt (Medizinnobelpreis). Sie hatten im Gehirn von Mäusen so genannte Orts- und Gitterzellen (*place cells, grit cells*) entdeckt, mit denen diese nicht nur den Ort, an dem sie sich jeweils befanden, sondern auch die Entfernung zwischen diesen Orten in Form neuronaler Muster (sechseckiger Waben) messen. »*Die Erinnerung an eine bestimmte Umgebung wird dabei als eine bestimmte Kombination von Ortszellen-Aktivität im Hippocampus gespeichert*« (OSTERKAMP 2014).

c) Aufwandsbezogene (energieverbrauchende) **Faktoren**: Der Nahrungserwerb ist neben den 'Lustfaktoren' *Dopamin* (der das »Wollen« vermittelt) und *endogenen Opioiden* (die das »Mögen« begründen) grundsätzlich an *körperlichen Aufwand*, an vorausgegangene (raum- und zeitabhängige) Aktivitäten gekoppelt. Je attraktiver die Nahrung, je größer die zu erwartende *Belohnung* (der Leckerbissen) ist, desto größer ist die Bereitschaft, auch Anstrengungen in Kauf zu nehmen – beispielsweise in die höchsten Baumkronen zu klettern,

---

[289] Erkundungshandlungen sind grundsätzlich Energie verbrauchende Aktivitäten (u. a. ATP; auch werden Hormone, wie z. B. *Dopamin* und *Vasopressin* produziert, die die Aufmerksamkeit steigern). Stellt sich nach dieser Anstrengung kein Erfolg ein (gibt es 'dort' nichts Essbares), ist das nachteilig für den Organismus. Der körperliche Einsatz war vergeblich – der Organismus muss auf seine Reserven zurückgreifen. Gespeichert werden diese Ereignisse in unserem autobiografischen *Erinnerungsgedächtnis* (deklaratives Gedächtnis), dessen Inhalte Basis unseres *Wissensgedächtnisses* werden (ROTH 2009; S. 48)

um dort Früchte oder Honigwaben zu ernten, lange zu laufen oder still auszu-
harren, um Beute zu machen. Die tatsächliche Bedeutung der Nahrung erweist
sich allerdings erst in ihrem »*metabolischen Nutzen*« – was und wie viel der
Organismus davon hat. Diesen Körpernutzen erkennt das Gehirn, das alle Aktivitäten der Muskeln und am Stoffwechsel beteiligten Organsysteme als Werte
in einer »*Kosten-Nutzen-Bilanz*« verrechnet. Das Ergebnis dieser Bilanzen erfahren wir als *gefühlte* Zustände: Es geht uns gut, wir sind satt und zufrieden
oder befinden uns in einem ambivalenten, weniger wohligen Zustand (nota
bene: Unwohlsein kann auch durch »Zu-viel-Verzehrtes« auftreten). Alle körperlichen Aktivitäten und Erfahrungen werden im sogenannten *deklarativen
Gedächtnis* verankert.[290]

10.2.1 »Nahrungswerte« – ein Spektrum von Empfindungen und Gefühlen

Wir haben bisher wiederholt über *sensorische* Phänomene gesprochen, die naturwissenschaftlich beschreibbar sind, da sie u. a. auf uns bekannte *biochemische* Wechselwirkungen zurückgeführt werden können. Beim Essen kommen
aber noch weitere variable, bewusst erlebte Körperzustände hinzu: die mehrfach angesprochenen **Empfindungen** und **Gefühle**. Auch sie sind letztendlich
das Ergebnis neurochemischer Kommunikationen – allerdings mit einer wissenschaftlich weniger scharf fassbaren, subtileren ('volatilen') Struktur. Es sind
(überwiegend) im Gehirn erzeugte und dort direkt wirkende Moleküle (u. a.
Neuropeptide – s. Fußn. 309, S. 169), die unsere jeweilige Eigenwahrneh-
mung, unser Fühlen, Denken und Handeln beeinflussen und den biologischen
'Unterbau' dafür bilden, *wie* wir Dinge um uns herum wahrnehmen und auf sie
reagieren (ROTH; STRÜBER 2014).

---

[290] Damit ist unsere Fähigkeit gemeint, uns an Fakten über die Welt, unsere eigene Biographie und all die
alltäglichen und nicht-alltäglichen Ereignisse und Erlebnisse zu erinnern, die in der Summe unseren Erfah-
rungsschatz ausmachen (THIER 2014). Es ist zu vermuten, dass vor allem im *Limbischen System* »archaische
Erfahrungen« in Form neuronaler und hormoneller Regelsysteme existieren, die als abrufbare »Informationen«
Entscheidungshilfen für Verhalten liefern. Sie grundieren unsere »Absichten« mit *Emotionen*. Auf diese Weise
wird die Außenwelt als ein mit Empfindungen, Stimmungen, Ängsten und Freuden eingefärbter Aktivitätsraum
erlebt

Diese biochemischen verhaltenssteuernden Prozesse gehen weit zurück in die Anfänge der Säugerentwicklung. Bevor der **Neocortex** (der Sitz unseres analytischen Verstandes) unser *Abwägen* und *Wollen* 'übernahm', leisteten das Millionen Jahre vorher allein die »Gefühle«. Sie dienten ursprünglich der »*Bewertung des Geschmacks und Geruchs von Nahrung*«, wozu 'Verstand' offenbar nicht nötig war – und auch jetzt nicht *ist* (ROTH 2009; S. 152 f.). Diese 'verstandesfreien' neuronalen Prozesse '*belohnen*' jenes Handeln mit der Ausschüttung von Botenstoffen (u. a. **Dopamin**),[291] wenn es dem Organismus nutzt bzw. ihm 'Vorteile' verschafft.[292] Dieser '*Erwartungsmechanismus*' wird als **Belohnungssystem** bezeichnet (ebenda).

Bezogen auf das Nahrungsverlangen (*Appetenz*) funktioniert es wie ein Schaltkreis: Der Anblick und der Duft einer attraktiven Speise aktivieren Neuronen im *Limbischen System*: Sie beginnen zu »feuern«. Die zu der betreffenden Nahrung 'abgelegten' Erinnerungswerte werden 'erweckt' und lösen das Verlangen danach aus (mittels Hormonschub). Alles, was wir begehren und/oder haben wollen, wird vor allem durch den oben genannten Neurotransmitter *Dopamin* gesteuert. Er ist damit die biochemische Entsprechung für »systemerhaltendes Wollen und Handeln«.

Hintergrundinformationen

An 'lustvollen' Empfindungen sind verschiedene sensorische Systeme beteiligt (vor allem das *mesolimbische System* und die *Amygdala* – deren Neurotransmitter jeweils *Dopamin* ist). Auch fließen gleichzeitig »Informationen« über die Merkmale der Nahrung in den **Hippocampus** (es sieht wie ein Seepferdchen aus, daher sein lateinischer Name), der für das *Gedächtnis* und das *Lernen* entscheidend ist – auch deshalb, weil er seine »Informationen« an den *Neocortex* sendet. Dieses 1954 entdeckte Belohnungssystem erlangte eine traurige Berühmtheit, weil Forscher Ratten und Schimpansen dazu gebracht hatten, einen Hebel zur Selbststimulation bis zur totalen Erschöpfung zu drücken, der (durch einen experimentellen Zufall) einen Stromschlag über eine ins Gehirn eingesetzte Elektrode in das (auf diese Weise entdeckte) Belohnungssystem des Gehirns leitete (SCHNABEL 2006).

---

[291] Dopamin wird insbesondere in der *Amygdala* gebildet (ein paariges Kerngebiet des Gehirns innerhalb des Limbischen Systems); sie ist in den Schaltkreis des »Nahrungs-Feedbacks« involviert (verarbeitet u. a. affekt- und lustbetonte Empfindungen) und schüttet entsprechend (viel oder wenig) Dopamin aus

[292] Entsprechende Neuronenaktivitäten wurde an mehrjährigen Untersuchungen an Makakenaffen nachgewiesen (ROTH 2009). »*Entsprechende Neurone feuern um so stärker, je größer die Belohnung ist*«; a. a. O., S. 152

'Belohnungshormone', die angenehme Gefühle erzeugen, muss der Organismus erst herstellen.[293] Offenbar lässt sich der Körper das gute Gefühl etwas kosten. Mit diesen Substanzen belohnt er bereits *Absichten*, deren Realisierung Vorteile versprechen. Auf **Hinweisreize**, die eine hohe »Belohnung« erwarten lassen, steigt die dopaminerge Aktivität (der Dopamin produzierenden Zellen) bereits *vor* der Belohnung. **Der Organismus 'kennt' offenbar schon, was er essen und davon haben wird.** Anders ausgedrückt: »Verlangen« wird durch eine erhöhte Dopaminfreisetzung erzeugt, weshalb wir in der Regel das tun, was der Körper »belohnt« (Hedonismus). Das Maß der Belohnung ist grundsätzlich objektabhängig: Je höher die Erwartung und je attraktiver der Bissen, desto höher ist der Dopaminschub. Wird die Erwartung daran nicht erfüllt, fällt der »Leckerbissen« geringer aus, sinkt die *phasische* (schubartige) Dopaminfreisetzung (ROTH; STÜBER 2014; S. 98 f.).

Allein am Aktivitätsmuster *dopaminerger Neurone* lässt sich erkennen, wie wir funktionieren, auf welcher Grundlage unsere Produktivität und Kreativität beruhen: auf damit einhergehenden 'Belohnungen'. **Tun wir, was der Organismus 'will', erleben wir angenehme Gefühle. Im umgekehrten Fall erleben wir eine Enttäuschung, die mit Aktivitäten so genannter »Enttäuschungs-Neurone« einhergeht** (ROTH 2009; S. 153).[294] Dieser nichtanalytische, rein biologische Mechanismus, der *Wollen* und *Meiden* steuert, geht auf die Wirkung von Molekülen und Botenstoffen zurück, die das Gehirn jeweils situativ sezerniert.

Da auch unsere Nahrung zahlreiche Botenstoffe (*Neurotransmitter*) enthält – oder Komponenten, die ihnen ähneln und wie körpereigene (*endogene*) Transmitter unsere Reizverarbeitung und Gefühle beeinflussen – wollen wir zuerst die endogenen »Standard-Akteure« kursorisch ansprechen, um dann die Bedeutung *exogener* Nahrungsfaktoren besser verstehen zu können.

---

[293] Biogene Amine (u. a. Synthesevorstufen von Alkaloiden und Hormonen) entstehen aus Aminosäuren, wobei die erforderlichen Enzymschritte ATP verbrauchen

[294] In den daran beteiligten Gehirnarealen (insbesondere im *Hippocampus* und *mesolimbischem System*) werden diese 'Informationen' zusammengeführt und »*bilden als 'somatische Markierungen' die Grundlage für zukünftige Bewertungen*« (ROTH, STRÜBER 2014; S. 85).

10.2.2 Ausgewählte »Akteure« und Mechanismen der Reizverarbeitung

Zunächst gehen unsere Empfindungen auf basale (inzwischen sind Dutzende bekannt) hemmende oder erregende **Neurotransmitter**[295] (Nervenbotenstoffe) zurück, die elektrische Aktionspotentiale einer Nervenzelle über chemische Synapsen an andere Zellen in *Millisekunden* weiterleiten (PONTES 2018).

Solche Neurotransmitter fungieren zugleich als **Neuromodulatoren,**[296, 297] die jeweils andere Neurotransmitter in ihrer Aktivität im *Sekundenbereich* verstärken oder bremsen (sie 'modulieren') – und zwar am **synaptischen Spalt.**[298] Diese 'Informationsmoleküle' bestimmen unsere gefühlten Zustände. Auch **Neurohormone**[299] haben Einfluss auf unsere Stimmung. Sie erreichen auch weiter entfernte Zielzellen (u. a. Herz, Lunge, Nieren), weil sie über die Blutbahn transportiert werden; ihre Wirkungsdauer reicht von Sekunden bis Stunden (ROTH; STRÜBER 2014; S. 95).

Die Intensität dieser endogenen Aktivitäten hängt auch von Nahrungs*komponenten* ab, auf die der Körper jeweils r*e*agiert. Eine harmonische Süße und Säure erzeugt andere Reizantworten als besonders scharfe Komponenten oder Leitungswasser. Dieser physiologische Effekt weist auf die jeweilige 'Bedeutung' dieser Stoffe hin. Eine erste 'Erkennung' findet bereits an den bereits angesprochenen Zungen-Rezeptoren statt (*ionotrope* und *metabotrope* Rezeptoren, s. Hintergr.-Info., S. 131). Die Gewichtung des Reizes erfolgt dann in der Weiterleitung der Nervenimpulse (*Aktionspotentiale*), die je nach 'metabolischer Relevanz' stärker oder schwächer ausfällt und unter Umständen Hormone freisetzt. Tatsächlich führen viele Nahrungsinhaltsstoffe (besonders

---

[295] Der wichtigste erregende **Neurotransmitter** im zentralen Nervensystem (ZNS) ist **Glutamat**; hemmend sind **GABA** (Gamma-Aminobuttersäure) und **Glycin**; Dopamin und Serotonin sind nicht nur Gewebshormone, sondern auch Neurotransmitter

[296] **Serotonin, Dopamin, Acetylcholin** werden nicht nur in einer einzelnen Synapse ausgeschüttet, sondern wirken auch diffus und länger anhaltend in größeren Hirngebieten '*modulierend*' auf andere Neurotransmitter ein

[297] Die chemische Übertragung von Informationen an Synapsen erfolgt über einen oder wenige Neurotransmitter des jeweiligen Neuronentyps: *cholinerge* Nervenzellenproduzieren den Transmitter *Acetylcholin; dopaminerge* Zellen *Dopamin* und *serotonerge* entsprechend *Serotonin*

[298] Der schmale Zwischenraum zwischen zwei Nervenzellen (ihren Synapsen), an dem elektrisch übermittelte Reize in chemische umgewandelt und auf ein anderes Neuron übertragen werden (dort erneut zu elektrischen Signalen werden)

[299] Z .B. Oxytocin, Melanin, Vasopressin, Enkephaline

die, die wir mögen) zu einer Aktivierung intrazellulärer Signalkaskaden, an deren Ende eine »Bewertung« in Form von *Gefühlen* und *Stimmungen* entsteht.[300] Die Kopplung von Reiz (Ursache) mit *hormonellen Effekten* (z. B. Serotonin)[301] ist ein biologischer »**Informationszuwachs**«, ein »wertendes, molekulares Additiv«, das jene *emergenten* Phänomene erzeugt (PENZLIN 2014),[302] die wir als Stimmungszustand erleben (a. a. O., S. 402).

Hintergrundinformationen

Beispielsweise führen Süßempfindungen, einige Bitterstoffe, Schärfe und Glutamat zusätzlich zu Endorphinausschüttungen; Fettsäuren produzieren im Dünndarm den Botenstoff (*Oleoylethanolamid* – OEA), der u. a. das Erinnerungsvermögen steigert und den Appetit drosselt (dazu auch Wikipedia: *Oleoylethanolamide*); langkettige Fettsäuren (ab 12 C-Einheiten) stimulieren die Sekretion von *Cholecystokinin* (CCK) – ein Peptidhormon), das im ZNS Sättigungsgefühle auslöst.

In diesen einzelnen (beispielhaft genannten) vom Verstand unabhängigen Reizeffekten liegt eine Gewichtung (ein »Körperurteil«) über die aufgenommene Nahrung – und genau danach hatten wir gefragt: Woher »weiß« der Organismus, was 'gut' oder 'schlecht' für ihn ist? Es ist das **Belohnungssystem**, das uns über den '*metabolischen Nutzen*' der Nahrung informiert: **Wir erfühlen ihn**.[303] Es sind also grundsätzlich die zuvor genannten *energetischen Veränderungen* in bestimmten Gehirnarealen, die wir wahrnehmen und die uns darüber 'informieren', welchen Wert der Bissen für unseren Organismus hat.

---

[300] Beim Kontakt mit **Linolsäure** (einer zweifach ungesättigten langkettigen Fettsäure) wurden die Geschmackssinneszellen der Maus stimuliert, deren Rezeptoren ein Zelloberflächenprotein des **Gens CD36** haben (ein Mitglied der großen Klasse *B- Scavenger-Rezeptor-Familie* – sie sind u. a. für den Import von Fettsäuren in Zellen zuständig), die eine Kaskade von Zellreaktionen auslösen, an dessen Ende Neuropeptide und Neurotransmitter, wie **Dopamin** und **Beta-Endorphin** (ein körpereigenes Opioidpeptid), ausgeschüttet werden. Auch der Mensch verfügt über das Gen CD36 (BERGER 2010, S. 30)

[301] **Serotonin** ist ein biogenes Amin, das als Gewebshormon *und* Neurotransmitter u. a. auf den Blutdruck wirkt – daher seine Bezeichnung (Serotonin ist eine Komponente des Serums, die den Tonus = Spannung der Blutgefäße reguliert)

[302] **Emergenz** gehört zu den Grundfragen der theoretischen Biologie. Sie bezeichnet das Auftreten neuer *Strukturen, Eigenschaften* und *Systemleistungen*, »*die nicht aus den Eigenschaften ihrer Komponenten hergeleitet werden können*«. Gefühle und Empfindungen sind emergent, weil sie aus hormonellen Zuständen hervorgehen. Hormone selbst sind lediglich Biomoleküle, also Materiebausteine und keine »Gefühle« – sie erzeugen diese aber (biochemisch); a. a. O.

[303] Tatsächlich nehmen wir nur die (energetischen) *Unterschiede* wahr, die zwischen den 'normalen' *tonischen* (anhaltenden) und den *phasischen* (impulsartigen) Neuronen-Aktivitäten in Gehirnarealen entstehen – durch Belohnungserwartung und (in unserem Kontext) der tatsächlichen Nahrungsqualität

Schon deshalb liegen in den Gefühlen, die Geschmacksereignisse begleiten (*Qualia*), die verlässlichsten 'Informationen', die ein Individuum über die Qualität seines Essens bekommen kann. *Sensorische Spektren* und sie begleitende *Emotionen* haben sich als *wertende* und *verhaltenssteuernde* Mechanismen evolutionär bewährt. Vermutlich sind sie aus dem alltäglichen Überlebenskampf, dem **»Aktionsfeld der Nahrungsbeschaffung«,** entstanden, das wir im Folgenden betrachten wollen.

10.2.3 Nahrungsbeschaffung setzt körperliche Aktivitäten voraus

Nicht nur der Mensch, nahezu alle Organismen müssen aktiv werden, um an Nahrung zu gelangen. Jeder Nahrungserwerb setzt grundsätzlich Bewegung und Körpereinsatz voraus, z. B. das Durchqueren einer Landschaft (heute: verkehrsreicher Einkaufsstraßen). 'Informationen' über seinen unmittelbaren Lebensraum erhält der Mensch zunächst 'aktionsfrei', nämlich über seine Fernsinne (Sehen, Riechen, Hören), deren Rezeptoren entsprechende Reize auch 'aktivitätsunabhängig' empfangen.[304] Potenzielle Nahrung kann er bereits aus einer größeren Distanz – vor allem am Aussehen – erkennen. Farben und Formen (optische Signale) liefern zwar erste Hinweise über das Nahrungsobjekt, sind sensorisch aber weniger bedeutsam als Duft- und Geschmackssinne (Nahsinne). Letztere tragen entscheidende 'Informationen' über die tatsächliche Qualität der Nahrung.

Da ihrem Verzehr unabdingbar Körperaktivitäten vorausgegangen sein müssen, werden alle sensorischen und physiologischen Effekte dieser Nahrung mit den **Aktivitäten des Erwerbs** (dem autobiographischen Rahmen) von verschiedenen Zentren des Gehirn als eine **Erfahrungseinheit** erfasst.[305] Beispielsweise setzt der Erwerb einer süßen Frucht u. a. *Pflücken,* von Honigwaben *Klettern,* einer stärkereichen Knolle *Graben,* von Kleingetier *Fangen,* der von Großtieren *Jagen, Laufen, Erlegen* und von Fischen *Fangen, Tauchen* oder *Angeln* voraus. Zur Fähigkeit des Gehirns, sensorische Merkmale der

---

[304] Auch erfassen Hautrezeptoren Außenzustände wie Temperaturen und Wind
[305] Daran sind u. a. der *Nucleus caudatus* und die *Amygdala* beteiligt, die (unbewusstes) Wissen sammeln; im *medialen Temporallappen* (Sitz des expliziten – bewussten und begrifflichen Gedächtnisses) werden neue Erinnerungen abgelegt; wichtige mittel- und langfristige Erinnerungen im *Hippocampus*

einzelnen Nahrungsobjekte zusammen mit ihrem Erwerb als **kontextgebundene Einheit** zu memorieren (wo, wie, wann und unter welchen Bedingungen
gab es das – was so schmeckt), kommt eine 'wertende' *Handlungskomponente*.
Sie erweitert diese Aktivitäten mittels *Gefühlen* und *Empfindungen*, die sich
aus der **besonderen Aufmerksamkeit** beim Suchen, Finden und Erbeuten von
Nahrung natürlicherweise einstellen. Warum?

Um Nahrung zu suchen, muss der sichere, geschützte Wohnplatz verlassen
werden. Eine solche Aktion setzt grundsätzlich eine *erhöhte Wachsamkeit* voraus, weil bei jedem Aufbruch ins Gelände mit Überraschungen und Gefahren
aller Art zu rechnen ist. Diese 'Wachheit' wird hirnchemisch u. a. durch *Dopamin, Vasopressin, Adrenalin* und *Noradrenalin* erzeugt. Jede Aktion, jeder
Schritt des Körpers und eben auch, was dabei gefunden und evtl. gleich gegessen wird, vollzieht sich im Zustand erhöhter Hormonspiegel. Erst diese hormonelle »Handlungsbegleitung« ermöglicht die **kontextgebundene Memorierung** der Nahrungsbeschaffung. Sie führt zu neuen neuronalen Vernetzungen, insbesondere im **Hippocampus**, dem *»eine entscheidende Rolle beim
Speichern und Abrufen von Gedächtnisinhalten, (den) eigene(n) Erfahrungen
... und räumliche(n) Zusammenhänge(n)«* zukommt (WEHNER-V. SEGES-
SER.)[306] Je weniger Aufwand und Anstrengungen nötig sind, desto wertvoller
ist aus 'Sicht des Körpers' der Happen (Schmackhaftigkeit vorausgesetzt) – er
belohnt diesen Erfolg mit attraktiven Gefühlen. Damit ist der menschliche
Organismus ein sich selbst adaptierendes System der *Autokonditionie-
rung* (mittels Serotonin und *endogenen Opioiden*).[307] Es sind die seit
Äonen wirkenden Zusammenhänge zwischen Aufwand und Erfolg und die daran gekoppelten Körpereffekte, die eine 'Körperweisheit' (die »somatische In-

---

[306] Inwieweit *epigenetische Faktoren* auf das Erkennen und Bewerten von Nahrungsrohstoffen zu genetischen
Veränderungen geführt haben, ist Gegenstand wissenschaftlicher Forschung, die sich mit der Vererbung 'er-
worbener' Eigenschaften (adaptive Anpassungen) befasst; vergl. *Lamarckismus*
[307] Als *Opioide* (opioid = dem Opium ähnlich) werden Substanzen bezeichnet, die an verschiedene Opiatrezeptoren des Organismus binden und eine betäubende, schmerzlindernde Wirkung haben. Man unterscheidet
endogene (körpereigene) Opioide (die *Opiatpeptide*) und *exogene* (körperfremde) Opioide, die **Opiate.** Der
Begriff Opiat bezeichnet *nur* die natürlicherweise im Opium (einer aus der Milch des *Schlafmohns* gewonne-
nen Droge) vorkommenden Opiumalkaloide (Morphin, Codein u. a.); siehe auch Wikipedia: *Opioide*

Intelligenz«) entstehen ließen, die uns heute *das* finden und wählen lässt, was unser Organismus benötigt und ihm *deshalb* guttut.[308]

Hintergrundinformationen
Die Herstellung von Verarbeitungsprodukten – z. B. *Brotteige, Wein, Käse, Sauerkraut* – ist weniger 'gefahrvoll', da diese Tätigkeiten nicht im freien Gelände, sondern in geschützten Räumen stattfinden. Dennoch haben auch diese Erzeugnisse vielfältige »emotionale« Bezüge, die sich u. a. aus den Herstellungsabläufen herleiten. Die frühen Ackerbauer vor etwa 8000 Jahren wussten sehr genau, woraus ihr Brot bestand und was sie aßen: vermahlenes, aufwändig zubereitetes und gebackenes Getreide. Der 'sensorische Wert' dieser Erzeugnisse steht unterbewusst auch mit den Ausgangsrohstoffen und dem »Aufwand« in einem Zusammenhang – das 'Eine' gibt es ohne das 'Andere' nicht und lässt sich nur in dieser Einheit 'erinnern' und zuordnen.

11 Beispiele sensorischer und emotionaler Wirkungen von Nahrungskomponenten

Neurobiologen und Biochemiker, die sich mit der 'Physiologie des Geschmacks' befassen, kennen inzwischen eine Vielzahl von Substanzen, die bei der Nahrungsaufnahme auf unseren Organismus wirken und unterschiedliche Stimmungszustände erzeugen. Diese Komponenten stammen, wie betont, entweder aus der Nahrung selbst oder sind Produkte von Garprozessen (damit *exogenen* Ursprungs) oder sie entstehen bei den *metabolischen Umwandlungen* in Darm- und/oder Leberzellen (*endogene* Metabolite). Auch produzieren bestimmte *Nervenzellen* während und nach einer Mahlzeit sogenannte **Neuropeptide**,[309] die sowohl als **Neurohormone** als auch als **Neuromodulatoren**

---

[308] Für moderne Industrieerzeugnisse existiert dieser 'archaische' Zusammenhang nicht mehr. Hier verlassen wir uns auf den sensorischen Gesamteindruck – ohne zu wissen, woher und wovon Milch, Käse, Wein, Brot oder das Steak ursprünglich abstammen

[309] **Neuropeptide** sind eine Sammelbezeichnung für eine große Zahl kurzkettiger Peptide (Verbindung von wenigen *Aminosäuren;* man kennt derzeit über 100), die u. a. in bestimmten Kerngebieten des *Hypothalamus* produziert, dort in kleinen Bläschen (Vesikeln) gelagert und bei Bedarf freigesetzt werden. Die meisten Neuropeptide werden jedoch im Magen-Darmtrakt (*Gastrointestinaltrakt*) gebildet. **Neurohormone** werden von Nervenzellen in die Blutbahn abgegeben, die auch auf weiter entfernte Organe wirken. Neuroprodukte *des Gehirns* (Peptide) werden in die Gehirnflüssigkeit sezerniert und aktivieren dort u. a. Drüsen (Zielorgane), die daraufhin ihrerseits Hormone freisetzen

die Reizweiterleitung im ZNS und *peripheren Nervensystem* (PNS) – Nervenbahnen, die außerhalb des Gehirns und Rückenmarks verlaufen – steuern: Sie
verstärken oder hemmen *Neurotransmitteraktivitäten* in den entsprechenden
Organen und der Muskulatur. Einige dieser Nervenbotenstoffe wirken sogar
schon *vor* einer Mahlzeit (z. B. mit Speichel- und Enzymsekretionen auf zu
erwartende Komponenten).[310, 311] Zu den bekanntesten Neuropeptiden gehören die *opioid* wirksamen **Endorphine** (s. Hintergr.-Info. unten).

Hintergrundinformationen

Endorphine (aus '*endogen*' = von innen kommend und '*Morphin* ') sind körpereigene *Opioidpeptide*, die als Liganden an verschiedene **Opioidrezeptoren** des zentralen und peripheren
Nervengewebes koppeln (z. B. an vegetative Nervenfasern der glatten Muskulatur in Blutgefäßen, Atemwegen, Organen des Verdauungskanals). Zusammen bilden sie ein *endogenes
Opioidsystem*, an dem nicht nur endogene Opioide, sondern auch **Opiate** (Alkaloide des Opi-
ums) wirken können (s. Fußn. 307, S. 168). Mit Endorphinen kann der Organismus u. a. die
Reizweiterleitung unterbrechen und Schmerzen (temporär) unterdrücken. In körperlich extremen Belastungssituationen schüttet der Organismus Endorphine aus (»flutet« sich regelrecht –
was beispielsweise bei Marathonläufern zum »*Runner's High*« führt). Dank Endorphinen spü-
ren Schwerverletzte unmittelbar nach einem Unfall ihre Verletzungen nicht (ebenso schwer
verwundete Soldaten); auch Boxer können große Schmerzen (z. B. Brüche im Handgelenk)
ertragen und weiterkämpfen. Extremer Hunger (z. B. bei *Magersucht*) wird vom Organismus
mit *Dynorphinen*[312] gedämpft (sie gehören ebenfalls zu den Endorphinen, die als euphorischer
»*Kick*« erlebt werden). So können körpereigene Substanzen wie reine *Drogen* wirken (mit
entsprechendem Suchtpotential), weswegen sich in Extremfällen einige Menschen schlussendlich zu Tode hungern.

Endorphine wirken aber auch bei weniger bedrohlichen Situationen, z. B., wenn Schmerzre-
zeptoren der Zunge (*Trigeminusnerv*) aktiviert werden – vor allem bei Aufnahme scharfer
(capsaicinhaltiger) Nahrungskomponenten.[313] Obwohl dieser Zungenschmerz den Körper
'warnt' (seine Rezeptoren könnten verätzen und ausfallen), kann dank Dynorphine weiterge-
gessen werden. Der so ausgelöste Endorphinschub führt kurzzeitig zu dem begehrten wohligen

---

[310] U. a. bei antizipierter Säure und dem in Fußn. 235, S. 137 angesprochenen »präabsorptiven Insulinreflex«

[311] Ein vegetativer Urimpuls, der uns überhaupt erst zum Essen anregt

[312] Sie gehören zu den endogenen Opioidpeptiden, die beim Schmerzempfinden eine wichtige Rolle spielen –
u. a. den Schmerz blockieren und beruhigen. *Endorphine, Dynorphine* und *Enkephaline* (griech. *en cephalos*
= im Kopf) haben unterschiedlich lange Peptidketten (Letztere zählen zu den Oligopeptiden mit fünf Aminosäuren)

[313] Z. B. Säure, Capsaicin, Piperin; die Schärfe von Paprikapflanzen wird in *Scoville* gemessen und ist abhängig
vom Capsaicinanteil

Stimmungszustand. Als *Exorphine* (aus 'exo' = *außen* und *Morphin*) bezeichnet man jene Nahrungsinhaltsstoffe, die wie körpereigene Opioide wirken.[314]

Wie aber erklärt sich, dass bestimmte Nahrungsinhaltsstoffe (zusätzlich zu den 'normalen' neuronalen Reizen, den Aktionspotentialen) vielfältige Gefühle, Stimmungen – unter Umständen euphorische Zustände – auslösen (können)?[315] Das liegt vor allem daran, dass sie a) strukturelle Ähnlichkeiten mit *Neurotransmittern* haben (deren molekulares Gerüst enthalten, POLLMER et al. 2008/ 2009; S. 18 f.) und b) mit vielen *biogenen Aminen*, die sich u. a. im Blutsystem befinden, opioide Verbindungen (**Alkaloide**)[316] bilden können. Diese wiederum koppeln dann an jene unzähligen *Opiatrezeptoren* des Organismus, die evolutionär eigentlich nur für endogene Opioide existieren (s. o.). Spätestens hier wird erkennbar, weshalb wir uns nach einem »guten« Essen besser fühlen (welche Anteile eine Zubereitung 'gut' machen, können wir inzwischen erahnen – in Teil III, S. 187 ff. werden wir darauf näher eingehen).

Dass wir überhaupt über ein biochemisches *stimmungsteuerndes* System[317] verfügen, dass der Organismus sowohl auf *endogene* als auch *exogene* Moleküle gleichermaßen reagiert, hat sich evolutionär bewährt. Ihre identische Körperwirkung wurde zur zusätzlichen Nahrungsorientierung. Im Gegensatz zur Nahrung der Einzeller, die einzelne isolierte Komponenten aufnehmen,

---

[314] Sie »*finden sich unter anderem in (Mutter-)Milch und Weizen, sowie in einigen weiteren Lebensmitteln pflanzlichen und tierischen Ursprungs. Dort sind sie in inaktivem Zustand in die Sequenz von Nahrungsproteinen wie Casein und Gluten integriert und werden erst nach dem Verzehr während der Verdauung freigesetzt*« (JANA 2015)

[315] Die verschiedenen opioid wirksamen *biogenen Amine* und *Hormone* werden individuell unterschiedlich schnell abgebaut (u. a. durch *Proteasen, Sulfotransferasen* und *Monoaminooxidasen* = MAOs), sodass deren Wirkungen individuell variieren. MAOs befinden sich in hoher Zahl in der Darmwand. **Ein Indiz, dass bei der Verdauung vielfältige psychotrope und halluzinogene Metabolite entstehen,** die rasch wieder abgebaut werden müssen – anderenfalls befände sich der Organismus im Zustand andauernder 'Desorientierung'

[316] Pflanzen enthalten vielfältige Inhaltsstoffe mit psychotroper Wirkung – Endprodukte ihres *sekundären Pflanzenstoffwechsels*. Die chemischen Ringstrukturen dieser Amine wirken *halluzinogen* und werden als Alkaloide bezeichnet. Mit diesen (giftigen) variationsreichen und schwer zu entgiftenden stickstoffhaltigen organischen Verbindungen schützen sich Pflanzen vor Fraßfeinden. Derzeit kennt man über zehntausend Alkaloide – ihre berühmtesten Vertreter sind: *Morphin, Strychnin, Nikotin* und *Solanin.* Alkaloidhaltige Pflanzen*extrakte* zählen zu den ältesten Drogen der Menschheit (z. B. **Opium**). Aber auch der menschliche Organismus synthetisiert aus Aminosäuren biogene Amine: aus *Tryptophan* wird **Tryptamin** und aus *Tyrosin* **Tyramin** – Vorstufen verschiedener endogener Alkaloide

[317] Ein komplexes *neurohormonelles System* erzeugt Gefühle und Empfindungen – auch in *Stresszuständen* oder Phasen des *Verliebtseins,* bei der *Geburt,* beim Austausch von *Zärtlichkeiten* (**Oxytocin**) u. a. m. Entsprechend empfinden wir Freude, Lust, haben euphorische oder depressive Zustände

enthält die »Kompaktnahrung« von Vielzellern stets Stoffgemische, mit unterschiedlichen Nährstoffgehalten und sensorisch stark variierenden Anteilen – insbesondere der von Pflanzen. Aufgrund dieser natürlichen »**Verpaarung von Nährstoffen mit 'Beikomponenten'**« gelangen auch solche Anteile in den Organismus, die keinen *direkten* Ernährungsbeitrag leisten, sondern einen *indirekten*: die große Gruppe der **bioaktiven Substanzen** (WATZL; LEITZMANN 1995).[318] Ihre Bedeutung für den Organismus ist janusköpfig. Einerseits sind sie pharmakologisch wirksam – besonders auf die an der Verdauung beteiligten Zell- und Organsysteme – und sie sind appetit- und stimmungsfördernd. Andererseits können sie schädigend wirken: Sie enthalten z. T. giftähnliche und neurotoxische Stoffe oder vielfältige *antinutritive* Komponenten (Stoffe, die die maximale Aufnahme von Nährstoffen einschränken).[319]

Vermutlich liegen hier die biologischen Gründe, weshalb sich bei der Nahrungsaufnahme eine Präferenz für *anregende* und *stimulierende* Komponenten entwickelt hat. Denn Essen war (und ist) zugleich die Aufnahme auch von nährstofflosen Anteilen, die ihrerseits sensorisch variieren. War das Gesamtgemisch ungefährlich und lieferte es genügend Nährstoffe, wurden vermutlich diese 'appetitanregenden' Zubereitungen zunehmend präferiert. Für *Homo sapiens* sind heute sensorische Werte des Essens wesentlich: Fehlt ein ansprechendes Aroma, ist es ohne 'Pep', dann schmeckt es langweilig und ausdrucksarm und findet keinen Gefallen (s. Abb. 7, S. 232).

Der 'Wert' seiner Speisen liegt vor allem in ihren Genusskriterien[320] – sieht man einmal von derzeit diskutierten 'genussfremden' Kriterien ab.[321] Essen ist

---

[318] Nach Watzel und Leitzmann sind es chemisch unterschiedliche Stoffe mit gesundheitlich positiven Effekten. Ihre negativen (antinutritiven) Eigenschaften können u. a. durch Garverfahren weitgehend beseitigt werden. Pflanzen bilden sie im sekundären Stoffwechsel u. a. zum Schutz vor UV-Licht, Kälte oder als biozide Abwehrstoffe

[319] Diese Anteile muss der Organismus rasch wieder ausschleusen. Darin liegt ihr 'indirekter' metabolischer 'Nutzen': Bioaktive Substanzen beschleunigen die Verdauungsvorgänge, trainieren das Immunsystem und verbessern den Stoffwechsel (WATZL; LEITZMANN 1995)

[320] Nährwerte sind eine »Entdeckung« der Wissenschaft. Unsere Sinne kennen sie nicht, trennen nicht nach Fett, Eiweiß und Vitaminen etc., sondern orientieren sich an »Geschmackswerten«, die der Organismus als Wirkung erfährt. In dieser Wirkung liegt die »Information« über den Wert und Nutzen der Nahrung. Dass wir Komponenten nach ihren speziellen Funktionen und Aufgaben im Organismus unterscheiden, ist eine intellektuelle Leistung. Selbst der Begriff *Geschmack* ist ein rein geistiges Konstrukt, das uns hilft, Sinneseindrücke zu benennen

[321] Kritische Beurteilung des Fleischkonsums, der Energiegehalte, Convenience-Produkte, Vitaminsupplemente, Futtermittel- und Haltbarkeitszusätze, ökologische, ethische, religiöse, Aspekte; CO_2-Footprint u. v. a. m.

ein Momentum zur Selbststimulation. Es befriedigt ein tief in uns verankertes Verlangen nach physischem und psychischem Wohlbefinden. Nahrung 'schmeckt' uns – muss uns schmecken – weil es *der* »Stoff« ist, nach dem der Organismus tagtäglich verlangt und von dessen Vielfalt er biologisch abhängig ist. Insofern sind Lebensmittel »Empfindungs- und Stimmungseffektoren«, deren Attraktivität auch von der Intensität und Dauer ihrer Gefühlswirkungen abhängen.

Aromatisch attraktive und psychotrope Wirkstoffe kommen nicht allein in getrockneten Blättern, Blütenknospen, Rinden, Gewürzen und Kräutern vor, sondern auch in Fleisch, Getreide, Milchprodukten sowie in Gärungs- und Fermentationserzeugnissen. Der weltweit beliebteste Stimmungsheber aus der letztgenannten Gruppe ist **Alkohol**, dessen eigentlicher 'Suchtfaktor' **Acetaldehyd** ist (er entsteht in der Leber beim Abbau des *Ethanols*). Er verbindet sich rasch mit körpereigenen biogenen Aminen[322] zu Alkaloiden,[323] die sich, wie wir inzwischen wissen, an Opiatrezeptoren heften und in hoher Konzentration zum Rausch führen (können).

11.1 Nahrungskomponenten, die auf unser Belohnungssystem wirken

Unsere Präferenz für bestimmte pflanzliche und tierische Nahrung ist naturgegeben. Neben den anorganischen Mineralien, den Salzen, gibt es nur diese beiden organischen Nahrungsquellen. Sie liefern alle (gut 50) essentiellen Inhaltsstoffe, die wir benötigen (LANG 1979; S. 11). Unsere gesamte Sensorik und Reizverarbeitung, das Darmsystem (ENS) und unsere Verdauungsenzyme sind auf diese Stoffe vorbereitet,[324] »kennen« die molekularen Strukturen und

---

[322] Die mehrfach erwähnten biogenen Amine: *Dopamin, Serotonin, Tryptamin, Tyramin*

[323] Die chemischen Reaktionen laufen spontan ab. Zusätzlich werden sie von Enzymen der Mitochondrien (den *Monoaminooxidasen* 'MAOs') der Darmwand- und Nervenzellen katalysiert. Verbindet sich der *Acetaldehyd* mit Tyramin, entsteht das Alkaloid **Sasolinol** (das natürlich u. a. in der Banane vorkommt); reagiert Acetaldehyd mit Tryptamin, entstehen u. a. Alkaloide, die zur Gruppe der **Beta-Carboline** (*Harmane*) gehören (die auch bei Bräunungsreaktionen entstehen)

[324] Allerdings nicht auf Gras, Baumrinde, Wolle oder Stroh etc., davon können sich Wiederkäuer oder Kleidermotten ernähren, weil sie über entsprechende Mägen bzw. Enzymsysteme verfügen

aromatischen Varianzen, deren *Wirkung* und *Bedeutung* für den Organismus. Sie sind in unserem *Nahrungsgedächtnis* abgelegt.

Interessanterweise sind es vor allem hirnchemisch wirksame Komponenten, die unser Verlangen nach *Fleisch, Milch(-produkten)* und *Getreide* begründen. Gut zubereitet (bzw. zu Wurst, Käse oder Backerzeugnissen 'veredelt'), werden sie mit Genuss verzehrt – wir fühlen uns danach besser. Nun wissen wir, dass sensorische Werte einen evolutionären Hintergrund haben und genetisch begründete 'Informationen' sind, deren biologischer 'Sinn' sich aus ihrer Attraktivität erschließt: **Wir sollen uns an wertvolle Lebensmittel erinnern und sie entsprechend präferieren (und vice versa).** *Schmackhaftigkeit* ist also kein zufälliger Sinneseindruck, sondern hat eine biologische Funktion, die den »Volltreffer« der Nahrungswahl erfahrbar macht. Übertrifft das Essen den 'erwartbaren' Eindruck (das genetisch begründete Spektrum), wird dieser 'auffällige' Wert archiviert (dem 'Erinnerungsarchiv' hinzugefügt – woran u. a. Dopamin und Serotonin beteiligt sind) (SENG 2012). Diese 'hinzugekommene' Erinnerung ist relativ stabil: Wir können uns lange an besonders schmackhaftes Essen, wo und bei welcher Gelegenheit das war, erinnern.

Dass wir Fleisch mit hohem Genuss verzehren, liegt an seinen opioiden Peptiden, den Hämorphinen,[325] die im Muskelgewebe eingelagert sind. Diese *Exorphine* werden im Darm enzymatisch freigelegt, ohne dabei ihre Morphinstruktur zu verändern. Nach ihrer Resorption wirken sie wie körpereigene Opioide (u. a. sedierend und stimmungshebend). Auch unser Mögen von *Getreideerzeugnissen* (Brot, Nudeln, Pizzateig, Gebäck, Müslimischungen u. a. m.) hat einen opioiden Hintergrund: Getreide, ein eminent wichtiger *Glukoselieferant,* enthält im Klebereiweiß[326] das Exorphin **Gliadorphin**. Besonders hohe Anteile davon enthält Weizen, weshalb ein frisch aus dem Ofen kommendes Weißbrot außergewöhnlich schmackhaft ist (auch wegen der opioiden Anteile

---

[325] Die Vorsilbe »häm« steht für den eisenhaltigen Blutfarbstoff (*Hämoglobin*) der Erythrozyten des Muskelgewebes

[326] Das Getreideeiweiß (Kleber) besteht aus *Gliadin* und *Glutenin*, die sich bei der Bearbeitung des Teiges zu *Gluten* verbinden (verschleifen). Bei der Verdauung kann – je nach enzymatischer Disposition – aus Gliadin das Exorphin *Gliadorphin* entstehen

der gebräunten Kruste, in der sich **Beta-Carboline befinden**. Mais, Dinkel und Hirse enthalten weniger Gliadorphine.[327]

Und warum sind für viele Menschen **Milch** und deren unzählige Veredelungsprodukte (die große Vielfalt der Käseerzeugnisse) geschmacklich attraktiv? Milch enthält ebenfalls Exorphine (*ß-Casomorphine*), (MRI 2016)[328] – auch die Muttermilch. Babys schreien nicht allein, weil sie hungrig sind, sondern auch wegen schmerzhafter Koliken, die durch die bakterielle Besiedelung des Darms auftreten. Die opioiden *ß-Casomorphine* dämpfen die Schmerzen und »stillen« so das Kind.

Psychotrope Wirkstoffe sind nicht nur in den o. g. Grundnahrungsmitteln, von denen sich der Mensch seit Jahrtausenden mehrheitlich ernährt, sondern in vielen weiteren 'schmackhaften' Lebensmitteln enthalten. Beispielhaft sollen einige genannt werden, deren Inhaltsstoffe sowohl an die Opioidrezeptoren binden und/oder unser Belohnungssystem in besonderem Maße aktivieren.

11.2 Weitere Rohstoffbeispiele, die unser Belohnungssystem aktivieren[329]

Obst enthält *niedermolekularen Zucker*, auf den unser Körper mit einem *Serotoninschub*[330] reagiert. **Bananen** enthalten (neben Zucker) *Serotonin, Dopamin* und *Salsolinol* (ein Alkaloid, das auch in Schokolade und Kakao vorkommt). *Salsolinol* ist ein *Protease-Hemmer*, der den Abbau von Serotonin

---

[327] Vermutlich ist die weltweite Verbreitung von Weizen auch auf seinen Gliadorphingehalt zurückzuführen POLLMER (Hg.) 2010; S. 46 ff.

[328] Das Kuhmilcheiweiß *Casein* ist nicht einheitlich, sondern besteht aus alpha-, beta-, gamma- und kappa-Fraktionen, wovon *ß-Caseine* etwa 36 % ausmachen. Letztere wiederum werden in drei Untergruppen (A1, B und A2) unterteilt, bei deren Verdauung (und bei der Fermentation zu Joghurt und Käse) verschiedene kurzkettige bioaktive Peptide entstehen (*Betacasomorphin-7*, kurz BCM7), insbesondere aus der A1- und B-Milch. Sie werden mit diversen gesundheitlichen Risiken in Verbindung gebracht – u. a. Autismus und plötzlicher Kindstod, Störungen im Fettstoffwechsel, Atherosklerose und Diabetes mellitus Typ 1, chronische Verstopfungen bei Kleinkindern. Aus dem Casein der A2-Milch entstehen diese 'krankmachenden' BCM7 Peptide nicht. Das *Max-Rubner-Institut* sieht anhand neuerer (verlässlicher) Humanstudien keinen evidenzbasierten Zusammenhang zwischen den postulierten Erkrankungen und der *Betacasomorphin-7*-Anteile

[329] Viele dieser Beispiele sind der EU.L.E.N.-Spiegel Ausgabe 6/2008-1/2009 »*Opium fürs Volk – Nahrung für den Geist*« von A. FOCK et al. entnommen; '*Opium fürs Volk*'; (als Buchausgabe 2010; Hg. POLLMER 2010)

[330] Serotonin – ein Gewebshormon und Neurotransmitter, der u. a. den Blutdruck senkt (daher der Name: aus 'Serum' und 'Tonus') und für 'Beruhigung' und innere Zufriedenheit sorgt; Serotonin ist der Gegenspieler des Stresshormons *Cortisol*. Unser Verlangen nach Süßem ist in Stresszuständen erhöht

und Dopamin bremst, wodurch das 'gute Körpergefühl' nach dem Verzehr länger anhält. **Bitterorangenmarmelade** enthält *Synephrin* (ein Alkaloid, das chemisch und pharmakologisch mit dem Alkaloid *Ephedrin* – gehört zur Gruppe der Phenylethylamine – verwandt ist und psychoaktive Wirkungen hat). Gewürze sind nicht nur wegen ihrer ätherischen Öle aromatisch akzentsetzend und 'geschmackvoll', sondern heben unsere Stimmung, weil einige Inhaltsstoffe nach ihrer Metabolisierung durch Darm- oder Leberenzyme psychotrope Wirkungen entfalten: So enthält **Muskatnuss** *Myristicin, Elemicin* und *Safrol* – diese wirken halluzinogen, weil sie in der Leber zu o. g. *Amphetaminen* verstoffwechselt werden. Der 'Strich' Muskat an eine Blumenkohl-, Kohlrabi- oder Möhrenspeise, auch Rinderbouillon, hat hier seinen sinnesphysiologischen Hintergrund: Muskat bewirkt eine Stimmungsaufhellung. **Basilikum** (Bestandteil von *Pesto*) enthält vor allem *Eugenol* und *Methyleugenol* – beides sind Betäubungsmittel, die wegen ihrer schmerzstillenden Wirkung auch medizinisch genutzt werden (auch im ätherischen Öl von Lorbeer sind diese Komponenten enthalten). **Kopfsalat, Chicorée** oder **Endivie** enthalten ein »*Salatopium*« (die Sesquiterpene[331] *Lactulin* und *Lactucopikrin*), das bei der Lagerung (durch Dissimilation und Tageslicht) rasch abgebaut wird, weshalb nur frische Salate 'sensorisch' attraktiv sind. In **fermentierten Nahrungsmitteln** sind reichlich biogene Amine (u.a. Tryptamin), die im Körper zu halluzinogenen Alkaloiden (u.a. *Bufotenin*)[332] umgewandelt werden können. Bei der Verdauung von **Spinat** entstehen *Rubiscoline*,[333] die an Opioidrezeptoren binden und schmerzlindernd (analgetisch) wirken. **Tomaten** (insbesondere Tomatenketchup und -mark) enthalten die biogenen Amine *Tryptamin* und *Serotonin*, die sich in Gegenwart von Säuren (Wein, Essig etc.)[334] und Acetaldehyd[335] zu stimmungsaufhellenden psychotropen Alkaloiden verbinden. Das

---

[331] Von lat. *sesqui* (steht für 'eineinhalb' oder um die Hälfte mehr) Sesquiterpene sind eine Klasse von *Terpenen* (Hauptbestandteil ätherischer Öle), die aus drei *Isopreneinheiten* bestehen

[332] Bufotenin (von *Bufo* = Kröte) ist ein psychedelisch wirksames *Tryptamin-Alkaloid* und strukturell mit dem Neurotransmitter Serotonin verwandt

[333] Sie sind Opioidpeptide, die den Gluten-Exorphinen (Gliadorphinen) des Getreides ähneln

[334] Ketchup enthält *Acetaldehyd* und die höchsten Gehalte biogener Amine aller Tomatenprodukte; durch die Anlagerung von Methylgruppen können aus Serotonin halluzinogene Alkaloide entstehen (*Bufotenin*); bei der Herstellung von Ketchup wird Essig verwendet, der hohe Acetaldehyd-Anteile enthält POLLMER (Hg.) 2010; S. 111 f.

[335] Der besonders in Tomatenmark aus Süditalien vorkommt, wenn dieser aufgrund klimatischer Bedingungen leicht in Gärung übergegangen ist POLLMER (Hg.) 2010; S.111

geschieht namentlich bei der Herstellung einer Tomatensoße (sie muss lange köcheln, damit Tryptamin und Serotonin, Molekül für Molekül, zu psychotropen Alkaloiden umgebaut werden können). Die Vorliebe für **Bier** begründet sich in der Verwendung von *Malz*, da beim Mälzen *Hordenin* (ein Tyramin-Alkaloid) entsteht, das in Verbindung mit Alkohol (Produkt der Vergärung von Gerste) eine verstärkte aufputschende Wirkung hat. Die Verwendung von *Hopfen* (hier in alkoholischer Lösung) wirkt krampflösend, beruhigend und ist z. T. hypnotisch, weil es das Alkaloid *Hopein* enthält (es zählt zu den Morphinen). **Pilze, Parmesan, getrocknete Tomaten, Hefeextrakt** enthalten hohe Anteile *Glutamat* (L-Mononatriumglutamat), das als *Geschmacksverstärker* fungiert.[336]

11.3 »Verweile doch! du bist so schön!«[337] Die Wirkung von MAO-Hemmern

Wie wir gesehen haben, sind der köstliche Geschmack, ein nach dem Essen auftretendes wohliges Körpergefühl, Wirkungen hirnchemischer Synergieeffekte vielfältiger Neuropeptide, Hormone und/oder opioider Komponenten, die auf unser Belohnungssystem wirken. Neben diesen angenehmen Gefühlszuständen können opioide Nahrungskomponenten und alkoholhaltige Getränke auch Euphorien und heitere Delirien hervorrufen, die unsere Wahrnehmungen verzerren und u. U. lebensbedrohlich sein können, da wir dann nicht mehr ‚Herr unserer Sinne' sind.[338]

Der Stoffwechsel musste während der langen Entwicklung der Primaten wiederholt mit ‚Alkohol' zu tun gehabt haben, sonst hätte der moderne Mensch

---

[336] Glutamate (die Salze der Glutaminsäure) setzen sich direkt an die Umami-Geschmacksrezeptoren; in Verbindung mit Abbaustoffen, die auch bei der Fleischreifung entstehen (z. B. IMP = Inosinmonophosphat), wird die Intensität des Geschmacks verstärkt. Die beliebte Kombination »Fleisch mit Pilzen« hat hierin ihre Erklärung

[337] J.W. von Goethe, *Faust I*; Vers 1700

[338] Rauschartige Zustände hängen von der Dosis und der Art des Wirkstoffs ab. Die mit der Nahrung aufgenommenen psychogenen Stoffe führen nicht zum Rausch (die dafür benötigten Mengen ließen sich über Mahlzeiten nicht aufnehmen). Ihre Wirkungen sind aber unterschwellig vorhanden; sie sind »weicher« - sorgen für ein gutes, angenehmes Lebensgefühl

keine alkoholabbauenden *Enzymsysteme* (u. a. Alkohol-Dehydrogenase).[339] Alkohol wird besonders aus jenen Früchten (eine bevorzugte Nahrungsquelle aller Primaten) aufgenommen, die schon in Gärung übergegangen sind (auch Bananen enthalten Alkoholanteile, vor allem an den braunen Stellen). Der dabei aufgenommene Alkohol wird in der Leber mittels verschiedener Enzyme zuerst in (giftiges) Acetaldehyd, dann in ungefährliche Essigsäure[340] und schließlich zu Kohlenstoffdioxid (CO_2) und Wasser (H_2O) abgebaut.

Dass zum Nahrungsvorrat von Homo sapiens schon immer auch Pflanzen und Pilze gehörten, belegen seine vielfältigen *Entgiftungsenzyme* zur Ausschleusung unzähliger Abwehrstoffe (u. a. der *Phytoalexine*)[341] und opioider Komponente. Beispielsweise werden Exorphine und die über Nahrung aufgenommenen Alkaloide durch Monoaminooxidasen (MAOs)[342] rasch wieder abgebaut bzw. in ihrer Wirkung auf unsere Reizverarbeitung ausgebremst. Biologisch ist das ein 'kluges' *protektives System,* denn Delirien und Rauschzustände machen uns temporär lebensuntüchtig – Zustände, die es offenbar bei der Standardnahrung der Säuger immer wieder gab (deshalb das Schutzsystem).

Da aber nicht jedes aufgenommene biogene Amin, nicht jede psychotrope Komponente gleich einen Rausch hervorruft, sondern im Gegenteil *in unterschwelliger Dosis* unser Lebensgefühl verbessert, hat dieses Schutzsystem (hedonistisch betrachtet) einen Nachteil: Ausgerechnet jene Komponenten, die uns in Hochstimmung versetzen, werden – kaum dass sie wirken – sofort wieder abgebaut.[343] Offenbar waren in der Evolution physische und mentale Fitness wichtiger, als temporäre Zustände »glückseligen Schwebens«. Nicht zufällig befinden sich deshalb die meisten MAOs in den Nervenenden des

---

[339] Dazu der Tierfilm von J. Uys aus dem Jahr 1974: *Die lustige Welt der Tiere;* er zeigt u. a. Elefanten, Schweine, Schimpansen und viele weitere Tiere betrunken und torkelnd, die überreife Früchten des *Marula-Baums* gefressen hatten; der Hauptteil der alkoholischen Gärung findet allerdings im Magen der Tiere statt
[340] Durch das Enzym *Aldehyddehydrogenase* (ALDH)
[341] Phytoalexine (von gr. *phytos* = Pflanze und *alekein* = 'abwehren') sind eine große Stoffklasse, mit der sich eine Pflanze unmittelbar nach einer Infektion durch Bakterien und Pilze schützt. Sie sind Produkte des sekundären Pflanzenstoffwechsels; z. B. Flavonoide, Alkaloide, Terpenoide.
[342] Trägt beispielsweise ein biogenes Amin nur eine einzige Aminogruppe (NH_2-), gehört es zur Gruppe der *Monoamine* (z. B. Dopamin, Adrenalin, Noradrenalin, Serotonin), die die MAO abspaltet (ein Vorgang der Biotransformation zur Ausschleusung giftiger Substanzen). MAOs befinden sich in den Membranen der Mitochondrien (den 'Kraftwerken' der Zellen) und gehören daher zur Gruppe mitochondrialer Enzyme
[343] Auch körpereigene (endogene) Opioidpeptide, wie z. B. *Endorphine, Enkephaline* und *Dynorphine* haben nur eine kurze Halbwertszeit; so verhindert der Organismus das Entstehen einer endogenen Sucht

sympathischen Nervensystems, das den Organismus auf Belastungen, Stresssituationen und Gefahren rasch und sinnvoll reagieren lässt. Aber auch die Darmschleimhaut (*Mukosa*) enthält sehr viele MAOs. Warum sie?

Die Mukosa hat u. a. eine Barrierefunktion, die giftige oder bakterielle Substanzen abwehrt. Zugleich sind ihre Zilien für die Aufnahme und den Transport von Inhaltsstoffen der Nahrung zuständig, sodass opioide Anteile (auch die durch Enzymaktivität der Darmbiota entstandenen) nicht nur an die im Darm reichlich vorhandenen Opioidrezeptoren koppeln, sondern zugleich auch über das Blut ins Gehirn gelangen. Passieren diese Stoffe die Blut-Hirn-Schranke, können euphorische Zustände, lang anhaltende Räusche und Halluzinationen die Folge sein. Deshalb werden sie bereits in der Darmwand oder der Leber rasch von besagten Monoaminooxidasen inaktiviert. Vorausgesetzt, niemand hindert sie daran – was jedoch die Regel ist. Die 'Störenfriede' sind so genannte **MAO-Hemmer**,[344] von denen die meisten aus der Nahrung selbst stammen – die MAOs des Fressfeindes würden diese Abwehrstoffe augenblicklich wirkungslos machen, deshalb liefern Pflanzen gleich jene Komponenten mit, die den Abbau ihrer komplexen Abwehrstoffe verhindern (sie gehören mit zu den antinutritiven Stoffen der Pflanzen).

Zwischen der raschen Inaktivierung von psychotropen Komponenten und einem 'Langrausch' liegt ein Zeitfaktor. Je effektiver körpereigene Monoaminooxidasen blockiert werden, desto länger können opioide Nahrungskomponenten und körpereigene Opioidpeptide an Rezeptoren wirken und Neurotransmitter-Signale unterbinden, die z. B. Ängste oder Schmerzempfindungen vermitteln. Mit anderen Worten: Enthält die Nahrung psychogene Anteile *und* zugleich MAO-Hemmer, können Stimmungszustände eintreten, die über entspanntes Wohlbefinden bis hin zum intensiven Lang-Rausch reichen. Südamerikanische Kulturen kennen seit Jahrtausenden das Rauschmittel **Ayahuasca**. Es ist ein »Kochprodukt« (ein reduzierter Fond oder Sud aus verschiedenen Pflanzen), das getrunken wird. In dieser Flüssigkeit sind sowohl opioide

---

[344] Oder MAO-*Inhibitoren*; medizinisch sind noch weitere Varianten bedeutsam: MAO-A und MAO-B (abhängig von ihrem Funktionsort); (dazu Wikipedia: *Monoaminooxidase-Hemmer*) auch gibt es in Lebensmitteln DAO-Hemmer (*Diaminoxidase-Hemmer*), die den Abbau von Histamin beeinträchtigen. Zu ihnen gehören alkoholische Getränke, Kakao, grüner und schwarzer Tee, Muskat u. a. Menschen mit einer Histaminintoleranz sollten diese Lebensmittel meiden

Anteile als auch MAO-Hemmer enthalten, weshalb nach der Einnahme Rauschzustände von mehreren Stunden Dauer auftreten.

Hintergrundinformation

Ayahuasca ist ein Pflanzensud mit psychedelischer Wirkung. Sogenannte *Harman-Alkaloide* (potente MAO-Hemmer) sorgen dafür, dass die erwähnten Monoaminooxidasen der Körperzellen blockieren werden. Die Alkaloide stammen aus den verholzten Teilen einer bestimmten Lianen-Art, die zusammen mit Blättern eines Kaffeestrauchgewächses (die das halluzinogene Tryptamin-Alkaloid *Dimethyltryptamin* **DMT** enthalten) bis zu drei Tage gekocht werden. In der reduzierten teeähnlichen Flüssigkeit befinden sich deshalb sowohl hohe Anteile der Droge DMT als auch MAO-Hemmer – wobei Letztere verhindern, dass die Droge bereits in Darmzellen und/oder danach in der Leber (*First-Pass-Effekt*)[345] durch das Enzym *Monoaminooxidase* abgebaut wird. Indigene Kulturen des Amazonasbeckens trinken diesen Sud u. a. zu rituellen Anlässen und schamanistischen Heilzeremonien. Genau betrachtet ist der Sud nichts anderes als ein »Garprodukt«. Wie beim Kochen werden in ein großes wassergefülltes Gefäß verschiedene Ingredienzien gegeben und auf einer Feuerstelle gegart. Dabei entsteht eine – in der Sprache des Kochs – konzentrierte Brühe, die nicht der Ernährung, sondern als schamanistischer Heiltrunk zur Beseitigung körperlicher Beschwerden und zu spirituellen (bewusstseinserweiternden) Zeremonien diente.[346] Durch Variation bzw. Ergänzung weiterer Pflanzen lässt sich die Wirkung verstärken oder abmildern bzw. die Rauschdauer verlängern; dazu auch Wikipedia: *Ayahuasca*.[347]

Obwohl die Herstellung von *Ayahuasca* keinen Bezug zur Nahrungszubereitung hat, scheint jedoch der *»Umgang mit Pflanzen in Wasser auf einer Feuerstelle«* auf ein viel weiter zurückreichendes Experimentierfeld archaischer Kochtechniken hinzuweisen – vermutlich sogar auf ihre Uranfänge. Als erste Gefäße das Garen mit Wasser ermöglichten, existierten wahrscheinlich schamanistische Vorstellungen (Animismus) über Waldgeister und Pflanzenseelen, die, so glaubten unsere Vorfahren, in die Garflüssigkeit übertreten und

---

[345] Ein Begriff aus der Medizin. Er beschreibt den Vorgang der chemischen Umwandlung eines Medikaments, das oral aufgenommen wurde und bei der ersten Passage durch die Leber zu wirksamen oder unwirksamen Metaboliten führt (ein Aspekt der Bioverfügbarkeit); siehe auch Wikipedia: *First-Pass-Effekt*

[346] Auch wenn der Sud nicht der Ernährung dient, so drängt sich ein Vergleich mit der Herstellung einer *Glace de viande* auf, die erst nach stundenlanger Reduktion (einer *Grandjus* = braunen Brühe) entsteht. Eine Glace führt zwar zu keinem Rausch, ist aber eindeutig stimmungshebend, weil sie hohe Anteile an *Harman-Alkaloiden* (Beta-Carbolinen) enthält und als MAO-Hemmer psychotrope Effekte anderer Komponenten verlängert

[347] Auch traditionelle Kochtechniken variieren sensorische Effekte durch Ergänzung oder Weglassen von Rohstoffen; langes Simmern lässt psychotrope Kochprodukte entstehen, wenn ausreichend reaktionsfähige Komponenten, z. B. biogene Amine und Aldehyde, vorhanden sind

dieser so ihre heilenden Kräfte verleihen. Demnach waren übernatürliche *magische Kräfte* im Heiltrunk am Werk, die »das Böse« beseitigten und Genesung brachten. Die Existenz dieser unsichtbaren Kräfte wurde spätestens mit den rauschartigen Zuständen individuell 'erfahren' und zur subjektiven Wahrheit.[348, 349]

Was können wir aus dem bisher Gesagten für unser Thema '*Wohlgeschmack*' folgern? Der hier exemplarisch gewählte psychoaktive Trank *Ayahuasca* hat nichts mit gutem Geschmack zu tun – im Gegenteil (er schmeckt bitter und führt meist zum Erbrechen).[350] Auch hat die Herstellung nichts mit der Zubereitung von Nahrung zu tun, obwohl das flüssige Garprodukt getrunken wird. Wo also liegt der Erkenntnisbezug? Unser sensorischer »Schutzmechanismus« – das Spektrum maximal tolerierter Werte – ist kein unüberwindbares Bollwerk, keine letzte Handlungssperre. Wenn wir rauschartige, tranceartige Zustände *erwarten* können – und diese anstreben – erdulden wir selbst widerwärtigste Geschmackseindrücke. Die Option, in eine »magisch-jenseitige Welt« einzutauchen, aktiviert die blanke Neu*gier*, die jede vernünftige und biologische Barriere überwindet.[351]

Hintergrundinformationen
Es ist nachgerade unverständlich, dass wir für Rauschzustände gleich mehrfach unsere Gesundheit gefährden (Reaktionseinbußen, Leberschäden, Gefahr der Abhängigkeit u. a. m.) und gegen den mächtigen Selbsterhaltungstrieb handeln (Warnsignale wie Furcht, Ekel etc. werden missachtet). Selbst das Wissen, dass ein Rausch nicht automatisch das »Ende der

---

[348] Halluzinierende, tranceartige Bewusstseinszustände waren nach dem Verständnis ursprünglich lebender Kulturen Indizien übermenschlichen Wirkens, das sie am eigenen Leibe erfahren konnten: ein gefühlter »Beweis«, für die Existenz der Geister- und Götterwelten, die sich in ihrem subjektiven Erleben zu erkennen gaben. Unser Verlangen nach körperlicher Entgrenzung und unser Streben nach Transzendenz haben vermutlich in diesen Urerfahrungen mit opioiden Nahrungsinhaltsstoffen einen ihrer Entstehungshintergründe. Die Wirkung von Ayahuasca wurde vermutlich zufällig entdeckt, als man über längere Zeit (über Tage) dasselbe Kochwasser (Restflüssigkeiten) weiter nutzte. Diese Entdeckung war allerdings derart sensationell, dass ein langes experimentelles Probieren schließlich zu den Rezepturen führte, die die jeweiligen Rauschzustände erzeugten

[349] Auch '*Qualm*', der vom Lagerfeuer mit Hanfgewächsen entstand und eingeatmet wurde, wirkte psychedelisch. Die Harzdrüsen weiblicher Pflanzen enthalten eine psychoaktive Substanz, die zu den Cannabinoiden zählt: das *Tetrahydrocannabinol* (**THC**), ein Rauschmittel [*Haschisch (Marihuana)* – von 'Maria Johanna'], das vermutlich auch Bestandteil der »Friedenspfeife« war; auch Weihrauch kann euphorische Gefühle verstärken (RÖTZER 2008)

[350] Was Betroffene als »Reinigung« deuten

[351] Vielleicht begründet das auch, Dinge zu essen, die sensorisch nicht »für sich selbst sprechen«, und zwar dann, wenn wir uns davon etwas 'Gutes' versprechen – z. B. einen Zugewinn an Gesundheit (wie auch bei bitterer Medizin)

Existenz« bedeutet, scheint für das risikobehaftete Tun keine hinreichende Erklärung zu sein. Vermutlich ist es eine in uns angelegte Neugier, die uns antreibt, »dazuzulernen«, Neues, Unbekanntes zu entdecken. Die Verhaltensforschung (Ethologie) sieht darin menschliches **Erkundungsverhalten** und die **Suche nach Sensationen** (*sensation seeking,* besonders bei Männern) – eine im Menschen (unterschiedlich stark) angelegte Bereitschaft, sinnliche Grenzerfahrungen und emotionale Sensationen (Kicks) zu suchen, für die u. U. das Leben riskiert wird; dazu auch (ROTH 2003).

Weit unterhalb dieser Austestung extremer Grenzerfahrungen existiert in uns offenbar eine weitere Antriebsebene, die unser Leben mit angenehmen Emotionen anzureichern sucht: das Streben nach Wohlbefinden und interessanten (neuen) Ereignissen und Herausforderungen – ein immerwährendes Bedürfnis, der Gleichförmigkeit körperlicher 'Normalzustände' etwas Erlebnisvolleres hinzuzufügen. Wir mögen anregende, reizvolle Momente – wozu auch schmackhafte Mahlzeiten zählen. Zwar sind das nur kurzzeitige Ereignisse, deren Dauer und Erlebnisqualität jedoch mit entsprechenden Rohstoffanteilen und Verfahrenstechniken verlängert werden können. Entscheidend dabei sind (wie wir inzwischen wissen) die Anwesenheit opioider Komponenten und verschiedener MAO-Hemmer.

11.4 Beispiele für Rohstoffe und Verfahrenstechniken, die MAO-Hemmer enthalten oder erzeugen

Dass es bei der »Kochkunst« nicht allein um die Bewahrung von Nährstoffen geht, sondern vornehmlich um *appetitsteigernde Garprodukte,* haben wir betont. Deren Wirkung soll möglichst lange anhalten – unser Lebensgefühl während und nach dem Essen verbessern.[352] Nicht zufällig erfreuen sich thermische Verfahren mit hohen Temperaturen (weit über 100°C) unverminderter Beliebtheit: z. B. *Rösten, Grillen, Braten, Backen* (im Ofen). Dabei entstehen jeweils braune aromatische Verbindungen (Produkte der komplexen *Maillard-*

---

[352] Lustvolle Zustände sind etwas Besonderes und kostbar, denn sie unterliegen einer Halbwertzeit (Hormone und biogene Amine, die diese Gefühle erzeugen, werden, wie betont, von endogenen Enzymen rasch abgebaut). Wohl auch deshalb haben sich lange Speisenfolgen (Menüs) für besondere Anlässe etabliert

Reaktion)[353] – appetitliche, geruchsaktive und geschmacksintensive *Melanoidine*. Einfluss auf den Genuss und seine Dauer haben die bereits erwähnten **Beta-Carboline** (*β-Carboline*), die potente MAO-Hemmer sind. Aktuell werden Röststoffe jedoch weniger wegen ihrer Genusswerte erforscht, sondern danach, ob prozessbedingte Vorstufen der Melanoidine als Risikofaktoren für Darmkrebs anzusehen sind, wie Tierversuche nahelegen (FRANDRUP-KUHR 2004).[354]

Hintergrundinformationen
Verschiedene durch Röstung veränderte Eiweiß-Zucker-Verbindungen stehen in Verdacht, mutagen zu sein. Insbesondere die **polyzyklischen aromatischen Kohlenwasserstoffe (PAKs)**, die u. a. » *durch Räuchern von Fleisch und Fleischprodukten und durch Grillen über Holzkohle*« entstehen – ebenso **Nitrosamine** (vor allem beim Braten von Gepökeltem) und **heterozyklische aromatische Amine (HAAs)** – ihre chemischen Verbindungen sind allesamt durch ein Ringgerüst gekennzeichnet (FRANDRUP-KUHR 2004; S. 22 ff.). Chemiker unterscheiden drei Stoffklassen der HAAs – wovon eine nicht mutagen ist: die Gruppe der **β-Carboline** (a. a. O.). Es sind chemisch **Harman-Alkaloide** (die Säugetiere auch endogen bilden – mithin ungefährlich sind), wozu auch **Norharman** zählt. Sie entstehen beim Grillen von Steaks und Fisch etc. bei Temperaturen über 200°C. Auch wirken β-Carboline selbst psychotrop, weil sie verschiedene Rezeptoren des Neurotransmitters GABA (Gamma-Aminobuttersäure '*γ-Aminobuttersäure*') blockieren, der die Erregbarkeit von Nervenzellen herabsetzt.

Röststoffanteile verleihen nicht nur Steaks und Bratenstücken höchste Genusswerte, sondern auch der Kruste verschiedener Backwaren und nicht zuletzt dem gebratenen und gratinierten Gemüse. Röststoffe passen offenbar nahezu zu allem, was wir zubereiten. Gebratene Fleischspeisen werden in der Regel mit braunen Soßen serviert, deren hohe β-Carbolin-Anteile die Wirkungsdauer der fleischeigenen Hämorphine verlängern. Enthalten diese Soßen auch Rotwein (woraus in der Leber besagter Acetaldehyd – ein MAO-Hemmer – entsteht), ist der Anstieg biogener Amine im Blut zu erwarten – und damit die

---

[353] Der Begriff beschreibt den Vorgang einer thermischen, nicht-enzymatischen Bräunung und geht auf erste Modellansätze von Louis-Camille Maillard aus dem Jahr 1912 zurück, bei der Eiweiß und Zucker in einer Kondensationsreaktion (unter Abspaltung von Wasser) thermisch verschmelzen

[354] Entwarnung gibt der Lebensmittelchemiker U. POLLMER, der zur Abwendung genannter Gesundheitsgefahren Wein und Bier, einen Klacks Senf oder Gewürzmarinaden empfiehlt: Sie entgiften nicht nur unerwünschte heterozyklische Amine, sondern erleichtern auch die Resorption von β-Carbolinen; POLLMER (Hg.) 2010, S. 36

Bildung unterschiedlichster psychotroper Verbindungen (Alkaloide) – denn Monoaminooxidasen sind gleich mehrfach lahmgelegt. So garantiert der Verzehr von gebratenem Fleisch z. B. mit einer *Sauce bordelaise* oder ein *Boeuf bourguignon* höchste Genusswerte und länger anhaltendes Wohlbefinden.

Viele unserer häufig verwendeten Rohstoffe (bzw. deren Metabolite) enthalten MAO-Hemmer. Die Metabolite der Muskatnuss (*Amphetamine*),[355] Alkaloide der Bananen (*Salsolinol*),[356] der Bitterorangenmarmelade (*Synephrin* s. u.) und des Kopfsalats (*Sesquiterpene*) blockieren Monoaminooxidasen oder Enzyme, die körpereigene Opioide (u. a. Enkephaline)[357] abbauen. Selbst wässrige Rosinen-Extrakte (besonders die von dunklen Sorten) wirken als MAO-Hemmer; zudem steuern Rosinen mit ihrem Traubenzuckeranteil beim Backen (in Verbindung mit der aromatischen Aminosäure *Tryptophan* – aus Mehl und Ei) zur Bildung von Maillard-Produkten bei [mithin zur Bildung von β-Carbolinen POLLMER (Hg.) 2010, S. 162]. Auch führen Mehrfachwirkungen von Enzymen zu einer Verlängerung psychogener Effekte. So wirkt *Synephrin* (das biogene Amin aus der oben erwähnten Pomeranzenschale) auf den Organismus ähnlich wie das Hormon *Noradrenalin* (es verengt u. a. die Blutgefäße und erhöht so den Blutdruck) – dadurch werden wir 'wacher' und munterer. Als Marmeladenerzeugnis auf einem Toastbrot wird die Wirkungsdauer von Synephrin verlängert, weil die β-Carboline (aus den Röstanteilen) entsprechende Enzyme blockieren, die Synephrin abbauen. So kann Synephrin als Muntermacher länger wirken – jedenfalls so lange β-Carboline wirken. Diese aber werden von *Cytochrom P450 Enzymen* abgebaut, die für die Ausschleusung von Fremdstoffen sorgen (β-Carboline sind Fremdstoffe) (HERRAIZ et al. 2008). Und genau hier wirkt Synephrin erneut: Es blockiert *Cytochrom P450 Enzyme*. Zusammen mit dem Zucker- und Butteranteil sorgt ein Toastbrot mit Bitter-

---

[355] Gehören zur Gruppe der *Phenylethylamine* (wozu auch Tyramin und Dopamin gehören), sind aufputschend und wirken in hohen Dosen euphorisierend; hierzu auch Wikipedia: *Amphetamine*

[356] Salsolinol ist ein Alkaloid, das in der Banane aus dem reichlich vorhandenen Dopamin und dem Aromastoff Acetaldehyd entsteht; es blockiert die MAO, die normalerweise Serotonin und Dopamin sofort abbauen, sodass nach dem Verzehr einer Banane die Gehalte dieser biogenen Amine im Blut ansteigen POLLMER (Hg.) 2010; S. 107 f.

[357] Sie gehören mit zu den kleinsten Opioidpeptiden, die der Organismus selbst herstellt, die Schmerzempfindungen (Nozizeption) unterdrücken; dazu auch Spektrum.de 2001: *Enkephaline*

orangenmarmelade (und einer Tasse Kaffee)[358] für eine rege, belebende Grundstimmung.

Besonders hohe Gehalte an β-Carbolinen und deren biogenen Aminovorstufen finden sich auch in fermentierten Produkten und solchen, mit einer langen Reifedauer: Balsamico-Essig, Sojasauce, Worcestershiresauce u. a., wobei insbesondere deren Säureanteile wichtige Reaktionspartner (Acetaldehyd) zur Alkaloidsynthese von **Indolalkaloiden**[359] sind, die zu besagten hirnchemischen Effekten führen.

Als letztes konkretes Beispiel für 'länger währenden' Hochgenuss soll ein **gebratenes Steak** dienen. Er beruht zunächst auf oben skizzierten opioiden Anteilen und deren hirnchemischen Effekten – sie sind die sensorischen Basiswerte. Dennoch schmeckt nicht jedes Steak gleich, selbst wenn es stets aus dem gleichen Fleischteil (eines anderen Tieres) geschnitten wurde und der Koch derselbe ist.[360] Das handwerkliche Geschick des Kochs ist für das Ergebnis (Steuerung des Bratvorgangs) entscheidend, wobei jedes Produkt aus verschiedenen Gründen anders ist (es wird nicht 'sekundengenau' gleich lang gegart u. a.); der Gesamtgenuss wird dadurch aber nicht signifikant beeinträchtigt. Bedeutsam ist jedoch, ob das Fleisch *'gut abgehangen'* und gut *'marmoriert'* ist,[361] den *optimalen Reifepunkt* hat[362] und die von uns präferierte *Garstufe*[363] (z. B. *medium*). Diese Einzelaspekte sind die materiellen (physikalisch-molekularen) Voraussetzungen für das Entstehen von Hochgenuss. Ist

---

[358] Im Kaffee sind ebenfalls aufgrund der Röstung hohe β-Carbolin-Anteile

[359] Sie sind die größte Alkaloidgruppe mit einer Indolgrundkörperstruktur (zwei Ringe), die sich fast alle von Tryptophan ableiten

[360] Sie weichen sensorisch graduell, mitunter auch deutlich, voneinander ab (Vergleichswerte). Entscheidend hierfür sind: Tierrasse, Alter, Geschlecht, Futter (Freiland oder Stallmast), Lebensrau (Alm = Hochland oder Marschland), Klimagürtel, Schlachtbedingungen (Transport) u. v. a.

[361] Die hellen Fettadern im roten Muskel erinnern an Marmor, deshalb 'marmoriert'

[362] Der optimale Reifepunkt ist abhängig u. a. von der Tierart und der Lagerdauer. Fleischeigene Enzyme (*Cathepsine*) bauen die Mikrostrukturen der Muskulatur – insbesondere des Bindegewebes (hydrolytisch – durch Anlagerung von Wasser) um, lassen Kollagenfasern quellen, wodurch das Fleisch *mürbe* wird. Ebenso steigt nach der Totenstarre der pH-Wert wieder an und geht von pH 5,8 allmählich in Richtung pH 7 (Neutralwert des Wassers). Optimal schmeckt das Fleisch bei einem pH von etwa 6,5 und wenn der glutamätähnliche Stoff *Inosinmonophosphat* IMP (durch den Abbau von ATP) ausreichend vorhanden ist

[363] Je nach Bratdauer erhöht sich die Innentemperatur des Garguts. Erreicht diese etwa 45°C, beginnt das hitzelabile Hämoglobin zu zerfallen, es wird grau. Bei einer Kerntemperatur von 70°C ist das Fleisch *vollgar* und innen homogen grau

ein einziger Faktor davon defizitär, bleibt der Genusswert unter seiner Möglichkeit.

Die Wirkung der gegarten »*Eiweiß-Fett-Cholesterin-Vitamin-Mineralstoff-Wasser-Kom-paktnahrung*«, alias Fleisch, beginnt bereits mit dem Duft und dem ersten Bissen. Ein saftig gebratenes Steak wirkt während des Kauens zunehmend essstimulierend – da der *Vagusnerv* mit dem *Pankreas* (der Bauchspeicheldrüse) verbunden ist, das auf die Eiweiß-, Fett- und auch Zuckeranteile (Glykogen) sofort mit der Produktion von Verdauungsenzymen reagiert.[364] Jede Sekretion von Verdauungsenzymen (Mund- oder Bauchspeichel) wirkt automatisch appetitsteigernd – physiologische Folgen des Nahrungsaufnahme-Modus. Dass wir einen so außergewöhnlichen Essgenuss bei gegartem Fleisch haben, liegt in den zuvor erwähnten sensorischen »Gedächtnismustern«, die unser Gehirn im Laufe der Evolution für 'Wertvolles' entwickelt hat: Fleisch, tierisches Muskelgewebe, ist eine »durch den tierischen Metabolismus *gewordene* 'Kompaktnahrung'«. Deren wesentliche »sensorische Insignien« und deren Wirkungen haben wir oben kennengelernt: Es sind Eiweiß und Fett – die zentralen Bausteine für unseren Organismus. Das Hämorphin[365] erfüllt dabei die Funktion eines »Erinnerungsverstärkers« für gute Nahrungswahl = Wohlgeschmack.

---

[364] Der *Vagusnerv* ist, neben vegetativen Funktionen, an der Übermittlung der Geschmacksempfindungen beteiligt

[365] Hämorphine sind, wie ausgeführt, eine Klasse der *Opioidpeptide*, die sich vom Hämoglobin ableiten – sie werden enzymatisch aus den Polypeptidketten des Hämoglobins gebildet, das in den roten Blutkörpern der Wirbeltiere vorkommt. Diese Peptide haben, wie betont, die kürzeste Aminosäurensequenz mit opioidähnlicher Aktivität und sind die natürlichen Liganden der Opioidrezeptoren, die durchweg G-Protein-gekoppelte Rezeptoren sind

Teil III
Vom Rohstoff zur Speise

Die Fähigkeit, durch Misch- und Gartechniken aus ausdruckslosen, geschmacklich unattraktiven Rohstoffen schmackhaftes und gesundheitlich unbedenkliches Essen zu machen, ist wohl die älteste Kulturleistung der Menschheit, die uns am wenigsten bewusst ist. Dieses 'inverse' Rohstoffphänomen – oder »Geschmacks-Paradox« – wird uns in diesem Abschnitt mehrfach begegnen.

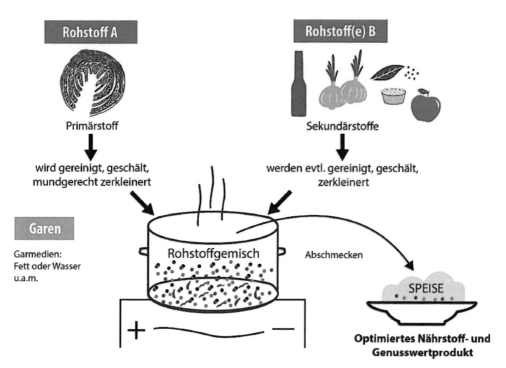

Abbildung 2 Grundmuster der Zubereitung – Beispiel Rotkohl

*Die grafische Darstellung zeigt das Grundmuster der Zubereitung: Ein Rohstoff (ein **Primärstoff**, hier: **Rotkohl**) wird mit weiteren Rohstoffen (**Sekundärstoffen**, siehe Tab. 2, S. 227) nach sensorischen, nähwertbezogenen und funktionellen Aspekten kombiniert und gegart. Das Produkt heißt **Speise***

12 Rohstoffe – die Basis unserer Ernährung

Allgemein versteht man unter dem Begriff *Rohstoff* alle noch nicht bearbeiteten natürlich vorkommenden festen oder flüssigen Substanzen, die für den Menschen einen Nutzen bzw. Gebrauchswert haben. Der Nutzen tierischer oder pflanzlicher Rohstoffe liegt u. a. in ihrem *Ernährungswert* – sie enthalten die für uns notwendigen *Nährstoffe* – und werden deshalb in Abgrenzung zu allen übrigen Rohstoffen als **Nahrungsrohstoffe** bezeichnet. Im Gegensatz zu Tieren ernährt sich der Mensch in der Regel nicht unmittelbar von natürlich vorkommenden Rohstoffen (Ausnahme: Früchte), sondern von *Produkten*, die er aus ihnen herstellt. Diese bestehen überwiegend aus mehreren Komponenten und sind deshalb handwerklich hergestellte **Rohstoffeinheiten, deren Aromen und Nährwerte die der Einzelkomponenten quantitativ und qualitativ übersteigen und gesundheitlich unbedenklich sind.** Dieser *physiologische Gesamtnutzen* ist der eigentliche Grund, weshalb der Mensch Rohstoffe zeit- und arbeitsaufwändig bearbeitet und sie in ihrer Zusammenstellung variiert. Angeregt werden diese manuellen Aktivitäten u. a. durch verschiedene Hormone (u. a. *Dopamin*, ein bedeutender Faktor im Belohnungssystem),[366] die uns ein bestimmtes Produkt (eine gemochte Nahrungsqualität) bereitwillig und geduldig herstellen lassen.

Den meisten Menschen ist nicht bewusst, dass auch die mit minimalem Aufwand hergestellten Produkte (kleine Speisen) stets aus **verschiedenen Rohstoffen** bestehen und auch nur in dieser *Mixtur* richtig munden. So wird z. B. das Spiegel- oder Frühstücksei gerne mit einer Extraportion *Mineralien* (mit Kochsalz *NaCl*) verzehrt. Ob wir etwas mögen oder nicht, hängt im Wesentlichen von der molekularen Zusammensetzung der Nahrung ab – und die kann der Mensch beeinflussen.

Hintergrundinformationen
Der mit Salz »verbesserte« Geschmack (*'Impact'*) ist gleich mehrfach *biologisch begründet*. U. a. werden notwendige Mineralstoffe aufgenommen, denn Salz lässt sich nur zusammen mit

---

[366] Dopamin wird u. a. vom **Belohnungszentrum** des *Limbischen Systems* gebildet. Die Dopaminfreisetzung ist, wie erwähnt, »*die neurochemische Entsprechung der Motivation*«; (ROTH; STRÜBER 2014; S. 101)

einer Trägersubstanz verträglich aufnehmen; zugleich wird die Verdauung (Resorption) von Eiweiß optimiert.[367] Noch deutlicher ist der *Natriumbedarf* bei stärkereichen Lebensmitteln (Reis, Nudeln etc.), denn *Stärke* ist ein Vielfachzucker, dessen Bausteine (*Glukose*) nur mit Hilfe eines Natrium-abhängigen *aktiven* Transportsystems (*Glukose-Transporters* SGLT1)[368] durch die Dünndarmwand gelangen können. Wenn wir ungesalzenes bzw. salzarmes Essen (eher) unattraktiv finden (insbesondere, wenn auch noch *Glutamat* = Mononatriumglutamat fehlt, BERGER 2010), dann ist der »Mangeleindruck« der 'gefühlte Hinweis' des Körpers, die Speise zu verbessern: nachzusalzen.

12.1 Nahrungsrohstoffe im Spannungsfeld von Genuss, Ge- und Verboten, von Gesundem und Ungesundem

Seit den Anfängen von Ackerbau und Viehzucht vor etwa 10 000 Jahren waren vor allem sensorische Merkmale entscheidende Auswahlkriterien für Pflanzen und Tiere, die in Kultur genommen wurden. Sie mussten nicht nur die Ernährung sichern, sondern auch für ein System bäuerlicher Kreislaufwirtschaft geeignet sein, denn nicht jedes Tier lässt sich domestizieren, nicht jede Pflanze lohnte den Arbeitsaufwand. Neben der *Viehhaltung* und dem *Getreideanbau*, der zur Basis für die Brot- und Bierherstellung wurde (REICHHOLF 2008), lieferten außerdem Wild und Wildgeflügel sowie Fänge aus fischreichen Fließgewässern oder Seen wertvolles tierisches Eiweiß und Fett. Waldbeeren, Nüsse, Pilze und Früchte (auch von Obstbäumen, die den Nektar für den Wildbienenhonig lieferten) komplettierten die (hier nur selektiv genannte) Nahrungspalette. Kurz: An Rohstoffvielfalt hat es den ersten entwickelten Agrargesellschaften (während klimatisch günstiger Phasen) nicht gemangelt. Der Übergang vom *Jäger und Sammler* zum *Ackerbauer* war zwar mit Mühsal verbunden – Nahrung wurde nun »im Schweiße des Angesichts« produziert – hatte aber im Vergleich zur traditionellen Jäger- und Sammlerwelt auch Vorzüge: Man war nicht mehr vom Glück des Sammelns oder Jagderfolgs

---

[367] *Aminosäuren* und *Peptide* (kurze Aminosäureketten) werden von (insgesamt fünf) verschiedenen Transportern (*Carriern*) durch die Zellmembran geschleust – zwei davon benötigen **Natrium** (HINGHOFER-ZSALKAY 2019); s. Abb. 8, S. 260

[368] **SGLT1** ist ein Protein in der Zellmembran, das Glukose zusammen mit 2 Natrium-Ionen (als *Symport*) aktiv durch die Membran schleust. 'S' steht für *Sodium* (=Natrium), GLT1 für *Glukose-Transporter 1*; bei Säugetieren sind insgesamt mehr als 10 Glucosetransporter bekannt, die sich u. a. im *Insulinbedarf* unterscheiden (HINGHOFER-ZSALKAY 2019)

abhängig. Mit der Sesshaftwerdung, die die Natur u. a. durch Brand- und Waldrodung in eine Kulturlandschaft transformierte, entstanden Besitz und Wohlstand, die menschliche Zivilisation mit ihren Werten und Verhaltensnormen.[369]

Es entstanden verschiedene kulturkreisabhängige, überwiegend religiös begründete Essregeln oder Nahrungstabus, die u. a. den Verzehr bestimmter Tiere (mitunter auch Pflanzen) und Genussmittel, wie z. B. Alkohol, untersagten. Die *Tora* der *Juden* fordert *koscheres* Essen (hebräisch: *Kaschrut* = jüdische Speisengesetze); ebenso sind für sie (auch für *Muslime*) der Verzehr von Blut (und mit Blut verarbeitete Erzeugnisse) sowie *Schweinefleisch[370]* tabu. Im *Koran* (und der *Sunna*) wird klar geregelt, was *halal* (erlaubt) und was *haram* (verboten) ist. Für *Hindus* sind Kühe heilig; ein *Inuit* würde niemals seinen Schlittenhund essen, während *Hundefleisch* in China eine Delikatesse ist (*Hundefleisch-Festival*) (HARRIS 1990). *Pferdefleisch* durfte im Frühmittelalter wegen eines päpstlichen Verbots nicht gegessen werden.[371] Selbst der biblische Mord (*Kain* erschlägt seinen Bruder *Abel*) hat einen konfliktträchtigen Produktionshintergrund, weist er doch auf die konkurrierenden Ernährungs- und Wirtschaftsweisen jener Zeit, die jeweils Land beanspruchten. Der Konflikt ging für den Hirten Abel schlecht aus: Kains Opfergabe war zu gering – der Gott der Bibel präferierte das Tieropfer, nicht aber das »Pflanzen-Früchte-

---

[369] Gleichzeitig entstanden aber auch gewaltige soziale und hygienische Probleme: In zunehmend größer werdenden urbanen Habitaten bestanden erhebliche Herausforderungen, u. a. bei der Hygiene, der Regelung von Eigentumsrechten und der Bekämpfung von Seuchen (VAN SCHAIK; MICHEL 2016)

[370] Hinter den religiösen Geboten stehen vor allem Erfahrungen im Umgang mit Schweinen, die im Vergleich zu Ziegen und Schafen (die sich auch von Gras, Stroh und Baumrinde ernähren können) Nachteile haben: Sie sind *Nahrungskonkurrenten* (fressen das, was auch der Mensch isst; in Notzeiten ist das entsprechend prekär); sie können nicht *schwitzen*. Deshalb suhlen sie sich zum Abkühlen im Schlamm. Fehlt dieser haltungsbedingt, suhlen sie sich bei Hitze im Urin und Kot – sie gelten daher (fälschlich) als unrein; als Allesfresser können sie *Trichinen* haben. Ihre Attraktivität liegt in der Schmackhaftigkeit des Fleisches und der hohen Reproduktivität: etwa 10–12 Ferkel pro Wurf; sie liefern »nur« Fleisch! – keine Wolle, Eier oder brauchbares Leder. Im „Kosten-Nutzen-Vergleich" mit anderen domestizierten Tieren sind sie ein *Luxusgut* – deshalb sind Schweine (die Kuh des 'kleinen Mannes') in vielen Kulturen überaus beliebt (auch als Glücksbringer und Talisman) (HARRIS 1990)

[371] Papst Gregor III. erließ im Jahre 732 ein Verbot, Pferdefleisch zu essen – sie waren Streitrösser = Kriegsmaterial

Opfer«[372] – obwohl seine Produktionsweise die Grundlage unserer kulturellen Entwicklung werden sollte.

Ackerbau und Viehzucht zusammen bescherten der Menschheit in der Klimaphase des »*Atlantikums*«[373] eine Epoche nie dagewesener Lebensqualität und des Wohlstands.[374] Durch Ertragsüberschüsse trat Nahrungsmangel nur bei Missernten (und kriegerischen Auseinandersetzungen) auf, und die Bevölkerung wuchs rasant. In wenigen Jahrtausenden waren aus den Gebieten kleiner Jäger- und Sammlerkulturen große urbane Herrschaftsgebiete geworden, in denen Wohlhabende im Überfluss lebten. Auswüchse dieser überbordenden Lebensweisen sind u. a. aus Persien, Ägypten, Griechenland und der Römerzeit überliefert, in der von riesigen Essgelagen, von unvorstellbarem Reichtum an Nahrung, von Opulenz und Dekadenz großer Gastmahle berichtet wird. Wohl deshalb hatte der griechische Philosoph *Platon* (428–348 v. Chr.) in seinem Werk *Symposion* zur Mäßigung bei kulinarischen Exzessen aufgefordert (LÄMMEL 2003).

Seit der Antike ziehen sich die wechselnden Auffassungen über den Wert der Nahrung wie ein roter Faden durch unsere Kultur. So betrachtete *Hippokrates* (460–370 v. Chr.) *Pilze* und *Obst* als gefährlich, weil sie »feucht« und »kalt« waren – gut dagegen waren nach seiner Einteilung »warme« und »trockene« Lebensmittel. *Erdbeeren, Pflaumen, Pfirsiche* und *Lauch* galten der Nonne *Hildegard von Bingen* als Küchengifte, hingegen empfahl sie allgemein Obst, Getreide, Gemüse und Gewürze, besonders jene mit opioider Wirkung: Muskat, Zimt, Nelke (» ... *sie dämpfen alle Bitterkeit des Herzens und ... (machen) deinen Geist fröhlich*«.[375] Im 12./13. Jahrhundert wurde dem englischen König Johann Ohneland von Ernährungsforschern der Medizinschule in Salerno u. a. zu *Hirn, Hoden, Mark* und rohen *Eiern*, reifen *Feigen*, frischen *Trauben* und

---

[372] Das erste Buch Mose (*Genesis* 1.Mose 4): Kain (brachte) dem HERRN Opfer von den Früchten des Feldes. Und auch Abel brachte von den Erstlingen seiner Herde und von ihrem Fett. Und der HERR sah gnädig an Abel und sein Opfer

[373] Zwischen 6000 und 3000 v. Chr.; die wärmste und längste Phase im *Holozän* (BEHRINGER 2010; S. 65)

[374] Abgesehen von den biblischen Erzählungen in der *Genesis* (als »*Tagebuch der Menschheit*« interpretiert), die auf katastrophale Folgen der Sesshaftwerdung für das menschliche Miteinander schließen lassen. Für das Zusammenleben von Menschen und Tieren auf engstem Raum, war der hunderttausende Jahre in Kleingruppen lebende Jäger und Sammler psychologisch nicht vorbereitet. Spannungen, Krankheiten und Seuchen machten den Alltag dieser Menschen immer wieder zur Qual (VAN SCHAIK; MICHEL 2016)

[375] FOCK et al. 2008/2009; verändert zitiert; a. a. O., S. 39

süßem *Wein* geraten. *Pfirsiche, Äpfel, Birnen, Milch, Käse, salziges Fleisch, Kaninchen, Ziegen-, Hirsch-* und *Rindfleisch* hielten dieselben Forscher für gesundheitsschädlich (SCHNURR 2006).

Im Mittelalter stand die Lebensweise der Fürstenhäuser in starkem Gegensatz zu kirchlichen Geboten. Letztere hatten gut 900 Jahre lang (nach Roms Untergang) Essen als bloße Nahrungsaufnahme, genussvolles *»Essen zur körperlichen und geistigen Sünde degradiert«* (LÄMMEL 2003). Der Arzt, Mystiker, Alchemist, Astrologe und Philosoph *Paracelsus* erkannte im 16. Jahrhundert Verdauung als *Gärvorgang* und betrachtete *Sardellen, Salat, Mangold, Austern* und *Oliven* als »gesund« – weil sie schnell verdarben. Auch *Pilze* und *Obst* waren deshalb wieder erlaubt, *Zucker* (ein Luxusgut) jedoch nicht. Als man schließlich im 19. Jahrhundert die »Bausteine« der Nahrung (Eiweiß, Fett, Kohlenhydrate) und deren Körperfunktionen entdeckt hatte, sollte mehr tierisches Eiweiß verzehrt werden – der hohe Wassergehalt von Obst und Gemüse galt als Mangel (SCHNURR 2006). Pflanzen bzw. Vollgetreide gewannen erneut an Bedeutung, als *Casimir Funk* 1911 eine stickstoffhaltige Verbindung aus der Reiskleie isolierte (*Thiamin,* dessen Mangel fälschlicherweise mit der Krankheit *Beriberi* assoziiert wird)[376] und damit einer bisher unbekannten Stoffgruppe den Weg in die Wissenschaft ebnete: den **Vitaminen**. Sie wurden – neben der allgemeinen Erforschung chemischer Zusammensetzung der Nahrung – zur Grundlage der **Ernährungswissenschaft**, die es seit 1956 in Deutschland gibt. Seit deren Gründung werden Rohstoffe »vermessen und gewogen«, die Wirkung der Inhaltsstoffe (respektive deren Mangel) an Tierversuchen überprüft und daraus Ernährungsempfehlungen abgeleitet. Auf diese Weise soll(t)en Fehlernährungen abgewendet werden, die u. a. auch mit Nahrungsüberangeboten und Industrieerzeugnissen in Verbindung stehen (können).

Die bisher massivsten »Nahrungstabus« werden tierethisch und ökologisch begründet. Die Menschen werden zum Umdenken aufgefordert, sollen *indus-*

---

[376] **Thiamin** ist ein *Antidot* (Gegenmittel, Gegengift) des Reiskorns gegen das Schimmelgift *Citreoviridin*. Dieses ist ein Nervengift, das wahrscheinlich für die *kardiale Beriberi* (eine Herzkrankheit) verantwortlich ist. Das neurotoxische Citreoviridin behindert die Aufnahme von Thiamin; siehe auch: Spektrum.de 2001: *Citreoviridin*

trielle Lebensmittelerzeugung meiden, Rohstoffe nach ihrer Ökobilanz und anthropogenen klimawirksamen Folgen (*CO_2-Fußabdruck – »Carbon Footprint«*) beurteilen. Insbesondere ist der »maßlose« Fleischverzehr Gegenstand heftigster Auseinandersetzungen, da Massentierhaltung u. a. nicht das Tierwohl achte. Auch wird die moderne Landwirtschaft als Ursache für Umweltzerstörung und als Mitverursacher des Klimawandels gesehen. Die ehernen Gesetze des »Fressens und Gefressen-Werdens« könn(t)en innerhalb einer Massengesellschaft nicht unverändert beibehalten werden Alkaloid – der Mensch müsse seine Rohstoffpräferenzen neu gewichten und nach Alternativen suchen – zumindest was Fleisch betrifft.

Tatsächlich ist es dem Menschen gelungen, aus dem natürlichen Ernährungskreislauf auszuscheren: Er steht am Ende der Nahrungskette und wird selbst nicht mehr gefressen. Dennoch kann er nicht nur essen, was ihm schmeckt, sondern muss/sollte (neben oben genannten ethischen und ökologischen Aspekten) auch den gesundheitlichen Wert einer Nahrung beachten (u. a. den der Nährstoffdichte und »wertgebenden« Anteile) – so die Forderung zahlreicher Ernährungsratgeber. Wer diese missachte, so die Autoren, trüge eigenverantwortlich an Übergewicht und damit an der Belastung staatlicher Gesundheitsfürsorge Mitschuld. Unkritische, wahllose Esser stehen unter Generalverdacht der Ernährungshüter und in Dauerverteidigungsposition. Inwieweit derlei Forderungen und Empfehlungen tatsächlich den individuellen Bedarfen gerecht werden, ob es überhaupt und grundsätzlich Sinn macht, einem *Gesunden* Ernährungsregeln an die Hand zu geben (sofern kein Nahrungsmangel herrscht oder gravierende Desorientierungen vorliegen), wird unter Wissenschaftlern und in anerkannten Ernährungsinstituten kontrovers diskutiert. Nicht zuletzt tragen sich widersprechende Studienergebnisse zur Verunsicherung der Konsumenten bei (KNOP 2019). Es fragt sich, ob es jemals valide letztgültige »*evidenzbasierte*« Erkenntnisse für »gesundes« Essen Einzelner[377] geben kann, die Altbekanntes revidieren oder relativieren: »*Alle Dinge sind Gift, und nichts ist*

---

[377] Propagiert werden sogenannte »DNA-Diäten« mit genetisch maßgeschneiderten Ernährungsempfehlungen. Sie erfordern kostenintensive genetische Stoffwechselanalysen und werden auf medizinischen Fortbildungen als künftige Strategien zur Gewichtsreduktionen empfohlen. Eine kritische Würdigung dieses Ansatzes findet sich bei HERDEN & RAUNER 2013

ohne Gift; allein die Dosis macht's, daß ein Ding kein Gift sei« (Paracelsus 1493–1541).

Im Teil II haben wir die vielfältigen biologischen Mechanismen betrachtet, mit denen der Organismus »gute« und »schlechte« Nahrung unterscheiden kann (Rezeptoren, Reizverarbeitung, Gefühle u. a.) und gesehen, dass es vor allem die unsichtbaren Bausteine der Nahrungsmaterie sind, die unsere Sinne aktivieren. Dennoch bleibt es rätselhaft, wie wir bereits im Mundraum die physiologisch bedeutsamen Anteile aus den jeweils gigantischen Mikroanteilen, aus denen jeder Bissen besteht, so rasch erkennen können (zur Erinnerung: 18 Gramm Wasser bestehen aus über 6 Trilliarden H_2O-Molekülen). Dieser Fähigkeit ist es auch zu verdanken, dass wir weder Stroh, Gras noch Baumrinde essen – nicht nur, dass sie unangenehm schmecken, wir können sie schlichtweg nicht verdauen – es fehlen uns die entsprechenden *Verdauungs- und Entgiftungsenzyme*.[378] Deshalb sind der **abstoßende Geschmack**, die **Unverträglichkeit** und **Unverdaulichkeit** verschiedene Sachverhalte ein und desselben biologischen Schutzsystems: Warum sollte uns etwas schmecken, das wir nicht verdauen können, uns Unwohlsein bereitet – gar schadet? Unser »Nichtmögen« ist zu 99 % metabolisch begründet (neben den erwähnten ethischen oder religiösen Haltungen, die uns bestimmte Nahrung vehement ablehnen lassen). Ignorieren wir aber grundlegende sensorische Werte, essen wir etwas, obwohl dabei Missempfindungen auftreten, hat das meist gravierende Folgen: Im günstigsten Fall nehmen wir ab und/oder erkranken – im ungünstigsten verhungern wir oder vergiften uns. Es ist immer unser Organismus, der »entscheidet«, was ihm guttut – nicht unser Verstand. Letzterer kann sich irren – nicht nur im Rauschzustand.

Last, but not least: Kein noch so attraktiver Rohstoff ist frei von Schadkomponenten. Alles, was wir essen, wovon wir uns ernähren, ist graduell mit Verunreinigungen behaftet, kann natürliche Pflanzengifte, Pilzsporen, Viren und Bakterien aller Art enthalten. Diese Tatsache öffnet den Blick in das Uni-

---

[378] Echte Pflanzenfresser (*Herbivore*) haben andere Magen-Darm-Strukturen und können Pflanzengifte problemlos ausschleusen. Außerdem verfügen sie u. a. auch über *Zellulasen*, die *beta-glykosidische* Zuckerverbindungen der Pflanzen aufschließen können (der Mensch kann nur Zuckerverbindungen in *alpha-Stellung* verdauen); die Korkschale ist auch deshalb geschmacklos, weil sie keinerlei Nährstoffe enthält – ein Schutzmechanismus dieser Bäume vor Wildfraß

versum der Verfahrensstrategien und Zubereitungsvarianzen, die zuerst die Keimfracht zu beseitigen respektive auf eine Anfangskeimzahl zu reduzieren versuchen, mit der unser *angeborenes*[379] und *adaptives* Immunsystem fertig werden kann. Erst danach folgen Aspekte der Bekömmlichkeit, Nährwerte und des Wohlgeschmacks. Diese Ziele sind grundlegend für alles, was der Koch beachten muss. Das beginnt mit hygienischen Maßnahmen und endet in Verfahrenstechniken.

12.2 Die unbewusste »Suche nach dem noch besseren Geschmack«

Dass bei jeder Mahlzeit *Nährstoffe* bzw. mit jedem Getränk *Wasser* aufgenommen werden, setzt der Organismus voraus – deshalb essen und trinken wir. Entscheidend ist, dass dabei kein Missgeschmack auftritt, z. B. starke Bitternoten[380] oder scharfe, adstringierende Säuren, denn diese weisen in der Regel auf *Giftanteile, Verderb* und/oder *krankmachende Substanzen* hin (z. B. auf giftige sekundäre Pflanzenstoffe, Mykotoxine, Mikroben, Fäulnis). Der moderne Mensch verfügt inzwischen über einen hohen Hygienestandard, sodass wir nur selten mit 'Abstoßendem' zu tun haben (z. B. mit wucherndem Schimmel überzogene Wurst-, Käse-, Brot- oder Fruchtsaftprodukte). Sollten wir tatsächlich Verdorbenes auf dem Teller haben, wären unsere *Kopfsinne* sofort alarmiert und erzeugten auf der Stelle Widerwillen (eine Empfindung, die bereits eintritt, noch bevor unser Verstand die sensorischen Auffälligkeiten zuordnen und benennen kann).[381]

---

[379] Zum *angeborenen Immunsystem* gehören u. a. unsere etwa 25 Arten von Bittergeschmacksrezeptoren (nicht nur die auf der Zunge), die gegen entsprechende Bitterstoffe sofort (innerhalb von Minuten) Abwehrreaktionen einleiten:
a) Aktivierung von Flimmerhärchen (Zilien) zum schnelleren Abtransport der Erreger; b) Freisetzung von Stickstoffmonoxid (NO), das Mikroben abtötet (diffundiert in die Zellen) und c) Ausschüttung von sogenannten *Defensinen* (antibakteriell wirkende Peptide). Davon ist die *adaptive Immunreaktion* zu unterscheiden, bei der spezifische Antikörper gebildet werden, deren Produktion viele Stunden bis Tage beansprucht (LEE; COHEN 2016)

[380] Bitterrezeptoren sind Teil des angeborenen Immunsystems (sie sind chemosensorische Zellen). Ihre Aktivierung führt zu mehreren Reaktionen der Immunabwehr – u. a. zur Bildung von NO (Stickstoffmonoxid), das durch Bakterienmembranen dringt und diese so tötet (LEE; COHEN 2016)

[381] Hier reagieren die neuronalen Schaltkreise (*unter Umgehung des Stirnhirns*, dem Sitz unseres Verstandes) etwa 10 Mal schneller auf Gefahrensignale als der Verstand; hierzu auch (SAPOLSKY 2017; S. 58 ff.)

Dass das rechtzeitige Erkennen schädigender Substanzen wichtiger ist als das von Nährwerten, ist einleuchtend: Welchen Nutzen hätte ein nährstoffreicher Bissen, wenn damit Gefahren für Leib und Leben verbunden wären? Ein Verzicht auf diese eine Nahrungsoption ließe sich ohnehin leicht verkraften, da die alltägliche Nahrung nur etwa 5 % zum *Metabolismus* beisteuert. 95 % der Bau- und Energiestoffe bezieht der Organismus aus seinem eigenen Molekülpool, der beim ständigen Ab- und Umbau seiner Körpersubstanz entsteht (PENZLIN 2014; S. 221 ff.). U. a. begründet dieser metabolische Sachverhalt unsere Fähigkeit, mehrere Wochen ohne Nahrung zu überstehen.[382]

Wir wissen inzwischen, dass der Organismus nicht nur schädigendes oder wertloses Essen rasch erkennen kann, sondern auch das besonders Vorteilhafte (s. *Wohlgeschmack,* Abschn. 7.1, S. 119 ff.). Außergewöhnlich guter Geschmack kann ein Leben lang in Erinnerung bleiben (z. B. wo und wann wir diese Leckerei verzehrt haben). Allerdings: Nicht jedem schmeckt das Gleiche und nicht jeder favorisiert den gleichen Leckerbissen (selbst eineiige Zwillinge haben aufgrund epigenetischer Einflüsse abweichende Präferenzen, SAPOLSKY 2017). Entscheidend ist also, dass wir die *für uns* besonders begehrten Happen aus der Vielfalt der Angebote überhaupt finden – alternativ: selbst herstellen).

Hierfür sorgt u. a. ein in unserem Gehirn angelegtes uraltes 'Nahrungsgedächtnis' (**s.** Fußn. 151, S. 83), eine Mischung aus evolutionären und individuell entwickelten Erkennungsmustern für wertvolle Nahrung, worüber bereits unsere Vorfahren aus der Jäger- und Sammlerzeit verfügten. Wenn wir heute an einem großen Büfett stehen, wird dieser archaische Trieb aktiviert: die Suche nach **Leckerbissen**. Den molekularen und sinnesphysiologischen Hintergrund dieser sensorischen 'Highlights' kannten unsere Vorfahren zunächst nicht, warum auch? Geschmacksunterschiede benötigen keine naturwissenschaftlichen Vorkenntnisse und kein Wissen über die gesundheitliche Bedeutung einzelner Inhaltsstoffe. Geschmack stellt sich beim Essen ohne unser 'Wollen' ein – genauso wie das (zeitlich begrenzte) Erinnern an das, was, wann und wo wir *Dieses* oder *Jenes* gegessen haben.

---

[382] Unabhängig davon, was und wie viel wir essen (auch wenn wir nichts essen), muss der Organismus u. a. seinen Blutzuckerspiegel und seine Körpertemperatur konstant halten. Auch das für den Aufbau von Zellmembranen notwendige Cholesterin muss der Organismus in ausreichender Menge herstellen

Es war nur eine Frage der Zeit, bis unsere sesshaften Vorfahren, z. B. durch lagerungsbedingte Veränderungen, sensorische Vor- und Nachteile, die durch *Fermentation, Gärung, Quellung, Trocknung* etc. entstanden waren, erkannt hatten. Ebenso werden ihnen geschmackliche Phänomene beim gleichzeitigen Zerkauen *verschiedener* Anteile aufgefallen sein. Solche »Mischeffekte« konnten wie ein Stimulus gewirkt haben: Was als alleiniger Rohstoff vielleicht etwas bitter, scharf bzw. ausdrucksarm war, wurde mit einem weiteren aromatisch attraktiver (SCHLENKER, DORE 1969; wiss. Film).[383] Ob in dieser zufälligen Beobachtung der »Urimpuls« lag, verschiedene Rohstoffe gezielt zu kombinieren, wissen wir nicht. Es spricht jedoch auch nichts gegen diese Vermutung.

Der wohl entscheidende Faktor bei der **Herstellung erwünschter Genusswerte** war und ist der Verstand. Er erinnert die Kombination(en) und achtet auf die von unserem Organismus gemochten Zusammenstellungen. Für die Entwicklung *gezielter* Bearbeitung und Kombination von Rohstoffen waren letztlich nicht nur Rohstoffkenntnisse und technische Fähigkeiten notwendig, sondern auch das Vermögen, prozessbedingte Veränderungen (sensorische Vor- und Nachteile) zu erinnern und auf ihre Ursache-Wirkungs-Zusammenhänge zurückzuführen. Die »Suche nach dem besseren Geschmack« ist daher auch Ausdruck unserer intellektuellen Experimentierfreude im Umgang mit Rohstoffen, die ihrerseits biologisch begründet ist. Läge in der Vielfalt und Variation kein physiologischer Nutzen, wären sowohl unzählige Rezepte als auch Ratschläge für »gesünderes« Essen unsinnig. Nicht nur individuelle Entgiftungsunterschiede (*Enzympolymorphismen*) begründen Zubereitungsvarianzen, auch Nährstoffzusammensetzungen sind bedeutsam. Wir werden darauf im Weiteren noch zurückkommen.

---

[383] Eine 1969 gedrehte schwarz-weiße Stummfilmaufnahme zeigt zwei Frauen und ein Mädchen eines indigenen Volksstamms der Makiritare (die im Grenzgebiet zwischen Venezuela und Brasilien leben), wie sie Maniokfladen mit gekochten Würmern kombinieren (ähnlich dem uns bekannten »Burger-System«). Diese Zusammenstellung (aus »Stärke und Eiweiß«) ist für sie offenbar besonders schmackhaft. Uns schmecken heute nicht nur Käsewürfel mit Weintrauben oder Gewürzgurken, sondern auch Möhrenstifte mit Apfelspalten oder aber Selleriestreifen mit Äpfeln und Nüssen u. a.

12.3 Der Faktor »Verstand«

Ohne *kognitive* Fähigkeiten würde es die heute weltweit praktizierten Zubereitungen nicht geben. Unsere nächsten Verwandten (Schimpansen, Gorillas, Orang-Utans, Bonobos) haben deutlich kleinere Gehirne und kochen bekanntlich nicht. Dass sich die gezielten Rohstoffbearbeitungen überhaupt entwickeln konnten, liegt – neben besagten kognitiven Leistungen – zunächst an den Rohstoffen selbst: Ihre ernährungsrelevanten Bausteine (Biomoleküle) sind strukturell veränderbar: u. a. sind sie *plastisch, löslich, hitzelabil, quellfähig, mischbar* und z. T. *flüchtig*. Das ist insbesondere für die wichtigen tierischen Nahrungskomponenten (Eiweiße, Fette) und die stärkereichen Getreideerzeugnisse (auch Speicherwurzeln und -knollen – USOs), die den Zuckerbedarf sichern, entscheidend.[384] Zudem lassen sie sich untereinander mischen und mit pflanzlichen Komponenten ergänzen und aromatisieren.

Betrachtet man den jeweiligen *quantitativen* Ernährungsanteil der drei 'Hauptrohstoffe' (Fleisch, Gemüse und Stärkelieferanten), ergibt die Gruppierung Sinn, denn sie sind austauschbar – jeder Stoff derselben Gruppe erfüllt vergleichbare Ernährungsfunktionen. Anstelle von Rohstoff 'X' (z. B. einem Stärketräger) kann ein anderer Stärkelieferant verwendet werden (statt Kartoffeln z. B. Nudeln, Reis, Couscous oder Brot); an Stelle des Eiweißträgers Lamm tritt Huhn, Rind oder Fisch usw. Die jeweiligen **Hauptrohstoffgruppen** stehen damit für ihren quantitativen Ernährungsbeitrag, der mit 'Alternativen' der jeweiligen Gruppe gesichert werden kann.[385] Deshalb unterscheiden wir zwischen *Eiweißlieferanten* (Fleisch, Fisch, Huhn u. a., ggf. Veredelungsprodukte der Milch),[386] *Ballaststoffträgern* (Pflanzen), *Stärkelieferanten* (Getreide, USOs) sowie 'Ergänzungsgruppen', wozu u. a. auch Kräuter und Gewürze zählen, die neben pharmakologischen Zwecken zugleich der Aromatisierung dienen (die Ernährungsrelevanz von Salz, Pilzen, Nüssen und Obst etc. betrachten wir später gesondert).

---

[384] USO (*Plant underground storage organs*) pflanzliche unterirdische Speicherorgane; Zuckerbedarf/Honigkonsum; s. auch: STRÖHLE; HAHN 2014

[385] Deren molekulare Struktur begründen die unterschiedlichen Zubereitungsformen und Verfahrensdauer: Fleisch hat eine andere Textur als Gemüse; Kartoffeln enthalten Wasser und Kartoffelstärke; Reis ist wasserarm und liefert Reisstärke etc.

[386] Es müsste korrekterweise »**Eiweiß-Fett-Lieferanten**« heißen – Tiere sind bedeutende *Fettlieferanten*

Mit der gleichzeitigen Verwendung verschiedener Komponenten lassen sich physiologisch vorteilhaftere Produkte herstellen, die bereits *außerhalb des Organismus'* überprüft (probiert) und nachgebessert (abgeschmeckt) werden können. Das Tandem aus Sensorik und Verstand wurde zum Motor der Erzeugung von Textur- und Aromavarianzen, für die es in der Natur kein Vorbild gab und gibt. Unser Sensorium (Sinne und Verstand) machte Rohstoffe zur Grundlage eines Handwerks, dessen Erzeugnisse um ein Vielfaches gesünder und schmackhafter sind als singuläre naturbelassene Substanzen. »*Im Beifall der Sinne* (im Wohlgeschmack) *kontrolliert der Organismus die Zweckmäßigkeit seines Denkens*« (die Verwendung der Rohstoffanteile, das Planen und Überwachen von Garprozessen) und realisiert »richtiges Denken« im **sensorischen Urteil** (über das, was er hergestellt hat). Dieses synergistisch wirkende Erhaltungssystem *sensorischer* und *mentaler* Fähigkeiten ließ Fertigkeiten entstehen, die die menschliche Ernährung von Grund auf veränderten. Aus dem einstigen *Homo* (ein Gattungsbegriff der Menschenaffen) wurde *Homo sapiens*: ein kluger, weiser und (fein)-schmeckender Mensch.[387]

12.4 Die Attraktivität regionaler Zubereitungen

Die Fachliteratur über naturwissenschaftliche Grundlagen der Ernährung, Rohstoffkunde, Biochemie der Ernährung oder Technologien der Nahrungszubereitung füllt Regalwände. Jeder medizinisch relevante Aspekt zum Thema Ernährung wird systematisch erforscht. Selbst die Auswirkung industriegefertigter Lebensmittel und der Einfluss von Nahrungsüberfluss auf das Körpergewicht, die Gesundheit und Lebenserwartung sind von Interesse. Auffällig dabei ist, dass es keine *direkten* wissenschaftlichen Untersuchungen über den Wert traditionell bewährter Zubereitungen sowie regionaler Gerichte und Spezialitäten gibt. Ihre jeweils landestypischen (jahreszeitabhängigen) Rohstoff-

---

[387] Diese Kopplung deutet darauf hin, dass mit »Klugheit« ursprünglich die Fähigkeit zur erkennenden Unterscheidung (und bewussten Erzeugung) von Geschmackseindrücken gemeint ist, zu der nur *Homo sapiens* fähig ist. *Sapiens* ist das Partizip (Präsens aktiv) von *sapere* (Infinitiv, Präsens), das *schmecken, Geschmack, verstehen, verständig, weise sein* bedeutet. Für den rezenten (modernen) 'klugen' Menschen – *Homo sapiens sapiens* (taxonomische Bezeichnung des modernen Menschen seit den 1930er Jahren bis 1990er Jahre); ein des Kochens fähiger kluger Mensch (KRÜGER 2019)

zusammenstellungen sind äußerst schmack- und nahrhaft und infolgedessen über Generationen hinweg gängige Hauptmahlzeiten bzw. Bestandteil der 'Brotzeit'. Das Forschungsinteresse gilt aber eben nicht *sensorischen Werten*, sondern den Nähr- und Ballaststoffanteilen, Schadstoffrückständen oder Stoffen, die in Verdacht stehen, Krebs auszulösen (z. B. Acrolein, Acrylamid, HAKs, PAAs (Abschn. 11.4, Hintergr.-Info. S. 183), und gehört damit zum Fachgebiet der **Ernährungsmedizin**. Nicht Geschmackswerte, sondern »Ernährung und Gesundheit« stehen im Fokus. Es ist allerdings zu fragen, ob 'guter Geschmack' keine gesundheitliche Relevanz hat? »Wohlfühlangebote« – wozu auch »gesundes« Essen und Trinken gehören – werden allenthalben zur Regeneration und Wiedererlangung der Lebensfreude ausgelobt. Wellness ist *der* boomende Markt in einer sich vielfach gestresst fühlenden Gesellschaft. Anscheinend ist das wissenschaftliche »Desinteresse« an Geschmackswerten anders begründet.

Das sensorische Phänomen *Wohlgeschmack* haben wir im Abschn. 7.1, S. 119 ff. genauer betrachtet. Es lässt sich wissenschaftlich schon deshalb nicht exakt ermitteln, weil Geschmäcke aus den genannten Gründen verschieden sind und es »den für alle gleichermaßen besten Geschmack« nicht geben kann. Der angesprochene Zusammenhang zwischen Wohlgeschmack und molekularer Zusammensetzung bleibt unscharf und stets subjektiv und ist überdies mit Gefühlen behaftet, die von ein und derselben Person tages- und stimmungsabhängig unterschiedlich erlebt werden können. Deshalb entziehen sich diese 'gefühlten Werte' strenger, empirisch fassbarer und objektivierbarer Aussagen und folglich gibt es auch kein Forschungsgebiet über die »Genusswerte der Zubereitungen«, so grundlegend diese auch für temporäres Wohlbefinden sein mögen. Allerdings lässt sich die Wirkung einzelner Rohstoffe (bzw. die von Zubereitungen) durchaus 'messen' – nämlich als neuronale Aktivitäten im Belohnungssystem, die – wie betont – individuell variieren. Letzteres begründet die Varianzen der Geschmäcke. Umso erstaunlicher ist die Tatsache, dass die vorne angesprochenen tradierten, regional üblichen Zubereitungen mehrheitlich gemocht werden. Offenbar vermag die landestypische Zubereitung aus den dort verfügbaren Rohstoffen eine für diese Gegend optimale Nährstoffversorgung zu sichern, die zugleich vorzügliche Genusswerte hat und den Geschmack vieler trifft.[388]

Unabhängig vom Gesamteindruck Wohlgeschmack sind bei jeder Zubereitung zunächst einzelne Rohstoffmerkmale entscheidend. Rohstoffe werden nicht zufällig, gar wahllos zusammengestellt, sondern müssen (auch) aromatisch »passen«: Rohe (scharfe) Zwiebelwürfel oder Senf verderben einen Obstsalat – auch mit Salz oder Tomatenmark lässt er sich nicht 'abrunden' – dafür aber um das liebliche, fruchtige Profil bringen. Das zeigt, dass sich Rohstoffkombinationen nicht allein aus ihrer Nährwertergänzung oder pharmakologischer Wirkung begründen, sondern dass sensorische Werte bestimmen, was 'passt' und was nicht.

Jedem ist bekannt, dass viele Rohstoffe bzw. Erzeugnisse einzeln unattraktiv sind (z. B. rohe Rotkohlblätter, Salz, Pfeffer, Zwiebeln, Schmalz, Essig) – deren gelöste (und wohldosierte) Inhaltsstoffe in einer Zubereitung genussvoll sein können. Die darin enthaltenen Aromakomponenten, Fettanteile, Salze und pH-Werte haben physiologische Werte bzw. befinden sich in einer »körpergerechten Balance«. Im Kern sind körpergerechte Anteilsverhältnisse grundlegend für alle Zubereitungen. Offenbar erfüllen tradierte und regional gemochte Speisen bzw. Gerichte genau diese ernährungsphysiologischen Basiswerte.

Auch weil in anderen Ländern andere Kultur- und Lebensweisen existieren, dort andere Rohstoffe verwenden werden, die für diese Menschen vergleichbare Genusswerte haben, kann 'guter Geschmack' nur im Kontext individueller Lebensräume und epigenetisch begründeter Geschmacksvorlieben verstanden werden. Was einem Inuit schmeckt, muss ein Massai nicht mögen – und umgekehrt. Dass regional übliche und tradierte Zubereitungen von *vielen* gemocht werden, deutet darauf hin, dass es zwischen Klimagürtel, Verfügbarkeit von Nahrungsrohstoffen und genetischen Dispositionen einen tieferen Zusammenhang gibt.

---

[388] Was sich mit der zuvor diskutierten Koinzidenz von Geschmacks- und Gesundheitswerten deckt, die auf beschriebene hormonelle und biochemische Wechselwirkungen im Belohnungszentrum zurückgehen und genetisch/epigenetisch begründet sind

Schmeckt ein Garprodukt nicht, werden Herstellungsfehler, Mengenverhältnisse und Gardauer überprüft, also das Prozessgeschehen analysiert. Ist der Mangel auf 'zu viel' respektive 'zu wenig' Salz, Säure oder Fettanteil etc. zurückzuführen, ist die Ursache rasch gefunden. Wie und warum der Organismus sensorische »Mängel« überhaupt 'erkennen' kann, haben wir in Abschn. 9.3, S. 148 ff. untersucht. Was uns aber im Zusammenhang mit *Zubereitungen* noch fehlt, ist das Phänomen der »aromatischen Passung« von Rohstoffen. Zu dieser »Passung« gehören sowohl die Qualität des Rohstoffs selbst, seine mengenmäßige Präsenz und Funktionen in dem Kocherzeugnis sowie Verfahrensregeln im Kontext kulturell geprägter Vorlieben und Traditionen. Diese komplexen Zusammenhänge begründen, weshalb wir nur ausgewählte Beispiele und Zubereitungsregeln betrachten können, die innerhalb zentraleuropäischer Küchen angewendet werden und zumindest deutschlandweit gelten.

13 »Kochen« – das ubiquitäre Synonym für Nahrungszubereitung

Eine vollreife Frucht benötigt keine aufwändige Vorarbeit, weder Salz noch Pfeffer; sie schmeckt ohne Verfahren und Zutat.[389] Die allermeisten Rohstoffe liefern aber keinen *Sofortgenuss,* sie müssen erst z. T. vielfältig bearbeitet werden. Obst, Beerenfrüchte und Nüsse schätzten auch unsere frühen europäischen Vorfahren, doch als Nahrungsquellen waren sie *Ausnahmen* und vor allem von der Jahreszeit abhängig. Den täglichen Nahrungsbedarf konnten und können diese Rohstoffe (*Sonnenkost*) allein und über das Jahr hinweg nicht sichern (REICHHOLF 2008), dazu bedarf es anderer 'Kompaktnahrung'.

---

[389] Die sensorischen Merkmale vollreifer Früchte sind *das* aromatische »**Urmuster**« für Hochgenuss – auch Honig hat diesen aromatischen Ausnahmecharakter. Äpfel, Kirschen, Pfirsiche, Bananen, Erdbeeren, getrocknete Datteln etc. sind Rohstoffe, die aus sich selbst heraus munden. Wenn wir heute Früchte trotzdem mit weiteren Anteilen ergänzen (z. B. mit Zitronensaft, Zucker, Sahne oder Likören), werden die gegebenen sensorischen Werte haptisch und aromatisch gehoben. Es sind Akzent setzende Ergänzungen, die unser Belohnungssystem aktivieren – sie enthalten vielfältige stimmungshebende Komponenten

Lassen wir Sonderfälle wie rohe Leber, Fleisch- und Fettrationen der Inuit oder aber *Milch* (die »Urnahrung« der Säuger) und einige kultivierte Gemüse außen vor, so werden nahezu alle Rohstoffe vor dem Verzehr *zubereitet*. Das heißt, sie werden nicht roh, einzeln und nacheinander, sondern als bearbeitetes **Rohstoffgemisch** verzehrt. Deshalb sind eine *Rotkohlzubereitung* oder ein *Rindergulasch* – selbst die *Butterstulle* – stets Produkte verschiedener Rohstoffe. Offenbar haben diese Paarungen gegenüber einzelnen Lebensmitteln gleich mehrere Vorteile, die unser Organismus *erkennt*.

Als »Geschenk der Natur« erweist sich der Umstand, dass auch weniger attraktive Rohstoffe mit ausgeklügelten Verfahren schmackhaft gemacht werden können. Dabei entstehen *neue molekulare Gemische* und *Verbindungen,* die beispielsweise während des Siedens (aus in Lösung gegangenen Komponenten) zu *Kochprodukten* amalgamieren (sich chemisch »verpaaren«). Beim Rösten entstehen u. a. die bereits genannten *Melanoidine*.[390] Diese *neuen* Verbindungen existieren in keinem der verwendeten Rohstoffe *vor* dem Garen (jedenfalls nicht in bedeutsamen Mengen). Sie sind für das jeweilige Produktaroma kennzeichnend, z. B. das einer *Bouillon* oder kräftigen *Bratensoße*,[391] das als *Umami* (oder *Osmazom*) bezeichnet wird (KASHIWAGI-WETZEL; MEYER 2017). Deshalb liegt die eigentliche »Herzkammer« der modernen Kochkunst in der Erzeugung von **Aroma- und Texturvarianzen**, die in sensorischen Gesamteindrücken von *fade (= ausdrucksarm), mild, lieblich, gehaltvoll bis hin zu herzhaft, kräftig, pikant, feurig* etc. hervortreten. Allegorisch ausgedrückt sind *sie* die »Benotungen« des Organismus für Speisenqualitäten.[392]

---

[390] Als *Melanoidine* (von gr. *Melanoeidēs = schwarz aussehend*) werden gelbbraune bis fast schwarz gefärbte, stickstoffhaltige organische Verbindungen bezeichnet. Sie entstehen durch Erhitzen von eiweiß- und zuckerhaltigen Rohstoffen (bei der *Maillard-Reaktion*) – insbesondere Fleisch, Gebäck, Kaffee u. a. (TERNES 1980; S. 163–164)

[391] Selbst Brotaufstriche, wie *Pflaumenmus, Latwerg* oder *Apfelkraut*, entwickeln erst durch stundenlanges Kochen (energetisch und ernährungsphysiologisch eigentlich »unvertretbar«) »*stimmungssteigernde Reaktionsprodukte aus Aminosäuren und Zuckern ...*«; FOCK et al. 2008/2009; S. 34

[392] Sobald wir die vertrauten Aromen wahrnehmen, reagieren wir wie ein *Pawlowscher Hund*: In uns erwacht Appetit auf das *Erwartete*. Und schließlich hängt die Vorfreude auf das Essen auch davon ab, wie es serviert wird: Würde ein Steak oder Gemüse statt auf einem Porzellanteller auf einem Stück graubrauner alter Kartonpappe oder in einem angerosteten Blechgefäß kredenzt, wäre die Vorfreude auf der Stelle verflogen – nicht nur aus hygienischen Gründen

Zur Hebung sensorischer Eindrücke werden robuste pflanzliche Rohstoffe meist in Kombination mit tierischen Anteilen und/oder deren Verarbeitungsprodukten wie Schmalz, Butter, Sahne, Speck etc. gegart. Diese Zubereitungen (z. B. die von *Eintöpfen*) sind geschmacklich vielfältig, befriedigen das Bedürfnis nach Abwechslung und nutzen aromatische Synergieeffekte (bei Fleisch mit Pilzen addieren sich deren Glutamatanteile). Daneben haben Zubereitungen diverse medizinische Vorteile: Z. B. senken Paprika oder Chilipulver bei fettreichen Speisen die Blutfettwerte und wirken antithrombisch (im Tierversuch mit Paprika-Extrakten sanken die Blutfettwerte nachhaltig, MUTH; POLLMER 2015; S. 13). Ebenso haben *thermische* Verfahren Vorteile: Bestimmte Inhaltsstoffe werden erst mittels Erhitzung aus der Nahrungsmatrix freigesetzt und bioverfügbar (z. B. Lycopin); Antinutritiva (Phytoöstrogene, Enzyminhibitoren, Lektine, Phytin, Oxalsäure, Saponine u. a.) werden durch hohe Temperaturen unwirksam gemacht. Die beim Grillen entstehenden PAKs und HAAs lassen sich durch Ergänzungen, z. B. mit Minze, Salbei, Senf, »entgiften«; Rohstoffkombinationen können pH-Werte abpuffern und Nährwerte optimieren (z. B. die Wertigkeit von Eiweiß) – um an dieser Stelle nur einen Bruchteil der Vorteile von Zubereitungen herauszugreifen, die sich in oben genannten Geschmackswerten 'wiederfinden'.

13.1 Zum Begriff »Kochen« – semantische und technologische Bezüge

Zunächst ist Kochen ein Oberbegriff für vielfältige *thermische* und auch *nicht-thermische* Verfahren und steht synonym für alle handwerklichen und technischen Verfahren, mit der *einfache* und *komplexe Speisen* bzw. Speisenkombinationen hergestellt werden. Weil seit Jahrtausenden siedendes Wasser zum Garen von z. B. Hülsenfrüchten (u. a. Kichererbsen) und zur Herstellung von »flüssigen« Speisen, wie z. B. *Getreideschrotsuppen, Kesselgerichten* und *Eintöpfen,* üblich war, steht die Bezeichnung 'Kochen' auch für damit zusammenhängende prozessuale Tätigkeiten. Physikalisch ist *Kochen* allerdings *nur* ein feuchtes (thermisches) Verfahren, bei dem das Gargut in siedender Flüssigkeit (100° C) gart, wie es z. B. für Salzkartoffeln, Spaghetti oder beim Frühstücksei üblich ist. Bleibt die Temperatur darunter, spricht man vom *Simmern*, *Pochieren* oder *Garziehen* – Kochen ist somit ein *Terminus technicus* (Fachwort). Aus energetischen Gründen (Dampfdruck-Aspekt) gehört dabei ein Deckel auf den Topf (deshalb – und für das Abdecken bei der Lagerung im Gefäß – gibt es ihn). Nur wenn Flüssigkeiten (Fonds, Weine, Fruchtsäfte etc.) reduziert (eingekocht) oder Trübungen vermieden werden sollen, wird der Deckel weggelassen.[393]

Das Verb *kochen* hat das germanische 'sieden' (im *Sud* garen) verdrängt und geht auf lat. 'coquere' (kochen, sieden, reifen) zurück (KLUGE 1975)[394] (Abschn. 1.2, Hintergr.-Info. S. 27). Die Kochdauer endet mit dem *Garpunkt*, einem Zustand, bei dem alle quellfähigen Substanzen vollständig gequollen sind. Sofern nicht *Auslaugen* das Ziel ist (der maximale Übertritt von löslichen Inhaltsstoffen in die Garflüssigkeit), führt jedes weitere Garen zur *Übergare* (dabei verlieren Rohstoffe ihre Farbe, Konsistenz und Aroma). Gemüsesuppen bekommen nach langer Kochdauer einen unangenehmen »Maggi-Würze«-Beigeschmack,[395] weil *Lävulinsäure* (durch hydrolytische Spaltung von Zellulose) entsteht. Das Adjektiv 'gar' bezog sich noch in vorigen Jahrhunderten nicht allein auf verzehrfertiges Essen, sondern u. a. auch auf eine bearbeitete Ackerfläche, die gelockert, gedüngt und fertig zum Besäen war (Gebr. GRIMM 1935–1984).[396]

Die Bezeichnung »Koch/Köchin« ist zugleich auch die Berufsbezeichnung für ein Handwerk, das nicht allein Wasser als Garmedium kennt, sondern weitere 'wasserfreie' Verfahrenstechniken, mit denen Nahrungsmittel zu Speisen, Gerichten, Menüs u. a. m. verarbeitet werden. Wasser (oder andere Flüssigkeiten – z. B. Milch, Wein, Bier) wird immer dann eingesetzt, wenn es als *Wärme-*

---

[393] Wenn Wasserdampf am Deckel kondensiert und als Tropfen zurück in eine fett- und eiweißreiche Flüssigkeit (z. B. eine Brühe, franz. *Bouillon*) fallen, emulgieren diese und bilden feinste isolierte Tröpfchen, die zur Trübung führen

[394] Entsprechend fehlt eine germanische Bezeichnung für einen Koch; Die Bezeichnung *Köchin* gibt es erst nach 1400; a. a. O., S. 386

[395] Die frühen Maggi-Würzen aus Sojabohnen und Weizen – mittels Salzsäure denaturiert und hydrolysiert – hatten aufgrund der *Lävulinsäure*-Gehalte einen penetranten Beigeschmack; heutige Produkte sind frei davon

[396] A. a. O., Bd. 4, 1878, S. 1315 ff.: »gar« (von ahd. *garo, garawēr: bereitgemacht, gerüstet, fertig vollständig*). In Bezug auf Essen bedeutet *Garen* die Herstellung der *Verzehrfertigkeit* – wenn etwas 'gar' ist, kann es gegessen werden

leitmedium, Quellflüssigkeit, Speisenbasis (Suppe, Soße) oder erwünschte fluide Konsistenz eines Produktes dienen soll.

Spätestens beim *Grillen* oder *Rösten* – der Erzeugung von Röststoffen (das betrifft stets nur die Außenflächen eines Rohstoffs) – ist Wasser ein Störfaktor, denn es verhindert den notwendigen Temperaturanstieg auf über 100° C. Und schließlich werden alle Rohkostzubereitungen oder Speisen, die enzymatisch (z. B. *Matjes*) und/oder durch *Räucherung* etc. eine Genussgare erlangen, nicht *gekocht*. Schon deshalb blendet die semantische Nähe von 'kochen' und 'Koch' das Wesen des Handwerks aus: Beim Kochen geht es nicht allein um die Herstellung eines *Garzustandes*, sondern um die variationsreiche Optimierung gegebener sensorischer und textureller Rohstoffmerkmale, wobei gegebenenfalls auch siedendes Wasser benötigt wird. In dieser prozessierten Form hat unsere Nahrung die bereits angesprochenen *sensorischen* und *metabolischen* Vorteile. Nicht zuletzt deshalb wird nicht *Rohes*, sondern *Gegartes* weltweit präferiert (Ausnahmen sollen an dieser Stelle nicht betrachtet werden). Dazu bedient sich das Kochhandwerk vielfältiger Techniken und Verfahrensstrategien, die wir uns im Folgenden genauer ansehen wollen.

Die Vielzahl der Zubereitungsvarianzen macht es notwendig, dass wir uns hier nur auf exemplarisch bedeutsame Verfahren beschränken, sodass der berufstätige Koch in diesem Kapitel vermutlich viele fachpraktische Details und Standards, Trends oder exklusive Zubereitungsformen vermissen wird (das leisten entsprechende Fachbücher).[397] Wir fragen in erster Linie danach, *warum* wir Lebensmittel so bearbeiten, *wie* wir es tun. Wir wollen biologische Zusammenhänge und Zwecke der Zubereitungstechniken verstehen – denn sie gelten uns, unserem Organismus.

Für Aromakreationen gab und gibt es kaum Grenzen, keine 'allerletzten' Werte, die nicht (auch unter Berücksichtigung individueller Präferenzen) graduell weiter variiert werden könn(t)en. Allerdings gibt es physiologische Grenzen: die Überdosierung einzelner, signifikant hervortretender Anteile (Salz,

---

[397] Angaben zu systematisierten fachpraktischen Details und Rezeptangaben finden sich in bewährten Fachbüchern: *Escoffier, Klinger, Pellaprat, Bocuse, Grüner et al., Hering, Duch* u. a. m.

Säure, Schärfe, Bitterstoffe).[398] Solche Mengen überfordern nicht nur die Verdauungsleistung, sondern können den Organismus regelrecht vergiften (Wertvolles wird – dosisabhängig – *noxisch*).[399] Wohlgeschmack ist, wie am Apfelbeispiel (Abschn. 10, S. 156) demonstriert, grundsätzlich an molekulare Verhältnisse und Strukturen gebunden. Leider sind unsere mengenmäßig am häufigsten verwendeten Rohstoffe (Kartoffeln, Reis, Gemüse, Fleisch, Fisch, Eier) im natürlichen (rohen) Zustand sensorisch nicht annähernd so attraktiv wie vollreife Früchte oder Honig. Allerdings lassen sich mit Hilfe von Zubereitungstechniken weniger schmackhafte Rohstoffe so verändern, dass ihr Verzehr Genuss bereitet – die sensorische Qualität von »Leckerbissen« erreicht.[400]

13.2 Nährwertaspekte

Neben der Frische ist jeder Hinweis auf Nährstoffgehalte – z. B. von Erzeugnissen mit Nährstoffadditiven »Functional Food«, »Superfood«) – ein Wertkriterium. Der aufgeklärte Mensch isst nicht nur 'einfach' Rohstoffe, sondern deren 'mitgedachte' Inhaltsstoffe. Gelten diese als 'wertvoll', hat das Einfluss auf unsere Stimmung. Wir sind davon überzeugt, unserem Organismus damit etwas Gutes zu tun – auch wenn das für *Functional Food* und *Superfood* durch nichts belegt ist (KNOP 2019).[401] Tatsächlich sind Nährwerte zunächst theoretische Größen, etwas »auf Papier Geschriebenes«, das zum Fachwissen eines Kochs gehört. In der konkreten Zubereitung tauchen sie aber nicht auf – es gibt keine prozessabhängige Güterabwägung zwischen dem 'Bewahren' und 'Opfern' dieser Anteile. Nährwertverluste sind unvermeidbare Nebeneffekte jedweder Zubereitung – ohne Folgen für unsere Gesundheit. Verfahrensent-

---

[398] Zucker hat hier eine Sonderstellung: *Überzuckert* ist etwas nur dann, wenn eine dominante Süße *nicht* gewollt ist. Die aktuell diskutierten Gesundheitsgefahren, die mit 'hohem' Zuckerkonsum assoziiert werden, stehen mit Verzehrmengen (Honig) verschiedener indigener Kulturen, z. B. *Hadza, Efe* (syn. Ewe, Ebwe oder Eve), die etwa 80 % ihres Energiebedarfs im Juli und August mit Honig decken (Trockengewicht 620 g/ Tag) (a. a. O., S. 37) und der im Himalaja seit Urzeiten tradierten gefahrvollen Honigjagd (flüssiges Gold, bei dem Honigjäger ihr Leben aufs Spiel setzen) im Widerspruch (SÉGUR 2012)

[399] »*Alle Dinge sind Gift, und nichts ist ohne Gift; allein die Dosis macht's, daß ein Ding kein Gift sei*« (Paracelsus 1493–1541)

[400] Dazu bedarf es lediglich: Zeit, Energie, Wasser oder Fett und weiterer Rohstoffe, mit denen aromatische Mängel bzw. Nachteile anderer ausgeglichen und Giftwirkungen »neutralisiert« werden können; auch ein Quantum opioider Komponenten, eine »sensibilisierte« Zunge und handwerkliches Geschick sind von Vorteil

[401] Es sind Marketingbegriffe, die Ernährungsillusionen erzeugen; dazu Wikipedia: *Superfood*

scheidend sind Genusswerte – nicht Nährwerte (sofern es sich nicht um medizinisch begründete Produkte der Diätküche oder Schonkost handelt). Dass traditionelle Verfahrensregeln »unnötiges« Auslaugen, unsachgemäßes Bearbeiten und lagerbedingte Verluste eingrenzen, gehörte und gehört zum Selbstverständnis, zur Basis im Umgang mit Rohstoffen, lange bevor es Nährwerttabellen oder Verlustberechnungen gab.[402]

Auch wenn das im Widerspruch zur Forderung steht, 'schonend' zu garen, d. h., »Nährstoffe zu bewahren« (Abschn. 14, S. 213 ff.), steht diese Regel spätestens dann zur Disposition, wenn potenzielle Genusswerte nicht entwickelt oder gemindert werden. **Kartoffelchips, Pommes frites** oder **Bratkartoffeln wurden nicht erfunden, um Nährstoffe der Kartoffel zu bewahren**, sondern um ihre Ausdrucksarmut zu beseitigen – und zwar mittels Röststoffen. Das bietet sich schon deshalb an, weil Kartoffeln Zucker (Stärke) und Eiweiß enthalten, die an den Randschichten bei Temperaturen zwischen 130°–180° C zu Röststoffen (*Melanoidinen* – dazu: Abschn. 19.2.4, S. 298) verschmelzen. Diese Anteile korrelieren mit der Röstoberfläche (bzw. dem Volumen) des Garguts. Konkret: Je größer die Oberfläche[403] des Rohstoffs ist, desto mehr Röstanteile entstehen.[404] Diese sind *sicht-, riech- und schmeckbar* und haben einen *würzenden* Charakter. Sie aktivieren also nicht nur unsere Kopfsinne, sondern verbessern (und verlängern) aufgrund der *Beta-Carboline*[405] auch unsere Stimmung (auch: Fußn. 168, S. 90).

Mit der »Bewahrung von Nährwerten« haben Verfahren, bei denen Röstbitterstoffe entstehen, z. B. auch bei Röstzwiebeln oder beim Gratinieren, der Re-

---

[402] Dass mit jeder Mahlzeit *Nährstoffe* aufgenommen werden, ist ein biologisches 'Apriori' – deshalb essen wir. Bedeutung haben *Genusswerte* – entscheidende 'Feedbacks' des Körpers auf physiologisch stimmige Zusammensetzungen

[403] Die Oberfläche ist abhängig vom Grad der Zerkleinerung. So hat die ganze, ungeschnittene Kartoffel relativ wenig Oberfläche (nur ihr Außenrund) – Chips dagegen eine extrem hohe. Mit jeder Kartoffelscheibe entstehen neue Röstflächen, sodass dünne Chips nahezu zur Gänze geröstete Kartoffeln sind. Sie eignen sich nicht nur als Beilage zu Gegrilltem (weil hier keine »natürlichen« Soßen anfallen, die von dem Stärketräger aufgenommen werden sollen), sondern werden vor allem auch wegen ihrer röschen Struktur als Knabberzeug geschätzt

[404] Wobei sie zugleich ihre Soßenaufnahmefähigkeit einbüßen – ein entscheidendes Kriterium für ihre Verwendung. Bratensoße lässt sich nicht durch Chips aufnehmen. Ihnen fehlt der Anteil 'freier' Stärke, an der Soße haften kann

[405] *Beta-Carboline wirken* hirnchemisch: sie docken an GABA-Rezeptoren (blockieren ihre 'Ionen-Kanäle') und hemmen zudem die Wirkung von *Monoaminooxidasen* – beide Wirkmechanismen haben psychotrope Effekte

duktion der *Grandjus* zur *Glace de viande*, nichts zu tun. Jede Braten- oder Brotkruste, das Gebräunte am Kaiserschmarrn, die braunen Stellen beim Apfelkuchen oder Zwieback, heben deren Genusswerte; und eine Bratensoße ist das aromatische Nonplusultra jeder Bratentranche. Die weltweite sensorische Attraktivität gebräunter und gerösteter Speisen gäbe es sicher nicht, wenn damit bedeutsame Nährwerteinbußen und gesundheitliche (medizinisch evidenzbasierte) Gefahren verbunden wären (s. Hintergr.-Info. unten).

Hintergrundinformationen
Nur im Falle einer 'echten' Gesundheitsgefährdung – die aktuell z. B. für das Krebsrisiko von *Acrylamid* gesehen wird[406]– tolerieren wir (unter »Murren«) weniger Röststoffanteile, auch deshalb, weil weitere Zwischenprodukte beim Rösten (der *Maillard-Reaktion*) mit Krebsbildnern assoziiert werden (Stoffe mit sperrigen Namen, wie: *heterozylische aromatische Amine*, **HAAs**; und beim Grillen: sog. **PAKs** – *polyzyklische aromatische Kohlenwasserstoffe*). Acrylamid entsteht, wenn der Eiweißbaustein *Asparagin* unter Hitzeeinwirkung mit Kohlenhydraten reagiert. Andererseits entsteht beim Rösten *Pronyl-Lysin*, das in vielen Erzeugnissen wie Brot, Bier und Kaffee enthalten ist und Zellschäden antioxidativ verhindert; auch soll Acrylamid bereits in mikromolaren Konzentrationen zur Wachstumshemmung von Tumorzellen führen – womit Röstung zugleich auch als Krebsschutzfaktor gelten kann (POLLMER 2019). Hingegen ist *Glycidamid* – ein Metabolit, der in der Leber aus Acrylamid entsteht – deutlich gefährlicher. Die in Tierexperimenten (z. B. an Ratten und Mäusen) ermittelte Mutagenität von Acrylamid ist nicht auf den Menschen übertragbar; dazu auch Wikipedia: *Glycidamid*.

Wenn wir essen, »erwartet« der Organismus Nährstoffe, und wenn wir trinken, Wasser. 'Wertvolle' Nährstoffe allein, selbst von noch so edlen Rohstoffen, korrelieren aber nicht automatisch mit attraktiven sensorischen Werten; z. B. liefern ein gewolftes, gut marmoriertes Rinderfilet, frisch gepflückte Salatblätter, 'Bio'-Haferflocken und ein Glas Quellwasser ernährungsrelevante Inhaltsstoffe. Unzubereitet sind die genannten Anteile eher unappetitlich und/ oder ausdrucksarm. Erst die Zubereitung macht sie genussvoll. **Deshalb sind nicht die Nährwertanteile eines Rohstoffs für den Genuss entscheidend (was nicht heißen soll, dass sie unwichtig wären), sondern das, was man aus diesen Nährstofflieferanten aromatisch macht (machen kann).** Und hier

---

[406] Dazu die Richtlinie der *Europäische Behörde für Lebensmittelsicherheit* (EFSA), die *Acrylamid-Werte* in Chips, Pommes frites und Backwaren ab 11.04. 2018 festlegt (verbraucherzentrale-hessen.de 2018)

gilt: Je schmackhafter die Zubereitung, desto besser – das Ziel aller Kochanstrengungen.

Wäre es *nicht* so, bräuchten wir keine Kochkunst. Das Zubereiten reduzierte sich dann vorrangig auf die Zusammenstellung »bedarfsorientierter« Ernährung, deren Genusswerte zwar erwünscht, aber in der Güterabwägung (was steht gesundheitlich im Vordergrund?) in die zweite Reihe rückten. Hauptsache, »alle« Nährstoffe sind beieinander. Dies zum 'kategorischen Imperativ' der Kochkunst zu erheben, verkennt deren Ziele: die Herstellung *köstlicher* Speisen und Gerichte. Dabei geht es niemals zuerst um die Bewahrung rechnerisch möglicher Nährwerte – diese korrelieren, wie am obigen Beispiel gezeigt, nicht 'automatisch' mit sensorischen Höchstwerten.

Die im Labor ermittelten Nährwerteinbußen durch Garverfahren sind *systembedingt* und *verfahrensabhängig*: Wird Wasser verwendet, gehen *wasserlösliche* Komponenten in die Garflüssigkeit; fettreiche Rohstoffe verlieren ihre *fettlöslichen* Anteile (treten aus); hohe Temperaturen zerstören unter anderem hitzelabile Nährstoffe.[407,408] Nicht zuletzt auch deshalb werden Garverfahren »täglich« variiert. Wir mögen nicht jeden Tag 'Geschmortes' oder immer den gleichen Eintopf (dafür gibt es allerdings noch weitere Gründe – siehe auch: Fußn. 591, S. 334). Auf diese Weise werden unvermeidbare Garverluste durch Verfahrensvariationen 'gestreut', sind nicht konstant, sondern zubereitungsspezifisch. Jedes Verfahren hat im Hinblick auf Nährwerteinbußen seine Vor- und Nachteile.

Für unsere Gesundheit sind Nährwerte dann relevant, wenn dauerhaft essenzielle Stoffe (Fett- und Aminosäuren, Vitamine, Mineralien) fehlen. Ein Mangel dieser Komponenten kann aber in Zeiten des Nahrungsüberflusses nahezu

---

[407] Jede Oberflächenvergrößerung (u. a. Schnittflächen – Abschn. 19.1, S. 284) erhöht die *Auslaugung*, führt zu Reaktionen mit Licht und Luftsauerstoff (enzymatische Effekte); jeder Röstvorgang produziert neben opioid wirksamen Stoffen (z. B. *ß-Carbolinen*) auch chemische Verbindungen, deren Bedeutung kontrovers diskutiert werden (dazu Abschn. 11.4, Hintergr.-Info. S. 183); auch eine mangelhafte Zubereitung (bei überhitztem Fett entsteht *Acrolein*) kann sich ungünstig auf die Gesundheit auswirken. Deshalb werden die prozessbedingten »Nachteile« möglichst klein gehalten oder »ungesunde« Röstkomponenten mittels Marinaden, Kräutern, Gewürzen, Senf etc. (nahezu) wirkungslos gemacht (POLLMER 2003; a. a. O., S. 12)

[408] Diese Beispiele sind die wesentlichsten Verlust-Verursacher. Dazu kommen weitere physikalische und chemische Faktoren: z. B. Säuren, hohe Drücke, Luftsauerstoff, Enzymaktivitäten, die ebenfalls Nährstoffgehalte in Abhängigkeit der **Dauer** ihres Wirkens reduzieren

ausgeschlossen werden. Er tritt in der Regel nur unter Laborbedingungen auf,[409] bei denen absichtlich ein oder mehrere Anteile (aus Forschungsgründen) auf Dauer vollständig aus der Nahrung entfernt worden sind (oder als Isolate überdosiert appliziert werden). Solche »**Labor-Diäten**« sind *unnatürlich*, kein Lebewesen würde sie freiwillig beibehalten. Jeder instinktiv vollzogene Nahrungswechsel lieferte sofort Anteile der fehlenden Inhaltsstoffe oder würde Überdosen vermeiden.[410] Labortiere können aber ihrem natürlichen Instinkt nicht mehr folgen, können ihre dysfunktionale und schädigende Ernährung nicht durch Nahrungswechsel beenden – sie sind dazu verdammt, krank zu werden.[411]

Hintergrundinformationen
Tatsächlich ist die Schonung und Bewahrung von Inhaltsstoffen sekundär. Vorrang für unsere Gesundheit hat die »Entgiftung«: Beseitigung verschiedenster Mikroorganismen, Parasiten, Schimmel- (Mykotoxine) und Pflanzengifte (Phytotoxine) u. a.; dann folgen *Bekömmlichkeit* und *Genusswerte* (sie gehören meist zusammen). Letztere betreffen auch die *Nährwerte*, denn Fett-, Eiweiß-, Zucker- und Salzanteile etc. aktivieren Rezeptoren der Zunge und des Darms und liefern, wie betont, sensorische »Informationen« über den Nahrungswert. Der tatsächliche Körpernutzen einzelner Inhaltsstoffe ist von vielen bereits genannten individuellen Faktoren abhängig (genetischen, epigenetischen, psychischen, altersbedingten, gesundheitlichen u. a.) und in seinen Mengen deshalb nicht generalisierbar. Den jeweils tatsächlichen individuellen Bedarf können weder Ernährungstabellen noch Ernährungsempfehlungen liefern.[412] Verlässlicher sind dagegen endogene Zustände und Impulse: z. B. der Appetit auf »Süßes, Fruchtiges, Würziges, Fetthaltiges«. Diese Lebensmittel enthalten dann in der Regel die Inhaltsstoffe, nach denen der Organismus qua Appetit verlangt (manchmal auch auf Grund einer Erkrankung

---

[409] Oder in Zuständen destruktiver sozialer Verelendung (durch Drogen und exzessiven Alkoholkonsums)
[410] Derzeit experimentieren Forscher mit erhöhten Salzmengen, die sie dem Futter der Mäuse über längere Zeiträume beigeben. Diese Mengen entsprechen dem 8- bis 16-Fachen der Salzmenge, die Nager normalerweise aufnehmen. Der Organismus reagiert auf diese Salzvergiftung auch mit neuronaler (kognitiver) Dysfunktion. Das Urteil der Forscher richtet sich jedoch nicht auf die Giftwirkung, sondern sie folgern, dass ein hoher Salzkonsum zu Defiziten in der Lernleistung führe [siehe: SPEKTROGRAMM (ohne Verfasser) Ernährung – Kognitive Defizite durch Salzkonsum 2018]
[411] Diese Tierexperimente sind kritikwürdig: Den Tieren wird unnötiges Leid zugefügt; dazu: HARARI 2017
[412] Graduell können das allenfalls Blutwerte – und selbst die können aus verschiedenen biologischen Gründen zu Fehlschlüssen führen; z. B. sind 'schlechte' Eisenwerte in der Schwangerschaft auch eine Folge evolutionären Drucks: Bakterien benötigen Eisen. Bei jeder Schwangerschaft gibt es offene Wunden, in die Bakterien eindringen können. Insbesondere in Malariagebieten sind niedrige Eisenwerte kein Hinweis auf einen »Ernährungsmangel«, sondern ein Hinweis auf Schutz- bzw. Abwehrmaßnahme des Körpers gegen Parasiten (BÖHNE 2012). *Auch haben erhöhte Cholesterinwerte verschiedene ernährungsunabhängige Ursachen: z. B. Entzündungen und auch in der kalten Jahreszeit steigen Cholesterinwerte; ebenda*

oder eines Gendefekts, z. B. hoher Salzkonsum aufgrund einer Salzverlustniere).[413] So tun wir das, was der *Körper will* – besser geht es nicht (fehlgeleiteter, psychisch bedingter Mehrverzehr soll hier nicht thematisiert werden). Empfehlungen zum Bedarf, Betrachtungen über Vor- und Nachteile einzelner Nährstoffe und Flüssigkeitsmengen variieren außerdem je nach aktuellem Forschungsstand.[414]

Welche gesundheitlichen Folgen ein »bewusster Verzicht« auf das gegebene Nahrungsspektrum haben kann, an das Menschen kulturell und epigenetisch angepasst sind (eine variierende Mischkost aus pflanzlichen und tierischen Produkten), lassen *vegane* Ernährungsweisen (*ohne B12-Supplemente*) erkennen. Veganer haben generell ein hohes Risiko an B12-Mangel zu erkranken (den sie beispielsweise mit Hilfe von Vitamin-*B12-Zahncremes, Tropfen* oder Sprays abwenden müssen) (LEITZMANN 2009; a. a. O., S. 78).[415]

---

[413] Im südlichen Europa sind frische, rohe Bohnen ein wichtiges Nahrungsmittel und gelten als *Delikatesse*. Durch einen in diesen Regionen häufig vorkommenden genetisch begründeten Enzymmangel (*Glucose-6-Phosphat-Dehydrogenase*, kurz **G6PD**-Mangel: *Favismus*) können Malariaparasiten weniger leicht in rote Blutkörperchen eindringen (durch die genetisch bedingte Schädigung ihrer Membranen). Rohe Ackerbohnen (*Vicia faba*) enthalten u. a. zwei Wirkstoffe (*Isouramil* und *Divivin*), die im Blut zur Bildung »freier Radikale« führen. Der Gendefekt verhindert deren schnelle Entgiftung, sodass die freien Radikale den Malariaerregern den Garaus machen. Infizierte fühlen sich nach dem Verzehr der rohen Bohnen besser (FOCK; POLLMER 2012; S. 12)

[414] So können z. B. einer neuen Theorie zufolge »*Blutfettwerte nicht mehr als Hauptrisiko für Herzinfarkt und Schlaganfall angesehen werden*«; als Ursache werden zerstörte feinste Blutgefäße (die *Vasa vasorum*) angenommen, die größere Adern mit Nährstoffen versorgen und zu »Plaque-Bildung« an den Gefäßwänden führen (NTV – Wissen 2017); inzwischen ist auch Salz wieder »rehabilitiert« – Natrium wird eine positive Rolle für die Herz-Kreislauf-Gesundheit attestiert. Eine salzarme Kost reduziere zwar bei einigen Menschen den Blutdruck, »*allerdings seien auch andere Folgen denkbar wie etwa das verstärkte Aufkommen bestimmter Hormone, die wiederum mit einer erhöhten Sterblichkeit und anderen Herz-Kreislauf-Erkrankungen verbunden seien*« (LANZKE 2018)

[415] Vitamin B12 wird nur von Mikroorganismen gebildet (auch von bestimmten Bakterien, die im Darm von Tieren leben) und kommt fast ausschließlich in Lebensmitteln tierischen Ursprungs vor (LANG 1979; a. a. O., S. 580); ein Problem sind Gruppen mit besonders hohem Nährstoffbedarf wie Säuglinge, Kleinkinder, Schwangere, Stillende (MRASEK 2017)

14 Das Zubereitungskorrektiv »schonend«

Als 'gesund' und 'wertvoll' gilt ein Essen immer dann, wenn es 'schonend' zubereitet worden ist. Deshalb seien schonende Garverfahren die Ultima Ratio »werterhaltender« Zubereitungen. Davon zeugen eine Vielzahl neu entwickelter Garsysteme, wie das Niederdruckverfahren *Sousvide* oder der 'intelligente' *Kombidämpfer Konvektomat*, der, wie der Name bereits sagt, zwei traditionelle Garverfahren (Dampfgaren und Heißluftgaren) in einem System erlaubt. Diese Gargeräte ermöglichen zudem eine energieeffiziente und optimale Prozesssteuerung, insbesondere bei Großverpflegungen. Sie werden nicht nur in professionellen Verpflegungsbetrieben (Gastronomie, Kantinen) eingesetzt, sondern auch in privaten Haushalten. Die offene Flamme (auch die von Gas) wurde mit dem Versprechen, schonend(er) zu garen, verdrängt.

Deshalb stellt sich (erneut) die Frage, ob das grundlegende Zubereitungsziel tatsächlich im Bewahren der Nährstoffe liegt und ob diese technischen Innovationen nicht auch Folge industrieller Umsetzung des 'Vitaminschonung-Diktums' sind, die auf *vitalstoffreiche Vollwerternährungskonzepte* (Koerber, Männle, Bruker, Leitzmann, Bircher-Benner) zurückgehen. Diese Annahmen von 'gesundem' Essen begannen alle Formen der Zubereitung und des Kochens zu durchdringen und machten aus der handwerklichen Kunst, Schmackhaftes herzustellen, eine »Technik zur Hege und Pflege der Nährstoffe« und ein Joch des 'Vitaminezählens'. Im Kontext von ganzjährigem Nahrungsüberangebot erscheinen Erhaltungskonzepte unverständlich, die Rohstoffe in *gesund* und *ungesund,* nach »wertgebenden« Vitamin-, Mineralstoff- und Ballaststoffanteilen oder Fettwerten u. a. m. unterscheiden und pflanzliche Nahrung als höherwertigere (wertgebendere) Lebensmittel einstufen. Die Beachtung dieser »gut – schlecht«-Kategorien gab besonders jenen Menschen Orientierung, die in ständiger Sorge um ihre Gesundheit sind, und erlangte einen generellen Wertmaßstab auch für 'ethisch korrektes' Essen. Der medizinisch evidenzbasierte Nachweis gesundheitlichen Nutzens dieser Lebensmittelkategorien ist bis heute nicht erbracht (KNOP 2019).

Des Weiteren stellt sich die Frage, ob traditionelle Verfahren weniger 'gesunde' Produkte liefern und daher verbessert werden müssten. Hier ist daran zu erinnern, dass alles, was wohldosiert im Topf herumwirbelt, den Gesetzen der Physik und Chemie gehorcht. Diese natürlichen Prozesse sind die Voraussetzung für die Entstehung appetitlicher Reaktionsprodukte. Schon deshalb kann man diese Verfahren nicht einfach 'schonender' machen, ohne sie zu verändern – es sei denn um den Preis anderer Ergebnisse und Genusswerte. Ob diese dann wirklich an das Niveau tradierter Kochkünste heranreichen, müssen die seit Hunderttausenden von Jahren gültigen Informanten *Kopfsinne, Enterisches Nervensystem* und *'metabolisches Gedächtnis'* beurteilen – worüber wir bereits mehrfach gesprochen haben. Auch ist zu fragen, ob traditionelle Koch-, Brat- oder Rösttechniken etc., die weltweit und in vielen Kulturen angewendet werden, tatsächlich neu kalibriert werden müss(t)en? Ihre jeweils fachlich richtige Anwendung liefert genau jene Kochprodukte, die uns das 'Wasser im Munde' zusammenlaufen lassen. Diese Schmackhaftigkeit hängt, wie wir wissen, von einer Vielzahl sensorisch wirksamer Molekülmischungen und Verfahrensschritten ab, die mit 'Nährstoffschonung' in keinem Zusammenhang stehen.

14.1 Was ist »schonend«?

Das Wort 'schonen' (mhd. *schônen*; freundlich, rücksichtsvoll) hat im Kontext der Zubereitung die Bedeutung »*rücksichtsvoll behandeln, vor Schaden bewahren*« und zielt auf den größtmöglichen Erhalt von Textur, Farbe, hitzelabiler Vitamine und anderer löslicher Nährstoffe. Möglich wird das, indem man die Gartemperatur erniedrigt, Garzeiten minimiert, Warmhaltezeiten meidet und Dampf-Gartechniken präferiert. Nach dem Garen werden die Inhaltsstoffe des Ausgangsrohstoffs mit den 'Restmengen' im fertigen Produkt verglichen. Bleiben das Gefüge, die Farbe und viele Nährstoffe erhalten, ist das Garverfahren schonend. Da bei den meisten traditionellen Garverfahren sog. 'Verluste' Teil des Garsystems sind (seit der Mensch angefangen hat zu kochen) – und diese u. a. das Verfahren definieren – stellt sich die Frage nach der gesundheitlichen Relevanz von Fleischsaftverlusten (Tropfsäften und darin enthaltenen globulären Eiweißen, Mineralstoffen und Vitaminen) beispielsweise bei trockenen Verfahren.

Wer wie ein Buchhalter diese Verluste abzählt, um daraus Gesundheitswerte abzuleiten, übersieht, dass sich die Menschen in allen Kulturen sehr viel Arbeit mit ihren Zubereitungen machen, nicht um Nährwerte zu bewahren, sondern um die Speisen genießbar und wohlschmeckend zu machen. Wir erinnern uns: Beim Garen und Zubereiten geht es (neben der Entgiftung und Herstellung der Verdaulichkeit) um die Anreicherung pharmakologischer und stimmungswirksamer (psychotroper) Substanzen. Deshalb gibt es die ausgefeilten Kochtechniken und deshalb brauchen wir die Temperaturen, den technologischen und zeitlichen Aufwand. Dabei gehen zwangsläufig Makro- und Mikronährstoffe verloren – diese Verluste sind systemimmanent und vernachlässigbar. Keines der noch ursprünglich lebenden Völker hat sich je Gedanken über den »Erhalt von Inhaltsstoffen« gemacht ('Nährstoffe' hatten für die Entwicklung der Gartechniken keine Relevanz – schon weil es sie in dieser Entwicklungsphase »noch nicht gab«), und in traditionellen Rezepten finden sich keine Hinweise auf »schonendes Garen«. Eher schon die schwärmerische Anmerkung, dass bestimmte Kräuter und Gewürze im richtigen Verhältnis „*alle Bitterkeit des Herzens dämpft ... und deinen Geist fröhlich macht*"; Hildegard von Bingen 1098–1179 (entnommen: FOCK et al., 2008/2009; S. 39). Ein Blick in den Kochtopf zeigt, ob Kochen im weitesten Sinne etwas mit »schonen« zu tun hat.

14.2 Feuchte thermische Garverfahren

Sie setzen ein wässriges Medium voraus und zielen, wie oben bereits angesprochen, auf *Auslaugeffekte* (Osmose und Diffusion) und *Quellvorgänge* – gleichzeitig auf die Aromatisierung 'von innen' und die Herstellung der Genussgare. Hierbei ist 100°C heißes Wasser (leicht siedend, ohne Blasenbildung) aus zeitökonomischen Gründen optimal und gewollt – wir nennen das *'Kochen'*. Dieses Verfahren wenden wir insbesondere bei Kartoffeln, Nudeln und Reis an – aber auch bei vielen Gemüsen, wie Spargel, Bohnen, Blumenkohl, Brokkoli, Möhren u. a. Letztere können ebenso gut *gedünstet* werden (flacher Wasserspiegel plus Butter). Mit einer niedrigeren 'Schontemperatur' $\geq$ 80°C lässt sich der Garpunkt ebenfalls erreichen, allerdings mit z.T. deutlich verlängerter Garzeit. Ob dabei bedeutend mehr temperaturempfindliche Inhaltsstoffe bewahrt bleiben, müsste im Einzelfall geprüft werden – insbesondere, wenn das Kochwasser verworfen wird. Der Faktor, der den Vitaminabbau und die Auslaugung am stärksten begründet, ist die *Gardauer* (neben pH-Werten, Mineralstoffgehalten und Oberflächenaspekten, TERNES 1980; S. 147–151).

Die Kürzung der Garzeiten bedeutet nichts anderes als den vorzeitigen Abbruch des Garvorgangs. Die menschlichen Verdauungsenzyme können jedoch nur vollständig gegartes Gemüse optimal auswerten – was Vollgare (keine Übergare) voraussetzt. Erst wenn alle Zellwände komplett gequollen und denaturiert sind, können unsere Enzyme an die nahrungsrelevanten Inhaltsstoffe heran, die oft 'gut versteckt' in den Faserstoffen liegen. Bissfestes Gemüse ist schon deshalb nicht »gesünder« – es liefert weniger resorbierbare Inhaltsstoffe. Rohkost, rohes Gemüse, kann unser Körper kaum aufschließen, da wir über keine *Zellulasen* verfügen. Wählt man Temperaturen unterhalb des Siedepunktes, dann **nicht, um Inhaltsstoffe zu schonen**, sondern **empfindliches Gewebe** – die Textur des Rohstoffs soll nicht durch eine 'wilde Thermik' zerstört werden. Garen in viel heißem Wasser unterhalb des Siedepunktes (~ 80°C) wird als *Simmern* oder *Pochieren* bezeichnet, das aus gutem Grund überwiegend bei Fischen und Eierspeisen ('verlorene Eier') üblich ist.

Ein weiterer Grund, unterhalb des Siedepunktes zu garen, ist die Bewahrung des klaren Fonds. Damit werden Emulsionseffekte vermieden, die bei starker Thermik und Oberflächenwallung entstünden (molekulare Fett- und Eiweißanteile bilden dabei feinste Tröpfchen). Ebenso sollen die im Wasser gelösten *ätherischen Öle* nicht durch starkes Kochen herausgeschüttelt werden. Letztere sind aber keine Nährstoffe, sondern gehören zur Gruppe **bioaktiver Substanzen**. Die Aufforderung, schonend zu garen, zielt hier mehr auf die Bewahrung der Duftkomponenten (Genusswerte), nicht aber auf den Erhalt oder die Optimierung der Nährwerte.

Hintergrundinformationen

Dämpfen gilt als besonders schonend. Die Wärmeleitung erfolgt zwar auch durch heiße Wassermoleküle – jedoch in ihrer Gasform: als gesättigter Nassdampf. Bevor Wasser verdampft, muss es auf 100°C erhitzt werden (das leisten u. a. die Moleküle des Topfbodens, die von einer Energiequelle zu starkem 'Zittern' angeregt werden, das sich auf die Wassermoleküle überträgt; bei Induktionsgeräten bewirken dies magnetische Wirbelströme im Metall). Der kinetische Energiezustand 100°C reicht nicht aus, um Wasser zu verdampfen. Erst durch weitere Energiezufuhr werden auch die Bindungskräfte (*Wasserstoff-Brückenbindung*) überwunden, wodurch H_2O-Moleküle schließlich abreißen. Deren Temperatur beträgt zwar 'nur' 100°C – zusätzlich enthalten sie noch die sog. *latente Energie* (die aufgewendet werden muss, um sie aus der Bindung zu lösen), die sie an das Gargut mit abgeben. Fälschlicherweise gilt deshalb Wasserdampf als heißer als 100° C. In der Dampfphase befinden sich weniger H_2O-Moleküle (etwa $1/1700/cm^3$) als in der flüssigen. Deshalb stehen weniger Wassermoleküle zur Energieübertragung zur Verfügung – sie erfolgt daher 'sanfter'. Zudem entfällt die thermische Strömung flüssigen Wassers, die den »Wascheffekt« löslicher Stoffe an den Randschichten begründet. Beide Faktoren zusammen – die sanftere Wärmeleitung und das geringere Auslaugen – begründen das Attribut »schonend«. Der Nachteil dieses Verfahrens liegt im Fehlen eines Fonds und der begrenzten Möglichkeit, Rohstoffe (von innen) aromatisch zu variieren.

14.3 Trockenes thermisches Garen

Trockene und feuchte Verfahren haben physikalisch drei wesentliche Unterschiede: Der Bedeutendste liegt in der Energieübertragung – der Wirkung hoher Temperaturen auf die Oberfläche von Rohstoffen – der 'trockene' Teil des Garverfahrens. Der Rohstoffkörper selbst gart aufgrund seines Zellwassers 'feucht'. Letzteres begründet den zweiten Unterschied: Der Garpunkt kann ohne externe (Quell)Flüssigkeit erreicht werden und tritt in deutlich kürzerer Zeit ein. Der dritte Unterschied liegt in der fehlenden Möglichkeit, Rohstoffe auch 'von innen' zu aromatisieren. Jedwede aromatische Ergänzung (Sekundärkomponenten aller Art) bleiben weitgehend 'äußerlich'. Das ist keineswegs ein Nachteil, denn die hitzebedingten Oberflächenaromen (Röststoffe) sind ausreichend markant, um den Rohstoff schmackhaft zu machen – sie haben würzenden Charakter.

Um das zu erreichen, wird das Gargut entweder direkt auf eine Energiequelle (heißes Metall, Steingut, Glaskeramik u. a.) gelegt, deren kinetische Energie meist durch ein wärmeleitendes Medium (Bratfett, Öl) auf das Gargut übertragen wird. Offene Flammen, Glut, heiße Lehmöfenwände, Backöfen oder Grillvorrichtungen garen Rohstoffe ebenfalls 'trocken' – mittels Wärmestrahlung (Infrarotstrahlung 'glühender' Körper).[416] Aromatisch unerreicht sind Röstprodukte, die bei der Kopplung verschiedener Energiespektren entstehen – beispielsweise durch die Wärmestrahlung des Lehmofens und der offenen Flamme, was besonders in der orientalischen Küche Gebrauch ist. Hierbei entstehen auch Pyrolyseprodukte (*thermochemische* Spaltungen organischer Verbindungen), die unsere Rezeptoren (kraft langer evolutionärer Anpassung) besonders aktivieren – sie schmecken vorzüglich. Das 'nur' in der Pfanne gebratene Fleisch hat die aromatische Kraft eines im Lehmofen neben einer aktiven Flamme (auf einem Tonteller) gegarten Fleisches nicht. Ein Beleg, dass uralte, bewährte und gekonnt angewendete Gartechniken die höchsten sensorischen Genusswerte erzeugen.[417] Neben den *pyrolytischen* Stoffen entstehen an den Randschichten die weiteren **Röststoffe** (Melanoidine), über deren opioide Wirkungen wir bereits an anderer Stelle mehrfach gesprochen haben (Abschn. 4.5.2, Hintergr.-Info. S. 89 unten).[418]

Es sind genau diese Moleküle, die unsere Sinne stimulieren, uns in einen wohligen Zustand nach dem Essen versetzen. Sie entstehen nach physikalisch-chemischen Gesetzen, die nicht änderbar sind. Zu fordern, »schonend zu garen«, unterschlägt, dass Garen keineswegs »rücksichtsvoll« ist, sondern massiv. Eine Notwendigkeit, wenn wir nicht auf die von uns zutiefst gemochten Garprodukte verzichten wollen.

14.4 Was bleibt vom »schonenden« Garen?

Garerzeugnisse sollen uns sättigen und unser Wohlempfinden fördern. Letzteres entsteht auch durch psychotrope Anteile (die keine Nährstoffe sind) der

---

[416] Anders als bei der langwelligen Infrarotstrahlung des Feuers dringen *Mikrowellen* tief in das Gargut und übertragen dort ihre elektromagnetische Energie vor allem auf die Wassermoleküle – erhitzen den Rohstoff ohne zu bräunen

[417] Pyrolytische Effekte entstehen auch beim Flambieren; seine aromatische Attraktivität hat vermutlich einen weit in die Entwicklung erster Feuergartechniken zurückreichenden Hintergrund

[418] Neben diesen Stimmungsfaktoren haben Röststoffe zusätzlich einen gesundheitlichen Nutzen: Unter anderem enthalten sie **Pronyl-Lysin**, das antioxidative Wirkungen hat und auch als Krebshemmstoff diskutiert wird (FOCK et al. 2008/2009; S. 35 ff)

Rohstoffe oder der Garprodukte. Unsere biologischen 'Messsysteme' für Eiweiß-, Fett-, Kohlenhydrat- und Mineralstoffanteile (in Darm, Leber, Gehirn) stoppen nach einem Mahl die Aktivität von *Ghrelin* (ein appetitanregendes Hormon) und wir empfinden Sattheit – meist für Stunden. Ob in der aufgenommenen Mahlzeit '5' Vitamine und '7' Mineralstoffe mehr oder weniger vorhanden waren, ist für den Organismus unbedeutend.

Mit jeder Mahlzeit nehmen wir – ob wir das wollen oder nicht – Nährstoffe auf. Lebensmittel, die keine Nährstoffe enthalten, gibt es nicht. Auch ist es kaum möglich, über Garverfahren den Nährstoffgehalt gegen Null zu bringen – höchstens zu mindern. Diese Minderung ist – sofern sie keinen Dauerzustand darstellt – kein Grund zur Besorgnis, da wir evolutionär als 'Allesesser' auch auf Phasen des »Weniger« vorbereitet sind.[419] Ein bewährtes evolutionsbiologisches Prinzip, das endogen, frei von Logik und Verstand, unser Überleben sichert – denn der Verstand könnte sich irren. 'Vollwerternährung' jeden Tag, das Zählen und Prüfen von Nährstoffgehalten, ist daher unnötig – sofern nicht Nahrungsmangel herrscht. Schonendes Zubereiten und genussvolle Produkte müssen sich nicht ausschließen. **Sie sind jedoch Antipoden, wenn Nährwerte das Prozedere der Garverfahren erzwingen.**

15 Die »Zubereitung« – das Kombinieren und Garen von Rohstoffen

Der Begriff *Zubereitung* umfasst zwei verschiedene Bereiche, die zu jeder Herstellung eines Essens gehören:

---

[419] Unser Organismus speichert viele Komponenten (über Wochen, Monate und Jahre) nicht nur aufgrund des Bedarfs, sondern auch nach Gesetzen der Wahrscheinlichkeit, diese Nahrung auffinden zu können. Wasser oder Zucker speichert der Organismus nur minimal – gäbe es das nicht unbegrenzt und permanent, wäre Leben nicht möglich

1. Auswahl und Zusammenstellung der Rohstoffe – die Rohstoffkombination[420]

Sie sind u. a. klimatisch, jahreszeitlich, sensorisch, ernährungsphysiologisch und pharmakologisch begründet – deshalb nicht zufällig oder beliebig (Nährwerte sind nur *ein* Aspekt unter vielen). So verwenden beispielsweise Länder feucht-warmer Tropengebiete im Vergleich zu europäischen Küchen oftmals ein Vielfaches an *antibiotischen* und *konservierenden* Komponenten,[421] die wir als aromatische und texturelle Varianzen (spätestens bei Reisen ins Ausland) erleben und bestaunen können.

2. Der technologische Prozess – das Garen

Unabhängig von regionalen und traditionellen Unterschieden, z. B. zwischen der indischen, mongolischen, arabischen, japanischen, afrikanischen und deutschen Küche, gibt es traditionell nur **zwei thermische Basisverfahren**,[422] mit denen weltweit tierische und pflanzliche Rohstoffe gegart werden: **Kochen** und **Braten**.[423] Beide setzen jeweils eine Energiequelle voraus.[424] Alle weiteren heute üblichen Verfahren, z.B. *Dämpfen* oder *Schmoren*, sind davon abgeleitete (*modifizierte*) Techniken. Welches Verfahren gewählt wird, hängt von den Merkmalen der Rohstoffe (Wassergehalte, Faserstoff-, Stärke- und Bindegewebsanteile) und den Garzielen ab – was gemacht werden *muss* oder *darf*.

---

[420] Dieser Sachverhalt impliziert die Verwendung *verschiedener* Rohstoffe. Das Schälen und Entkernen eines Apfels, die Entfernung einer Bananenschale etc. sind noch keine 'Zubereitung', sondern *Vorarbeiten* – beispielsweise für einen Obstsalat

[421] Auch wegen hygienischer Bedingungen: Millionen von Menschen besitzen keinen Kühlschrank und leben ohne moderne Sanitäranlagen. Die Keimbelastung der Lebensmittel ist deshalb – zudem in feucht-warmen Klimazonen – deutlich höher als in den urbanen Regionen Europas

[422] Inzwischen gibt es weitere Verfahren, z. B. *Sous-vide* (Unterdruckgaren), *Kombidämpfer-Geräte, Mikrowelle* u. a. m., die hier nicht besprochen werden sollen

[423] Das älteste Verfahren, bei dem Röststoffe (*Melanoidine*) entstehen, ist das **Rösten** (entdeckt vermutlich, wie betont, durch die Wirkung der Wärmestrahlung des Lagerfeuers, der Glut oder der von heißen Steinen); das Verb 'braten' ist kulturgeschichtlich jüngeren Datums, weil dazu entsprechende Bratgefäße, wie Pfannen, Brattöpfe (*Kasserollen*) u. a. m. gehören; etymologisch bedeutet 'brat' auch das schiere Stück *Fleisch*, das gebraten werden soll (der Braten) – was auch noch in *Wild'bret'* erhalten ist (Gebr. GRIMM 1935–1984; S. 310)

[424] Nicht-thermisches *Garen* beruht auf der Wirkung von *Enzymen* (auch *Fermente* genannt). Sie kommen in allen Lebensmitteln natürlicherweise vor und führen bei kontrollierter Lagerung zu molekularen Veränderungen, die den Rohstoffen ihren rohen Charakter nehmen, ihre Antinutritiva abbauen und sie 'genussgar machen'. Auch erzeugen sie vielfältige appetitsteigernde Stoffe (*biogene Amine, MAO-Hemmer* – Abschn. 11.3, S. 177 ff.). Die für die Enzymtätigkeit benötigte Energie beziehen die Enzyme vor allem aus dem Abbau von Eiweiß, Fett und Zucker; **Rohkostzubereitungen** sind *per se* nicht-thermische Erzeugnisse

Bevor aus einem Nahrungsrohstoff eine *Speise* wird, sind separate Arbeits-schritte (*Vorarbeiten* und *Garen*) notwendig. Je nach Rohstofftyp sind – ins-besondere bei pflanzlichen Lebensmitteln – Arbeiten wie *Reinigen, Schälen, Zerkleinern* etc. erforderlich. Nahrung tierischer Herkunft (Fisch, Wild, Schlachtfleisch, Geflügel etc.) wird *geschlachtet, ausgenommen* und in verar-beitungsgroße Stücke *zerlegt* oder *portioniert.* Erst nach diesen Arbeitsgängen (s. Abb. 3, S. 222) kann mit der eigentlichen Speisenherstellung – dem »Ko-chen« – begonnen werden. Damit wir das »sich-wechselseitig-Bedingende« von Rohstoffmerkmalen und Garziel auch ohne 'konkret anwesende Rohstoffe' theoretisch betrachten können, treten an ihre Stelle die Begriffe »*Primär-* und *Sekundärstoff(e)*«. Zugleich systematisieren diese Begriffe den 'Rang' und die 'Funktion' der Rohstoffe innerhalb einer Speise – der kleinsten Zubereitungs-einheit (lerntheoretische Begründungen dieser Rohstoffkategorien folgen in Teil IV, S. 324 ff.)

Vom Rohstoff zum »Primärstoff«

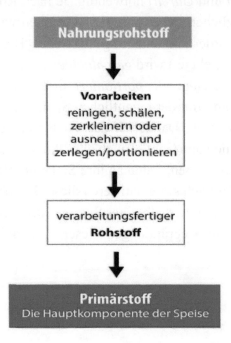

Abbildung 3 Vom Rohstoff zum Primärstoff

Bei nahezu allen pflanzlichen und tierischen Rohstoffen, die zubereitet werden sollen, sind Vorarbeiten erforderlich. Die dafür notwendige Arbeitszeit und anfallende Materialverluste sind Produktionsfaktoren, die u. a. den Wert eines Rohstoffs (mit-)bestimmen. Deshalb werden Nahrungspflanzen gezüchtet und angebaut, die einen hohen Nutzwert haben (geringerer Verarbeitungsaufwand, wenig »Schälverluste« etc.).

Ist ein verarbeitungsfertiger Rohstoff die Hauptkomponente der Zubereitung, wird er im Folgenden als Primärstoff bezeichnet.

Das »Zubereitungsdreieck«

(Grundschema der Zubereitung)

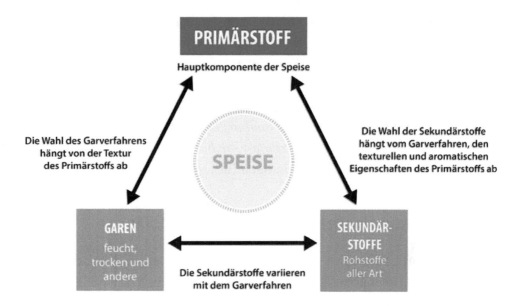

Abbildung 4 Das Zubereitungsdreieck

Ein Primärstoff wird durch Kombination mit weiteren Rohstoffen (Sekundärstoffen) und durch ein geeignetes Garverfahren zur Speise. Welches Garverfahren und welche Sekundär-anteile verwendet werden, hängt von den Eigenschaften des Primärstoffs und den Garzielen ab. Da nach der Zubereitung der Primärstoff eine neue Textur- und Aromaeigenschaft erhält, ist das 'Produkt' (die Speise) eine handwerklich geschaffene Primärstoffvariation. Bei Roh-kostzubereitungen entfällt thermisches Garen. Hier sollen natürliche Stoffeigenschaften (z. B. 'Knackigkeit') aus Ernährungsgründen ('Stärkung' der Darmbiota) bewahrt bleiben. Das »Ga-ren« liegt dann im Zubereitungsverfahren, z. B. in der Herstellung von Dressings. Fehlt ein im obigen Schema inhärenter Arbeitsschritt (z. B. ein Rohstoff ist nur geschält und/oder kleinge-schnitten – nicht aber 'gewürzt'), sind die jeweiligen Produkte unvollständige Speisenzuberei-tungen (Protospeisen). Ein gekochtes Ei wird erst durch Salzergänzung (Sekundärkompo-nente) zur Speise. Je nach Aufwand und Sekundäranteilen unterscheidet man einfache und komplexe Speisen.

Allerdings kann eine klare Menüsuppe (*Consommé* = Kraftbrühe) mit *Fleisch-* und feinen *Gemüsewürfeln* (Brunoise) und *Schwemmklößchen* (oder Cèlestine = Kräuterpfannkuchenstreifen) alle vier Komponenten eines Gerichts enthalten. Dennoch ist sie (auch quantitativ) kein Gericht. Das, was bestellt und serviert wird, ist ein Menügang. Die Vielfalt der Einlagen ist eine *Variation von Sekundärkomponenten* einer (komplexen) flüssigen Speise. 'Suppen' zählen immer dann zu den – kulturell wohl ältesten – Gerichten, wenn sie die genannten Ernährungskomponenten enthalten und mengenmäßig sättigen: die **Eintöpfe**. Sie werden in 'feste' (z. B. *Hamburger National, Irish Stew*) oder 'flüssige' Suppentöpfe (z. B. *Petit Marmite, Gaisburger Marsch, Erbsensuppe*) unterteilt und bedürfen eines vollständigen Bestecks – Löffel, Messer und Gabel.

15.1 Struktureigenschaften der Primärstoffe

Alle Rohstoffe, die einen 'Körper' haben (in den man hineinbeißen kann), kennzeichnen Primärstoffe: Gemüse, Fleisch, Fisch, Geflügel, Obst, Eier, Schalen- und Krustentiere, Pilze etc. Nicht aber Petersilie, Schnittlauch und andere Kräuter (ebenso die Gewürze) – diese haben keinen bissrelevanten Körper. Auf Blättern und Stängeln kaut man, beißt ab, nicht aber hinein.[425] Zwar gilt das auch für Blattsalate – dennoch zählen sie aufgrund ihres großen Volumens zu den Primärstoffen. Besitzt der Rohstoff ein erkennbares Gewicht, einen 'anfassbaren' Körper (Volumen), werden dem Organismus entsprechend satt machende Mengen zugeführt, die schließlich die Dehnungsrezeptoren des Magens aktivieren (ihre appetitzügelnde *anorexigene* Wirkung wird mechanisch ausgelöst). Insofern korrespondiert die jeweilige Bissfülle ('Abbeißmenge') auch mit einem antizipierten Sättigungswert.[426] Bei **flüssigen Speisen** (Suppen und Soßen) wird nicht der jeweilige Primärstoff verzehrt (es sei denn, als Einlage = Fleischwürfel oder Bindungsfaktor), sondern seine wasser-, fett- und alkohollöslichen Bestandteile, die in die Flüssigkeit übergetreten sind. Der Name der Suppe weist dann (meist) auf den verwendeten Primärstoff: *Rinder-*

---

[425] Nüsse nehmen eine Sonderstellung ein. Sie sind in der Regel Sekundäranteile, Bestandteil von Backerzeugnissen oder dienen als Rohstoffbasis süßer Brotaufstriche

[426] Vielleicht liegt in diesem Sachverhalt das lustvolle Gefühl begründet, dass sich immer dann einstellt, wenn man vom begehrten Stück einen großen Happen abbeißen konnte

kraftbrühe, *Spargel*creme etc. hin oder findet sich in der Fondbezeichnung, wie *Lamm*jus etc. wieder.

Entscheidend für die sensorische Attraktivität eines Primärstoffs sind seine *niedermolekularen* Anteile. Große Moleküle (Stärke, Eiweiße, Fette und Faserstoffe bleiben auf der Zunge eher unauffällig (sind ausdrucksarm). Was hervortritt, sind ihre natürlich eingebetteten Anteile (z. B. Zucker-, Scharf- oder Bitterstoffe) – die Komponenten ihres typischen Geschmacks (beispielsweise von Kohlsorten, Rettich, Radieschen). Fleisch, Getreide oder Kartoffeln enthalten keine (bzw. wenige) 'auffällige' freie Kleinstmoleküle. Dennoch sind sie wesentliche Bestandteile unserer täglichen Nahrung. Ihre Bausteine (Glukose, Amino- und Fettsäuren) sind – im Vergleich mit anderen Lieferanten (z. B. Gemüse) – in diesen Rohstoffen quantitativ ausreichend vorhanden. Dank der Garverfahren und des »Primär-Sekundärstoff-Ergänzungssystems« lassen sich Primärstoffe aromatisch und texturell nahezu unbegrenzt variieren.

15.2 Funktionen/Aufgaben der Sekundärstoffe

Der Begriff **Sekundärstoff(e)** ordnet zunächst die 'Funktion' oder den 'Zweck' des jeweiligen Rohstoffs im Rohstoffgemisch **Speise**. Sekundärstoffe sind dem Primärstoff 'untergeordnet', weil *nicht sie* zubereitet werden, sondern der Primärstoff – sie verbessern *ihn* und nicht umgekehrt. Um zu verstehen, wie und warum Sekundäranteile u. a. das Aroma, Gefüge und den Nährwert einer Speise verändern, müssen wir die sensorischen Komponenten, die das bewirken, genauer betrachten.

Wir erinnern uns: Sowohl der Primärstoff als auch die Sekundärstoffe sind letztlich nichts anderes als hochkomplexe, biologisch organisierte Molekülmischungen, die je nach Größe, Konzentration und Reaktionsfreudigkeit (ladungsabhängig) auf unserer Zunge entsprechende Reize auslösen. Nahrungsinhaltsstoffe werden dann rasch erkannt, wenn sie klein sind und/oder polare Eigenschaften haben – ein Kennzeichen vieler Sekundäranteile, auch der von Kräutern und Gewürzen. Letztere enthalten davon z. T. extrem hohe Anteile, weshalb sie allein genossen ungenießbar (z. T. sogar giftig) wären. Ihre wohltuenden, vitalisierenden Effekte entstehen nur, wenn wir diese biologisch

wirksamen Inhaltsstoffe verdünnen. Ihre physikalischen Eigenschaften machen sie auffällig – sie sind die sensorischen 'Insignien' einer Speise – unabhängig davon, ob ihre Anwesenheit den Nährwert hebt oder nicht. Ein weiterer
Beleg, dass es bei der Zubereitung nicht in erster Linie um eine Nährwert-,
sondern um eine 'Geschmacksoptimierung' geht. Neben diesen aromatischen
Aspekten haben Sekundärstoffe weitere vielfältige Zubereitungsfunktionen
(Tab. 2 folgende Seite).

Tabelle 2 Funktion der Sekundärstoffe

Aromavarianz	Kräuter, Gewürze, Alkoholika, Säuren, Zucker, Fettanteile, aromaintensive Gemüse u. a. m.
Texturvarianz	Stärke, Gelatine, Sahne, Eischnee, Glasur, Füllungen, Umhüllungen u. a. m.
Nährwertergänzung	Rohstoffe aller Art, da sie selbst Nährstoffe enthalten
Farbvarianz	Alle Rohstoffe, die zur farblichen Ergänzung beitragen; andere Farbe = anderer Rohstoff = Rohstoffvielfalt
Optimierung der Bioverfügbarkeit	Rohstoffe, die Lösungs- oder Freisetzungseffekte haben; z. B. werden fettlösliche Vitamine in Gegenwart von Fett resorbierbar
Verbesserung des Sättigungswertes	Insbesondere Fett- und Ballaststoffanteile verlängern die Verweildauer im Magen-Darm-Trakt – Zerlegung dieser großen Moleküle benötigt Zeit; unverdauliche Anteile liefern Volumen
Optimierung der Bekömmlichkeit	Hier sind vor allem die bioaktiven Anteile von Kräutern und Gewürzen wirksam (z. B. mindern *Karminativa*, u. a. Minze, Fenchel oder Kümmel, *Blähungseffekte*); Alkohol fördert bei fettreichem Essen die Verdauungsleistung – wirkt als »Lösungsmittel«[Ethanol (Trinkalkohol) ist sowohl in Wasser als auch Speiseöl (Fett) löslich (*amphiphil*) – Lipide lösen sich nicht oder nur z. T. in Wasser]
Konservierung, Marinierung	Salz, Zucker, Alkohol, Öle, scharfe Gewürze; Senf, Bier, Salbei etc. entgiften diverse krebserregende Substanzen, wie z.B. heterozyklische Amine oder Benzpyren
Pharmakologische Ziele	Vor allem Kräuter und Gewürze liefern sekundäre Pflanzenstoffe, die sich unmittelbar und vielfältig auf die Aktivierung unseres Immunsystems auswirken, sodass Gifte und Krebsbildner abgewehrt werden können; so besetzen z. B. *Oligogalakturon-Säuren* der Möhre jene Rezeptoren der Darmzellen, die von durchfallauslösenden Bakterien angesteuert werden; das *Lykopin* der Tomate soll die Entstehung von Krebs mindern und gilt als Antioxidans
Psychotrope Effekte	Alle Komponenten, die **opioid** wirken (u. a. Safran, Muskat) oder als Stimmungsaufheller fungieren: Alkoholika, Scharfstoffe (Alkaloide) – sie binden an Opioidrezeptoren; auch Zucker (Karamell) wirkt stimmungshebend

15.3 Quantitativer Ergänzungsbedarf der Primärstoffe

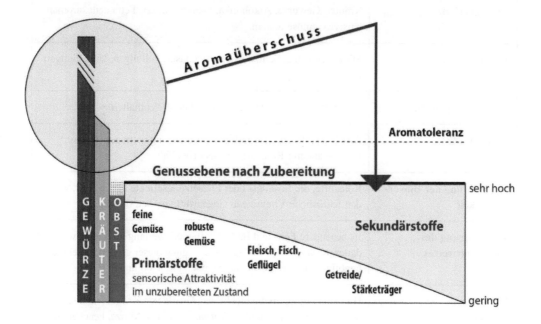

Abbildung 5 Das Ergänzungssystem von Primärstoff und Sekundärstoff

Diese stark vereinfachende Grafik soll die relative Zunahme an Ergänzungen (Sekundäranteilen = Zutaten) veranschaulichen, die die jeweiligen Rohstoffe (Primärstoffe) benötigen, um genussvoll zu sein. Die **Genussebene** ist aus Anschauungsgründen als Gerade dargestellt – hat aber keineswegs für alle Speisen ein gleich hohes Intensitätsniveau. Sie markiert ein (physiologisches) Optimierungslimit, das, je nach Zubereitungsart und Primärstoff, unterschiedlich ausfällt. **Vollreifes Obst** nimmt innerhalb unseres Nahrungsspektrums eine Sonderstellung ein. Es bedarf keinerlei Zubereitung und ist von Natur aus 'köstlich'. Sein hoher Genusswert ist der »eingebaute« **Lockimpuls**, der zum Reinbeißen geradezu auffordert. Alle weiteren Rohstoffe benötigen vielfältige Ergänzungen, um schmackhaft zu werden. **Je geringer das aromatische Profil eines Primärstoffs, desto größer der Sekundärstoffanteil.** Kräuter und Gewürze haben einen 'Überschuss' an löslichen Aromakomponenten und gehören deshalb zu den am häufigsten verwendeten Ergänzungen. Obwohl Getreide (z. B. Reis, Couscous) und Stärketräger (z. B. Kartoffeln) grundlegend für unsere Ernährung sind, sind sie geschmackliche 'Schlusslichter' der Primärstoffe (aufgrund ihrer Molekülgröße). Sie erhalten ihre Attraktivität in der Regel durch hocharomatische Sekundärstoffe und Soßen.

15.4   Pharmakologische Aspekte der Sekundärstoffe

Die bei thermischen Garprozessen potenziell anfallenden »Gifte« (Abschn. 11.4, Hintergr.-Infos., S. 183 f.) werden niemals 'rein' (als isolierte Komponenten), sondern als Bestandteile einer molekularen Nahrungsmatrix aufgenommen: ein *hochkomplexes Nahrungsgemisch*, das auf molekularer Ebene keineswegs statisch, sondern ein chemisches interaktives Milieu ist, dessen Moleküle ihre Ladungen und räumlichen Strukturen ändern. Auf diese Weise werden beispielsweise Giftanteile durch spezifische Nahrungskomponenten *neutralisiert* bzw. 'stillgelegt' (chemisch gebunden). Hieraus erklärt sich die Ergänzung von gegrilltem Fleisch mit **Senf** oder scharfen Soßen. Ihre Inhaltsstoffe erfüllen genau diese Funktion, indem sie potenziell schädigende (entzündungs- oder krebsauslösende) Komponenten entweder bereits im Darm chemisch binden oder durch Aktivierung von Enzymen in der Darmwand 'entgiften'. Deshalb wird insbesondere bei 'braunen Ansätzen' **Tomatenmark** verwendet, dessen **Lykopinanteile** entsprechend antikanzerogen wirken – wie auch das **Karotin** der Möhre (ebenfalls Bestandteil brauner Ansätze), das durch hohe Hitze zum **Beta-Ionon** umgewandelt wird und Darmkrebsrisiko mindernd wirkt.

Dass Kräuter und Gewürze auch **bakterizide** und **fungizide** Funktion erfüllen, haben wir bereits betont. Ihre häufige Verwendung besonders bei Fleisch-, Fisch- und Gemüsespeisen (nicht bei Süßspeisen und Fruchtzubereitungen – Abschn. 22, S. 317 f.) hat hier seinen Grund. Am wirksamsten sind Gewürze in Kombination, wie wir sie als Gewürz- und Kräutermischungen kennen: *Curry, Pastetengewürz, Gremolata, Pesto* u. a. Sie liefern eine Art natürliches Breitbandantibiotikum, das viele der unsere Gesundheit gefährdenden Mikroorganismen (MO) weitestgehend abtötet bzw. unwirksam macht. Auch die 'scharfen' Alkaloide **Capsaicin** und **Piperin** wehren diese MO ab. Eine noch anders gelagerte biologische Potenz besitzt Knoblauch. Sein **Allicin** (ein Umsetzungsprodukt der im Knoblauch vorkommenden nicht-proteinogenen Aminosäure *Alliin*) wirkt nicht nur gegen Bakterien, sondern auch gegen die besonders widerstandfähigen Endosporen (grampositive Bakterien). Diesen Sporenbildnern kann Capsaicin nichts anhaben. Auch die Senföle der Zwiebel haben einen MO-abtötenden Effekt, weshalb sie in unseren Breiten in fast allen Zubereitungen direkt (oder indirekt, z. B. als Fondbestandteil) verwendet werden. Die meisten Mikroorganismen, Pestizide und andere Pflanzengifte werden vor allem durch Erhitzen unschädlich gemacht. Ausnahmen sind Komponenten, die ihre Giftigkeit selbst durch Kochen und Braten nicht verlieren, wie z. B. das **Solanin** und **Chaconin** der Kartoffeln (LCI 2019). Deshalb sollten besser Kartoffeln geschält werden – diese Gifte sitzen unter der Schale.

Welche Funktionen *Kümmel* (sein ätherisches Öl) im Kochwasser der Frühkartoffeln, Majoran in der Kartoffelsuppe in Bezug auf Solanin und Chaconin, und das *Bohnenkraut* auf das Bohnen-Alkaloid **Phasin** haben, wäre wissenschaftlich noch zu untersuchen. Ihre jeweilige »aromatische Harmonie« mit dem betreffenden Primärstoff könnte noch auf weitere Magen- und Darmfunktionen hinweisen als die ihnen bisher zugesprochenen (z. B. gegen Blähungen). Belegt dagegen ist die Wirkung von Gewürzmischungen oder Marinaden, in die Gemüse oder Fleisch eingelegt wurde: 99,9 % aller Krebsbildner, die beim nachfolgenden Rösten entstehen, werden durch deren Gewürzanteile beseitigt; a. a. O., S. 12.

Neben diesen medizinischen Effekten sind auch die **psychotropen Substanzen** der Sekundärstoffe bedeutsam, auf die wir in Abschn. 11.3, S. 177 ff. näher eingegangen sind. Viele Gewürze wirken wie Drogen. **Nelken**, **Safran**, **Pfeffer** und vor allem **Muskat** führen zu psychischen Effekten, auch weil ihre Inhaltsstoffe (z. B. *Eugenol*) in der Leber u. a. in *Amphetamine* umgewandelt werden.

15.5 Molekülgrößen und deren Erkennbarkeit auf der Zunge

Wie betont, sind unsere Reizverarbeitungssysteme evolutionär auf ein »erwartetes Nahrungsangebot« angepasst, sodass sie 'Gutes' und 'Schlechtes' in der Nahrung geradezu perfekt erkennen können. Alles, was für unseren Körper von Bedeutung ist, wird aus dem Molekülmix der Nahrung detektiert und mit Empfindungen und Gefühlen 'bewertet'. Es sind vor allem *Säuren, Bitterstoffe* und *Mineralien* (Salze), deren Konzentrationen bestimmte (physiologische) Werte nicht übersteigen dürfen, weshalb die Zunge jene wasserlöslichen Anteile sehr genau überprüft (Überdosen sind toxisch). Mithilfe sog. **Geschmacksknospen** (Sinneszellen, in denen Rezeptoren in 'Mulden' oder Krypten liegen, s. Abb. 6, S. 231), erkennt die Zunge kleinste Moleküle, sobald sie in die Mulde 'rutschen' und darin liegende Rezeptoren aktivieren. Das Gehirn erfährt etwa in einer dreitausendstel Sekunde, um welche Moleküle es sich handelt. Ist die Konzentration dieser Kleinstmoleküle hoch, fließen die elektrischen Impulse stärker – der Eindruck *'intensiv'* entsteht.

15.5.1 Wahrnehmung von Geschmacksmolekülen

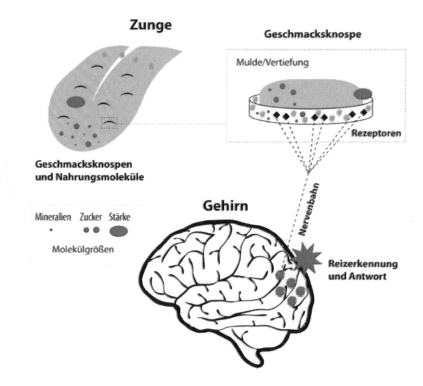

Abbildung 6 Erkennung kleiner Moleküle auf der Zunge (eigene Darstellung)

In die Mulden (Krypten) der Zungenknospen gelangen nur *kleinste* Moleküle und lösen entsprechende Reize aus. Diese werden ins Gehirn weitergeleitet und dort *identifiziert*, weil die jeweils aktivierten Rezeptoren nur die zu ihnen passenden Moleküle erkennen können. Beim

Einspeicheln und Zerkauen wird geprüft, ob zwischen den komplexen Molekülverbänden etwas 'Kleines' verborgen liegt. Nur die Kleinsten 'rutschen' in die Knospenvertiefung und lösen einen elektrischen Impuls aus. Größere Moleküle (z. B. Stärke und Faserstoffe) gleiten über die Geschmacksrezeptoren hinweg, ohne sie zu erreichen, ihr Reizimpuls ist daher schwächer. Alle kompakten großen Moleküle haben deshalb kaum Geschmack. Ist die Konzentration kleiner Moleküle hoch, so erleben wir das als *intensiv*. Einen solchen Intensitätswert haben *Säuren* und *Scharfstoffe*, denn sie 'verätzen' graduell die Geschmacksknospen und verursachen einen Schmerzreiz. Das Gehirn gleicht ständig die aus dem Mundraum einlaufenden Informationen mit den gespeicherten Mustern von *gefährlich* und *ungefährlich*, von *schmackhaft* oder *unattraktiv* ab. Für diese Empfindungen gibt es unendlich viele Zwischentöne, die ihrerseits von Mensch zu Mensch unterschiedlich wahrgenommen werden (die Rezeptoraktivitäten variieren aufgrund genetischer Unterschiede).

Dieser Sachverhalt macht deutlich, dass die Sekundäranteile sowohl die *Intensität* als auch die *Fülle* einer Speise beeinflussen – je nach Konzentration der Geruchs- und Geschmacksstoffe. Welche Information sich für den Körper hinter dem jeweiligen Sinneseindruck ernährungsphysiologisch 'verbirgt', also begrifflich ausgedrückt wird, zeigt die Abb. 7, unten.

15.5.2 Der Zusammenhang von Sinneseindruck und Nährwert

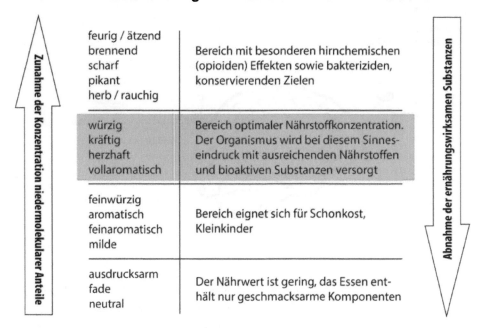

Abbildung 7 Der Zusammenhang von Sinneseindruck und Nährwert

Ein Nahrungsgemisch besteht stets aus großen und kleinen Molekülen (einschließlich vieler Zwischengrößen). Entscheidend für den Geschmack ist die Konzentration kleinster Substanzen. Sie können rasch und **ohne großen Verdauungsaufwand** in den Organismus einströmen und die Isotonie (Gleichgewicht zwischen intra- und extrazellulären Ladungsverhältnissen) gefährden – 'klein' ist daher nur in physiologischen Dosen 'fein'! Sind ernährungsrelevante Anteile in einer physiologischen Dosis vereint, empfinden wir das Essen u. a. als herzhaft und kräftig (gehaltvoll) – den Mangel an Inhaltsstoffen erkennen wir u. a. als 'faden' Eindruck. Schärfeeindrücke erregen nicht nur unsere Aufmerksamkeit, weil sie oftmals stimmungshebend sind, sondern auch, weil sie schädigend sein können.

16 Garziele

16.1 Beispiel eines feuchten Verfahrens

Am Beispiel eines **feuchten Verfahrens** lassen sich die im 'Zubereitungsdreieck' (Abb. 4, S. 223) grafisch dargestellten Wechselbeziehungen zwischen Primärstoff und Sekundäranteilen erkennen, und ebenso eines der Ziele feuchter Verfahren – »*das aromatische 'Upgrade' des Primärstoffs*« – belegen. Wie bei nahezu allen feuchten Verfahren entsteht dabei eine aromatisierte Flüssigkeit (das *Garmedium*), die als primärstoffeigene Brühe (franz. *Bouillon = bouillier* 'wallen, sieden') als Basis vieler Suppen und Soßen dient.

Wird **Fleisch** (das Muskelgewebe *warmblütiger* Schlachttiere)[427] in heißem, gesalzenem Wasser gegart, treten durch die Erhöhung des Innendrucks und der Quellvorgänge im Muskelgewebe (besonders der *Kollagenanteile* des Bindegewebes) u. a. die wasserlöslichen Eiweiße (*Albumine*) und salzwasserlöslichen *Globuline*, Fettanteile und fleischeigene Mineralstoffe in die Garflüssigkeit über – aus dem *Bukett garni* (ein Gemüsebündel, meist aus Möhre, Sellerie, Porree und Petersilienwurzel), der Röstzwiebel und den Gewürzen (u. a. Lorbeer, Nelken, Pfefferkörner) auch Farbstoffe, ätherische Öle, Zucker- und Mineralstoffe. In umgekehrter Richtung wandern Kochsalz und Aromen aus

---

[427] Muskelgewebe anderer Tierarten werden mit einem Präfix kenntlich gemacht: z.B. *Fisch*-fleisch, *Hühner*-fleisch, *Wild*-fleisch, *Lamm*fleisch etc.

der Garflüssigkeit in das Fleisch, wodurch es **von innen** aromatisiert wird (ein bedeutender physikalischer Vorgang, der letztendlich das Wesen des Kochens, seine variationsreichen Produkte begründet).

Dieser Austausch der Inhaltsstoffe verläuft nach den physikalischen Gesetzen der *Osmose* und *Diffusion*.[428] Nach einer entsprechenden Gardauer (nach erreichter Quellung und nachdem Kollagen als Gelatine in die Brühe übergetreten ist),[429] verlangsamt sich die Wanderbewegung löslicher Anteile. Die Konzentrationen der Mineralien und Aromastoffe im Fleisch und im Garmedium haben physikalisch einen möglichen 'Gleichgewichtszustand' erreicht. Die Garflüssigkeit schmeckt nun nach dem verwendeten Fleisch[430] und den verwendeten Aromen.

Bedeutsam für diesen Garprozess ist nicht nur, dass das Muskelgewebe danach kaubar, saftig und von innen aromatisiert ist, sondern auch, dass die in die Garflüssigkeit übergetretenen Anteile *neue* aromatische **Garprodukte** (vorher nicht existierende aromawirksame Moleküle) gebildet haben. Sie sind das »**Hinzugekommene**« – das aus den Komponenten »**Gewordene**«.[431] Schon deshalb sind die Rohstoffanteile einer Zubereitung niemals zufällig, wenn bestimmte Garprodukte erreicht werden sollen. Weil sich während der thermischen Phase *Moleküle finden und verbinden sollen*, braucht es Zeit (die *Gardauer*) – und entsprechende Temperaturen (die energetischen = *kinetischen*

---

[428] **Osmose** (griech. *osmos* = Eindringen) ist eine gerichtete »Wanderung« von Molekülen (in der Regel der Wassermoleküle) durch eine halbdurchlässige (semipermeable) Membran – hier: die Zellmembranen des Muskelgewebes. Wasser wandert immer in Richtung der höheren Konzentration (der von Mineralien = Salze, Ionen), die im Fleisch liegt. Deshalb dringt Wasser *in* das Muskelgewebe. **Diffusion** (lat. *diffundere* = ausbreiten) ist eine ungerichtete Durchmischung (ein Konzentrationsausgleich) von Stoffen (auch Gasen), die temperaturabhängig verläuft (je heißer, desto schneller) und wird auf das »Zappeln« der Moleküle (der *Brownschen Molekularbewegung*) zurückgeführt – die sich gegenseitig so lange anstoßen, bis sie sich gleichmäßig verteilt haben

[429] Die Wassermoleküle werden über *Wasserstoffbrückenbindungen* an polare Gruppen des Bindegewebes (Kollagen) gebunden, das durch den Quellvorgang über die Zwischenstufe *Tropokollagen* schließlich zu wasser-löslicher *Gelatine* wird, die kolloidal (tröpfchenförmig) in Lösung geht – die Basis des Fleischgeschmacks (Umami)

[430] Vor allem durch das in das Wasser übergetretene Bindegewebseiweiß Kollagen – als Gelatine (Gelatine lässt bei ausreichender Konzentration eine erkaltete Bouillon gelieren), durch Glutamat und Mineralien des Fleisches und seiner kurzkettigen Fettanteile (die bis zu 3-C-Kettenlänge wasserlöslich sind)

[431] In älteren Quellen findet sich auch der Begriff *Osmazom;* s. *Brockhaus-Angaben aus dem Jahr 1839*; heute wird darunter der gelierte Fleischsaft – die Inhaltsstoffe der Glace (*Glace de viande*) verstanden

Bedingungen). Oftmals entstehen erst durch langes Köcheln die für unser Hochgefühl entscheidenden Inhaltsstoffe.[432]

Dass wir diese *Reaktionsprodukte* besonders appetitlich finden, weist auf ihren physiologischen Wert. Offenbar *sollen* wir sie mögen, denn sie aktivieren nachweislich unser **Belohnungszentrum.** Wir erinnern uns: Wenn wir etwas essen, das unser Organismus als Vorteil erkennt, produziert das Belohnungs-zentrum Botenstoffe (u. a. Serotonin), die unseren gefühlten Zustand während und nach dem Essen verbessern (deshalb schmeckt es uns). Im Fleisch und in einer Bouillon befinden sich vor allem freies *Glutamat* (die Salze der Gluta-minsäure – unsere Zunge hat dafür eigene Rezeptoren: *Umami*-Geschmacks-zellen), das den Wohlgeschmack befördert (dass Aminosäuren einen heraus-gehobenen Wert für unsere Ernährung haben, wird spätestens hier deutlich). *Zubereitetes* ist immer dann genussvoll, **wenn wir das für unseren Organis-mus Richtige hergestellt haben.** Genusswerte sind »*Mitteilungen und Urteile des Organismus*«, an denen unzählige Rezeptoren, Genaktivitäten und unsere Darmbiota und schlussendlich unser Belohnungssystem beteiligt sind.

16.2 Trockenes Garen

Bei **trockenen Verfahren** entstehen chemisch noch komplexere Garprodukte als beim Garen in Flüssigkeiten. Sie werden als »trocken« bezeichnet, weil die Reaktionsprodukte in 'Abwesenheit' von Wasser entstehen – wie z. B. beim Braten in der Pfanne. An den Randflächen (den Reaktionsstellen) verdampft Wasser, wodurch dort die Temperatur über 100°C ansteigt und organische Substanzen zu neuen Molekülverbindungen in der sog. **Maillard-Reaktion** verschmelzen. Dabei entstehen sog. 'Röststoffe', die u. a. *β-Carboline* ent-

---

[432] Als Beispiel für die Notwendigkeit langen Simmerns kann die Tomatensoße dienen. Tomaten gehören zur Gruppe der Nachtschattengewächse (*Solanaceae*) und enthalten deshalb geringe Mengen der für diese Pflanzen typischen **Alkaloide**; hinzu kommen hohe Gehalte an *Serotonin* und *Tryptamin*. Diese Komponenten verbinden sich bei langem Garen schließlich zu psychotrop wirksamen Komponenten, die Chemiker als *Dimethyltrypta-min* und *Bufotenin* bezeichnen. Schon deshalb geht es bei der Herstellung einer besonders schmackhaften To-matensoße, die stets auch hohe natürliche *Glutamatanteile* enthält, nicht um die Bewahrung von Nährwerten (FOCK; POLLMER 2012; S. 6)

halten,[433] die an *Opioidrezeptoren*[434] des Gehirns andocken und zugleich *MAO-Hemmer* sind.

Hintergrundinformationen
Zur Erinnerung: MAOs inaktivieren alle biologisch wirksamen Amine ('biogene Amine', wie z. B. *Tryptamin, Tyramin, Noradrenalin, Serotonin*), die sich in Zellen und im Blut befinden und deshalb oft nur eine wenige Minuten während Halbwertszeit haben. *Biogene Amine* fungieren u. a. als *Neurotransmitter* (sie übertragen Nervensignale) und als *Gewebshormone* (die wirken örtlich auf die Signalübertragung), wozu u. a. auch das **Serotonin** gehört. Der Name dieses biogenen Amins leitet sich von seiner Funktion auf den Blutdruck ab: »*Serotonin ist eine Komponente des Serums, die den Tonus (Spannung) der Blutgefäße reguliert. Es wirkt außerdem auf die Magen-Darm-Tätigkeit und die Signalübertragung im zentralen Nervensystem*«; aus Wikipedia: *Serotonin*.

Da Garprozesse jene Komponenten (weitgehend) beseitigen, die die Bioverfügbarkeit von Nährstoffen mindern (*Antinutritiva*)[435] und toxische und bakterielle Anteile minimieren, können wir die im gegarten Rohstoff liegenden Genusswerte (das gemochte »Wesen« der Nahrung) im tiefsten Wortsinn vorbehaltlos *genießen* (»mit Gefallen verzehren«). Dahinter verbirgt sich ein evolutionsbiologischer Sachverhalt: *Fette, Eiweiße, Kohlenhydrate, Fruchtsäuren, Bitterstoffe, Salze* u. a. m. sind seit Anbeginn menschlicher Existenz die entscheidenden Nährstoffe bzw. waren schon immer Komponenten seiner favorisierten Nahrung – nicht erst seit der kulturellen Entwicklung vor etwa 10 000 Jahren. Sie bilden das eigentliche Fundament der Ernährung – sind Bausteine unserer »Urnahrung«. Dank der Garverfahren wird die Aufnahme dieser elementaren Stoffe im alltäglich wiederkehrenden Akt des Essens zum sensorischen 'Hoch', zum sinnlich genussvollen Erlebnis. Der Hochgenuss gerösteter

---

[433] Eine chemische Verbindung, die an spezifische Rezeptoren der Reizleitungskanäle der Nerven bindet und so den Durchfluss des (hemmenden) Neurotransmitters **GABA** (Gamma-Amino-Buttersäure) blockiert – seine hemmende Wirkung wird dadurch vermindert

[434] Opioidrezeptoren sind spezifische Bindungsstellen (*Transmembranrezeptoren*) an Zellmembranen des Nervengewebes, sowohl im zentralen (besonders im *Thalamus*) und im peripheren Nervensystem (Darm), an die *Opioide* und *Opiate* binden. Sie gehören zur Familie der *Endorphinrezeptoren*, also jenen Zellkanälen, an denen *körpereigene* Botenstoffe (*Endorphine*) anlagern und deren Signale in das Zellinnere weiterleiten

[435] **Antinutritive Substanzen** sind Stoffe, die eine maximale Verwertung der mit der Nahrung aufgenommenen Nährstoffe einschränken. Sie gehören zur großen Gruppe der *sekundären Pflanzenstoffe*, die nicht nur Vorteile für unsere Ernährung haben, sondern beispielsweise auch die Resorption von Aminosäuren (*Proteasen-inhibitoren*) und Mineralien (*Phytinsäure*) hemmen, das Immunsystem beeinflussen (*Lektine*) und u. a. zu Jod- und Eisenmangel und zur Vergrößerung der Schilddrüse führen können (*Goitrogene*)

Nahrung ergibt sich aus dem Synergieeffekt oben beschriebener opioider Anteile, dem im Nahrungsgedächtnis 'abgelegten Wissen', dass Geröstetes keimfrei ist und dass insbesondere Muskelgewebe eine Quelle optimaler Ernährung ist.

17 Der Einfluss klimatischer und regionaler Bedingungen auf die Zubereitung

Wenden wir vorerst den Blick noch einmal weg von besonderen technologischen Aspekten und betrachten erneut das mehrfach betonte Hauptziel jedweder Zubereitung: die *Genusswertsteigerung*. Hier gilt – wie wir inzwischen wissen – »*das Bessere ist der Feind des Guten*«. Was jedoch *ist* das »Bessere«, wenn etwas bereits »gut ist« (gut schmeckt)? Die Qualität »gut« erfahren wir bekanntlich als *Wohlgeschmack* – unsere verlässlichste sensorische Orientierung für wertvolles Essen. Deshalb bliebe zu klären, welches sprichwörtliche 'i-Tüpfelchen', welche *aromatische Besonderheit* (abgesehen von in Abschn. 4.5.2, S. 88 f. diskutierten opioiden Komponenten) hinzukommen muss, um eine gute Zubereitung 'besser' zu machen? Dies scheint zumindest immer dann der Fall zu sein, wenn die 'verbessernden' Anteile u.a. pharmakologisch wirksam sind, wobei deren Art und Dosis von klimatischen und/oder hygienischen Gegebenheiten abhängen.

»Geschmackswerte« informieren ja nicht allein über die mit dem Bissen zu erwartenden Nährstoffanteile, sondern auch darüber, ob das Aufgenommene gesundheitlich unbedenklich ist – die bedeutendste sensorische 'Information' überhaupt. Denn auch Wohlschmeckendes ist niemals »steril«, frei von mikrobiellen Anteilen. Deshalb führt uns die Frage, welche Zubereitung die »bessere« Alternative ist, direkt zu Verfahrenstechniken, die gesundheitliche Risiken gezielt minimieren. Wir werden sehen, dass Zubereitungsvorlieben und der Gebrauch von Gewürzen mit den jeweiligen klimatischen und regionalen Besonderheiten in engem Zusammenhang stehen.

Die täglich wiederkehrenden Mahlzeiten des Menschen sind ein in die Zukunft gerichtetes biologisches Erhaltungsprinzip, das nicht nur den Nährstoffbedarf sichert, sondern auch seine Fortpflanzung in dem Habitat ermöglicht, in dem er lebt – ob im Norden Norwegens, im Süden Italiens, Indiens oder in Uganda. Schon deshalb muss eine Zubereitung auch Komponenten enthalten, die vor allem jene Krankheitserreger (Pathogene) beseitigen bzw. minimieren, die in den jeweiligen Gebieten oft vorkommen (*endemisch* sind). Insofern sind regionale Verfahrenstechniken (insbesondere tradierte Rohstoffkombinationen) bewährte technologische Antworten auf Umweltbedingungen und zu erwartende Krankheitserreger – also *biologisch* begründet. Möglich wird eine solche biologische Anpassung an den jeweiligen Lebensraum u. a. durch Genregulationen (insbesondere durch *epigenetische Einflüsse* auf die Aktivierung oder Stummschaltung der Gene – s. Hintergr.-Info., S. 89), die auch die Zusammensetzung der Darmbiota und Enzymleistungen betreffen. Diese regional entstandenen Zubereitungen werden dann von Zugereisten, die (klimatisch bedingt) an andere landestypische Speisen gewöhnt und angepasst sind, meist nicht gemocht. Um diese andere Kost physiologisch optimal nutzen zu können, fehlen ihnen – mehr oder weniger – die trainierte (adaptierte) Darmbiota und entsprechende Stoffwechselleistungen.

Die z. T. extremen sensorischen Unterschiede zwischen geographisch entfernt liegenden Küchen sind allerdings erstaunlich, da Menschen genetisch zu 99 % identisch sind, über dieselben neurobiologischen »Messinstrumente« und über ein vergleichbares evolutionär entstandenes »*Nahrungsgedächtnis*« (s. Fußn. 151, S. 83) verfügen, mit dem sie, wie mehrfach betont, 'wertvolles' von 'wertlosem' Essen unterscheiden können. Weiterhin ist allen gemein, dass ausnahmslos jeder *Wasser, Fett, Eiweiß, Kohlenhydrate, Vitamine* und *Mineralstoffe* benötigt, deren molekulare Zusammensetzungen chemisch-physikalisch betrachtet »gleich« sind – ungeachtet ihrer *Isotopenunterschiede* oder beispielsweise der Kornstruktur-Varianzen verschiedener Stärkelieferanten und/oder Ballaststoffzusammensetzungen. Deshalb dürfte es eigentlich keine gravierenden Unterschiede in Bezug auf Geschmacks- und Zubereitungspräferenzen geben – dafür sind die Menschen in ihren biologischen Anlagen zu gleich.[436] Dennoch: Weltweit gibt es z. T. extreme Unterschiede in der Zubereitung und den Aromapräferenzen. Womit ist das zu erklären?

Zunächst und grundsätzlich liegt das an den klima- und lebensraumabhängigen Vegetationsunterschieden (den pflanzlichen Nahrungsressourcen) und der Verfügbarkeit tierischer Eiweißquellen. Beispielsweise sind Rentiere Grundnahrungsmittel nomadisch lebender Tschuktschen (wie auch Stutenmilch = *Kumys*); Kamelmilch wird in Nordafrika und Asien geschätzt. Tofu, ein Quark aus Sojabohnen, kommt ursprünglich aus China. Orientalische Gewürze aus der Levante und dem Maghreb gibt es natürlicherweise nur dort. Risotto-Reis wächst vor allem in der Poebene, Kartoffeln kamen ursprünglich aus den Hochanden (Chile, Peru, Bolivien) und Mais aus dem tropischen Süden Mexikos (gezüchtet aus der Wildform *Teosinte*). Von Wildreis (Wassergras) ernährt sich bereits seit Jahrtausenden die indianische Urbevölkerung Kanadas, und die Milch für den klassischen Parmesankäse lieferte ursprünglich nur die Rinderrasse *Vacca Bianca Modenese* aus der Region *Emilia-Romagna* usw. Die Aufzählung der Ursprünge und Herkunftsgebiete von Rohstoffen und/oder deren Produkte ließe sich endlos fortsetzen und wäre, weil hinlänglich bekannt, für unsere Betrachtung eigentlich überflüssig. Eigentlich! Gäbe es nicht ernährungsrelevante Besonderheiten, die mit jedem Anbau- und Herkunftsgebiet in Zusammenhang stehen.

Pflanzen bilden je nach Klimagürtel und Höhenlagen jeweils *Sekundärstoffwechsel-Produkte*, die sie an ihrem Standort zum Überleben benötigen.[437] Deshalb enthalten die von uns bevorzugten Nahrungspflanzen (z. B. Getreide,

---

[436] … ließe man Geschmackspräferenzen außen vor, die auf Enzympolymorphismus, individuelle Geschmackswahrnehmungen (u. a. 'Superschmecker') und genetisch begründete Intoleranzen, wie *Allergien* – z. B. Haselnuss-, Fructose-, Gluten- und Histaminintoleranz, Pilzaversion und Eiunverträglichkeit, Nierenleistungen ('Salzverlustniere') – zurückgehen

[437] Eine Pflanze, die in Höhen von über tausend Metern wächst, ist härteren UV-Strahlen und Temperaturschwankungen ausgesetzt, als eine, die in der Ebene gedeiht. Auch haben es Pflanzen in tropischen, feuchtwarmen Zonen mit anderen Fressfeinden (Phytophagen) und Schadorganismen (Parasiten, Bakterien, Hefen, Pilzen u. a. m.) zu tun, die sie abwehren müssen. Diese Abwehrstoffe (Alkaloide, Bitterstoffe, Harze, vielfältige ätherische Öle, wie z. B. Minz- oder Eukalyptusöl, Eugenol) bilden Pflanzen in ihrem sekundären Pflanzenstoffwechsel. So müssen sich u. a. Getreidearten (Reis, Mais, Roggen etc.) gleich gegen mehrere Arten von Schimmelpilzen zur Wehr setzen. Stoffwechselprodukte der Schimmelpilze (Mykotoxine) sind für tierische Organismen hochgefährlich – Mykotoxine zählen zu den giftigsten Stoffen, die es in der Natur gibt. So ist z. B. *Thiamin,* das Vitamin B1, ein Antidot (Gegenmittel) der Reispflanze gegen das Mykotoxin *Citreoviridin,* die Ursache für die kardiale Beriberi (ANHALT 2019); s. auch Fußn. 376, S. 192

Wurzel-, Blatt-, Stengel-, Knollen-, Blütengemüse etc.) aus verschiedenen Ländern niemals quantitativ identische und strukturgleiche molekulare Anteile an Faserstoff-, Wasser-, Stärke-, Eiweiß-, Fett- und Vitamingehalten, sondern unterscheiden sich z. T. signifikant in Bezug auf ihre bioaktiven Substanzen (u. a. die Bitter- und Scharfstoffanteile, Saponin- und Phytohormongehalte). Ihre *antinutritiven* Komponenten richten sich jeweils gezielt gegen die in ihrem Biotop am häufigsten vorkommenden Mikroorganismen und Schadnager, die sie infizieren bzw. fressen könnten. Diese pflanzlichen »Kampfstoffe« sind chemisch wirksame Verbindungen mit variationsreichen molekularen Strukturen.[438] Schon deshalb sehen diese Pflanzen (auch farblich) anders aus, riechen und schmecken anders. Ihre signifikanten Aromen sind das eigentliche 'Markenzeichen' der verschiedenen regionalen und internationalen Küchen.[439,440]

Letztere haben – verglichen mit der mitteleuropäischen Küche, auf die wir später noch eingehen werden – deutliche Unterschiede. Vor allem im Schärfegrad (u. a. durch Capsaicingehalte), in der Aromaintensität (Currys), Süße- und Säureanteilen (z. B. in Kokosmilch gegart, mit Früchten, süßen oder sauren Tamarinden), sowie in der Verwendung vielfältig eingelegter und fermentierter Speisen (z. B. Kimchi – ein scharf eingelegter Chinakohl) und variationsreichen Würzsaucen (z. B. Soja) – um nur einen Bruchteil der Zubereitungsvielfalt asiatischer Küchen zu nennen. Diese traditionellen Zubereitungen stehen mit den zuvor angesprochenen 'übergeordneten' klimatischen und regionalen Bedingungen in direktem Zusammenhang. Wobei insbesondere die mehrfach erwähnten epigenetischen Wirkmechanismen zu veränderten metabolischen Fähigkeiten und Geschmacksprägungen führen, die länderspezifische Vorlieben hervorbringen. Für jede heimische Bevölkerung sind tradi-

---

[438] Speziell gegen Mikroorganismen (Bakterien, Pilze) bilden Pflanzen eine Vielzahl chemischer Verbindungen, sog. *Phytoalexine;* gegen größere Fressfeinde bilden sie Stacheln, Dornen, Brennhaare etc. und giftige Substanzen, wie z. B. *Alkaloide*, die die Membrantransporte und Enzyme der Fressfeinde behindern

[439] Da das Pflanzenfutter entscheidenden Einfluss auf die Zusammensetzung des Fleisches hat (Farbe, Aroma, Fettzusammensetzung, Vitamingehalte), haben Tiere (Freiland oder Stallmast) verschiedene Fleischqualitäten

[440] So auch der 'Geschmack' und die Fleischfarbe von Fischen. Sie sind u. a. vom maritimen Ökosystem, ihrem Futter und ihrer Art abhängig: ob sie Raubfische sind oder sich von Phyto- oder Zooplankton ernähren – und z. B. als Salz-, Süß-, Kaltwasser-, Fluss-, Teich- oder Tiefseefische leben

tionelle Zubereitungen genussvoll – obwohl sich ihre Rohstoffanteile und Aromen objektiv von Zubereitungen anderer Kulturen unterscheiden.

Wäre es nicht so, ließen sich 'Wohlgeschmack' und aromatische Vorlieben weltweit auf relativ wenige Zubereitungsverfahren reduzieren. Andererseits belegt dieser »geographische Faktor« auch den tiefen biologischen Zusammenhang zwischen Lebensraum und Ernährungsweisen. Schließlich kann sich der Mensch nur mit dem versorgen, was ihm seine Umwelt bietet: entweder eine karge, einseitige oder eine reiche Palette an (Nahrungs-)Optionen, aus der er das für sich Passende und Schmackhafte zusammenstellen kann, anderenfalls würde er dort nicht sesshaft werden. Das Experimentieren mit gegebenen Rohstoffen, das Suchen und Finden optimaler Zubereitungen muss aber nicht jedes Mal bei 'null' beginnen. Jeder Mensch kann in seiner Region, in die er hineinwächst, auf bewährte Rezepturen zurückgreifen, die viele Generationen vor ihm entwickelt haben.

Menschen, die in gemäßigten Klimazonen[441] leben, sind in ihren Wahlmöglichkeiten privilegiert; es gibt meist ausreichend frische (und/oder konservierte) pflanzliche und tierische Nahrung im Rhythmus der Jahreszeiten (inzwischen sogar ganzjährig). Auch die Zubereitung ist relativ flexibel, denn gegessen werden kann nahezu alles – ad libitum auch roh und ungewürzt, ohne ernsthafte gesundheitliche Folgen erwarten zu müssen – mit wenigen Ausnahmen[442] (weil beispielsweise bestimmte pharmakologisch wirksame 'entgiftende' Komponenten nicht verwendet worden sind).

Andererseits überleben Populationen auch in eher unwirtlichen Lebensräumen mit relativ »einseitiger« Kost, die ihnen schmeckt und sie ernährt.[443] So verzehren Inuit im nördlichen Polargebiet Fische und Robbenfleisch auf der Jagd

---

[441] Liegen zwischen den *Subtropen* (mit einer Jahresmitteltemperatur über 20 °C) und der *kalten Zone* (deren wärmster Monat eine Mitteltemperatur von unter 10°C hat)

[442] Z. B. rohe Bohnen (*Phaseolus vulgaris*), sie enthalten das giftige *Phasin* (es kann rote Blutkörperchen verkleben) oder ungegartes Geflügelfleisch sowie rohe Eier, womit man sich der Gefahr an *Salmonellose* zu erkranken, aussetzt – Salmonellen sind stäbchenförmige Bakterien aus der Familie der Enterobakterien, die sich im Darmtrakt verschiedener wildlebender und domestizierter Tiere befinden

[443] So 'schmecken' Föten Nahrungskomponenten des Fruchtwassers, wobei ihre Rezeptoren durch eine molekulare Adaptation auf jene Inhaltsstoffe 'geprägt' werden, die zum Fortpflanzungserfolg der Mutter geführt haben. Dadurch werden jene Geschmackspräferenzen 'entwickelt', die das Überleben mit dieser 'einseitigen' Fisch-Fleisch-Kost sichern

roh und oftmals blutig.[444] Die indische Küche, insbesondere die *singhalesische,* bevorzugt scharfe Gewürze, weil diese unter anderem die Körpertemperatur absenken – hingegen unsere traditionellen Rot-, Grün-, Weiß-, Wir-sing-kohlspeisen sie steigen lassen (s. Hintergr.-Info., unten). Der klimatische Hintergrund dieser 'gemochten' Zubereitungen ist daher unverkennbar. Dass wir traditionell *Kümmel* zum Schweinebraten geben,[445] die Engländer *Minze* zu Lamm bevorzugen,[446] und Japaner *Sojasoße* und *Wasabi* zu rohen Fischtranchen, erklärt sich aus deren vielfältigen physiologischen Funktionen (und regionaler Verfügbarkeit). U. a. entkeimen diese Zugaben *prophylaktisch* das Essen, machen es physiologisch unbedenklich und bekömmlich(er) (u. a. senkt die Stärke von Nudeln und Reis die Glutamat-Blutwerte der Sojasoße) und setzen appetitsteigernde aromatische Akzente.

Hintergrundinformationen

Der *Capsaicin-Rezeptor* (Capsaicin ist ein pflanzliches *Vanilloid* – deshalb auch: Vanilloid-Rezeptor 1) ist ein Ionenkanal in den sensorischen Nervenzellen, der für die Wahrnehmung und Weiterleitung von Schmerzempfindungen – auch hitzebedingte (bei Temperaturen von über 42°C) – zuständig ist. Capsaicin aktiviert diesen Rezeptor, was mit einer »Heiß-Empfindung« einhergeht, wodurch sich die Blutgefäße in der Haut weiten und wir zu schwitzen beginnen – ein Effekt der *Thermogenese*, um überschüssige Wärme nach außen abzuleiten. Untersuchungen an Ratten, denen Capsaicin (ein fettlösliches Alkaloid, das ungehindert die Blut-Hirn-Schranke überwindet) u. a. direkt ins Gehirn injiziert wurde, führten zur Verlangsamung des Stoffwechsels und zu einem lang anhaltenden Abfall der Körpertemperatur; a. a. O., S. 5 f. Für Menschen, die unter tropischen Bedingungen leben müssen, ist dieser 'innere' Kühlungseffekt vorteilhaft: Eine Überhitzung wird abgewehrt und die gegebene Hitze lässt sich besser ertragen – zusätzlich wird das Trinkverhalten angeregt. Dass Chili vornehmlich in klimatisch heißen Regionen und nicht im kühleren Norden verwendet wird, belegt den weiteren biologischen Hintergrund (denn Capsaicin ist zudem ein potenter Bakterienhemmer).

---

[444] Gekocht werden diese Fleischteile meist aus Gründen mangelnden Holzvorrates nicht (früher diente Waltran 'Blubber' als Lampenöl); frischer Fisch kommt aus dem Salzwasser und ist bei diesen arktischen Temperaturen nahezu keimfrei. Trotz dieser extremen und fettreichen Ernährung kannten die Inuit keine Herz-Kreislauf-Erkrankungen, keine 'erhöhten Cholesterinwerte' und auch keinen Karies. Ebenso litten sie nicht unter *Skorbut*, denn die Beutetiere sind reich an Nährstoffen, und Innereien enthalten Vitamin C

[445] Er aktiviert die Magensäureproduktion (appetitsteigernd), mindert Blähungen und ist antibakteriell

[446] Auf *Menthol* und *Minze* (sie enthalten ein bestimmtes *Monoterpen*) reagieren *Thermorezeptoren* (durch ein Abfallen der Aktionspotentiale im *Kälte-Menthol-Rezeptor* **TRPM8**), was im Mundraum zu einem kühlenden Effekt führt und eine Assoziation mit Frische erzeugt; dazu: *Mentholrezeptor lässt Mäuse und Menschen frösteln* (GESSAT 2007)

Die große Präferenz für Scharfstoffe aus Senf, Rettich, Kresse, Radieschen, Meerrettich u. a. m. in Breiten mit 'vier Jahreszeiten' hat ebenfalls biologische Gründe: Ihre »brennenden« Komponenten (die große Gruppe der *Isothiocyanate,* die auch in Kohlgewächsen reichlich vorkommen) aktivieren unsere *Kälterezeptoren* (vergleichbar mit den Hitzerezeptoren, die auf Capsaicin reagieren) und lassen die *Thermoregulation* in Richtung Temperaturerhöhung gehen – um Unterkühlung zu vermeiden. Der Appetit 'auf etwas', das Mögen bestimmter Zubereitungen haben jeweils physiologische Hintergründe, die immer auch klimatisch bedingt sind und weit in die Entwicklung der Menschheit zurückreichen – die sich immer wieder an den Wechsel von Kalt- und Warmzeitphasen anpassen musste.

Die Wertschätzung 'ausgewogen' gewürzter Zubereitungen, insbesondere die aromatische Betonung und Bewahrung des »Primärstoff-Profils« (seiner aromatischen Eigenart), ist demnach ein Luxus, den wir uns in unseren gemäßigten Breiten 'leisten' können. Jene Krankheitserreger, die bei uns endemisch sind, lassen sich (wie auch die meisten Antinutritiva) leicht durch Kochen, Braten und/oder Marinieren sowie mittels Salz, wenigen Kräutern und Gewürzen weitgehend unschädlich machen (bzw. unterhalb krankmachender Dosen halten).[447] Vergleichbare MO gibt es in Polargebieten nicht, und deshalb brauchen Inuit ihren Fisch nicht 'prophylaktisch' zu entkeimen, denn ihre Umwelt liefert bereits die effektivsten Keimhemmer: Kälte und Salzwasser. Aber dort, wo ein hoher Infektionsdruck herrscht, es tropisch feucht-warm ist, wo Parasiten (z. B. Trypanosomen) Malaria, Schlaf- und Chagas-Krankheit oder Leishmaniose verursachen, wo Amöbenruhr und Tuberkulose etc. drohen, dort *muss* die Nahrung entsprechende medizinisch wirksame Komponenten enthalten, wenn das tägliche Essen nicht zum potenziellen Faktor für körperliche Malaisen, Krankheit und Siechtum werden soll.

In unseren Breiten ist es selbstverständlich, dass wir thermisch *un*behandelte Speisen (wie z. B. Blattsalate) mit einer *Säurekomponente* (Essig, Zitrone, Joghurt) zubereiten (die meisten Bakterien mögen keine niedrigen pH-Werte). Weiterhin werden die mikrobiellen Anteile dieser erdnah wachsenden Salate mit Pfeffer (enthält *Piperin*), Salz (ist hygroskopisch – bindet das für Bakterien notwendige freie Wasser), Zwiebelgewächsen (enthalten keimtötende Senföle) und frischem Knoblauch (enthält *Allicin*) reduziert; Letzterer tötet nicht

---

[447] Gleiche Ziele werden mit Trocknung, Kühlung, Räuchern, Alkoholbeizen, Einlegen in Öl, starkem Zuckern, Gel-/Aspiküberzügen (Sulzen), Mayonnaise u. a. m. verfolgt

nur Bakterien, sondern auch widerstandsfähige Bazillen.[448] Frische Kräuter haben ebenfalls partielle Entkeimungsfunktionen. Alle übrigen Krankheiten verursachenden Erreger (z. B. *Nematoden, Yersinen, Listerien, Campylobacter, Salmonellen*) werden, wie betont, durch thermisches Garen inaktiviert.

In feucht-warmen Klimazonen reichen aber die bei uns üblichen Verfahren (und unser natürlich vorkommendes antibiotisches Arsenal) nicht, um gegen dort vorkommende Erreger geschützt zu sein, denn einige davon überstehen Säure und Hitze.[449] Hier müssen bei der Zubereitung »schwerere Geschütze« aufgefahren werden. Als Mittel u. a. gegen bakterielle Erkrankungen haben sich scharfe Gewürze (*Pfeffer, Currypulver, Paprikafrüchte, Chilischoten, Tamarinde, Ingwer, Cochin Goraka, Kardamom, Kurkuma, Kreuzkümmel, Knoblauch* u. a. m.) als besonders effektiv erwiesen. Damit »erzwingen« – und das sei hier noch einmal betont – klimatische Bedingungen die Rohstoffkombinationen und begründen andererseits die in diesen Ländern gemochten Spezialitäten (z.B. brennend scharfe, herbsaure Zubereitungen).[450]

Wir Europäer begründen die Verwendung aromatischer Kräuter und getrockneter Pflanzen (*Gewürze*) mit ihrer Wirkung auf Speichelfluss und Appetit: Sie *aromatisieren* unsere Speisen, verbessern ihren »Geschmack«. Nachweislich aktivieren Kräuter und Gewürze die an der Verdauung und Resorption beteiligten Enzymsysteme (u. a. durch vermehrte Sekretion von Mund- und Bauchspeichel) und den Blutfluss in den feinen Adern der Darmzotten – um diese (meist bitter schmeckende) »gefährliche« Fracht (Gewürze und Kräuter enthalten durchweg natürliche *Pestizide*) schnellstmöglich via Leber zu entgiften und wieder auszuschleusen. Dieses Hochfahren der an der Verdauung beteiligten Systeme erleben wir dann als 'Anregung des Appetits'. Ihre tatsächliche Funktion, die Keimreduktion und partielle Entgiftung des Essens, war,

---

[448] **Bazillen** – eine große Gruppe von Stäbchenbakterien, die sowohl nützlich als auch lebensbedrohliche Krankheitserreger sind

[449] Insbesondere die toxische Wirkungen von (mehr als 450 bekannten) Mykotoxinen (u. a. Aflatoxin, Ergotamin). Sie lassen sich nicht durch Garverfahren beseitigen (allenfalls mit Laugen). Deshalb sind prophylaktische Maßnahmen bei der Ernte, Lagerung und vor allem der Hygiene erforderlich, um gesundheitliche Gefahren zu minimieren; dazu auch Drucksache: DEUTSCHER BUNDESTAG, April 2009

[450] So verwenden beispielsweise die Bewohner Sri Lankas ein *Tamarindenkonzentrat* (gestampfte Früchte des Tamarindenbaums), das antibakteriell (antiseptisch) wirkt und unerlässlicher Bestandteil der Thai-Küche ist. Es verleiht ihren Currys eine dunkle Färbung sowie eine pikante herbsaure Note; zur Erinnerung: Inuit verzehren ihren Robbenspeck direkt nach der Schlachtung ohne jedwede Ergänzung

wie U. POLLMER resümiert, bis in die jüngere Gegenwart hinein offenbar nicht zur Gänze verstanden: » ... *die Verwendung antibiotischer Rinden, Früchte, Kapseln und Schoten (bezeichnen wir) in Unkenntnis ihrer tatsächlichen Funktion naiverweise als Gewürze*« (FOCK; POLLMER 2012; S. 14).

In Kochbüchern werden diese aromatischen Ergänzungen oftmals als »besonderer Pfiff«, der die jeweilige Zubereitung »unterstreicht«, oder poetisch überhöht als »Seele des Essens« ausgelobt. Hinter all dieser Sprachakrobatik verbirgt sich nichts anderes als die Herstellung pharmakologisch wirksamer, gesundheitlich protektiver Rohstoffkombinationen. Die dabei eingesetzten »Moleküle« – die Rohstoffkomponenten – erkennen wir als signifikante Aromen: Ihr Duft und Geschmack belegen die Anwesenheit pharmakologisch wirksamer Anteile – signalisieren die 'Ungefährlichkeit' des Essens – und deshalb schmeckt es uns.

Hintergrundinformationen

Schutzwirkungen entfalten scharfe Gewürze oftmals erst in Kombination. So wird z.B. in tropischen Ländern Chili und Pfeffer oftmals gleichzeitig verwendet – zwei Alkaloide, *Piperin* (des Pfeffers) und *Capsaicin* (von verschiedenen Paprikafrüchten) – so, als würde man zusätzlich zum Zitronensaft Essig geben, um die Protonenfracht zu erhöhen (respektive den pH-Wert weiter abzusenken). Tatsächlich liegt erst in dieser Alkaloid-Kopplung ein effektiver antiparasitärer Schutz, allerdings nur dann, wenn davon im Blut dauerhaft hohe Dosen die Membranen der roten Blutplättchen verändern (und deshalb von Parasiten nicht befallen werden können). Deshalb wird in Gebieten, wo auch Malaria endemisch ist, jeden Tag 'scharf' gegessen. Speziell gegen Malaria-Erreger erweist sich Chinarinde als effektiverer Schutz als Piperin – ebenso Kurkuma (Gelbwurz), dessen Alkaloid *Curcumin* in Versuchen mit malariakranken Mäusen den Parasitenbefall um 80–90 Prozent senkte (FOCK; POLLMER 2012; S. 12).

Diese wenigen Beispiele zeigen, dass sich regional tradierte Zubereitungen aus komplexen Wechselwirkungen zwischen klimatischen Bedingungen (einschließlich der Nahrungsressourcen) und dem genetisch adaptiven 'Biosystem' Mensch entwickelt haben. Diesen 'tieferen' Zusammenhang beginnt die moderne Wissenschaft erst jetzt zu verstehen. Schon deshalb lässt sich »gesunde Ernährung« nicht allein auf 'Nährstoffgehalte' reduzieren – Letztere sind Co-Faktoren, mehr nicht. Die Fähigkeit des Organismus, unter regionalen

Bedingungen zu leben und die jeweiligen tradierten Zubereitungen zu mögen, ist an vor Jahrtausenden regional entstandenen, genetisch manifestierten Dispositionen gebunden (deren Merkmalsträger es ist), die unter anderem seine Nahrungspräferenzen begründen: mehr Fleisch und Fisch oder aber mehr Getreide (sowie dessen Erzeugnisse) und Gemüse – scharf oder ungewürzt. Generalisierende Ernährungsempfehlungen können diese Zusammenhänge nicht angemessen berücksichtigen und gehen zwangsläufig in die falsche Richtung, wenn sie ethisch und zeitgeistgeprägt unterlegt sind. Nur der Organismus selbst kann 'wissen', was und wie viel er von etwas benötigt – wobei endogene Impulse, der Appetit *auf etwas Bestimmtes* und *guter Geschmack,* ihm als Entscheidungshilfen dienen.

18 Die Geschmacksmodulatoren – Herzkammer der Kochkunst

18.1 Niedermolekulare Zucker – Komponenten des Wohlgeschmacks

Vollreife Früchte, süße Produkte (Karamellbonbons, Schokolade, Eis) und Konditoreierzeugnisse sind für viele Menschen höchst genussvoll.[451] Ihre außergewöhnlich hohe Attraktivität kann nicht als »Laune der Natur« oder zufällig perfektes – aber 'bedeutungsfreies' – Zusammenspiel von Molekülen und Rezeptoraktivitäten auf der Zunge abgetan werden, dessen Verlangen man qua Verstand und Nährwerttabelle zu steuern hätte. Das widerspräche dem biologischen Sinn dieser Wahrnehmung.[452] Hinter der angenehmen Empfindung 'süß' liegt, jenseits kritischer Urteile über das Überangebot dieser Lebens-

---

[451] Desserts, Torten, Eiscremes, Krokant, Karamell, Marzipan, Schokolade, Honig, Meringues (= Baisers – von französisch: *baiser* ‚Kuss‘), Bonbons, Petits Fours, Nugat, Marmeladen etc. Es sind überwiegend fett-, eiweiß- und stärkehaltige Produkte mit deutlicher Süße und unterschiedlichem Kauwiderstand; ihre Aromen sind meist blütenartig: Vanille, Karamell, Cointreau, Amaretto u. a. m.

[452] Je stärker und eindeutiger sie ist, desto höher sind unsere Aufmerksamkeit und der Erinnerungswert. Offenbar soll das Süßerlebnis besonders 'auffällig' sein

mittel, ein evolutionsbiologischer Impuls, Reserven in Form von Fett anzule-
gen.[453] Wir essen nicht allein, um unseren Bedarf zu decken und Unterversorgung zu vermeiden, sondern auch, um den Organismus für magere Zeiten –
die es in der Evolution des Menschen seit Anbeginn gegeben hat – überlebens-
fähig zu machen.

Weltweit nutzen Menschen verschiedene Zuckerquellen, die entweder in
ihrem Lebensraum natürlicherweise vorkommen oder importiert werden: getrocknete Feigen, Datteln, Rohr- oder Rübenzucker (Kristallzucker), Honig,[454]
Hirse- oder Ahornsirup, Birkensäfte, Palmzucker, biblisches 'Manna' (das
Harz der *Manna-Tamarisken*) oder Nektar von Honigtopfameisen (die Aufzählung ist unvollständig). Das berühmte Dessert aus Venetien, *Tiramisu* (ein
Füllhorn psychoaktiver Substanzen), heißt wörtlich übersetzt 'zieh mich
hoch' – vulgo: mach mich 'high'! Seine Konsistenz und süßen Komponenten
lösen bereits auf der Zunge – jedenfalls bei den meisten Menschen – auf der
Stelle ein wohliges Empfinden, einen physischen (hormonellen = serotoner-
gen) 'Nachhall' aus.[455]

Zunächst ist der Süßgeschmack eine basale Orientierung, ein angeborener aus-
lösender Mechanismus,[456] der vor allem durch die Einfachzucker **Fruktose**
und **Glukose** bzw. deren Doppelzucker **Saccharose** aktiviert wird. Bei Säuglingen wirkt **Laktose** (ein Disaccharid aus Glukose und Galaktose) als Saugstimulus. Sie sind die wichtigsten Energielieferanten[457] des Stoffwechsels und

---

[453] In der Leber wird Zucker zunächst als Glykogen gespeichert (die Reserve für Zeiten zwischen den Mahlzeiten und der Nacht). Sind diese Speicher voll, baut die Leber weiteren Zucker (unter Energieverbrauch) in
Fett um, das in Fettzellen (Adipocyten) eingelagert wird. *Fructose* – u. a. Bestandteil von Früchten und Gemüsen – hat den höchsten Süßewert und wird in der Leber direkt zu Fett umgebaut – ohne Einfluss auf den Insu-
linspiegel. Das Hormon Insulin ist ein Sättigungsfaktor. Anders: Essen wir vollreife Früchte, werden wir 'kaum
satt' – können aber Fettzellen bilden

[454] So ist in vielen noch ursprünglich lebenden Kulturen (Yanomami, Hadza, Efe, San, Papua u. a.) (STRÖHLE;
HAHN 2014) Honig begehrt und oft für Wochen ein bedeutender Teil ihrer Ernährung. In Nepal setzen Männer
ihr Leben aufs Spiel, um an den für sie kostbaren Honig der Himalaya-Biene (*Kliffhonigbiene*) zu kommen
(WELT – Reise 2018).

[455] Trotz dieses außergewöhnlichen Geschmacks wird sich niemand ausschließlich – von morgens bis abends –
von Tiramisu ernähren. Dafür sorgt u.a. das FGF21-Gen (Fibroblasten-Wachstumsfaktor 21), das ein Leber-
hormon im Blut zirkulieren lässt und den Appetit auf Zucker zügelt. Es gibt zwei Varianten dieses Gens. Beide
steigern die Neigung zum Naschen um etwa 20 Prozent. Einer Kopenhagener Studie zufolge führte dieser
Mehrverzehr weder zu Übergewicht noch zu Diabetes 2; (SØBERG 2017)

[456] Mit weiteren physiologischen Funktionen, die im Gegensatz zum derzeit negativ konnotierten Wert 'leerer'
Kalorien stehen

[457] Neben dem Disaccharid **Maltose,** das aus zwei Glukosemolekülen besteht

Bausteine der extrazellulären Matrix[458] sowie Bestandteil des 'Zuckerpelzes' (*Glykokalyx*)[459] aller Zellmembranen. Billionen Körperzellen sind auf Glukose für ihren Energiestoffwechsel angewiesen: das **Gehirn** fast vollständig [sofern sich der Organismus nicht im *Fastenstoffwechsel* (einer physiologischen Ketose) befindet und das Gehirn mit Ketonkörpern versorgt wird], ebenso **rote Blutzellen** (Erythrozyten) und das **Nierenmark**.[460] Auch deshalb hat die Evolution für rasch resorbierbaren Ein- und Zweifachzucker spezielle Sensoren (Sinneszellen) auf der Zunge entwickelt, die den chemischen Ausgangsreiz des Zuckermoleküls im Rezeptor energetisch enorm verstärken (GRIEß et al. 1999)[461] – ein Indiz für seine biologische Relevanz (dazu auch Hintergr.-Info., S. 250).

Den größten Glukoseanteil bezieht der Organismus aus dem Vielfachzucker **Stärke**.[462] Allerdings sind Stärkekörner nahezu 'geschmacklos' und tragen keine sensorische 'Information' über ihren tatsächlichen Wert und ihre Bedeutung für den Organismus. Dieses ist umso bemerkenswerter, weil wir einen hohen Glukosebedarf haben und wir Nahrung **anhand ihres schmeckbaren Körpernutzens** wählen. Polysaccharide sind im Gegensatz zu Mono- und Disacchariden vieler Früchte unauffällige 'anonyme' Energielieferanten, die der Mensch im Verlauf seiner Evolution vermutlich mit sensorisch markan-

---

[458] *Fibroblasten* (Vorstufen der Fibrozyten = fertige Bindegewebszellen); auch als freie Zellen in Organzwischenräumen (Interstitium)

[459] Fast alle biologischen Membranen haben auf ihrer Oberfläche einen 'Zuckerpelz' – eine unterschiedlich dicke Schicht aus Zuckerresten (Oligosacchariden), die fest mit der Membran (kovalent) verbunden ist. Diese 'Kapsel' wird auch als *surface coat* bezeichnet

[460] Zucker ist beim hochkomplexen Abbau von Fettsäuren in den Mitochondrien unverzichtbar. Das dafür benötigte **Pyruvat** (ein C-3 Körper) entsteht aus dem Abbau von Zucker (Glykolyse); die stark vereinfachende Formel lautet: »Fette verbrennen im Feuer der Kohlenhydrate« (BERG et al. 2003; S. 932 ff.)

[461] Zuckerstoffe haben unterschiedliche molekulare Strukturen und Größen. Sie koppeln an *G-Protein bindende Rezeptoren*, deren Reizwirkung umso intensiver ist, je besser das Molekül an diesen Rezeptor passt. Der dadurch ausgelöste Ausgangsreiz wird im Zuge der Weiterleitung um den Faktor 2000 verstärkt (ähnlich wie der von Bitterstoffen). Auch reagieren diese Rezeptoren auf zuckerfremde Moleküle: einige Aminosäuren, Peptide, Alkohole und künstliche Süßstoffe

[462] Ein Polysaccharid, das aus *Amylose* (20–30 %) und *Amylopektin* (70–80 %) besteht, die entweder aus aufgewickelten und/oder verzweigten Glukoseketten bestehen

teren Nahrungsanteilen (spätestens jedoch mit Beginn der Feuernutzung) als sättigende Co-Faktoren *'en passant'* mit aufgenommen hat.[463]

Auch wenn vom Zeitgeist geprägte Mahnungen unsere Nahrungswahl auf »das Richtige« lenken wollen (z. B. weniger Zucker, tierische Fette, Salz und rotes Fleisch zu konsumieren), so sind es stets evolutionär bewährte geschmackliche Kriterien, die uns verlässlich orientieren. In Schulnoten ausgedrückt: ob unser Essen 'sehr gut' oder 'ungenügend' ist. Dazwischen liegen unendlich viele aromatische Mittellagen (physiologische Werte), denen der optimale Geschmackswert fehlt. Wohl auch deshalb versuchen wir Zubereitungen nachzubessern, indem wir 'nachschmecken'.

Für den singulären Geschmack 'süß' gibt es keine sensorische Ambivalenz. Süße variiert zwar in ihrer Intensität (je nach Art und Konzentration), bleibt aber als sensorische Information eindeutig. Sie trägt ihr geschmackliches Optimum bereits in sich und ist (ab einem Schwellenwert) kaum unkenntlich zu machen – selbst nicht in Anwesenheit organischer Säuren (ihrem weltweit häufigsten Partner) oder in Verbindung kräftiger Aromen (z. B. Eukalyptus, Ingwer, Lakritz). Diese akzentuieren den Süßeindruck, erweitern den Genusswert, lassen ihn – besonders durch blütenartige Düfte des Honigs – aromatisch geradezu oszillieren. Kurz: die Empfindung süß ist ein Solitär mit dem sensorischen Telos: **Nimm mich – ich bin gut für Dich!** Schmecken wir süß, entspannen wir und fühlen uns zufrieden. Kein anderer (singulärer) Nährstoff vermag einen vergleichbaren wirkmächtigen (physiologischen und psychischen) Effekt zu erzeugen – weder Salz, Eiweiße[464] noch Fette. Allenfalls käme noch der Geschmack Umami[465] diesem Genusswert nahe. Grund: Er tritt ein, wenn

---

[463] Spätestens als der Mensch mit Hilfe des Feuers Stärke in verkleisterter (resorbierbarer) Form verzehren konnte, erlangte diese vermutlich den Ernährungsrang, den sie bis in die Gegenwart hat: Etwa gut die Hälfte unseres Energiebedarfs decken wir mit stärkereichen Lebensmitteln. Sie gelten als 'gesündere' Glukoselieferanten, weil ihre Glukose weniger schnell ins Blut strömt (Blutzuckerreaktion) und dadurch für eine länger anhaltende Sättigung sorgt. Aus dieser Sicht **wäre 'gesund' auch eine Funktion der Resorptionsgeschwindigkeit.** Nur: Weshalb haben niedermolekulare Zucker derart hohe Genusswerte? Und warum sollte eine langsamere, energieverbrauchende Resorption gesünder sein? **Variierende Resorptionszeiten sind für den Organismus nichts Ungewöhnliches** – er ist darauf metabolisch 'vorbereitet' und aus besagten Gründen auf Nahrung mit rasch verfügbaren Inhaltsstoffen sprichwörtlich 'fixiert'

[464] Es gibt allerdings Eiweiße, die normalen Zucker in seiner Süßkraft bis zu dreitausendfach übersteigen (z. B. *Monelin, Thaumatin, Brazzein* u.a.m.) (GROß 1988)

[465] Auch der Sinnesreiz *Umami* aktiviert wie die Süß- und *Bitterempfindungen* **G-Protein gekoppelte Rezeptoren**

in einer Zubereitung Aminosäuren vorhanden sind (und die gibt es meist nur in Verbindung mit Fett).

Hintergrundinformationen

Zunächst sind Einfachzucker Produkte der **Photosynthese** (aus $6H_2O$ und $6CO_2$, mit der Summenformel $C_6H_{12}O_6$, wobei $6\ O_2$ abgegeben werden), die als vielfach vernetzte Bausteine den Hauptbestandteil der pflanzlichen Biomasse bilden: die große Gruppe der **Ballaststoffe**. Sie sind für den Menschen weitgehend unverdaulich, weil ihre einzelnen Zuckermoleküle *β-glykosidisch* verknüpft sind und von unseren Enzymen nicht hydrolysiert – d. h., mittels Anlagerung von H_2O – getrennt werden können. Bei verdaulichen Mehr- oder Vielfachzuckern (Oligo-, Polysacchariden) liegen die glykosidischen Bindungen in einer *α-Stellung* vor, die wir in Einfachzucker (Monosaccharide) zerlegen können.[466]

Der menschliche Organismus speichert den Einfachzucker Glukose in Muskeln, vor allem aber in der Leber als **Glykogen** (ein Polysaccharid, sog. tierische Stärke, aus etwa 50 000 Traubenzuckereinheiten). Pro Tag gibt die Leber davon etwa 200–300 Gramm Glucose ins Blut ab (bei Gefahr von Unterzuckerung sezerniert auch die Niere Glukose) – das entspricht in etwa dem Zuckergehalt von 10 Tafeln Schokolade.[467] Zucker ist nicht nur Bestandteil der Gene (als Ribose), sondern auch der Zellmembranen;[468] *Spermien* benötigen Fructose zur Fortbewegung.

Glucose ist für den Organismus so wichtig, dass er sich nicht allein auf die Zufuhr 'von außen' verlässt, sondern sie auch in Eigensynthese u.a. aus *Aminosäuren* und *Glycerin* herstellt,[469] denn der Blutzuckerspiegel muss – unabhängig von der Nahrungsmenge – bestimmte Werte haben, um Unterzuckerung zu vermeiden. Allein für die Resorption und den Zelltransport verfügt der Organismus über 14 derzeit bekannte Transportsysteme (GLUT 1 bis 14), wovon GLUT 1 bis 3 und 5 insulin*un*abhängig sind; GLUT 5 transportiert Fruktose. Die ausreichende Versorgung mit Glukose vor allem der Zellen des Zentralen Nervensystems durch GLUT 1 und GLUT 3 sichert auch die *Michaelis-Konstante*,[470] die die Geschwindigkeit der Glukoseaufnahme je nach Bedarf reguliert – besonders, wenn der Blutzuckerspiegel abfällt. Für Inuit ist der Konsum von Disacchariden problematisch, da er in ihren Fischmahlzeiten natürlicherweise nicht vorkommt und ihnen die notwendigen Verdauungsenzyme fehlen – die Gene dafür

---

[466] Das Stärkemolekül ist ein Polysaccharid; Oligosaccharide (Mehrfachzucker) kommen u. a. als Raffinose (ein Dreifachzucker) z. B in Hülsenfrüchten vor; Disaccharide (Doppelzucker, Kristallzucker) und Monosaccharide z. B. in Früchten und Honig

[467] Endogen produziert ein Erwachsener unter normalen Bedingungen 2 mg/kg/min (= 3 g/kg/d) Glukose. D.h., ein 70 kg schwerer Mensch produziert etwa 210 g am Tag. Diese Werte können bei Belastungen (Stress) deutlich höher ausfallen – bis zu 10 Gramm pro Kilo Körpergewicht am Tag (EHLEN 2014)

[468] Oligosaccharide sind oft an Proteine (*Glykoproteine*) und Lipide (*Glykolipide*) gebunden und spielen eine Rolle in der Zellerkennung (*surface coat* – s. o.); auch bestimmen sie die Blutgruppen nach dem AB0-System

[469] In der Gluconeogenese wird in der Leber u. a. aus *Aminosäuren* (als Ausgangsstoff) D-Glukose = Traubenzucker gebildet; ebenso können Leberzellen auch aus *Glycerin* (Baustein der Fette) Traubenzucker bilden'

[470] Die *Michaelis-Menten-Gleichung* beschreibt die Abhängigkeit der Geschwindigkeit einer enzymatischen Reaktion von der Konzentration des umzusetzenden Substrats

sind vermutlich stumm geschaltet.[471] Sogar Pflanzen locken Insekten und Bienen mit *Nektar*, einem pflanzlichen Drüsensekret (ein *Invertzucker*) aus Saccharose (Fructose und Glucose); verschiedene Oligosaccharide dienen Bäumen u. a. als Wundverschluss mit antibiotischer Wirkung. Außerdem ist 'süß' das ubiquitäre Signal für ungiftige, wertvolle Nahrung (Muttermilch enthält u. a. den 'Saugstimulus' Laktose).

18.2 Das Verlangen nach Süßem

Sollten die Appelle, weniger Zucker zu konsumieren,[472] geeignet sein, zweifelsfrei – d. h., medizinisch evidenzbasiert – Krankheiten abzuwenden, so hieße das im Umkehrschluss, dass sensorische Werte (insbesondere die erwähnte Rezeptorverstärkung des Zuckerreizes; s. Fußn. 462. S. 248) gesundheitlich inverse Prozesse begünstigen. In diesem Fall unterlägen alle unsere Betrachtungen und Aussagen über die »Verlässlichkeit« unserer Sinne kognitiven (!) Urteilen – je nach Forschungsstand.[473] Es sind aber ausschließlich vegetative Mechanismen, die korrigierend 'eingreifen' und uns schützen, sollten wir aus Unachtsamkeit etwas Unbekömmliches gegessen haben, es als widerwärtig empfinden und erbrechen oder den Appetit auf etwas verlieren, sobald wir davon 'zu viel' gegessen haben (s. Fußn. 456, S. 247). Was nicht schmeckt, meiden wir (selbst wenn es als '*gesund*' ausgelobt wird), und was uns besonders mundet, genießen wir – trotz Warnungen vor möglichen gesundheitlichen Folgen (dann allerdings oftmals mit schlechtem Gewissen).

Hintergrundinformationen
Zucker wird aktuell als 'Gift' betrachtet, das möglicherweise den Gefäßen, der Gedächtnisleistung und dem Herzen schaden kann und als Ursache für Fettleber, Übergewicht und Diabetes II gesehen wird (DDG 2016). Gemessen werden die Blutzuckerwerte u. a. an dem *HbA1c-Wert*

---

[471] Weil ihnen das Enzym *Sucrase-Isomaltase* fehlt, das auf der Oberfläche der Dünndarmzotten u. a. Saccharose und andere Mehrfachzucker hydrolysiert, können die Kohlenhydrate nicht resorbiert werden, verbleiben im Darm und führen zu Verdauungsbeschwerden (MEYER ; AERZTEBLATT 2014)
[472] Er wird, wie oben angegeben, für eine Vielzahl 'ernährungsbedingter' Erkrankungen verantwortlich gemacht
[473] Der Verstand ist immer dann vonnöten, wenn künstliche Aromen und industrielle Fertigungstricks unsere Sinne täuschen, uns Früchte (z. B. Gummibärchen) oder eiweißreiche Speisen (mittels Geschmacksverstärkern) vorgaukeln ('5-Minuten-Terrine') oder aber Fettmangel durch cremige Gels aus Reisstärke kaschieren. Hier ist Ernährungsaufklärung geboten. Die nachgebauten Moleküle funktionieren ja nur deshalb, weil sie die Rezeptoren aktivieren, die sonst nur auf echte (authentische) Substanzen reagieren, für die sie biologisch entwickelt wurden. Die »Fake-Moleküle« (»Pseudo-Nahrung«) sollen teure Komponenten ersetzen = Produktionskosten senken

(Langzeitwert), der die 'Verzuckerung' des roten Blutfarbstoffs Hämoglobin (Hb) angibt, an den sich Glukose anlagert. Pro Sekunde bildet der Körper etwa 2 Millionen neue Erythrozyten (= 30 Billionen/24 h), sodass verzuckerte rote Blutplättchen in gleicher Größenordnung wieder abgebaut werden (die Abbauprodukte färben Fäzes braun). Erforscht wird vor allem das Risiko, an Typ-2-Diabetes zu erkranken. Es hat sich aber gezeigt, dass eine gesteigerte glykämische Reaktion (die einen Typ-2-Diabetes begünstigt), besonders bei andauerndem Konsum von **Light-Produkten** oder **Süßstoffpillen** (z. B. *Assugrin*, *Sucralose*) auftritt. »Im Darm von Probanden mit Süßstoff wurde mehr Glukose (im Durchschnitt 20 %) nach einer stärkereichen Mahlzeit aufgenommen, als bei Probanden ohne Süßstoff«, wodurch die Plasma-Glukosewerte bei ihnen um 24 % stiegen (ohne Verfasser; Ärzte Zeitung 2017). Als Grund sehen die Forscher eine verminderte GLP1-Antwort (Glucagon-like-Peptid); ebenda. Das GLP1-Peptid hat Einfluss auf die Insulinreaktion (zügelt den Appetit) und führt zu einem verstärkten Völle- und Sättigungsgefühl (SÖNNICHSEN 2018). Bedeutsam ist in diesem Zusammenhang, dass sich Süßstoffe ungünstig auf die Darmbiota auswirken, denn sie sind antibiotisch: Saccharin z. B. gehört zur Gruppe der Sulfonamide (sie werden als Antibiotika eingesetzt).

Nur in extremen physischen Ausnahmesituationen versagen unsere sensorischen Kontrollinstanzen und begünstigen Handlungen mit destruktiver Rückwirkung auf den Organismus – wozu auch exzessives Essverhalten gezählt werden kann.[474] Z. B. bei Halluzinationen, epileptischem Anfall, Drogenrausch, Medikamentenmissbrauch oder individuellen Dysfunktionen (z. B. Erkrankungen, gravierende metabolische und psychische Störungen, Stress oder Gendefekte). Trotz vieler Indizien möglicher Gefahren von (natürlichem) Zucker auf den gesunden Organismus bleiben große Zweifel ob ihrer Evidenz.[475] Warum?

Es ist nicht nachvollziehbar, dass eine niedermolekulare Nahrungskomponente (ein potentes Biomolekül mit außergewöhnlichem Erkennungs- und Stimuluswert) schädlicher sein soll als identische Moleküle, die unter Energie-

---

[474] Leider auch durch die in Fußn. 473, S. 251 bereits angesprochene »Pseudo-Nahrung«

[475] Die medizinischen Ergebnisse sind zunächst Korrelate aus Beobachtungsstudien (KNOP 2019; S. 141 ff.). Um zu belegen, dass Zucker für Gesunde tatsächlich die Ursache der assoziierten Krankheiten ist, ist weitere Forschungsarbeit nötig: z. B. die Auswirkungen von Distress (Cortisol), die Wirkungen von Molkeneiweiß auf die Insulinproduktion der Inselzellen oder aber, ob deutlicher Kaffeegenuss das Risiko, an Diabetes II zu erkranken, mindert – u. v. a. m.

verbrauch aus Kompaktstrukturen der Stärke freigelegt werden.[476] Auch steht diese Annahme im Widerspruch zum erwähnten biologischen »Prinzip der optimalen Futtersuche« (*Optimal foraging*), **das uns stets das wählen lässt, was sensorische Attraktivität besitzt und für den Metabolismus energetisch am günstigsten ist.** Im Kern ist der Intensitätswert des Süßeindrucks das biologisch erfahrbare »Äquivalent« seines Bedarfs.[477] Und schließlich ist auch das »Zuviel-Argument« in Wahrheit keines, denn es trifft auf alles zu, was wir verzehren oder trinken.

Wir haben zudem betont, dass sich der Organismus beim Zucker nicht allein auf die alimentäre Versorgung verlässt, sondern Glukose auch aus Aminosäuren und Glycerin herstellt (Gluconeogenese).[478] Dieser zelluläre Prozess verbraucht allerdings Energie (ATP), sodass jedes über Nahrung aufgenommene Zuckermolekül faktisch wertvolles Eiweiß »sparen« hilft. Deshalb hat eine traditionelle Mahlzeit in der Regel einen (tierischen) Eiweißlieferanten, eine Stärkekomponente und Gemüseanteile. Für die Ernährung reichen Fleisch und Gemüse – wären aber energetisch weniger effizient.

Neben den metabolischen Funktionen leistet Zucker weitere wichtige biologische Dienste für die Körpergesundheit, die jenseits von Energieaspekten

---

[476] Die Vorstellung, eine »anhaltende Sättigung« sei gesünder, weil man dann weniger oft Appetit habe, **verwechselt den physiologischen Zweck längerer Sättigung mit dem Prädikat 'gesund'**: Sättigung ermöglicht zeitlich längere Aktionen (Jagd, Erkundungswanderungen). So erforderten frühere Arbeitsbedingungen in der Landwirtschaft ausreichende Sättigung: In den Sommermonaten begann das Tagwerk teilweise um 4 Uhr morgens. Wer nichts anhaltend Sättigendes gefrühstückt hatte, war diesen Anstrengungen kaum gewachsen. Gleiches betraf die Industriearbeiter Englands nach dem 1.Weltkrieg. Eine »lang anhaltende Sättigung« war Voraussetzung, um einen 12-Stunden-Arbeitstag durchzuhalten; auch Büroangestellte mussten ohne Pause und Mittag durcharbeiten. Deshalb war ihr Frühstück fettreich und 'schwer verdaulich' (gebratener Speck, Eier, Würstchen 'Bangers', frittiertes Toastbrot). »Die Oberschicht, die keine solcher Arbeiten leisten musste, präferierte leichte Kost« (POLLMER; FOCK 2012; S. 4). Weniger sättigende 'leichtere' Kost hatte und hat den weiteren Vorzug, Kleinigkeiten genießen und sich entsprechend öfter wohlfühlen zu können

[477] Wir haben bereits verschiedene biologische Funktionen von Fruktose, Glukose und Laktose betrachtet und betont, dass Säuger mit 'viel Zucker' auf die Welt kommen. Wenige Tage alten Säuglingen, denen man eine Zuckerlösung auf die Zunge geträufelt hatte, reagierten mimisch mit einem 'Lächeln', während das Gesicht bei milder Säure eine Missempfindung signalisierte. Zucker ist eine evolutionär bewährte Nahrungskomponente (auch in Verbindung mit Fett und Eiweiß – wie in der Muttermilch). Schon deshalb haben Babys deutlich mehr Zuckerrezeptoren im Mund-Rachenraum als Erwachsene. Der Milchzucker (ein Signal für gute Nahrung) sorgt beim Trinken für Wohlempfinden. Allerdings reagieren nicht alle Menschen lustvoll auf Süßigkeiten; dazu auch FISCHER 2017

[478] Ein hochkomplexer Stoffwechselzyklus, der unter Energieverbrauch aus verschiedenen organischen Nicht-Kohlenhydratvorstufen (die beim Abbau von Aminosäuren entstehen) D-Glucose bildet. Die Glukose-Neubildung aus glucoplastischen Aminosäuren ist ein zellulärer Vorgang, bei dem u. a. *Pyruvat* entsteht, das in die Bildung der Gluconeogenese einfließt (LANG 1979; S. 12 ff.)

liegen. U. a. schützen Glucose und Fructose vor Leberkrebs, indem sie das ubiquitär vorkommende Schimmelgift *Fumonisin B1* (Mykotoxin) chemisch binden (NAGY 2004). Des Weiteren wird Glukose zur Bildung von *Glucuronsäure* benötigt – die auch an der Ausschleusung (Phase II der Entgiftung) von Abbaustoffen der Stress-Hormone *Cortisol* und *Adrenalin* beteiligt ist (BELITZ, GROSCH 1987; S. 219 f.) – was unser Naschverhalten bei Leistungs- und Stresssituationen erklärt.

18.3 Zucker

Nicht nur die Prise Kochsalz, sondern auch geringe Mengen Zucker können den Geschmack einer Speise verbessern, ihr mehr Fülle geben.[479] Deshalb werden auch viele 'nicht-süße' Zubereitungen (beispielsweise Dressings, klare Suppen, Saucen, Salate) entweder **direkt** (z. B. mit Honig oder einer 'Messerspitze' Zucker) oder **indirekt** mit zuckerhaltigen Rohstoffen, wie Möhren, Zwiebeln, Pastinaken u. a. m. hergestellt – deren gelöste Süßekomponenten in die Garflüssigkeit übertreten. Insbesondere bei Gemüsezubereitungen haben Zuckerergänzungen vermutlich noch einen weiteren gesundheitlichen Nutzen: Sie binden u. a. jene Eiweiße, mit denen Pflanzen sich vor Pilzen, Parasiten und Bakterien schützen: die **Lektine**.

Hintergrundinformationen

Pflanzliche Lektine sind variationsreiche Eiweiße (*Glykoproteine*-Zucker-Eiweißverbindungen), die in Tieren und vor allem in Pflanzen vorkommen. Hohe Anteile haben Hülsenfrüchte (grüne Bohnen, Sojabohnen, Erdnüsse), Nachtschattengemüse (z. B. Kartoffeln, Tomaten, Auberginen, Paprika) und Getreide. Das *Phasin* grüner Bohnen und das *Solanin* der Kartoffel sind im rohen Zustand giftig. Die meisten Lektine werden durch *Einweichen* (Hülsenfrüchte), *Fermentation* (Soja) und insbesondere durch *Kochen* irreversibel inaktiviert (auch deshalb kochen wir die meisten Gemüse). Lektine können an Zellmembranen binden und u. a. Entzündungsreaktionen auslösen, die Zellteilung stören oder rote Blutkörperchen verklumpen (sog. *Agglutinine*) u. a. m. Das WGA-Lektin (*wheat germ agglutenin*) im Getreidekeimling ist hitzestabil und kann nur durch Fermentation oder Rösten inaktiviert werden.

---

[479] Auch an süße Speisen wird etwas Salz gegeben (mit wenigen Ausnahmen, wie Obstsalat) (s. Fußn. 492, S. 261). Grund: Natrium wird für das Glukosetransportsystem (Glukose-Transporters SGL-T1) benötigt (s. Abb. 8, S. 260)

Je nach individueller Disposition können Lektine Darmentzündungen verursachen, wodurch unvollständig zerlegte Nahrungsbestandteile (z.B. *Polypeptide*) die Darmwandbarriere überwinden (*Sickerdarm-Syndrom* oder *Leaky Gut*) und die Translokation von Darmbakterien in die Blutbahn ermöglichen (POLLMER 2001). Eine dazu gegensätzliche Auffassung, insbesondere in Bezug auf den Lektinanteil in Vollkornprodukten (*Gluten*: eine Untergruppe der Lektine), vertritt u. a. B. WATZEL vom Max Rubner-Institut. Er argumentiert, dass letztendlich nur geringe Mengen die große Darmfläche belasten und die Schutzschicht im Darm (Schleimschicht) die Aufnahme von Lektinen verhindere (Verbraucherservice Bayern 2019)

Ob der langjährige Verzehr lektinreicher Lebensmittel, insbesondere der von Nachtschattengewächsen, für einige Menschen tatsächlich gesundheitlich nachteilig ist, ist derzeit wissenschaftlich umstritten (GUNDRY 2018). Es gibt allerdings gleich mehrere gesundheitliche Gründe, einige Gemüse vor dem Verzehr nicht nur zu garen, sondern z. T. auch mit Zucker zu ergänzen. Dabei werden die Bindungsstellen der Lektine, die zuckeraffin sind, bereits vor dem Verzehr abgesättigt. In Japan ist Zucker eine Grundzutat aller Gemüsegerichte: »*Wird das Gemüse in Sojasauce geschmurgelt, kommt Zucker mit rein, oder Mirin (Kochsake), der auch sehr süß ist*« (POLLMER; FOCK 2012; S. 22). Aber nicht nur in der asiatischen und indischen, sondern auch in der europäischen Küche gehört Zucker zur Standardergänzung vieler Zubereitungen – beispielsweise der Tomatensoße. Tomaten enthalten neben Glutamat hohe Lektinanteile. Der Zucker legt deren Bindungsstellen nicht nur 'still', sondern betont zugleich das liebliche Tomatenprofil. Allgemein macht Zucker kräftige und würzige Speisen 'weicher'[480] und vollmundiger. Aus »Sicht des Organismus« steht, wie bereits ausgeführt, Vollmundigkeit für gehaltvolles, nahrhaftes Essen – wobei 'Süßkomponenten' nicht unbedingt hervortreten müssen – sie modulieren den Geschmack bereits unterhalb ihrer Erkennungsschwelle.

Andererseits werden verschiedene Zubereitungen gerade wegen ihrer deutlichen Süße gemocht. So gelten *glacierte* oder *glasierte*[481] Gemüse- und Kartoffelzubereitungen gastronomisch als 'gehoben'. Erstere werden in einem redu-

---

[480] Herbe und saure Komponenten werden mit Zucker gedämpft, weil Zuckermoleküle jene 'harten' Komponenten z. T. chemisch absättigen und freie Monosaccharide im »Hintergrund« mit am Wohlgeschmack beteiligt sind, ohne selbst hervorzutreten

[481] Glacieren leitet sich von *Glace* ab (s. o. – geleeartig eingedickter Fond); Glasieren, hier: mit einer Karamellschicht (gebräuntem Zucker) 'glasartig' (durchsichtig) überziehen – z. B. kleine runde Kartoffeln oder Karotten *'Pariser Markt'*

zierten Fond geschwenkt (ein mit Zucker und Fett ergänzter eingedickter Sud = 'Glace'), d. h., schmelzartig überzogen = *glaciert* (glänzend gemacht). Die glasierten Varianten werden bei Temperaturen um 180°C *karamellisiert*.

Wird Mehl über 100°C erhitzt, entstehen sogenannte *Dextrine*. Ihre geringe Größe kommt dem Zuckermolekül recht nahe (schmecken deshalb lieblich) und sie sind nicht nur in Bindemitteln (z. B. einer *Roux* – Abschn. 20.2, S. 306 f.), sondern in allen Backwarenerzeugnissen (vor allem der Kruste) vorhanden.[482, 483] Viele Zubereitungen, auch Marinaden und Dressings, werden regional und traditionell unterschiedlich stark mit Zucker und/oder Honig gesüßt (z. B. French Dressing). Je nördlicher das Land, desto mehr soll Süße durchschmecken (z. B. beim *Sild* Norwegens oder den *Schwedenhappen*).[484] Die in skandinavischen Ländern entwickelte Konservierung von Lachs (*Graved Lachs* – wörtlich: eingegrabener Lachs) ist eine trockene Salz-Zucker-Mischung mit verschiedenen Kräutern, in der die rohen Lachsfilets mehrere Tage *enzymatisch* reifen. Verzehrt wird er mit einer süßen Dill-Senfsoße. Die genannten Schwedenhappen (aus Matjes) werden mit viel Honig oder Zucker (und Kräutern) zubereitet und *Köttbullar* (schwedische Fleischklößchen) werden mit Preiselbeerkompott serviert. Die Standardbeilage zu gebratenen und geschmorten Wildgerichten sind mit Preiselbeeren gefüllte Birnen; zu Wildgeflügel (Winzerin Art) gibt es Weintrauben. Gänse werden mit verschiedenen Bratenfüllungen zubereitet (entweder mit Äpfeln, Mandeln, Apfelsinen, Korinthen, gerösteten Maronen, Backobst und/oder Datteln u. a. m.), die jeweils Zuckeranteile enthalten. Die Soße zum Sauerbraten wird je nach Rezept mit Lebkuchen (Soßenkuchen) oder Pumpernickel gebunden und mit Rosinen gegart. Jede Rotkohl- oder Sauerkrautzubereitung wäre ohne Zucker (und/oder süßen Früchten) weit weniger genussvoll: Beispielsweise gehören an Rotkohl

---

[482] Dextrine entstehen entweder durch enzymatischen Abbau (Amylasen) oder durch trockenes Erhitzen (>130 °C) von Stärke, z. B. an den Randschichten frittierter Kartoffeln. Da Mehle überwiegend aus Stärke (59–72 %) und etwa 10–12 % Eiweiß (Gluten) bestehen, bilden sich auch in der Kruste von Brot und Gebäcken, Fladenbroten (Pizzen) u. a. m. Röstdextrine (LANG 1979; S. *35f.)*

[483] Bei der Herstellung einer Roux (Mehl-Buttermischung, in der Regel zwischen 130°C und 160°C) platzen Stärkemoleküle in kleinere Bruchstücke, die etwa aus 35 Traubenzuckereinheiten bestehen; sie liegen größenmäßig zwischen Oligosacchariden (3–10 Traubenzuckermoleküle) und Stärke (etwa 600). Viele Suppen oder Soßen werden mit einer Roux gebunden; Dextrine sind (anders als Stärke) wasserlöslich; s. Abschn. 20.2, Hintergr.-Info., S. 310

[484] Offenbar hat die Sonnenscheindauer Einfluss auf Anteile und Dosierung einer Zubereitung, denn sowohl Sonne als auch Zucker lassen den *Serotoninspiegel* steigen – er hebt das Lebensgefühl

(ad libitum) Fliederbeergelee, Holunderbeersaft und Äpfel; an Weinkraut Ananas oder Weintrauben. Als süße Komponente findet sich Zuckermais (Gemüsemais) u. a. in verschiedenen frischen Salatzubereitungen. Vom Marmeladenbrötchen oder der Butterstulle mit Zucker ganz zu schweigen (sie gehören nicht zur Fachsystematik der Zubereitung – es sind Varianten süßer Brotbelege).

18.4 Salz

Woran liegt es, dass eine bestimmte Menge Kochsalz (NaCl) – oftmals reicht bereits eine Prise – den Wohlgeschmack des Essens ausmacht? Selbst Köche können diesen Effekt nicht wirklich erklären, obwohl sie tagtäglich Speisesalz nahezu allen Speisen als Geschmacksbildner[485] zusetzen. Ihre Antwort: »*Es schmeckt damit besser*«, sagt allerdings nichts über die zugrunde liegenden biologischen Zusammenhänge, weshalb der Organismus Salzergänzungen als Geschmacksverbesserung erfährt – sie bestätigt nur den Effekt.

Die Frage, weshalb Natriumchlorid nahezu alle Zubereitungen *gehaltvoller* macht, den Geschmack einzelner Rohstoffe *betont* und *kräftigt*, setzt Kenntnisse über die Funktionen der Rezeptoren und der Reizverarbeitung voraus. Köche wissen zwar, dass Mineralstoffe für Stoffwechselvorgänge wichtig sind, man bei schweißtreibender Arbeit viele Mineralien über die Haut verliert (auch über die Niere und Fäzes), die folglich wieder ersetzt werden müssen. Auch sind ihnen Begriffe wie *Elektrolythaushalt, Osmose, Turgor,* evtl. auch der *onkotische Druck*[486] aus ihrer Ausbildung zum Koch oder Küchenmeister bekannt. Weshalb *Suppen, Soßen, Steak, Geschnetzeltes* und insbesondere *Gemüsezubereitungen* mit dosierten Mengen Speisesalz *besser* schmecken, erklärt sich aber nicht allein aus dem Bedarf und der Funktion von Salz im Organismus. Ein gehaltvollerer Geschmack wird *bewusst* erfahren, ist ein 'wertendes' Gefühl während des Essens. Die *vegetativen* (in Bruchteilen einer

---

[485] Salz ist *kein* Gewürz (Gewürze sind frische oder getrocknete pflanzliche Rohstoffe), sondern in einem Kristall (Ionengitter) regelmäßig angeordnete Na^+ und Cl^--Ionen, die in Wasser (Dipol-Moleküle) rasch in Lösung gehen

[486] Das Konzentrationsverhältnis von Mineralien und kleinsten (globulären) Eiweißen in Kapillargefäßen, das bei Unterernährung (besonders Eiweißmangel: Marasmus) zu Ödemen (*Kwashiorkor*) führt

Sekunde unbewusst ablaufenden) biologischen Prozesse, die diese Empfindung hervorrufen, erklären nicht den Zusammenhang von **Salzdosis** und **korrelierendem Geschmack**, der augenblicklich erlebt wird, sich 'instantan' (sofort) einstellt.

Nur *echtes* Salz (NaCl) hat im Nahrungsgemisch diesen Effekt und verstärkt unseren Appetit (in Form von Speichelfluss und hormonellen Reaktionen – u. a. Serotoninausschüttung). Wir mögen diese Komponentenverhältnisse, weil sie sowohl Nährstoffgehalte (Mineralstoffe gehören zu den essentiellen = überlebenswichtigen Nahrungsbestandteilen (LANG 1979; S. 271 ff.) als auch *metabolisch relevante Marker* sind. Die Empfindung '*mögen*' hat einen metabolischen Hintergrund (sie ist ein biologisch 'verschränkter' Sachverhalt), der unserer Erhaltung dient.[487] *Nahrungskomponenten, Zungenreiz* und *Hormoneffekte* stehen in einem archaisch bewährten Zusammenhang, der uns nicht nur vor *Giftigem* und *Wertlosem* warnt, sondern auch *Vorteilhaftes* erinnern, suchen und finden lässt.[488]

Zur Erinnerung: Der Geschmack auf unserer Zunge wird von *Geschmacksknospen* wahrgenommen, die auf *Salz* (aber auch *Säure, Zucker, Bitterstoffe, Umami* und *Fett*) ansprechen. In diesen Knospen liegen verschiedene *Rezeptor*typen (spezifische chemische und bioelektrische Kontaktstellen für Molekülstrukturen), die nach einem Kontakt mit den zu ihnen passenden Molekülen Signale an das Gehirn senden, die dort »verarbeitet« werden. Das ist uns bekannt. Spätestens aber hier enden Angaben zum Phänomen Geschmack – es bleibt offen, *weshalb* Speisesalz zur Verbesserung des Geschmacks beiträgt. Die Antwort liefert ein weiterer biologischer Sachverhalt: Neben der Verarbeitung von Sinnesreizen in den entsprechenden Gehirnarealen gehen offenbar auch *metabolische Erfordernisse* – genauer: **Resorptionsfaktoren** – in unser Urteil von 'gutem' und 'weniger gutem' Geschmack ein.

---

[487] Nur das, was unser Organismus braucht, *mögen* wir. Je mehr wir etwas brauchen, desto öfter verlangen wir danach

[488] Aus gutem Grund essen wir weder *Gras, Baumrinde* noch *Stroh*. Das können wir nicht verdauen (es fehlen uns die entsprechenden Verdauungsenzyme und Dickdarmsysteme) und deshalb finden wir ihren Geschmack abstoßend. Dieser negative Sinneseindruck schützt uns davor, Wertloses zu essen

18.4.1 Weshalb Salz unseren Speisen ‚Fülle' gibt

Wenn es *mit* Salz besser schmeckt, sein '*Impact*' der Speise Fülle gibt, dann belegt dieser sensorische Wert (ein 'Feedback' des Körpers) den physiologischen Nutzen – wir *sollen* es so und nicht anders zubereiten. Aber woher 'weiß' der Organismus, dass eine bestimmte Dosis Kochsalz am Reis, an Kartoffeln, auf der Schmalzstulle (*Brot und Salz, Gott erhalt's*), am Back- und Brotteig, am Fleisch und Gemüse etc. unserem Organismus Vorteile bringt? Offenbar scheint der Organismus die molekularen Voraussetzungen für den Transport der Nahrungskomponenten (des *Chymus*) durch die Epithelzellen[489] der Dünndarmwand 'zu kennen'. Diese Transportsysteme benötigen in der Regel sog. Co-Faktoren (z. B. Mineralien).

Hintergrundinformation

Damit der Organismus Nahrungskomponenten effizient aufnehmen kann, erzeugen die Darmzellen gegenüber ihrer Umgebung zunächst einen Konzentrationsunterschied (*Konzentrationsgradienten*) von Natrium und Kalium, der die 'treibende Kraft' für den Zelldurchtritt ist. Zudem verfügen die *Mikrovilli* u. a. auch über spezifische Verdauungsenzyme, die den *aktiven* Nährstofftransport in die Zellen (*Membrantransport*) ermöglichen. Die Biologen nennen diese *Transportsysteme* auch **Carrier** – eine Art 'Huckepacksystem'. Manche Nährstoffe können nur mittels hochkomplexer Carrier durch die Dünndarmschleimhaut (*Mucosa*) gelangen, andere benötigen die Anwesenheit bestimmter Bausteine (Atome, Mineralien). So ist der Transport von *Glucose* durch die Darmwand abhängig von **Natrium.** Jedes einzelne Glukosemolekül benötigt 2 Na^+-Ionen, um in den Blutkreislauf zu gelangen (s. Abb. 8 unten).[490]

---

[489] Enterozyten, von griech. *enteron* = Darm und *zytos* = Zelle; ihre Membran enthält winzige fadenartige Ausstülpungen (*Mikrovilli*), die der Oberflächenvergrößerung dienen.

[490] Die Darmepithelzellen nehmen *D-Glukose* und *Galaktose* (Laktose – die Urnahrung der Säuger) gegen einen bis zu 2000-fachen Konzentrationsgradienten mittels **Kotransport mit Natrium (SGLT1** = *sodium glucose transporter 1*) auf. Pro Molekül Glukose wandern zwei Natriumionen in die Darmzelle. Auf diese Weise (in Gegenwart von Natrium) kann Glukose aus dem Darm nahezu vollständig aufgenommen werden – was auf die Bedeutung von Glukose für den Organismus hinweist

Monosaccharid-Transport über die Darmschleimhaut

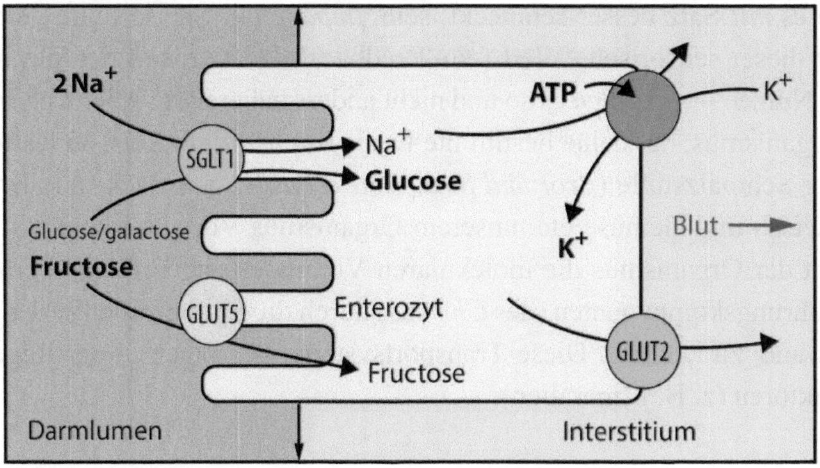

Abbildung 8 Monosaccharid-Transport über die Darmschleimhau

Die Schriftgrößen deuten die Konzentrationsverhältnisse an; Glucose/Galactose wird über **SGLUT1** resorbiert, Fructose über GLUT 5 (jedoch ohne Natrium = erleichterte Diffusion). Glucose und Fructose werden (unter ATP-Verbrauch) mittels **GLUT2** in die Zellzwischenräume transportiert (verändert nach: HINGHOFER-ZSALKAY 2019).

Es spricht vieles dafür, dass **die »Komponenten-Verhältnisse« im Nahrungsgemisch eine biologische 'Information' in sich tragen, die von der Zunge ausgelesen werden kann.** Damit sind der gute respektive schlechte »Geschmack« auch metabolisch begründet. Ohne *Natrium* (früher: *Sodium* – deshalb auch: *Sodawasser*) ist der Glukosetransport nicht möglich. Nehmen wir viel Glukose z. B. durch Reis, Nudeln, Kartoffeln auf, kann der Membrantransport mittels *Symport* (ein Carrier, der nur in Anwesenheit einer zweiten Substanz – hier: Natrium – arbeitet) zügig und vollständig erfolgen. Entscheidend für eine effiziente Verdauung sind die Mengenverhältnisse von Kohlenhydraten und Mineralien in der Nahrung. Sind diese ungünstig, *wird der benötigte Natriumbedarf auf der Zunge als Mangel erlebt.* Diese evolutionär entwickelte 'Geschmackskontrolle' **zielt auf die Optimierung der Verdauung**: Einen Salzmangel beheben wir mittels Salzstreuer.[491] Offenbar »diktieren«

---

[491] Anmerkung: Da die meisten Pflanzen Natrium nur in geringen Mengen enthalten, müssen viele Pflanzenfresser Natriumchlorid aus natürlichen Salzlagerstätten aufnehmen

physiologische Bedingungen für eine optimale Glukose-Resorption sowohl unsere Geschmackspräferenz als auch die Mengenverhältnisse tradierter Zubereitungen.[492]

18.4.2 Weitere Gründe des Nachsalzens

Es gibt weitere sinnesphysiologische Sachverhalte, die den Geschmack einer Speise durch Kochsalz verbessern. Wir wissen, dass bei *feuchten* Verfahren viele Mineralien in das *Garmedium* übertreten. Bei einer *Bouillon* oder *Soße* ist das erwünscht, da sie mit anderen wasserlöslichen Komponenten und Fettanteilen den arteigenen Geschmack (das typische Profil) dieser flüssigen Speisen erzeugen. Alle übrigen Formen des Auslaugens werden als möglichst zu vermeidende Gar- bzw. Nährstoffverluste betrachtet – die sich jedoch durch Salzzugabe weitestgehend kompensieren lassen (ein Osmose-Aspekt).

Wie aber verhält es sich bei einem Steak aus der Pfanne? Dessen 'Mineralstoffverluste' sind geschmacklich zu vernachlässigen: Die Fleischtropfsäfte bleiben auf dem Pfannenboden und werden dem Fleisch als Beiguss (Jus) oder als Soßenverfeinerung zurückgegeben. Der vollere Fleischeindruck durch Natriumchlorid muss daher anders begründet sein:

1. Durch Salzen ergänzen wir die Elemente *Natrium* und *Chlor* (als Chlorid Cl⁻ – das Anion der Verbindung), die in den meisten Rohstoffen natürlicherweise bereits (mehr oder weniger) vorhanden sind: Wir *erhöhen* mit dem Salzstreuer den stoffeigenen Mineralanteil. Diese Salzmengen sind physiologisch problemlos, gefährden nicht den Elektrolythaushalt und die isotonischen Zellbedingungen. Überschüssige Mineralstoffanteile werden innerhalb von 1–2 Stunden mittels Hydrathülle via Nieren entsorgt (LANG 1979; S. 273).

2. Nicht allein dieser 'Ergänzungseffekt' begründet den verbesserten Geschmack des Fleisches, es kommt der o. g. »*metabolische Faktor*« hinzu, der Fleisch *mit Salz* schmackhafter macht. Wie auch bei der Glukose-Resorption, die nur in Gegenwart von 2 Na⁺-Ionen möglich ist, werden auch für den

---

[492] Dass wir Früchte nicht salzen, erklärt sich u. a. aus der Tatsache, dass **Fructose** Natrium-*un*abhängig resorbiert wird. Salz wird zur Aufnahme von Fructose nicht benötigt – wirkt wohl auch deshalb (stark) störend. Fructose wird nach der Resorption direkt der Leber zugeführt und dort rascher abgebaut als Glucose – vor allem zu Fett

Transport von Aminosäuren (*Membrantransport*) Carrier benötigt. Aminosäuren sind räumlich komplexere Gebilde und unendlich variantenreicher als Glukose, weshalb *Peptide* (kurze Aminosäurenverbindungen) mit insgesamt fünf verschiedenen Transportern durch die Membran geschleust werden – *zwei davon benötigen ebenfalls Natrium.* Somit optimiert die Gegenwart von Kochsalz im Chymus die Eiweißresorption – diesen metabolischen Vorteil können wir schmecken. Guter Geschmack ist somit nicht allein ein Aspekt *quantitativ-molekularer* Verhältnisse, sondern hat auch eine *qualitative* metabolische Funktion.

Ein weiterer Grund, weshalb wir ungesalzenes Essen weniger attraktiv finden, ist die Tatsache, dass wir Salz 'pur' nicht aufnehmen können: Wir brauchen eine Masse, unter die Salz gemischt werden kann. Der Tagesbedarf an Salz, der starken Schwankungen unterliegt (ein erhöhter Bedarf besteht u. a. bei schweißtreibender Tätigkeit, vegetabiler Ernährung und in kalten Jahreszeiten, LANG 1979; S. 277), lässt sich nicht mit einem Teelöffel am Morgen abdecken – diese Dosis hätte giftähnliche Effekte. Da wir aber auf die Zufuhr ausreichender Salzmengen angewiesen sind, haben wir keine Alternative, als Salz 'verdünnt' aufzunehmen (mit Nahrungskomponenten vermischt, an die es sich angelagert und seinen Ionencharakter verliert). Da unser Organismus inzwischen 'erwartet', mit der Mahlzeit ausreichend Mineralien aufzunehmen, empfindet er das Fehlen von Salz als Mangel – das Essen ist geschmacksarm. In Zeiten, in denen es nur eine Mahlzeit am Tag gab, war das ein Grund mehr, salzarmes Essen nicht zu mögen.

Auch Tiere mögen es gern gesalzen: Japanische Rotgesichtsmakaken, die das Kartoffelwaschen praktizieren, machen das am liebsten in Salzwasser; Pferde ziehen ihre Heubüschel gerne vor dem Fraß durch den Salztrog. Damit sichern Lebewesen, die sich rein pflanzlich und stärkereich ernähren, ihren Salzbedarf, denn die Bausteine der Pflanzen (Ballaststoffe) sind Zuckerverbindungen (*beta-glycosidisch* verknüpft), deren Resorption, wie betont, Natrium benötigt.

Schließlich setzt der Körper Salze auch als *Abwehrmechanismus* ein, indem er bei Verletzungen oder Bissstellen um die Hautwunde herum ein *hypertones Milieu* (hohe Salzansammlung) schafft, das als immunologische Barriere gegen das Eindringen von Bakterien fungiert. Ein offenbar uraltes biologisches Schutzprinzip, das auf die hohe Na^+-Ionenkonzentration im Unterhautbindegewebe zurückgeht. *»In einer Zeit ohne Hygiene und Antibiotika war Salzkonsum sicher eine immunstärkende Maßnahme«* (NIEHAUS 2015; S. 26). Dass ältere Menschen häufig gerne mehr salzen und folglich deren Na^+-Ionen-Konzentration in der Haut zunimmt, könnte daran liegen, dass im Alter die Kraft des Immunsystems abnimmt.

18.5 Säure

Mit dem Begriff *Säure* verbinden wir zunächst etwas, das uns zur Vorsicht mahnt und mit Missempfindungen assoziiert wird. Nicht zufällig steht das Adjektiv *sauer* mit negativ konnotierten Sachverhalten vieler Sprichwörter oder Redensarten in Verbindung – wie z. B.: »Ich bin/werde sauer«, womit in der Regel Wut oder Zorn ausgedrückt wird. Diese Gemütszustände entstehen nicht aufgrund geringer Missgeschicke, sondern gehen auf substantielle, oftmals die Existenz bedrohende Umstände zurück. Tatsächlich besteht zwischen dem allegorisch gemeinten Zustand »sauer zu sein« und dem Verlust von Ess- oder Trinkbarem ein Zusammenhang, beispielsweise bei Milch.

1. Milch wird nach etwa drei Tagen dick, gerinnt, flockt aus (bei entsprechenden Lagertemperaturen aufgrund der Aktivität eigener oder aus Luft stammender *Milchsäurebakterien*) – sofern dieser natürliche Vorgang nicht durch technische Verfahren (ESL)[493] hinausgezögert wird. Als Getränk oder zur Herstellung von Süßrahmbutter ist sie dann unbrauchbar.

2. Butter und Öle wie auch Vollkorngetreide (es enthält den fetthaltigen Keimling) können lagerbedingt *ranzig* werden. Dabei entstehen nieder- bis mittelkettige Fettsäuren (z. B. Buttersäure), weil Enzyme *(Lipasen* und *Lipoxygenasen)* die Fettbausteine Glyzerin und Fettsäuren[494] (durch Anlagerung von H_2O) spalten und durch Übertragung von Sauerstoff an ungesättigte

---

[493]' ESL' = *extended shelf life* - länger haltbar im Regal
[494] Ihre funktionellen Gruppen *(Carboxyguppen* – COOH) geben Protonen ab, weshalb sie organische Säuren sind

Fettsäuren (*Autoxidation*) zahlreiche Fettsäuren entstehen, die zu Fehlaromen (*Parfümranzigkeit*) führen.

3. Eine Kaskade von etwa 20 Enzymen (*Zymase*) wilder Hefen lassen Fruchtsäfte und Früchte *gären*, wobei eine ungesteuerte alkoholische Gärung abläuft, die auch ungenießbare Nebenprodukte entstehen lässt (z.B. *Fuselöle*).[495]

4. Offene Weine bekommen einen Essigstich, weil Essigsäurebakterien aus der Luft den Alkohol mittels Sauerstoff zu Essigsäure oxidiert haben.

Diese vier Beispiele lagerbedingter Entstehung organischer Säuren (Verbindungen mit azidem[496] Wasserstoff) lassen den negativ besetzten Begriff 'sauer' erkennen: Er steht für Ungenießbarkeit, Verderb und Nahrungsverlust. Neben sensorischen »Warnfunktionen« haben Säuren (sofern sie nicht scharf und beißend sind) auch appetitsteigernde Effekte, denn sie aktivieren den Speichelfluss. In der menschlichen Evolution gab es kaum Phasen mit Nahrung ohne Säureanteile. Deshalb wird *Homo sapiens* seine Bissen sorgfältig geprüft haben, bevor er sie schluckte. Auch sein Verdauungsapparat wird bei Säure sofort aktiv und löst reflexhaft die Ausschüttung von Mundspeichel aus (*Salivation*). Es reicht bereits der bloße Anblick oder Gedanke an eine saure Frucht (z. B. Zitrone), um den Speichelfluss anzuregen. Damit schützt der Organismus die Zunge vor möglicher Verätzung (Speichel verdünnt die Säurekonzentration).

Säuren haben insbesondere bei Rohkostzubereitungen entkeimende Funktionen, die wir in Kapitel IV am Beispiel der *Salatzubereitung* noch genauer betrachten werden (s. Abschn. 24.3, S. 335 f.). Dass wir die Anwesenheit von Säure inzwischen (unbewusst) als Schutzfaktor erkennen, wir gesäuerte Speisen als gesundheitlich 'unbedenklich' betrachten, ist die Folge kulturell geprägter Zubereitungs- und Haltbarmachungstechniken, die vielfältige Säuerungsmittel einsetzen. Unter anderem dienen uns der Saft von Zitrusfrüchten, Weine

---

[495] Der Einsatz kultivierter Hefen baut Traubenzucker zu (Trink-)Alkohol (*Ethanol*) und Kohlendioxid ab; *Fuselöle* sind ein Gemisch u. a. aus mittleren und höheren Alkoholen, Fettsäureestern und Terpenen

[496] Azid: Bereitschaft zur Wasserstoffionenabgabe (Oxoniumion H_3O^+). Die funktionelle Gruppe (s. o.) organischer Säuren (Carboxy-Gruppe – früher Carboxyl-Gruppe) gibt in wässriger Lösung leicht ihr Proton ab (wird dann zu COO^-); je mehr Protonen in Lösung gehen, desto saurer ist sie

und verschiedene Essigerzeugnisse (Letztere entstehen u. a. durch die Fermentation von alkoholhaltigen Flüssigkeiten) zur Herstellung vieler kalter Speisen (Salatvariationen), Desserts (Zitronen-Soufflé), Suppen (Gazpacho) oder Aspikprodukten (Sülzen, Gelees) u. v. a. m. Die Säuren der Weine [im Rotwein sind es insbesondere *Tannine*, also Gerbstoffe (schwache Säuren) Weißweine enthalten Wein-, Apfel- und Zitronensäure] dienen als Grundlage verschiedener *Marinaden* (Rotwein-/Essigmarinade, von lat. *mare* = Meer), die u. a. Eiweiß abbauende Enzyme (*Kathepsine*) blockieren und bindegewebsreiches Muskelgewebe sowohl aromatisieren als auch quellen lassen (vor allem die *Kollagenanteile*). Als Nebeneffekt wird die Garzeit dieser marinierten Stücke verkürzt. Die mild-saure *Buttermilch* (sie entsteht bei der Butterherstellung durch die Abtrennung der im Süß- oder Sauerrahm enthaltenen Flüssigkeit) wird nicht nur in südlichen Landesteilen gerne als Salatdressing, sondern auch zum Einlegen von (bindegewebsärmerem) Wildfleisch verwendet. Die globulären Eiweißkomponenten der Buttermilch binden die herben, wildtypischen Aromen (sekundäre Pflanzenstoffe aus der Tiernahrung) und gehen in die Milch über, die verworfen wird (anders die Rotweinbeize, die wir beim Röstansatz zum Ablöschen verwenden). Danach hat das Fleisch seinen 'strengen' Wildausdruck verloren.

Vergleichbar wirkt Säure auf Fisch (z. B. Wein, Zitronensaft). Sie denaturiert die Oberflächeneiweiße und anhaftende Bakterien und verhindert das Entweichen von *Trimethyl-amin* (einem flüchtigen Gas), das beim mikrobiellen Abbau entsteht. Es bewirkt den Fischgeruch und ist wohl auch für die Fischaversion einiger Menschen verantwortlich (die sich gegen lagerungsbedingte *Histaminanteile* und die Gefahr, an *Anisakiasis*[497] zu erkranken, richtet). Werden Fische im Sud gegart, dient meist Essig oder die mildere Säure des Weißweins (neben unterschiedlichen Kräuter- und Gewürzanteilen – je nach Feinheit des Fischprofils) ihrer aromatischen Hebung. Sauer eingelegte Fische (Rollmöpse, Bismarckhering, Brathering, Appetitsild u. a. m.) sind besonders aromatisch (leicht pikant) und lange haltbar. Neben diesen wenigen Beispielen vornehmlich aromatischer Ziele erfüllen Säureanteile auch technologische Funktionen – beispielsweise bei der Herstellung von Joghurt oder Sauermilchpro-

---

[497] Eine Krankheit, die durch *Fadenwürmer* in rohem Fisch (Matjes, Sushi) auftreten kann

dukten und der Käseherstellung. Hier werden Milchsäurebakterien[498] eingesetzt, die sowohl den Geschmack als auch die Viskosität dieser Produkte bestimmen.

Bei der Herstellung einer *Sc. Hollandaise* oder *Sc. Béarnaise* verbessert Säure
die *Thermostabilität* der Eigelbeiweiße (*Livetine* – wasserlösliche Proteinfrak-
tionen) während des Aufschlagens der Eigelbe mit der Reduktionsflüssigkeit
über dem heißen Wasserbad um etwa 10°C. Statt bereits bei etwa 65°C zu
denaturieren, geschieht das erst bei etwa 75°C (TERNES 1980; S. 279). Auf
diese Weise kann die Eigelbmasse länger aufgeschlagen werden, wodurch
mehr feine Luftbläschen entstehen, bevor der 'Stand' eintritt. Das Abschme-
cken der Soße mit Zitrone verleiht dem Butterfett eine »Frische-Note«.

Zitrone wird auch der Garflüssigkeit von Blumenkohl zugegeben. Hier mildert
die Säure den Kohlgeruch [vermutlich durch Inaktivierung jener Enzyme, die
flüchtige senfölhaltige Komponenten (*Isothiocyanate*), wie *Sulforaphan* und
verschiedene Senfölglycoside (die Gruppe der *Glucosinolate*), freisetzen] und
stabilisiert darüber hinaus seine weiße Farbe. Letzteres leistet Zitrone auch im
Spargelwasser.

Diese Beispiele zeigen, dass Säurekomponenten als Produktionsfaktoren ein-
gesetzt werden, auch um unangenehme Düfte zu beseitigen, enzymatische
Bräunungen zu verhindern, Mikroben abzutöten, die Lagerdauer verderblicher
Lebensmittel zu erhöhen und die allgemein geschätzte weiße Farbe zu stabili-
sieren. Weißes Fleisch, weißes Gemüse ist garantiert sauber, nicht von Schim-
mel oder Destruenten befallen und kann bedenkenlos verzehrt werden. In der
Natur ist Säure in der Regel ein Kampfstoff (Abwehrstoff) der Pflanzen vor
Fraßfeinden[499] schützen soll (außer in vollreifen Früchten, da ist sie u. a. der
Vitamin C = Ascorbinsäure- Lieferant), indem sie Mineralstoffe im Darm

---

[498] Lactobacillales, die Substrate ohne Sauerstoff abbauen, dafür aber auf Kohlenhydrate angewiesen sind. Sie
produzieren *Milchsäure*. Für klassischen Joghurt werden *Streptococcus Thermophilus* und *Lactobacillus
Bulgaricus* eingesetzt; mildere Joghurts werden ohne Lactobacillus Bulgaricus hergestellt
[499] Physikalisch sind Säuren Verbindungen, die Protonen abgeben. Je mehr davon in Lösung gehen, desto stärker ist die Säure, wodurch der pH-Wert gesenkt wird (eine Skala von 0–14); der Wert 7 (= Wasser) ist *neutral*;
unter sieben *sauer*, über sieben *basisch*). Die Abgabe eines Protons kann nur dann erfolgen, wenn eine **Base**
(OH⁻) vorhanden ist, die das Proton aufnimmt. Auch Wasser kann als Base funktionieren: Es nimmt von Säuren
ein Proton auf und wird zum *Hydronium-Ion* (H_3O^+ - veraltet; heute: *Oxonium-Ion*). Starke Säuren denaturieren
Eiweiß und damit auch Bakterien

(Natrium, Kalium, Calcium) bindet und so ihre Verfügbarkeit (den Nährwert) herabsetzt. Auch greift sie den Zahnschmelz an.[500] Solche pflanzlichen '*Ab-wehrsäuren*' finden wir beispielsweise als *Oxalsäure* in Rhabarber, Sauerampfer, Petersilie, Spinat und Mangold. Deshalb werden diese Rohstoffe in der Regel mit Milch, Käse oder Sahne zubereitet, deren Calciumanteile die Oxalsäure binden (dabei entsteht *Calciumoxalat*, das kaum noch Einfluss auf den menschlichen Stoffwechsel hat).

Diese Aufzählung technologischer und aromatischer Funktionen von Säure kann nur punktuell und unvollständig sein. Dennoch reicht sie, um die vielfältigen Vorteile für den Organismus zu erkennen. So lässt sich auch begründen, weshalb wir viele Pflanzen und deren Früchte fermentieren (z. B. Mixed Pickles). Diese Produkte sind nicht allein deshalb appetitlich, weil ihre pH-Werte z. T. als grenzwertig empfunden werden – die Vielzahl milchsauer vergorener Lebensmittel enthalten pharmakologisch wirksame *bioaktive* Substanzen (WATZL; LEITZMANN 1995; S. 132 ff.), deren Funktionen und Bedeutung für unser Immunsystem inzwischen auch empirisch nachgewiesen sind (MATTSON 2016) – was uns zum nächsten Punkt, den *Bitterstoffen*, bringt.

18.6 Bitter

Nicht nur dem Begriff *Säure* haftet etwas Negatives an, auch dem Sinneseindruck '*bitter*'. Er wird oft als Attribut für enttäuschende Lebensumstände verwendet: 'bittere Erfahrungen', 'bitteres Leid', 'bitterer Verlust', die 'Bitterkeit des Herzens' und Ähnliches. Das Adjektiv bitter findet sich in keinem positiven Zusammenhang – weder für Essbares noch für Heilmittel. Was bitter ist, mögen wir nicht. Bitterstoffe werden allenfalls akzeptiert, wenn sie nur 'leicht bitter' (z. B. Kaffee, Röstbitterstoffe) und/oder 'bittersüß' (z. B. Bitterschokolade) sind. Der bittersüße Eindruck wird vermutlich auch deshalb gemocht, weil der Bitterstoff an einem Zuckermolekül hängt, wodurch sowohl der *Bitter*- als auch der *Süßrezeptor* aktiviert werden. Da aber die Zuckerinformation

---

[500] Beim Verzehr eines unreifen sauren Apfels wird die Zahnoberfläche porös, weil Calciumanteile durch die Säure herausgerissen werden. Da der Mundspeichel Calcium enthält, werden diese Stellen rasch wieder remineralisiert

in unserem Nahrungsgedächtnis mit 'ungefährlich' gekoppelt ist, tolerieren wir den bitteren »Beigeschmack«.

Die Bitternoten im *Kaffee* und grünen oder schwarzen *Tee* (durch das Alkaloid *Coffein,* eine psychoaktive Substanz)[501] scheinen ihre Warnfunktion verloren zu haben, wohl auch, weil der Genuss dieser Aufgussgetränke den Organismus vielfältig anregt (s. auch *Ayahuasca*, Abschn. 11.3, S. 177). Gleiches gilt für Getränke, die das bittere Alkaloid *Chinin* enthalten (Chinin wurde in der Kolonialzeit als Malariaprophylaxe eingesetzt), das im *Tonic Water* (u. a. als *Gin-Tonic*) oder dem Aperitif Dubonnet enthalten ist. Auch Bitterspirituosen wie *Kräuterliköre* oder die Wermutspirituose *Absinth* gehören zu den akzeptierten Getränken mit deutlicher Bitternote. Allen voran *Biere*, deren bakteriostatische Bitterstoffe des Hopfens (dem *Humulon* – und davon abgeleitete *Humulone* und *Lupulone*) u. a. sedierende, antibiotische Eigenschaften besitzen.

Offenbar akzeptieren wir Bitterkomponenten immer dann, wenn sie potenziell Arzneistofffunktionen haben. Allerdings bestehen große individuelle Unterschiede in der Bittersensibilität. Das betrifft sowohl die Wahrnehmungsfähigkeit bestimmter Stoffe,[502] dosisabhängige Reaktionen (Übelkeit, Erbrechen) und Toleranz gegenüber bitteren Inhaltsstoffen, die beispielsweise in Kohlgewächsen (*Kreuzblütler*) als *Senfölglycoside* vorkommen. Die Abneigung einiger Menschen gegen *Rosenkohl* hat hier ihren biologischen Grund – ihnen fehlen Entgiftungsenzyme, um besagte Bitterstoffe wieder auszuschleusen. Bittere *Mandeln* werden von niemandem akzeptiert, denn sie enthalten *Amygdalin*, ein cyanogenes Glykosid, woraus nach der enzymatischen Spaltung hochgiftiger Cyanwasserstoff (*Blausäure*) entsteht (s. Abschn. 9.3, S. 148). Obwohl auch die beim Grillen mitunter entstehenden 'schwarzen Stellen' bitter schmecken (der molekulare Kohlenstoffanteil ist hier stark

---

[501] Im Kaffee und Tee ist *Coffein* der gleiche Wirkstoff, der jedoch unterschiedlich gebunden vorkommt. Im Kaffee ist Coffein an einen *Chlorogensäure-Kalium-Komplex* gebunden, der nach der Röstung in Kontakt mit der Magensäure Coffein sofort freisetzt. Anders bei Tee, dessen Coffein an *Polyphenole* gebunden ist und erst im Darm langsam freigesetzt wird – deshalb hält die Wirkung länger an; dazu auch Wikipedia: *Coffein*

[502] Beispielsweise können einige Menschen den sehr bitteren Stoff *Phenylthiocarbamit* (PTC) nicht schmecken, sog. *Superschmecker* erkennen ihn. Ein genetischer Polymorphismus (**TAS2R38**), der vermutlich in Zusammenhang mit der Abneigung gegenüber Pflanzen aus der Gattung *Brassica* (Kohlgewächse – Kreuzblütler) steht, die auch bei Schimpansen und Orang-Utans vorkommt (STRAßMANN 2019)

erhöht), sind sie ungefährlich. 'Verbranntes' wirkt im Magen-Darm-Trakt wie ein Kohlefilter und bindet Schadstoffe. Allerdings ist der Nährwert verloren gegangen, sodass wir auch deshalb schwarz Verbranntes nicht mögen.

Dass unser Organismus sehr sensibel auf bittere Nahrungskomponenten reagiert, im Mundspeichel bereits kleinste Spuren detektiert, ist das Ergebnis einer evolutionären Anpassung vor allem an Pflanzengifte (Toxine). Pflanzen, die vor Fraßfeinden nicht fliehen können, schützen sich vor ihnen mit einem großen Arsenal an Abwehrstoffen und z. T. hochgiftigen Komponenten (wie dem *Coniin* des Schierlings oder *Strychnin* der Gewöhnlichen Brechnuss). Andererseits sind Pflanzen die Nahrungsgrundlage von Pflanzenfressern (*Herbivoren*). Dank vielfältiger Entgiftungssysteme können ihnen diese Gifte nichts anhaben. Auch der Mensch und seine hominiden Vorläufer haben sich von bitterem Blattwerk, Knollen und (süßsauren) Früchten ernährt und dabei regelmäßig unterschiedliche Pflanzengifte und Antinutritiva aufnehmen müssen. Ihre omnivore Lebensweise war möglich, weil vielfältige Bitterrezeptoren (derzeit kennt man über 25 Rezeptor-Typen) Schutzfunktionen haben: Sie aktivieren nicht nur entsprechende Entgiftungsenzyme (*Defensine*), sondern auch die Körperabwehr gegen Bakterien (LEE; COHEN 2016).

Nach aktueller Forschung sind Bitterrezeptoren, die sich nicht allein auf der Zunge befinden, sondern in weiteren Organen und Geweben (u. a. im Gehirn, der Nase und Nasennebenhöhlen, der Lunge und im Darm) Teile des **angeborenen Immunsystems**. Sie gehören zur **T2Rs-Genfamilie** und bilden die allererste Körperabwehr gegen mikrobielle Krankheitserreger.[503] Die vielen Bitterrezeptorarten haben gleich drei Funktionen:

– Bakterien abzuwehren: In den Atemwegen werden die Flimmerhärchen aktiviert, um bakterielle Eindringlinge auszuschleusen

– Stickoxide (NO) in den Atemwegszellen freizusetzen, NO ist für Mikroben tödlich

---

[503] Weil sie auf bakterielle Signalmoleküle reagieren (so genannte N-Acyl-Homoserin-Lactone - AHL), die von Bakterien abgeben werden, die Biofilme (gelähnliche Matten) bilden. Solche Biofilme sind gegen unsere Immunabwehr resistenter (LEE; COHEN 2016; S. 23 f.)

– Die Ausschüttung antibakterieller kurzkettiger Peptide (*Defensine*) zu fördern

Während Bitterrezeptoren bereits nach wenigen Minuten Zellaktivitäten auslösen, benötigt das Immunsystem Stunden bis Tage, um Mikroorganismen zu beseitigen (diese Abwehr ist dann aber in ihrer Wirkung spezifisch). Damit erweist sich das *angeborene Immunsystem* im Vergleich zur *adaptiven Körperabwehr* (die erst Antikörper und Immunzellen bilden muss) als wesentlich schneller. Ein »Frühwarn- oder Abwehrkampfsystem« gegen Gifte und krankmachende Bakterien erwies sich als überlebenswichtig, denn der Organismus war und ist einer ständigen Keimbelastung durch Nahrung und Luft ausgesetzt.

Vor diesem Hintergrund lässt sich die biologische Funktion der Geschmacksrezeptoren entweder als ein '**Frühwarnsystem**' (bei *Säuren* und *Bitterstoffen*) oder als **Impulsgeber** betrachten, sobald *Süße, Fett und Glutamat* vorhanden sind. *Salz* lässt sich in dieser Unterscheidung nicht eindeutig zuordnen, ist ambivalent: Große Mengen sind giftig, Salzmangel wird als fade empfunden (ein negativer Sinneseindruck) – vollständiges Fehlen von Mineralien führt zum Tod (LANG 1979; S. 276, 280 u. 314).

Allein die Anzahl der Bitterrezeptoren macht allerdings deutlich, worauf es dem Organismus ankommt: das Spektrum ubiquitär vorkommender Giftstoffe möglichst sofort zu erkennen. Hierbei gibt es große individuelle Unterschiede, sowohl in der Anzahl der Bitterrezeptoren als auch in ihrer räumlichen Struktur und Effizienz (*Polymorphismus* der *T2R38-Rezeptoren*). So genannte **Superschmecker** reagieren äußerst empfindlich auf 'bitter', wo hingegen »*Nichtschmecker*« gegenüber bestimmten Bitterstoffen geschmacksblind sind.[504] Biologisch sind 'Superschmecker' im Vorteil, denn ihre Körperabwehr reagiert schneller auf Gifte. Diese genetische Variante hat sich vermutlich in jenen Regionen durchgesetzt, in denen rasches Erkennen von Giften überlebenswichtig war. 'Nichtschmecker' müssen unerkannte Gifte über

---

[504] Die Bitter-Schmeckfähigkeit hängt von den Versionen des T2R38 ab, je nachdem, ob beide Genkopien (von Mutter und Vater) den *empfindlichen* Rezeptor codieren (sog. 'Superschmecker' – etwa 20 % der hellhäutigen Menschen) oder den *unempfindlichen* (sog. 'Nichtschmecker'); 'Normalschmecker' besitzen eine Mischung aus beiden Genkopien (LEE; COHEN 2016)

entsprechende Entgiftungssyteme ausschleusen bzw. über ihre adaptive Immunreaktion unwirksam machen.

Dass wir bestimmte Bitternoten akzeptieren – genauer: gelernt haben, sie zu akzeptieren – hängt mit der angesprochenen pharmakologischen und psychotropen Wirkung zusammen. Dennoch bleibt ein Widerspruch: Wie kann etwas potentiell Giftiges gesundheitlich nützlich sein? Ein nur scheinbarer Widerspruch: Bitterempfindungen gehorchen nicht einer biologischen 'Entweder-oder-Option', sondern einer dosisabhängigen (individuellen) Verträglichkeit. Dieser Sachverhalt deckt sich mit dem Naturverständnis von Paracelsus, der bereits vor über 600 Jahren erkannt hat: »*Alle Dinge sind Gift, und nichts ist ohne Gift. Allein die Dosis macht, daß ein Ding kein Gift ist*«. Heute wird diese alte Ernährungserkenntnis erneut unter dem Begriff *Hormesis* erforscht (MATTSON 2016).[505] Ein theoretischer Ansatz, der davon ausgeht, dass viele Abwehrstoffe von Obst und Gemüse, in kleinen und mittleren Mengen verzehrt, zelluläre Aktivitäten anstoßen und gesundheitsfördernde Effekte haben (*hormetisch* wirken) – bei steigender Dosis jedoch den Organismus schädigen können.

Diese Aussage könnte u. a. erklären, weshalb wir nicht jeden Tag das gleiche Gemüse mögen, wir nur eine begrenzte Toleranz gegenüber ein und derselben Zubereitung haben und schließlich Widerwillen entwickeln. Die dauerhafte Zufuhr bestimmter 'Pflanzen-Toxine', deren Ausschleusung mehr als 24 Stunden benötigt, hätte kumulative Folgen. Auch deshalb reagiert der Organismus aversiv gegen stets gleiche Kost.[506]

Hintergrundinformationen

Pflanzen produzieren in ihrem *Sekundärstoffwechsel* (Stoffe, die nicht unmittelbar an lebenswichtigen Funktionen der Zelle beteiligt sind) seit Jahrmillionen natürliche Pflanzenschutzmittel (*Pestizide*), um sich vor Fraß zu schützen. Sie schmecken durchweg bitter – ihr ubiquitär gültiges Erkennungsmerkmal. Diese Toxine verursachen beim Konsumenten 'Zellstress'

---

[505] *Hormesis* – griech. 'Anstoß'; engl.: *adaptive Response* – wonach schädliche Einflüsse in niedrigen Dosierungen eine positive Wirkung auf den Organismus haben können. Sie wird auf Stressreaktionen zurückgeführt, die der Organismus gegen Pflanzengifte entwickelt; a .a. O.

[506] So enthalten beispielsweise Paranüsse das Spurenelement *Selen*, das in geringen Mengen medizinische Vorteile hat (senkt das Risiko für Herz oder Krebserkrankungen; a. a. O., S. 31), aber große Mengen sind giftig für Leber und Lunge

durch vermehrtes Auftreten reaktiver Sauerstoffspezies (ROS). Diese entstehen auch beim Sport oder längerem Nahrungsmangel (Fasten) und können u. a. Zellschäden verursachen und müssen rasch neutralisiert werden. Hierbei helfen, so die gängige Lehrmeinung, sog. Antioxidantien (bioaktive Substanzen) aus der Nahrung. Der Mechanismus ihres gesundheitlichen Nutzens wird heute medizinisch anders begründet. Biochemische Reaktionsketten innerhalb der Zelle belegten den Schutzmechanismus bioaktiver Substanzen gegen freie Radikale, *indem Zellen vermehrt Enzyme bilden*, die die ROS inaktivieren. So trennen beispielsweise *Curcumin* (Bestandteil des Currypulvers) oder *Sulforaphan* (in Brokkoli) Proteinverbindungen, die im Zytoplasma normalerweise gebunden vorliegen. Eines dieser Proteinfragmente wandert in den Zellkern und aktiviert Gene, die für antioxidative Enzyme codieren. Genau darin liegt der gesundheitsfördernde Effekt von bioaktiven Substanzen (LEE; COHEN 2016).

Der Anteil sekundärer Pflanzenstoffe variiert selbst innerhalb einer Pflanzensorte. So haben weiße Grapefruits, die recht bitter schmecken, bis zu 50 % mehr Flavonoide[507] als rote, süßere Sorten. Zu den Rohstoffen mit Bitternoten, die wir akzeptieren, gehören – neben weißen Grapefruits (mit hellgelbem Fruchtfleisch) – beispielsweise Chicorée, dessen Bitterstoff *Lactucopikrin* auch im Milchsaft von Latticharten und Endivien vorkommt. Diese chemische Verbindung (ein *Sesquiterpenlacton*) wirkt auf Bakterien, Pilze und Würmer toxisch, auf einige Menschen stimmungsverbessernd. Nicht zuletzt gelten die Bitterstoffe vieler Kräuter (Dill, Basilikum, Rosmarin, Thymian u. v. a. m.) als Mittel, die Produktion von Speichel- und Magensäften anzuregen – woran insbesondere der *Nervus Vagus* beteiligt ist. Er ist an der Regulation nahezu aller inneren Organe beteiligt, die von ihm über Geschmackseindrücke am Zungengrund (mit ausgeprägterer Bitterempfindung) informiert werden.

18.7 Fett

Der Nachweis, dass wir auf der Zunge auch Fett schmecken können, wurde erstmals 2011 publiziert (MEIER 2014). Unklar war, ob für wasser*un*lösliche Moleküle dieser Größe eigenständige Geschmacksrezeptoren auf der Zunge

---

[507] Sie sind universell in Pflanzen enthalten und machen einen Großteil ihrer Blütenfarbstoffe aus

existieren.[508] Das subjektive Fettempfinden wurde bis dahin als Zusammen-wirken haptischer (den Tastsinn betreffender) und olfaktorischer Reize be-trachtet. Mit der Entdeckung fettspaltender Enzyme (*Lipasen*), die Ge-schmackspapillen in Gegenwart von Fett absondern, war der Mechanismus entschlüsselt, mit dem die Zunge Fett wahrnimmt (Lipasen spalten Fettsäuren hydrolytisch von Glycerin ab). Auch wenn der endgültige Beweis für eigen-ständige Fettrezeptoren auf der Zunge fehlt, so ist der Körpernutzen, der in der Wahrnehmung von Fettanteilen in der Nahrung liegt, bedeutend: Einige Fett-säuren sind essenziell.[509]

Am Beispiel Salz haben wir gesehen, dass der Tagesbedarf nicht als separate Einzelmenge aufgenommen werden kann, sondern nur über eine Trägersub-stanz (die Rohstoffe der Zubereitung). Ähnlich verhält es sich mit Fett. Zwar besteht keine unmittelbare Vergiftungsgefahr, sollte die aufgenommene Fett-menge den tatsächlichen Bedarf übersteigen, dennoch: Wir mögen 'pures' Fett nicht. Deshalb nehmen wir in der Regel weder *flüssige* Fette (Öle), *schaumige* (Schlagsahne oder beispielsweise Sc. Hollandaise), *weiche* (Schmalz, Butter) noch *feste* Komponenten (gehärtete Pflanzenfette) als alleinige Substanzen auf (mit Ausnahme der Schlagsahne), sondern stets in Verbindung mit weiteren Rohstoffen/Speisen (aller Art): Schlagsahne zum Eis oder Obstsalat, Öle zu kalten Salaten, flüssige Butter zum Gemüse – oder als 'Nussbutter' (gebräunt) zur Seezunge »*à la meunière*« (Müllerinart) – in ihrer weichen Konsistenz meist auf einer 'Unterlage', z. B. als Brotaufstrich. Dass wir Fettanteile einzeln nicht sonderlich mögen, ist vermutlich ein Schutz vor 'extrem einseitiger' Kost, die zudem lange sättigt – in dieser Zeit würden wir nichts Weiteres mehr essen. Fettzubereitungen wie Mayonnaise oder Sc. Béarnaise werden nur zusammen mit anderen Speisen verzehrt, nicht als alleinige Speise ('löffelweise').

---

[508] Als möglicher Geschmacksrezeptor für die Wahrnehmung von Fett wurde in den Geschmacksknospen von Rattenzungen das Glycoprotein **CD36** nachgewiesen. CD36 steht für '*Cluster of Differentiation 36*', ein Memb-ranprotein, das bei der Erkennung langkettiger Fettsäuren eine wichtige Rolle spielt und u. a. als Fettsäuret-ransporter fungiert (BERGER 2010)

[509] Dass Fettmoleküle auch von Rezeptoren der Darmepithelzellen detektiert werden und unseren Appetit be-einflussen, belegen Produkte spezifischer Dünndarm-Enzyme. Diese koppeln an bestimmte funktionelle Grup-pen von Fettsäuren, wobei *Oleoylethanolamid* (OEA) entsteht (es hat Ähnlichkeiten zu einem Cannabinoid namens Anandamid), das an einen Cannabinoid-Rezeptor der Darmwand bindet (der vermutlich nur für OEA existiert) und die Nahrungsaufnahme reguliert (CZICHOS 2009)

Hintergrundinformationen

Ausgelassene Tierfette (*Schmalz*) – auch Brühfette ('abgeschöpfte' *degraissierte* Fettanteile) – werden oft zu primärstoffeigenen Soßenansätzen (als Fettkomponente der Roux) und fettarmen Gemüsespeisen verwendet. Reines Schweine-, Enten- oder Gänseschmalz ist einzeln genossen sensorisch unattraktiv – als Bestandteil robuster Kohlzubereitung jedoch *der* entscheidende 'Co-Faktor', der diese Speisen schmackhaft macht. Bei vornehmlich feinaromatischen Gemüse- oder Kartoffelzubereitungen erfüllt Butter diesen Zweck. Sie gibt ihnen einen zusätzlichen sensorischen 'Körper' – ohne deren feines Eigenprofil aromatisch zu überlagern. Dagegen sollen Buttermischungen (*Kräuterbutter, Café de Paris, Knoblauchbutter* u. a. m.) zusätzlich aromatisieren. Sie enthalten signifikante Aromakomponenten und 'ersetzen' die Soße zu Grill- und Pfannenspeisen (bei diesen trockenen Verfahren entstehen keine ausreichenden, soßentauglichen Fondanteile, allenfalls Tropfsäfte). Sie ergänzen Fettwerte und setzen aromatische Akzente – die namensgebend für die Zubereitungsart sind: z. B. *Filetsteak Café de Paris*.

Im Muskelgewebe warmblütiger Schlachttiere kommt Fett überwiegend als Auflagenfett oder *Marmorierung* (intramuskuläres Fettgewebe ohne Bindegewebstaschen) vor,[510] das den Genusswert der Speise hebt. Als idealer Wert gelten etwa 12–14 % Fettanteile. Mageres (fettarmes) Muskelgewebe ist vermutlich deshalb weniger attraktiv, weil unser Organismus (seit Jahrmillionen) mit Fleisch auch immer eine Fettaufnahme erwartet.[511] Nur *fetter Speck* (das Depotfett auf dem Rücken) oder *Flomen* (Bauchfellfett und Kälteschutz der Nieren) bestehen aus nahezu reinem Fettgewebe. Letztere liegen in Bindegewebstaschen, deren Kollagenanteile sich während des 'Auslassens' bei Temperaturen um 150°–160° C zu braunen '*Grieben*' verkräuseln.

Hintergrundinformationen

Nach dem Abkühlen des flüssigen Schmalzes entstehen auf der Oberfläche wellenförmige Strukturen, weil Nahrungsfette Gemische verschiedener Fettmoleküle aus langen 'schweren'

---

[510] Das Fleisch der *Koberinder* (Cobe-Beef) enthält haltungs- und fütterungsbedingt ungleich mehr *intramuskuläres Fettgewebe*. Es ist frei von Bindegewebstaschen und trägt zum 'Saftigkeitsempfinden' des gegarten Fleisches bei

[511] Tiere schmecken uns am besten, wenn sie sich in den Herbstmonaten eine Fettreserve angefressen haben: Wildvögel (Fasan, Rebhühner, Wachteln, Tauben), Enten, Halliggänse sowie Schlachttiere. Matjes, ein vor Erreichung der Geschlechtsreife in milder Salzlake eingelegter Hering, ist sehr fetthaltig (über 15 %); Wildtiere (Reh, Hirsch, Damwild, Hasen), die natürlicherweise wenig Fett anlegen (weil sie Fluchttiere sind), werden gespickt, bardiert (umwickelt, meist mit 'grünem' oder geräuchertem Speck). Dass fettfreies Muskelgewebe weniger schmackhaft ist, hängt vermutlich mit dem oben erwähnten Bedarf an essentiellen Fettsäuren zusammen, die in tierischen Fetten enthalten sind und als 'fehlend' empfunden werden

und kurzen 'leichten' Ketten sind. Die schweren sinken während des Abkühlens rascher nach unten und führen zu' Tälern' – die leichteren entsprechend umgekehrt – ein visuelles Merkmal für die unterschiedlich langen Fettmoleküle im Schweineschmalz. Ein einzelnes Fettmolekül ist chemisch eine *Esterbindung* aus *Glycerin* (einem dreiwertigen Alkohol) und drei *Fettsäuren* (Carbonsäureanteil), deren Kohlenwasserstoffketten unterschiedliche Längen haben und sich in der Anzahl ihrer *C-Doppelbindungen* unterscheiden. Fettsäuren ohne Doppelbindung werden als *gesättigt* (z. B. Stearin-, Palmitinsäure) bezeichnet (ihnen 'fehlen' keine H-Atome); eine Fettsäure mit einfacher Doppelbindung ist beispielsweise die essentielle *Ölsäure* (die Hauptkomponente des Olivenöls); *Linolsäure* hat zwei und *Linolensäure* drei Doppelbindungen in ihren jeweils 18 C-Atomen zählenden Kohlenwasserstoffketten. Des Weiteren gibt es mehrfach ungesättigte Fettsäuren, z. B. die *Eicosapentaensäure* (20 C-Atome mit 5 Doppelbindungen), die zur Klasse der *Omega-3-Fettsäuren* gehört und für viele Funktionen im Stoffwechsel benötigt wird, u. a. um entzündliche Erkrankungen der Gelenke (*rheumatoide Arthritis*) zu verhindern. Der evolutionsbiologische Hintergrund für die Existenz verschiedener Doppelbindungen liegt in der Anpassung an den Lebensraum (ATKINS 1987; a. a. O., S. 67). Seefische leben oft in kalten Gewässern. Dank der vielen Doppelbindungen erstarrt das Fett in ihrem Körper nicht – sie wären sonst unbeweglich. Das Fett der Palmölpflanze muss hohe Temperaturen der Sonne ertragen, um fest zu bleiben. Palmkernfett wird erst bei 72°C flüssig.

Fleischpartien mit hohen Fettanteilen (u. a. Bauch, Brust und Nacken) eignen sich zum Pökeln und Räuchern. Auf der Zunge vermittelt Fett eine gefühlte viskose, leicht 'saftige' Struktur (Fettmoleküle sind aufgrund ihrer schwachen molekularen Bindungskräfte gegeneinander verschiebbar). Beim Räuchern fungiert Fett als Verdunstungssperre (je nach Kalt- oder Heißräucherung treten zwischen 10 und 40 % Wasserverluste auf).

Alle Säuger werden mit fetthaltiger Muttermilch ernährt. So enthält die humane Milch etwa 4 % Fett (Kuhmilch beispielsweise je nach Rasse, Fütterung u. a. m. zwischen 2 und 7 % (BRADE 2016). Damit gehört Fett seit Äonen zum Bestandteil flüssiger Urnahrung und ist als sensorischer Wert untrennbar mit dem physiologischen Wert gekoppelt. Enthält die Milch weniger Fettanteile, fehlen ihr nahrhafte Komponenten, was sich im Geschmackswert ausdrückt: Der Magermilch und/oder fettarmen Milch fehlt der 'erwartete' volle Geschmack. Deshalb sind Fettanteile ein wesentlicher *Bestandteil sensorischer Fülle*, in der wiederum die Information für den Organismus liegt, wertvoll zu sein (s. Fußn. 510, S. 274). Die Alternative, sich freiwillig (nicht medizinisch indiziert) *fettarm* zu ernähren, ignoriert den sensorischen Hintergrund des 'vollen' Geschmacks. Früher oder später geraten Verstand und Verlangen in Konflikt: der Wille, z. B. eine schlankere Figur zu haben, kollidiert mit vegetativer Aufforderung, den volleren Geschmack zu präferieren. Er dient der Bedarfsdeckung. Diesen *Körperbedarf* kann man nicht qua Entscheidung ändern.

18.8 »Umami« – das Geschmacks-Tandem aus Glutamat und Kernbausteinen

In Kapitel II, Abschn. 8.1, S. 128 f. haben wir evolutionäre Aspekte der Reizerkennung und -verarbeitung und deren biologische Funktionen im Organismus betrachtet. Das erlaubt uns jetzt besser zu verstehen, unter welchen Voraussetzungen Nahrungsbestandteile besonders *schmackhaft* und *appetitanregend* sind: nämlich nur dann, wenn sie *ernährungsrelevant* sind. Solche sensorischen Effekte wirken nicht (nur) im Hintergrund (als Signale aus dem 'Darmhirn' via Limbisches System), sondern werden während des Essens auch bewusst erlebt und sind beschreibbar – z. B. als *vollmundig, herzhaft, würzig* oder *kräftig* (s. Abb. 7, S. 232). Für diese Eindrücke sind u. a. Bitter-, Süß-, Sauer-, Salz- und Fettkomponenten verantwortlich, die, wie wir wissen, als Rezeptorsignale in das Gehirn gelangen und dort mit bereits im 'Nahrungsgedächtnis' vorhandenen 'Erregungs-Mustern' abgeglichen und in Millisekunden »bewertet« werden. Bis auf die 'Fettkomponenten' (deren eigenständiger Rezeptortyp ja noch diskutiert wird), sind alle genannten Zungenrezeptoren nahezu substratspezifisch.[512] Das heißt, sie können jeweils nur mit jenen Atomen und Molekülen chemisch interagieren, zu deren Detektierung sie im Laufe der Evolution entwickelt worden sind (als *ionotrope* oder *metabotrope = G-Protein-gekoppelte Rezeptoren* – denen wir bereits in Abschn. 8.1, S. 128 f. begegnet sind).

Zu diesem Zungen-Rezeptormosaik kommt eine weitere Geschmacksempfindung hinzu, die von Geburt an zur sensorischen Grundausstattung aller Säuger

---

[512] Allerdings liegen nach neuerer Forschung in Geschmacksknospen meist mehrere Sinneszellen unterschiedlicher Qualitäten. D. h., dass jede Papille nicht nur auf eine Basalqualität (Rezeptorart) beschränkt ist, sondern meist auf alle fünf Geschmacksqualitäten (durch De- und Hyperpolarisation der Membranen), s. auch BERGER 2010

gehört: *umami.* Dieser Geschmack erhält nicht von einer einzelnen Nahrungskomponente, sondern von verschiedenen Aminosäuren *und* Kernbausteinen,
den Nukleotiden (Stoffgruppe der *Purine*), seinen vollen sensorischen Wert –
wenn beide Anteile im Nahrungsgemisch vorkommen. Derzeit kennt man über
40 Substanzen, die am Umamigeschmack beteiligt sind (POLLMER, MUTH
2004; S. 10). Damit ist der Umamirezeptor im strengen Sinn nicht substratspezifisch (die Geschmacksintensität hängt nicht von der Konzentration einer einzelnen Komponente ab), sondern entsteht durch ein Substratgemisch aus *Proteinen* und *Nukleinbasen.* Beide sind Bestandteil aller pflanzlichen und tierischen Organismen. Eine wesentliche Komponente des Umami-Geschmacks ist
das wasserlösliche *Glutamat* (das Salz der Glutaminsäure, dessen Anion eine
glucogene Aminosäure ist, s. Hintergr.-Info. unten). [513, 514]

Die Bezeichnung *Umami* geht auf den japanischen Forscher Kikunae Ikeda
zurück, der 1909 vermutete, dass diese Geschmacksart nicht eine Kombination
der vier bekannten Qualitäten süß, salzig, sauer und bitter sei, sondern ein eigenständiger Grundgeschmack der Glutaminsäure ist, die er aus braunem See-
tang (*Kombu*) isoliert hatte (BERGER 2010; S. 47). In der japanischen Küche
ist Kombu Grundlage von Fischsuds[515] (*Dashi*, das mit feinen getrockneten
und geräucherten Tunfischscheiben gegart wird) und Hauptbestandteil variantenreicher vegetarischer Zubereitungen.

---

[513] Aminosäuren, deren Abbauprodukte dem Körper als Vorstufen zur Herstellung von *Glucose* (Gluconeogenese) dienen können, sind *glucogen* (u. a. Glutamin und Glutamat)
[514] Glutaminsäure kommt in zwei Formen vor: als L- und D-Glutaminsäure. Die geschmacksverstärkende Wirkung hat nur die L-Version
[515] In der europäischen Küche werden klare Fischfonds vornehmlich aus Edelfischkarkassen (Seezunge, Stein-
butt) hergestellt

Aus Glutaminsäure wird Glutamat

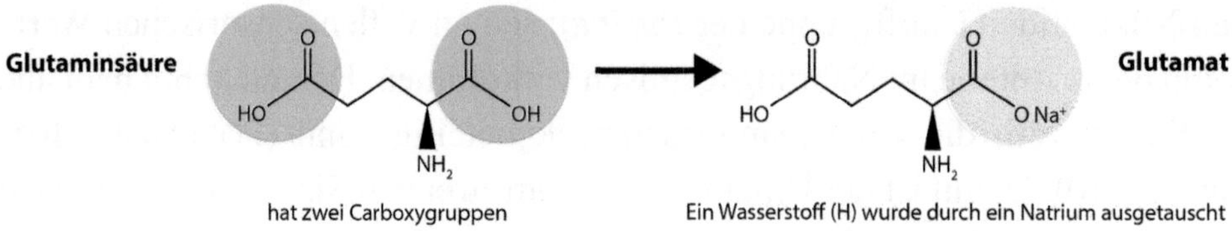

Glutaminsäure   Glutamat

hat zwei Carboxygruppen   Ein Wasserstoff (H) wurde durch ein Natrium ausgetauscht

Abbildung 9 Glutaminsäure – Glutamat

Hintergrundinformationen

Weil Glutamat ein »Salz der Glutaminsäure« ist und diese Verbindung im Körper meist dissoziiert vorliegt, wird in der Biologie und Medizin Glutaminsäure meist *Glutamat* genannt.[516] Zur Erinnerung: Verbindet sich z. B. das Element *Natrium* (ein Metall) mit dem Nichtmetall *Chlor*, entsteht *Natriumchlorid* (Kochsalz). Salze sind ionische Verbindungen, die sich in Wasser (meist) rasch lösen. Dabei wird Natrium zum positiv geladenen *Kation* und Chlorid zum negativ geladenen *Anion* – zwei (reaktionsfreudige) elektrisch geladene Teilchen (Ion = Wanderer). Natrium kann auch mit einer organischen Säure (z. B. mit *Glutaminsäure*) eine ionische Verbindung eingehen, wobei das Salz *Mononatriumglutamat* entsteht.[517]

Wenn eine flüssige Zubereitung (Suppe, Soße) nach Fleisch oder 'bouillonartig' schmeckt, liegt das vor allem am Glutamatgehalt. Glutamat aktiviert nicht

---

[516] Glutaminsäure ist eine *Dicarbonsäure* (sie hat *zwei* Carboxygruppen – die funktionelle Gruppe, die Protonen abgeben kann und sie zur Säure macht). An einer der beiden *Carboxygruppen* ist ein Wasserstoffatom ('H') durch ein Natriumatom ('Na') ausgetauscht (s. Abb. 9 oben). Diese ionische Bindung ist chemisch ein Salz und wasserlöslich. Das kleine gelöste Kation (Natrium) wird von einer Hydrathülle 'ummantelt' und fällt geschmacklich nicht sonderlich ins Gewicht – jedoch das große Molekül der Glutaminsäure (das Anion). Spricht man von Glutamat, so ist eigentlich stets dieses dissoziierte Anion gemeint.

[517] Industriell wurde Glutamat von *Julius Maggi* aus Weizeneiweiß (*Kleber* mit einem Glutaminsäuregehalt von 31 Prozent) zur Herstellung von *Flüssigwürze* gewonnen. Er löste Weizeneiweiß in Salzsäure (wobei sich die einzelnen Aminosäuren trennen; gleiches geschieht in der Magensalzsäure). Mit Zugabe von NaOH (*Natronlauge*) entsteht daraus *Natriumglutamat*, ein kristallines weißes Pulver (gemäß der chemischen Regel: *Säure* plus *Lauge* ergibt *Salz* und *Wasser*). Heute wird Glutamat mittels Bakterien gewonnen, die auf Melasse oder Glucosesirup gedeihen (POLLMER; MUTH 2004; S. 11)

nur die Glutamatrezeptoren der Zunge, sondern auch die der Darmzellen.[518]
Der Zusammenhang von 'flüssig' und 'glutamathaltig' führt direkt zur Urnahrung der Säuger, der **Muttermilch**. Sie ist nicht nur reich an Fett, Eiweiß und Zucker, sondern enthält beträchtliche Mengen (etwa 20 %) an *freiem* Glutamat (dieser Sachverhalt wird uns später noch einmal begegnen).[519] Die Unterscheidung von 'frei' und 'gebunden' erklärt sich aus der genannten Tatsache, dass Glutaminsäure erst während der enzymatischen Zerlegung großer Eiweißmoleküle 'frei' wird. Sie kann mit verschiedenen Metallen (Natrium, Calcium, Magnesium) ionische Verbindungen eingehen (sogenannte *Glutamate*), von denen die Verbindung mit Natrium (*Mononatriumglutamat*) häufigster Bestandteil von 'Geschmacksverstärkern' ist[520] – warum sie den Grundgeschmack *anderer* Komponenten »verstärken«, wird noch zu erklären sein.

Dass die Zunge ausgerechnet anhand der *nicht-essenziellen* Glutaminsäure proteinhaltige Lebensmittel erkennt, hat sich evolutionär wohl deshalb durchgesetzt, weil diese von den rund 20 Aminosäuren der häufigste Eiweißbaustein ist.[521] Außerdem ist Glutamat auch ein **Neurotransmitter**, weshalb es verschiedene Klassen von Glutamatrezeptoren im Nervensystem gibt. Die *Gehirnrezeptoren* (in den Synapsen) reagieren wesentlich empfindlicher auf Glutamat, weil sie eine zusätzliche hochaffine Glutamatbindungsdomäne haben, die im Rezeptor auf der Zunge nicht vorkommt (BERG et al. 2003; S. 992–997). Von Bedeutung ist zudem, dass die eine Hälfte des Zungenrezeptors für den Umami-Geschmack, die andere auch für Süße zuständig ist, was den evolutionären Zusammenhang mit der 'Urnahrung' Muttermilch nahelegt; dazu auch Wikipedia: Glutamat.

---

[518] Der *Nervus vagus* ist nicht nur an der Weiterleitung von Geschmacksempfindungen am Zungengrund beteiligt, sondern gehört auch zum neuroanatomischen Schaltkreis zwischen Darm und Gehirn. Er übermittelt Geschmackssignale von der Mucosa des Magen-Darm-Trakts zum zentralen Nervensystem. Experimentell konnte an Ratten gezeigt werden, **dass sich die Aktivität *afferenter* (in das Gehirn leitender) Fasern des Nervus vagus erhöhte, sobald er mit Glutamat in Kontakt kam.** Diese Stimulation wurde nur bei Glutamat und nicht bei anderen Aminosäuren gefunden und wurde durch die Produktion von *Stickstoffmonoxid* und *Serotonin* in der Mucosa des Magens ausgelöst (BERGER 2010; S. 27)

[519] Die gleichzeitige Aktivierung verschiedener Rezeptoraktivitäten durch Komponenten der Muttermilch lässt sich allegorisch als »sensorische Ur-Symphonie« beschreiben

[520] In Verbindung mit *Dinatriumsalz*, dem **IMP** und **GMP**

[521] Hier scheint der Organismus nach dem *Wahrscheinlichkeitsprinzip* zu arbeiten: Aminosäuren treten nur in Verbund mit anderen auf: Wo Glutaminsäure vorkommt, gibt es weitere – *essenzielle* und *nicht-essenzielle*. Deshalb waren keine Rezeptortypen auch für essenzielle Aminosäuren notwendig. Die Gesamtzahl sämtlicher Proteinmoleküle allein in der Zelle einer Bäckerhefe wird auf 42 Millionen geschätzt (Tagesspiegel 2018)

Hintergrundinformationen

Glutamatrezeptoren sind von Geburt an auf unserer Zunge vorhanden, um verschiedene Glutamate und Purine (Bausteine der Kernsäuren) der Nahrung zu detektieren. Zu Letzteren zählen die Kernbausteine (Purin-5'-Ribonukleotide) *Inosinmonophosphat* (IMP) und *Guanosinmonophosphat* (GMP), die in allen tierischen und pflanzlichen Zellen vorkommen.[522] IMP entsteht vor allem beim Abbau von Muskelgewebe (bei der »Fleischreifung«), worauf wir in Abschn. 21.2, S. 315 f. noch einmal zurückkommen werden.[523] Der volle Umami-Geschmack entsteht erst durch Synergieeffekte mit **Purinen**, den Kernbausteinen (DNA – Desoxyribonukleinsäure) pflanzlicher und tierischer Zellen.

Dass Natriumglutamat vor allem in flüssigen Zubereitungen (Suppen und Soßen) sensorisch hervortritt, hängt mit seiner Wasserlöslichkeit zusammen, wobei allerdings der Dissoziationsgrad und der pH-Wert bedeutsam sind. Bei einem pH-Wert von 7 (neutral) ist Glutamat zu 99,8 % dissoziiert und wirkt bereits in geringer Konzentration von 0,05–0,4 % geschmacksverstärkend (TERNES 1980; S. 157). Bei einem pH von 4,5 und in ölhaltigen Lebensmitteln ist die Wirkung deutlich geringer und beträgt z. T. nur ein Drittel (ebenda).

Diese physikalisch-chemischen Zusammenhänge allein erklären jedoch nicht das *Phänomen der geschmacklichen Verstärkung* durch Glutamate – sie sind lediglich die Faktoren dieser sensorischen Steigerung. Wie wir aus Kapitel II wissen, stehen sensorische Effekte mit der physiologischen Bedeutung (dem Bedarf) in direktem Zusammenhang. Ein verbesserter Geschmack ist kein zufälliger, angenehmer sensorischer Nebeneffekt, der sich beim Verzehr proteinhaltiger Suppen oder von Fleisch einstellt. Im Gegenteil: Der Organismus ist auf Eiweißkomponenten sensorisch »konditioniert«. Der Umami-Geschmack ist das bewusst erlebte »sensorische Äquivalent« dieses Nährstoffs – insbesondere von tierischem Eiweiß (Fleisch), unserer mit Abstand bedeutendsten Nahrungskomponente. Umami setzt sich aus den japanischen Begriffen '*umai*' =

---

[522] IMP und GMP haben den gleichen geschmacksverbessernden Effekt wie das Glutamat. Bei der Kombination mit Purinnukleotiden tritt ein **Synergieeffekt** auf: Die Glutamatwirkung wird um das 10–15-Fache durch ihre Gegenwart gesteigert – hingegen steigert Glutamat die Wirkung dieser Nukleotide um das 100-Fache. Als Geschmacksverstärker werden sie deshalb im Verhältnis 95 % Glutamat zu 5 % Purinnucloetide gemischt (TERNES 1980; S. 157 f.)

[523] Ausgangsstoff bei der Reifung ist ATP (*Adenosintriphosphat*), das in allen Zellen und besonders reich in Muskeln vorkommt. Mit Eintritt des Todes wird dieses energiespeichernde Molekül schrittweise durch den Verlust seiner Phosphatgruppen bis zu IMP abgebaut, das einen leichten Fleischgeschmack hat (TERNES 1980; S. 211 ff.)

schmackhaft, würzig und 'mi' zusammen, das mit 'Essenz' übersetzt wird – etwas, das die Nahrung essenziell = wesentlich macht.

Neben seinen etwa 20 proteinogenen Aminosäuren (neun *essentiellen* – und zwei *semi-essentiellen*, die der Organismus aus anderen herstellen kann) enthält Fleisch in der Regel auch (essenzielle) Fette, Mineralstoffe, Vitamine und das oben erwähnte IMP. Wenn eine Zubereitung nach »Fleisch« schmeckt, ist sie 'augenblicklich' für den Organismus wertvoll, denn Glutaminsäure lässt weitere lebenswichtige Inhaltsstoffe erwarten.[524, 525] Zudem ist Fleisch *frei von Giften* (es enthält keine Abwehrstoffe gegen Fraßfeinde). Der Verzehr ungiftiger und wertvoller Nahrung erzeugt physiologische und hormonelle Reaktionen, ein »Körper-Feedback«, über das wir bereits in Abschn. 10.2.1, S. 162 f. gesprochen haben.

Die geschmackliche »Verstärkung« eines zu garenden Rohstoffs (Primärstoffs) oder des von ihm gezogenen Fonds tritt demnach immer dann ein, wenn im Nahrungsgemisch *zusätzlich* Glutamat und IMP enthalten sind. Grund: Der Organismus 'erkennt' die Anwesenheit von 'Fleisch'.[526] Allgemein entsteht eine 'Geschmacksverstärkung' durch Erhöhung rohstoffeigener Inhaltsstoffe (z. B. der Mineral- und Zuckeranteile) und die Ergänzung fehlender Komponenten (z. B. von Fetten). Auf diese Weise wird die Zubereitung 'gehaltvoller' und 'vollmundiger' – es sind *mehr* schmeckbare Anteile hinzugekommen. Zu diesem *quantitativen* Aspekt kommt ein *qualitativer*. Dieser betrifft den »*relativen Wert der Inhaltstoffe*«, der durch den Synergieeffekt von Glutamat und Nukleotiden getriggert wird: die 'Information', dass *auch* Eiweiß (und damit vergesellschaftete Nahrungskomponenten) vorhanden ist. Das erleben wir als

---

[524] Glutamat erfüllt im Stoffwechsel verschiedene Funktionen: U. a. dient es als Energiequelle im Verdauungssystem, als Vorstufe für die Synthese von Proteinen und ist an der Ausschleusung von Harnstoff beteiligt (BERG et al. 2003). Menschen haben bessere Überlebenschancen bei Infektionskrankheiten, wenn sie sich eiweißreich ernähren

[525] Nicht zuletzt wird umami mit »fleischig« (auch: »bouillonartig«, »würzig«) übersetzt, was nicht nur im Japanischen den positiv konnotierten Wert von Fleisch belegt

[526] Die charakteristische Verstärkung des Umami-Geschmacks durch verschiedene Ribonukleotide kommt möglicherweise dadurch zustande, dass z. B. IMP nahe an der Öffnung einer ligandengesteuerten Domäne des Rezeptors – der sogenannten Venusfliegenfallen-Domäne (VFT – engl. *venus flytrap domain*) – bindet, die die starke Bindung von L-Glutamat zusätzlich stabilisiert; dazu auch Wikipedia: *Venusfliegenfalle-Domäne*

Geschmacks'*verstärkung*' – der archaisch bewährte Stimulus zum Mehrverzehr – um Reserven anlegen zu können.[527]

Es sind eindeutig sensorische Werte, die uns bei der Wahl und Zusammenstellung von Rohstoffen leiten und auf physiologisch unterschiedlichen Ebenen
wirken.[528] In ihrer Basisfunktion 'informieren' sie über Giftanteile und unphy-
siologische Zusammensetzungen ('zu' scharf, sauer, salzig, bitter etc.). Die
zweite Ebene erkennt aus dem Kosmos unzähliger Molekülmischungen jene
Nährstoffanteile, die essenziell für uns sind. Da kein einzelner Rohstoff allein
die von uns benötigten etwa 50 essenziellen Inhaltstoffe enthält (LANG 1979;
S. 10), ist eine vielseitige Ernährung notwendig. Die bei Rohstoffkombinationen auftretenden geschmackshebenden Synergieeffekte sind sensorische
»Überzeugungshilfen«, die uns auf den Wert dieser Anteile hinweisen – sie
werden uns bewusst – und finden sich in dem praktischen Regelwerk (dem
Zubereitungssystem) wieder, indem wir 'passende' Anteile stets aufs Neue verwenden und kombinieren.

Wenn wir Rindergulasch mit Pilzen zubereiten, Spaghetti *aglio e olio* mit getrockneten Tomaten, Walnüssen und Parmesan ergänzen, Fischglace zur Herstellung einer *Velouté de poisson* verwenden und mit einem Spritzer *Worcestershiresauce* (ebenso die *Sc. Béarnaise*, das *Ragout fin* der Königin Pastete
oder *Hühnerfrikassee* mit Champignons) vollenden, dann *erhöhen* wie jedes
Mal die Mononatriumglutamat-Gehalte, die in den allermeisten Rohstoffen natürlicherweise bereits vorkommen. Auch gekochte Kartoffeln enthalten Glutamat, weshalb wir Kartoffelsalat mit einer heißen Rinderbouillon 'angießen'
oder zur Herstellung einer Kartoffelsuppe verwenden.

Die gehobene Küche benötigt keine glutamatreichen Zusätze (Gekörnte
Brühe, Fondor, Gemüsebrühe, Brühwürfel etc.). Sie verwendet Fonds und Extrakte (z. B. *Glace de viande*, -de poisson, -de volaille, -de gibier, Pilzessenz),
die in der gehobenen Gastronomie auf jedem Posten zum *Mise en Place* ge-

---

[527] Alle Nährstoffe sind 'wertvoll', da sie uns am Leben erhalten. Die Eiweißkomponente ist aufgrund ihrer
vielfältigen Körperfunktionen der 'relativ' bedeutendste Nährstoff. U. a. als Bausteine von Enzymen, Muskeln,
roten Blutkörperchen, Hormonen, Aufrechterhaltung des *onkotischen Drucks* und als Energielieferant (kann zu
Glucose metabolisiert werden) – die Aufzählung ist unvollständig
[528] Nicht aber Empfehlungen zur 'gesunden' Ernährung und quantitative Angaben der Nährwerttabellen

hören. Diese enthalten hohe Glutamatanteile (und auch IMP), weil zu ihrer Herstellung Parüren (Abschnitte von Fleisch oder Fisch), Knochen, Karkassen und vielfältige Rohstoffe (u. a. Pilze, Zwiebeln, Tomatenmark, Knoblauch, Sellerie) verwendet werden, die besagten Geschmacksverstärker enthalten. In der asiatischen Küche dominieren die aus gesalzenen und fermentierten Sojabohnen hergestellten Würzsoßen (*Sojasaucen*), die besonders hohe Anteile freier Glutaminsäure enthalten. Eine fertige Wildsoße wird u. a. mit Roquefort-Käse (dessen Fettsäuren eine Nähe zum Wildaroma haben und zudem den Fettanteil heben) wohl auch wegen dessen hohem Glutamatanteil vollendet. Die Verwendung von Hefeextrakten als Glutamatersatz in Industrieerzeugnissen kennt die traditionelle Küche nicht (nur als Bestandteil von Backwaren). Grund: Sie trüben Fonds und geben allen Aromen einen Hefe-Touch.

Nur klare Fonds sind aromatisch fein ('rein' = eindeutig), weil eine Trübung entweder durch Mizellen (Emulsionseffekte) oder amorphe molekulare Strukturen entsteht, die nicht nur das Licht streuen, sondern auch die Flüssigkeit aromatisch 'brechen' – ihr ihre Feinheit nehmen. Nicht zuletzt gelten *Essenzen* (z. B. vom Fasan, Bekassine), *geeiste Kraftbrühen* (auf Geflügel- und Kalbsfußbasis), eine *Consommé double* (doppelte Kraftbrühe) oder die *Oxtail clair* (klare Ochsenschwanzsuppe) als technische Meisterleistungen klarer Suppen und zählen zu den edlen gastronomischen Angeboten. Sie alle enthalten hohe Glutamat- und IMP-Anteile, bereiten Genuss – ohne zu sättigen.

Dass Glutamat auch ohne Synergieeffekte unseren Appetit anregt, zeigt sich am Beispiel sonnengereifter Tomaten. Sie enthalten nicht nur hohe Zuckeranteile, sondern auch viel freies Glutamat (334 mg/100 g). Da sie kein Fett und IMP enthalten und ihr leicht saurer pH-Wert den Glutamateindruck senkt, wirkt diese wasserreiche Gemüsefrucht dennoch schmackhaft, denn Glutamat wird bereits in geringer Konzentration von der Zunge wahrgenommen (s. Fußn. 522, S. 280). Das Einkochen (Reduzieren) des Tomatensaftes zu einem *Sugo* lässt den Glutamatgehalt bis auf das Dreifache ansteigen (besonders im Tomatenmark).

Aus gutem Grund wäre Natriumglutamat als Komponente im Obstsalat unpassend. Obst ist kein Eiweiß-, sondern vor allem ein Zuckerlieferant. Es bedarf daher keiner aromatischen Verbesserung des (geringen) Proteingehalts. Zudem würde der pH-Wert der Früchte Glutaminsäure nahezu unkenntlich machen. Deshalb unterbleibt bei der Herstellung von Süßspeisen der Einsatz von 'Geschmacksverstärkern', denn Zucker ist ihr dominanter Geschmack und sie sind auch ohne Glutamat köstlich.

Auf die seit nun etwa 50 Jahren geführte Diskussion über die gesundheitlichen 'Bedenken' zum Glutamatkonsum (Stichwort: *Chinarestaurant-Syndrom*), der u. a. den Glutamatspiegel im Gehirn erhöhen und dort Funktionsstörungen verursachen soll, wird hier nicht eingegangen. Letzte Studien (2018) ergaben keine nennenswerten Erhöhungen der Glutamatkonzentration im Blut und können daher als Entwarnung in Bezug auf Mononatriumglutamat-Anteile in Fertigprodukten gedeutet werden (FERNSTROM 2018). Die bei einigen Menschen vorhandene Glutamatempfindlichkeit setzt eine genetische Disposition voraus, von der nur ein geringer Anteil der Bevölkerung betroffen ist (etwa 1 %). Zudem puffern stärkereiche Komponenten einer Mahlzeit (Reis, Nudeln) den Anstieg des Blutspiegels an freiem Glutamat ab (z. B. aus der Sojasauce) (POLLMER; MUTH 2004; S. 3).

19 Vom Rohstoff zur Speise – handwerkliche Aspekte

19.1 Oberflächenvergrößerung

Jede Form der Zubereitung ist ein mehr oder weniger *massives Einwirken* auf Nahrungsrohstoffe und beginnt in der Regel (nach Reinigung und Entfernung ungenießbarer Teile) mit der Zerkleinerung. Damit werden die Essbarkeit (Mundgröße) und ein gleichmäßigeres (und schnelleres) Garen ermöglicht – auch wird die »Angriffsfläche« für Verdauungsenzyme vergrößert. Nach dieser '*physischen*' Oberflächenvergrößerung folgt während des Garens eine *thermische*, und zwar auf der Mikroebene. Das leistet vor allem Wasser – sowohl die erhitzte Zellflüssigkeit (internes Wasser) als auch die Garflüssigkeit (externes Wasser). Das hitzebedingte starke 'Vibrieren' der Atome lockert die großen Molekülverbände der Rohstoffe; ihr 'Schwingradius' wird vergrößert, sie dehnen sich aus und wasserliebende (*hydrophile*) Bindungsstellen werden freilegt, an die sich freies Wasser anlagert. Dadurch verändert sich die physikalische Beschaffenheit der Substanz. 'Gar' ist schließlich ein Rohstoff, wenn alle Komponenten denaturiert und/oder vollständig gequollen sind[529] – Wasser bis in die Mikrostrukturen eingedrungen ist.[530] Dadurch wird der Kauwiderstand deutlich vermindert, die Rohstoffe werden in der Regel weicher[531] (bindegewebsreiches Fleisch wird saftig), lassen sich rascher verdauen und sind *genussvoller.*

Die Tatsache, dass dieselben Biomoleküle, dieselben atomaren Bausteine im gequollenen und denaturierten Zustand genussvoller erlebt werden, erklärt den physiologischen Zweck thermischen Garens: Unser Organismus »erkennt« die für ihn vorteilhaften Eigenschaften – offenbar auch deren 'Verweildauer' im Magen-Darm-System (ein Zeitfaktor der Resorption). Nicht zuletzt deshalb zielen viele technologische Verfahren auf eine Minimierung dieser Resorptionsdauer. Die Oberflächenvergrößerung ist dabei der technologische Königsweg.

Feste Strukturen lassen sich problemlos mit Schneidewerkzeugen zerkleinern. Der Koch nennt geschnittenes Gemüse beispielsweise *Julienne* (feine Streifen), *Brunoise* (feine Würfel), *Macédoine* (große Würfel), *Paysanne* (feinblättrige Quadrate) und die etwas größere Ausführung *Matignons.* Im Mörser werden feste Teile (z. B. Körner) zerstoßen; Fleisch wird grob oder fein durch den Wolf gedreht oder aber im Kutter farciert etc. Wie aber lassen sich Massen zerkleinern, deren Moleküle keine 'feste' Substanz haben, sondern pastös oder

---

[529] Für das gemochte »*al dente*« ('mit Biss' – z. B. bei Nudeln) wird das vollständige Ausquellen der Stärkekörner durch »Abschrecken« vorzeitig gestoppt. Den Anteil weniger gequollener Stärkekörner erkennen wir im Kauwiderstand. Der Hintergrund für diese Gefüge-Präferenz ist vermutlich auch die Vermeidung der Übergare: das Profil der Nudeln verlöre aufgrund des höheren Wassergehaltes an Attraktivität

[530] Dabei quellen Eiweiße und Faserstoffe; Stärke verkleistert – gleichzeitig nimmt das Volumen des Garguts zu – die Oberfläche vergrößert sich. An diesen von H_2O-Molekülen durchsetzten Molekülverbänden haben nun verschiedene Enzymsysteme des Magens und Dünndarms 'freie Bahn', um diese Moleküle (überwiegend) durch Anlagerung von Wasser (durch sog. Hydrolasen) weiter bis auf ihre Resorptionsgröße zu zerlegen

[531] Allerdings verlieren Eier ihre gallertartige Konsistenz und werden 'fest'

fluid sind? Auch dafür hat der Mensch Techniken erfunden. So lassen sich Milchfett (*Rahm*) und Öle zwar nicht zerschneiden, aber u. a. *emulgieren* (in kleinste Tröpfchen bringen – was physikalisch eine gigantische Oberflächenvergrößerung bedeutet). Mehlteige wären nach dem Backen steinhart, gäbe es keine Möglichkeit, *Teige* aus Fetten, Eiweiß und Mehlen zu lockeren bzw. porigen Strukturen mittels *mechanischer, biologischer* und *chemischer* Verfahren (die weltweit praktizierten Oberflächenvergrößerungen schlechthin) zu erzeugen.

Milchfettmoleküle lassen sich mechanisch voneinander trennen (z. B. mittels Schneebesen), indem durch Schlagbewegung *Luftblasen* in die Sahne eingewirbelt werden, die zunehmend kleinere Durchmesser bekommen. Schließlich gleiten die winzigen Luftperlen nicht mehr aneinander vorbei und bleiben ortsfest – was der Fachmann als 'Stand' (*Schlagsahne*) bezeichnet.[532] Ein vergleichbarer *Schaum* mit sehr feinen, nicht mehr sichtbaren Luftbläschen wird bei der Herstellung einer *Sauce Hollandaise* (Buttersoße) erzeugt. In die über dem Wasserbad bis zum Stand aufgeschlagene Eigelb-Reduktionsmischung (eine aromatisierte Essig-Wasser-Reduktion, deren Komponenten die Hitzestabilität der *Livetine* im Eigelbeiweiß erhöhen) wird das Butterfett eingerührt: die Butter befindet sich dann physikalisch 'zwischen' den winzigen Luftbläschen (der riesigen Oberfläche) und kann deshalb rasch von den Enzymen zerlegt werden und in das Lymphsystem übertreten.

Unter cremige Teige lässt sich luftiger *Eischnee* heben, der das fertige Produkt mit einem feinporigen Eiweiß-Luftgemisch durchzieht [z. B. beim *Soufflé*, *Salzburger Nockerln*, *Baiser* (Meringue) und *Kaiserschmarrn*]; und *Hefen* produzieren durch den Abbau von Zucker oder Stärke *Kohlendioxid* (CO_2), das wiederum Blasen im Teig verursacht, die nach dem Backen (aufgrund des erstarrten Eiweißgerüstes) erhalten bleiben.[533] Ein Blick auf eine Scheibe Bauern- und feinporiges Kastenbrot lässt uns die unzähligen Hohlräume rasch

---

[532] In der Sahne liegen Fettkügelchen in »zwei« Zuständen vor: fest (kristallin) und flüssig. Durch das Schlagen der Sahne verlieren »*die Fettkügelchen mit kristallinem Fett ihre Membranen und lagern sich mit ihrer nunmehr hydrophoben Oberfläche an die Gasblasen an, wodurch die Blasen weiter stabilisiert werden*«. Um ausreichend kristalline Fettzustände zu haben, sind kühle Temperaturen (um 4°C) geboten; hierzu Wikipedia: Schlagsahne

[533] Die Größe und Regelmäßigkeit der Poren ist auch abhängig vom Salzgehalt: wenig Salz = größere, unregelmäßigere Porung – wie z. B. bei der Brotsorte *Ciabatta*

erkennen. Backtriebmittel (z. B. Hirschhornsalz, Backpulver – auch ABC-Trieb genannt – und Pottasche) werden als »Gasbildner« (meist Kohlenstoffdioxid) bei feinen Backwaren (süßes Backwerk) verwendet.

Diese Beispiele *physikalischer, biologischer* und *chemischer* Lockerungstechniken erzeugen jeweils Hohlräume mit hauchdünnen Membranen. Würde man diese wiederum unter dem Mikroskop betrachten, erschienen sie erneut als kompakte »Molekülwände«, die nicht von den Epithelzellen der Darmschleimhaut (*Mukosa*) resorbiert werden könnten. Dafür hat die Evolution Verdauungsenzyme 'erfunden', die den weiteren Abbau bis auf Molekülgröße vollziehen – allerdings unter Energieverbrauch (s. Hintergr.-Info. unten).

Hintergrundinformationen
Jede enzymatische Zerlegungsarbeit verbraucht Energie ATP (*Adenosintriphosphat* – ein universeller Energieträger aller auf der Erde existierenden pflanzlichen und tierischen Zellen)[534] und benötigt Zeit. Je größer die Oberfläche der aufgenommenen Nahrung ist, desto rascher können Darmenzyme H_2O-Moleküle anlagern und so einzelne Bausteine aus der Verbindung lösen. Eine wesentliche Vorarbeit leisten hier thermische Garvorgänge, die die Bindungskräfte der Nahrungsmoleküle aufgrund kinetischer Wirkungen schwächen; ihre Bindungen werden durch extreme Eigenbewegungen der Moleküle aufgebrochen, was zu neuen räumlichen Strukturen führt – deren Abbau geringeren 'enzymatischen Aufwand' erfordert.

19.2 Beispiele aromatischer Optimierung durch Rohstoffkombinationen

Weltweit verarbeiten Menschen tagein, tagaus pflanzliche und tierische Rohstoffe zu Milliarden Mahlzeiten, indem sie diese kombinieren und garen. Warum diese aber erst durch Kombinationstechniken schmackhaft werden, wird dabei nicht hinterfragt – es funktioniert. Dabei ist die Verwendung *verschiedener* Rohstoffe die Basis jeder tradierten Zubereitung und zentrales Merkmal unserer Ernährung. Richtig ist aber auch, dass dafür weder naturwissenschaftliches noch 'tieferes' Verstehen notwendig ist. Es reicht, zu wissen, *welche*

---

[534] Wird an das Molekül ATP [der Zuckerbaustein (Ribose) unserer Nukleinsäuren mit drei organischen Phosphatgruppen] H_2O angelagert, wird Bindungsenergie freigesetzt: ATP + H_2O = ADP + P_i + Energie. ADP (Adenosin*di*phosphat) hat eine Phosphorgruppe verloren – diese Reaktion ist reversibel. P_i ist anorganischer Phosphor (das 'i' steht für engl. *inorganic*)

Rohstoffe *in welchen Mengen* benötigt werden. Dieses 'Komponentenwissen' liefern Rezepte, deren Anteile meist generalisierend mit *'schmeckt so besser'*, *'gibt die besondere Note'*, *'ist gut für die Verdauung'* oder mit aromatischen und gesundheitlichen Vorzügen der Kräuter und Gewürze begründet werden. Will man aber verstehen, wie und wodurch aus geschmacklich meist unattraktiven Einzelkomponenten wohlschmeckende Produkte entstehen, kommen wir schnell an unsere analytischen Grenzen und geraten zunehmend ins Staunen – vor uns tut sich ein »*sensorisches Ergänzungsparadox*« auf: Aromatisch defizitäre Einzelkomponenten tragen zur Hebung des Gesamteindrucks bei. Wie ist das zu erklären?

Die geschmackliche Attraktivität einer Speise ist nicht »logisch« zu erklären. Sie gehorcht molekularen, chemisch-physikalischen Verhältnissen, aus denen unser Sensorium Vor- und Nachteile erkennen kann[535] – nicht aber Regeln der Vernunft, wonach aus der Addition von Nachteilen kein Vorteil erwachsen kann. Zubereitungen zielen daher auf die Herstellung der für uns schmackhaften molekularen Mixturen. In ihnen hat jede Komponente eine sensorische Funktion: z. B. als Säure-, Bitter- oder Schärfeträger oder als Mineralstoff-, Zucker- und Fettlieferant u. a. m. Oft sind es nur wenige gelöste Anteile eines Rohstoffs, die den aromatischen Charakter der Speise – ihr Gütesiegel und Wiedererkennungsmerkmal – bestimmen (s. Abb. 7, S. 232). Allerdings: Selbst geringe Anteile (die »Prise Salz«) sind auf molekularer Ebene bereits milliardenfach präsent,[536] weshalb sich sensorische Mängel anderer Anteile mit diesen kleinen Dosen leicht beseitigen[537] und/oder erwünschte Aromaakzente erzeugen lassen. Vor diesem Hintergrund sind *fade, ausdrucksarme, bittere, scharfe, herbe, glibbrige* oder *aromaarme* Rohstoffe nicht per se ungeeignet, sondern zunächst nichts anderes als naturgegebene Substanzen (Biomoleküle) mit einem spezifischen »technologischen Anforderungsprofil«. Sie lassen sich zu 'neuen', vom Organismus gemochten Einheiten kombinieren – die ausschließlich sensorisch begründet sind. Der Verstand hat dabei lediglich die Funktion des Erfüllungsgehilfen (dazu Abschn. 9.3, S. 148 ff.).

---

[535] Die evolutionären Hintergründe haben wir vor allem in Kapitel II besprochen

[536] Zur Erinnerung: 1 Mol H_2O = 18 Gramm bestehen aus etwa 6×10^{23} Molekülen

[537] Durch Verdünnungseffekte wie Säuren, Bitternoten und/oder Salzanteilen oder durch chemische Pufferreaktionen der pH-Werte

19.2.1 Tatarzubereitung

Das oben genannte »*sensorische Ergänzungsparadox*« lässt sich exemplarisch mit der nicht-thermischen (rohen) Rindfleischzubereitung »**Tatar**« veranschaulichen. Auf 'wundersame Weise' wird aus dem geschmacklich nicht ansprechenden rohen (gewolften) Rindfleisch mit den mehr oder weniger ungenießbaren 'Zutaten' (Sekundäranteile s. Tab. 3, S. 291) eine sensorisch hoch attraktive Speise. Die geschmacklich dominanten Sekundäranteile machen die sensorischen Mängel des Primärstoffs unkenntlich, reichern ihn mit pharmakologisch wirksamen Komponenten an, die alleine und unverdünnt (nahezu) ungenießbar sind. Über Zungenreize lösen sie neuronale und hormonelle Reaktionen aus, die unsere Belohnungs- und Sättigungssysteme aktivieren[538] – rohes Fleisch wird auf diese Weise genussvoll. Nicht zuletzt stehen Fleischzubereitungen mit dem mehrfach genannten 'Nahrungsgedächtnis' in tieferem Zusammenhang (der Körper 'erkennt' an Strukturmerkmalen der Nahrung, ob sie wertvoll ist – worüber wir im Teil II, S. 118 ff. gesprochen haben).

Bedenkt man, dass das gleiche Fleisch im *gekochten* Zustand (nur mit Salz) bereits schmackhaft und im *gebratenen* Zustand (als Steak) mit Salz und Pfeffer besonders genussvoll ist, wird der wesentliche Faktor für Wohlgeschmack von Fleisch, das *thermische Garen*, erkennbar. Bei rohen Zubereitungen reichen Salz und Pfeffer allein nicht aus, um vergleichbare Genusswerte zu erzeugen. Vermutlich entfiele die rohe Variante zur Gänze, gäbe es nicht die Möglichkeit, auch rohes Fleisch (wie am Beispiel Tatar gezeigt) auf diese geschmackliche Ebene zu heben.[539] Im Kern müssen die Sekundäranteile hier die gleichen 'Leistungen' erbringen, die thermisches Garen erfüllt: *Minimierung der Keimfracht* und *Erzeugung von fleischtypischen Genusswerten.*

---

[538] *Appetit* und *Sättigung* sind vegetative Essregulationen (nicht durch Wollen gesteuert), die sowohl von den Kopfsinnen als auch vom Magen-Darm-Trakt ausgelöst werden. Sie sorgen dafür, dass wir uns bedarfsgerecht ernähren, keinen Mangel erfahren und nicht übermäßige Mengen aufnehmen (allerdings sind diese Systeme störanfällig). Zu den wesentlichen endogenen **Appetitanregern** gehören *Ghrelin, Neuropeptid Y* (NPY), *Endocannabinoide* und *Orexin-A*. Sie entstehen entweder in der Magenschleimhaut oder sind Produkte des Hypothalamus. **Sättigungssignale** entstehen durch *Cholecystokinin* (CCK) und *Glucagon-like Peptid-1*, die während der Nahrungsaufnahme gebildet werden und über *Vagusnerv-Impulse* ins *Stammhirn* gelangen. Mit weiteren Sättigungssignalen aus dem Hypothalamus – sowie denen von *Leptin* und *Insulin* – erfahren wir unser individuelles Sattsein (Facharztwissen 2019)

[539] Die Genusswerte von Fleischerzeugnissen, wie z. B. der von *Bündnerfleisch, Pata Negra* oder *Parmaschinken*, deren Reifungsvorgänge u. a. schmackhafte kurzkettige Fettmoleküle entstehen lassen, sind hier nicht gemeint, sondern nur die der Frischfleisch-Zubereitungen

Tatsächlich lassen sich diese Ziele in einem gewissen Umfang erreichen. Allerdings kann die im/am Fleisch vorhandene Anfangskeimzahl lediglich reduziert werden, nicht aber, wie beim thermischen Garen (das massivste bakterizide Standardverfahren, das wir einsetzen) gegen Null gehen. Die Vielfalt der Sekundäranteile und ihrer 'Funktionen' (eben auch ihrer bakteriziden) sind daher *prophylaktischer* Natur. In welchem prozentualen Maße Keimreduktionen 'vorab' erreicht werden können, müssten Messungen unter Laborbedingungen ermitteln. Dass die bei der Tatarzubereitung verwendeten Sekundäranteile höchst wirksam sind, lässt sich experimentell »in vivo« belegen: Im Zwiebelsaft oder Senf (beide reich an *Allylsenfölen*), in Tabasco (enthält *Capsaicin*) oder Pfeffer (enthält das Alkaloid *Piperin*) überleben keine Bakterien – und Salzanteile binden freies Wasser (mindern a_w-Werte), wobei bereits eine geringe a_w-Werte-Absenkung (auf etwa 90–85 %) Enzymaktivitäten signifikant ausbremst. Keime, die 'überleben', werden von der Salzsäure des Magens inaktiviert – jedenfalls die allermeisten.

Tabelle 3 Sekundäranteile der Tatar-Zubereitung

Sekundärstoffe	Sensorische Effekte bei alleinigem Verzehr
Zwiebelwürfel	schmecken scharf, etwas beißend, in Mengen ungenießbar
Senf	herb, scharf, säuerlich
Pfeffer	scharf, brennend, ungenießbar
Salz	metallisch, intensiv, nur in Spuren verträglich
Kapern	deutlich bitter, säuerlich-herb, als alleinige Komponente unattraktiv
Gewürzgurkenwürfel	süßlich-pikant; Säure ist dominant, große Mengen werden nicht präferiert
Anchovis (Sardellenfilets)	nur in Kleinstmengen essbar, eher ungenießbar, sehr salzig, fischig
Rohes Eigelb	ohne sensorischen Stimulus, eher unappetitlich, schleimig-glibbrig
Tabasco	brennend scharf, ungenießbar
fakultativ: Tomatenketchup Olivenöl	glutamatreich, erkennbare Süße, verbessert das Mundgefühl (Mouthfeeling)

Erklärung Tabelle 3: Einzeln ungenießbare 'Zutaten' (Sekundäranteile = pflanzliche und tierische Biomoleküle) wandeln das sensorische Profil des ebenfalls sensorisch unattraktiven Primärstoffs (rohes, gewolftes Rindfleisch) zu einer genussvollen, herzhaften Speise – ein vom Menschen (seinem Sensorium) erzeugtes – so gewolltes – handwerkliches Produkt.

Hintergrundinformationen

Um es noch einmal zu betonen: Alle Komponenten der in Tab. 3 angegeben Sekundäranteile sind – bis auf die Gewürzgurke – einzeln geschmacklich grenzwertig bis ungenießbar (s. »*inverses Aromaphänomen*« oder »*Ergänzungsparadox*«, Abschn. 19.2.2, S. 293). Allerdings offenbart sich in dem jeweiligen scharfen und aufdringlichen Reiz zugleich ihre jeweilige biologische Potenz: Sie attackieren (verätzen) die Membranen unserer Zunge – auch deshalb vertragen wir kein pures Salz, keine scharfen Zwiebeln, kein Tabasco und Pfeffer. Der *Trigeminusnerv* warnt vor Weiterverzehr – wir empfinden Schmerz. Sind diese biologisch 'aggressiven' Komponenten im Nahrungsgemisch verdünnt, erkennt die Zunge zwar noch ihre

Anwesenheit, aber auch, dass ihre Dosis verträglich ist. Auf der Mikroebene behalten die Scharfstoffe jedoch ihre Eiweiß attackierenden Funktionen. Diese biologischen Wirkungen bleiben auch im Magen-Darm-System erhalten: Die winzigen Bakterien können sich gegen die Schärfe nicht wehren. Ihre Membranen werden verätzt (wie es bei entsprechender Konzentration auf der Zungenoberfläche geschieht) und sterben ab. An die Stelle *thermischer Denaturierung* tritt die *chemische* – die Zerstörung der Membranen u. a. durch Verätzung. Die Vielfalt bakterizider Komponenten belegt, dass diese gegen vielfältige Bakterienarten gerichtet sind.

Schmackhaft und pikant wird die Zubereitung durch die äußerst zungenaktiven Stoffe, die u. a. vielfältig piken (deshalb '*pikant*' – auch ätherische Öle haben eine Schärfe, die über den Nasenrachenraum ins Riechhirn gelangt), deren sensorischen 'Informationen' unser Nahrungsgedächtnis erreichen und dort 'bewertet' werden. Die hohe Konzentration der Scharf- und Bitterkomponenten löst starke Verdauungs- und Entgiftungsenzym-Sekretionen aus, die zwar vegetativ (auch über Aktivitäten des Vagus) ablaufen, dennoch als gefühltes »Ereignis« bewusst erlebt und gedeutet werden. Ist diese Ballung an Aromakomponenten gefahrlos (ist sie physiologisch), wird sie – gepaart mit starkem Speichelfluss – zu dem, was wir als »*höchst schmackhaft*« bezeichnen.

Auch die Verdauungsaktivität des Darmes wird hochgefahren, insbesondere wenn wir auf der Zunge *Bitteres* und *Scharfes* (meist Alkaloide) wahrnehmen: Nicht nur Nährstoffe müssen zerlegt, sondern auch Giftstoffe ausgeschleust werden, denn Alkaloide und andere Bitterstoffe (aus Zwiebeln, Kapern und Senf) gehören zum Kampfstoffarsenal der Pflanzen, mit denen sie sich, wie betont, gegen Bakterien, Hefen, Pilze oder Fraßfeinde schützen. **Offenbar »weiß« der Körper, dass *ihre* Anwesenheit das rohe Fleisch 'ungefährlich' macht**.

Zu den beschriebenen Appetitanregern gehören weiterhin opioid wirksame Komponenten des Fleisches selbst: *Exorphine* (Hämorphine; s. Fußn. 365, S. 186) und die Inhaltsstoffe *Glutamat* und *IMP*, über die wir weiter vorne gesprochen haben. Letztere befördern als 'Stimulus-Junktim' den Fleischgenuss (*umami*) maximal. Beide Komponenten sind durch Reifungsvorgänge (bei Rind bis zu drei Wochen; s. Abschn. 21.2, S. 315) reichlich vorhanden. Auch das Eigelb enthält Glutamat und liefert zusätzliche Aminosäuren –

ebenso Anchovis (einschließlich Salz), die die Eiweißwertigkeit von Rindfleisch erhöhen (seine begrenzende Aminosäure ist *Threonin*). Die fakultativen Ergänzungen Tomatenketchup und Olivenöl passen nicht »zufällig«: Ketchup enthält neben Glutamat auch Zucker, der als Glykogen auch im Fleisch vorkommt und damit 'verstärkt' wird ('*Betonungsprinzip*' primärstoffeigener Anteile). Das Olivenöl ist nicht nur eine aromatische Fettergänzung, sondern macht das Muskelgewebe sensorisch geschmeidiger und 'saftiger'. Sprachlich lässt sich diese 'Symphonie' verschiedenster Reizwerte nur unvollständig erfassen. Sie entsteht im Mikrokosmos sensorischer Reizverarbeitung, im abermilliardenfachen sensorischen 'Abgleich' mit im Nahrungsgedächtnis vorhandenen 'Geschmacksprofilen'. Liegt der Erlebniswert über den »erwarteten« Qualitäten, ist er außergewöhnlich appetitlich.

19.2.2 Das sensorische »Ergänzungsparadox« am Beispiel der Rotkohlzubereitung

Das für uns äußerst nützliche Phänomen, sensorisch unattraktive Komponenten durch Misch- und Gartechniken schmackhaft zu machen (ein sensorisches »*Ergänzungsparadox*« – wie am Beispiel der Tatarzubereitung gezeigt),[540] soll durch ein weiteres Beispiel, die Rotkohlzubereitung, verdeutlicht werden. Rot- oder Blaukraut[541] ist ein bodennah wachsendes, robustes, nahezu fettloses, eiweiß- und kohlenhydratarmes, aber ballaststoffreiches Kopfkohlgemüse. Unzubereitet ist Rotkohl geschmacklich unattraktiv. Sein kohltypisches Aroma und die derben großen kräftigen Blätter aktivieren kein spontanes 'Essverlangen'. Lediglich ihre leichte Schärfe und Zuckeranteile (Glucosinolate) bewirken einen Speichelfluss – vor allem, um die Schärfe zu verdünnen. Aus diesem rustikalen »Blattwerk« entsteht nach der thermischen Zubereitung –in Verbindung mit vielfältigen Sekundäranteilen – eine höchst genussvolle Gemüsespeise. Genauer: ein »*aromatisches Kunstwerk*« (s. Genusseigenschaften der Rotkohlspeise, S. 297).

---

[540] Der Begriff »Paradox« (widersinnig) weist hier auf das »inverse« aromatische Phänomen hin, bei dem aus sensorisch unattraktiven Rohstoffen bzw. Komponenten einer Zubereitung *Schmackhaftigkeit* entsteht

[541] Die Farbe des Rotkohls ist von dem Boden abhängig, auf dem er wächst. Je mehr Säure ein Boden enthält, desto rötlicher wird der Kohl – je alkalischer der Boden ist, desto blauer. Daher zwei Bezeichnungen für ein und dasselbe Kohlgemüse: Blau- bzw. Rotkohl

Am Beispiel der Tatar-Zubereitung haben wir gesehen, dass die sensorisch un-attraktiven Sekundärstoffe pathogene Anteile reduzieren und zugleich das Fleisch schmackhaft machen sollen[542] – zwei elementare Ziele der Rohstoff-kombinationen. Wie aber erklärt sich, dass viele Sekundäranteile der Rotkohl-zubereitung ebenfalls potente Bakterienkiller (Tab. 4, S. 295 f.) sind – obwohl Rotkohl *thermisch* gegart wird? Hier müssen andere Gründe vorliegen, die mit dem Primärstoff selbst, seiner Textur und seinen aromatischen Merkmalen, seinem Nährwert und der bisher noch nicht bedachten *Jahreszeit* in Zusam-menhang stehen, in der Rotkohl vornehmlich gegessen wird. Diese saisonale Komponente existiert für eine Tatar-Zubereitung nicht.

Wie in Teil IV noch näher ausgeführt werden wird, lässt sich ein Primärstoff aromatisch heben, indem man seine *eigenen Inhaltsstoffe* ergänzt und betont (zumindest, wenn die Sekundäranteile in aromatischer Nähe zu ihm stehen). Da Rotkohl vorzugsweise im Spätherbst und Winter zubereitet wird, ergeben viele Bestandteile dieser Zubereitung erst im Lichte der Jahreszeit einen Sinn – auch den, wozu Rotkohl gegessen wird: zu kräftigen Braten, u. a. zum ge-spickten Rinderschmorbraten, zu Rouladen, Enten- und Gänsebraten. Letztere sind traditionell erst zu dieser Jahreszeit schlachtreif. Es sind kräftige, fett-, röststoff- und soßenreiche Zubereitungen, zu denen nur kräftig-pikante Gemü-sespeisen aromatisch 'bestehen' können (Spargel würde aromatisch unkennt-lich – mithin sensorisch bedeutungslos). Sie gehören allesamt zu traditionellen Gerichten, deren Kombination den meisten Menschen des nämlichen Kultur-kreises hervorragend schmecken.

Die Vielfalt klassischer Sekundäranteile einer Rotkohlzubereitung lässt uns bei genauerem Hinsehen staunen (regionale Unterschiede, Fettpräferenzen, aromatische Variationen – insbesondere im Süßewert – bleiben hier unberück-sichtigt). Diese vielen Komponenten entstanden nicht durch 'Nachdenken', sondern durch 'unzählbare' »Versuch-und-Irrtum-Erfahrungen«, die schließ-lich ein *Optimierungslimit* erreicht haben, das wir inzwischen mögen und von einer Rotkohlzubereitung erwarten.

---

[542] Das *eine* (Wohlgeschmack) bedingt das *andere* (Keimreduktion), wie wir bereits betont haben; dazu: Tab. 2, S. 227

19.2.3 Sekundäranteile der Rotkohlzubereitung

Tabelle 4 Sekundäranteile der Rotkohlzubereitung

Sekundärstoffe	Inhaltsstoffe – Funktionen
Zwiebelscheiben	Strukturverwandtes, faserreiches (stärkefreies) Gemüse, enthält die schwefelhaltige Aminosäure *Isoalliin* und Senfölglycoside (*Glucosinolate*), die den süßlichen Geschmack begründen. Das Enzym *Alliinase* (liegt in Zellvakuolen) wird beim Schneiden frei und produziert Schwefelverbindungen, die u. a. die Schleimhäute der Augen reizen. Zwiebeln wirken **antibakteriell**
Weißweinessig	Weinessig enthält zwischen 5–6 % Essigsäure (entsteht durch Essigsäuregärung von Ethanol). Ein Konservierungs- und Würzmittel; Essigsäure wirkt **bakterizid** (denaturiert Eiweiß)
Salz	Speisesalz (Natriumchlorid) liefert lebenswichtige Mineralstoffe (Salzaufnahme wird mit einer Dopaminausschüttung belohnt). Gelöste Natrium- und Chloridionen sind hygroskopisch, sie entziehen Bakterien und Enzymen freies Wasser, wodurch sie ihre biologische Funktion verlieren; Salz ist **bakterizid**
Pfeffer	Die reifen (aber noch grünen, ungeschälten) getrockneten Früchte des echten schwarzen Pfeffers enthalten u. a. das scharf 'schmeckende' Alkaloid *Piperin* (sowie ätherische Öle). Es aktiviert die Wärme- und Schmerzrezeptoren und ist **bakterizid**
Schmalz (**Gänse- oder Schweineschmalz)**	Aus kleingeschnittenen Flomen (große Fettgewebstaschen) gewonnenes 'geschmolzenes' (= Schmalz) reines wertvolles tierisches **Fett** mit jeweils arteigenem Aroma; hat die Funktion der **Nährwertergänzung** – Rotkohl ist fettarm
Lorbeer	Echter Lorbeer ist eine Heil- und Gewürzpflanze. Die Blätter enthalten ein ätherisches Öl: *Cineol*, verschiedene *Terpene* und auch *Eugenol-/ Methyleugenol*. Cineol wirkt Erkältungskrankheiten der Atemwege entgegen (in der Lunge und den Nebenhöhlen schleimlösend), ist **antibakteriell**, **antiviral** und **entzündungshemmend.** Viele der Terpene (Hauptbestandteil ätherischer Öle der Pflanzen) wirken **antimikrobiell.** *Eugenol* wirkt ebenfalls **antibakteriell** (u. a. gegen Salmonellen) und **antifungal** (gegen Pilze: Candida)
Kaneel (Zimt)	Kaneel ist die getrocknete Rinde verschiedener Zimtbäume. Das Zimtrindenöl enthält (ähnlich Lorbeer) ätherische Öle (Eugenol, Zimtaldehyd = Phenole) und wirkt u. a. gegen Husten und Schnupfen
Nelke	Gewürznelken [getrocknete Blütenknospen des Gewürznelkenbaums (Familie der Myrtengewächse)] enthalten ätherische Öle, die auch in Zimt und Lorbeer enthalten sind – u. a. *Eugenol*, das zudem schmerzstillend und entzündungshemmend wirkt

Zucker	Haushaltszucker (Saccharose) verstärkt den süßen Eindruck der im Rotkohl (und Zwiebeln) enthaltenen komplexen glyokosidischen Verbindungen – macht die Speise 'lieblich'
Äpfel	Enthalten Trauben- und Fruchtzucker und verschiedene Fruchtsäuren. Die im Rotkohl enthaltenen *Anthozyane* (ein Säure-Base-Indikator) reagieren auf pH-Wert-Änderungen. Je niedriger der pH-Wert (je höher der Säureanteil = Protonen), desto röter. Weniger Säure färbt Kohl lila bis blau. Die Verfügbarkeit von Rotkohl ist überwiegend jahreszeitlich begründet (Herbst- und Wintersorten)
Johannisbeer-gelee/Holunder-beersaft	Das Stachelbeergewächs gehört zu den säurereichsten Früchten und ist vor allem reich an Vitamin C (*Ascorbinsäure*). Ihr Fruchtzuckeranteil verstärkt zusammen mit der Säure die fruchtige Note der Kohlzubereitung; Holunderbeeren enthalten viel Ascorbinsäure und gelten als Hausmittel gegen Erkältungen und Grippe
Kartoffelstärke	Der beim Kochen anfallende Fond wird durch die Stärke angesämt und lässt die aromatisierte Flüssigkeit an den Kohlstreifen haften
Rotwein	Weine enthalten nach der alkoholischen Gärung verschiedene nicht flüchtige Säuren (Weinsäure, Apfelsäure, Zitronensäure, Essigsäure u. a. m.), die eine fruchtige Note haben. Rotwein enthält daneben auch noch adstringierende *antiseptische* (Keimzahl vermindernde) Tannine (aus den Eichenfässern, in Abhängigkeit von Weinqualität und der Lagerdauer). Sowohl die Farbe als auch das Aroma des Weines ergänzen das Profil und die Farbe des Rotkohls

Von den insgesamt 13 Komponenten sind (bis auf Äpfel, Zucker, Johannisbeergelee oder Holunderbeersaft, Rotwein) nahezu alle das aromatische Gegenteil von genießbar und schmackhaft. In Kombination mit dem Primärstoff Rotkohl entsteht daraus eine »aromatische Symphonie«: ein »aromatischer Wohlklang« (in Anlehnung an eine Orchesterbesetzung).[543] Dieser sensorische Eindruck wird insbesondere durch fruchtig-liebliche Komponenten hervorgerufen, die eine Nähe zu Früchten haben und, wie wir wissen, in unserem Nahrungsgedächtnis fest verankert sind. Auch die Aromen sind, wie bei Früchten üblich, blütenartig (Zimt, Nelke), sodass die im Hintergrund erkennbare Bitternote (Lorbeer) akzeptiert wird. Früchte, Säure und Süße – auch in Verbindung mit ,bitter' (die Schale – das *Flavedo* und das *Albedo* – verschie-

---

[543] Da diese traditionellen Gerichte den Geschmack der meisten Menschen 'treffen', muss es dafür biologische Gründe geben – denn individuelle Geschmackspräferenzen sind Ausdruck des *Enzympolymorphismus*

dener Citrus-Arten sind bitter), gehören zum Nahrungsspektrum mit hohen Stimuluswerten.

Dass Rotkohl mit so vielen aromatisch dominanten Sekundäranteilen zubereitet und präferiert wird – im Gegensatz zu Kohlrabi, Wirsing, Weiß- oder Grünkohl – kann nur mit dem Primärstoff selbst begründet werden. Seine Textur und aromatischen Merkmale »geben vor«, was aus ihm gemacht werden kann. Erlauben sie eine fruchtig-würzige Zubereitung, wird dies zur ersten Wahl.

Genusseigenschaften der Rotkohlspeise

Aus dem einfachen derb-robusten Kohlgemüse ist eine aromatisch-würzige, leicht pikante, kraftvolle Speise mit weichen, gabelfähigen Kohlstreifen geworden, deren aromatischer Gesamteindruck an das attraktive Profil von Früchten heranreicht. Die Rotkohlspeise hat, wie vollreifes Obst, eine erkennbare harmonische Süße und Säure. Das Duftbukett aus Nelke und Zimt ist blütenartig und somit olfaktorisch ‚obstnah‘. Bereichert wird die herb-fruchtige Note durch die Verwendung von Äpfeln, Johannisbeergelee, Holunderbeersaft und Rotwein. Die im Hintergrund präsente, aber nur dezent wirkende Schärfe des Pfeffers, verleiht dieser »faserartigen Frucht« einen obstfremden Akzent, der als pikant-aromatische Bereicherung erlebt wird.

Unsere Ernährung, das, was wir zubereiten, zielt nicht nur auf eine momentane Sättigung, sondern ist ein in die unmittelbare Zukunft gerichtetes Erhaltungssystem. Insbesondere die Vielfalt der Sekundäranteile lässt diese prophylaktische Strategie erkennen. Pharmakologisch wirksame Anteile – deren Wirkstoffe meist bitter und herb sind – werden in ein ‚molekulares Bett‘ implementiert (beim Rotkohl die Masse der Ballaststoffe) und auf diese Weise verdünnt. Diese geringere Konzentration ist dennoch auf molekularer Ebene im Magen-Darm-Trakt imunologisch wirksam. So ergänzen sich die Inhaltsstoffe von Nelke, Zimtstange und Lorbeer synergistisch, indem sich ihre verschiedenen (aber ähnlichen) ätherischen Komponenten und Phenole koppeln. Sie wirken u. a. vorbeugend auf Erkältungs- und Atemwegserkrankungen, die in den feuchtkalten Herbstmonaten eher auftreten als im Sommer. Auch erfüllen die Sekundäranteile die Funktion der Keimreduzierung. Gemüse gedeiht auf mit Stallmist und Gülle gedüngten Feldern. Deshalb sind sie nicht frei von Bodenkeimen, die es abzutöten gilt. Das vermögen Essig, Salz, Pfeffer, Zimt, Kaneel, Nelke (ihre antimikrobiellen Funktionen s. Tabelle 4, S. 295 f.).

Der Sekundärstoff *Schmalz* (Fett) hat keine unmittelbare pharmakologische Funktion. Er dient der Nährstoffergänzung (s. auch: Blattsalat-Zubereitung: Abschn. 24.3, S. 235) und gibt der Speise eine aromatische Fülle, denn gehaltvolle, schmackhafte Empfindungen sind u. a. an relevante Nährstoffanteile – eben auch an Fett – gekoppelt (dazu: Fußn. 511, S. 274). Schmalz pur schmeckt abstoßend (es würde unser Verdauungssystem überfordern; dazu: BERG et al. 2003; S. 660 ff.). Ist aber der Fettanteil einer Speise fein verteilt (emulgiert = in winzige Tröpfchen gebracht), tritt das vegetative Stoppsignal »zu viel Fett« nicht ein, sondern das Gegenteil: eine Genusswertsteigerung.

19.2.4 Ablöschen

Das Verb ‚*löschen*‘ geht auf das Niederhochdeutsche (nhd.) (*er*)*löschen* zurück und meint das ‚*Aufhören des Brennens*‘ oder ‚*erlöschen machen*‘ (wobei ‚*erlöschen*‘ ursprünglich ‚*sich legen*‘ meint (KLUGE 1975; S. 446). Der Ur-Zusammenhang von Feuer und dessen Beseitigung mittels Wasser ist daher semantisch eindeutig. Löschen steht auch mit *Durst* in Verbindung – der beispielsweise mit einem kühlen Bier ‚gelöscht‘ werden kann.[544] Das Partikelverb ‚*ab*‘ in *ablöschen* meint und betont den *besonderen, kleineren Anteil* vom Vorgang des Löschens.

Fachliche Aspekte: Bei der Herstellung *brauner Ansätze*, z. B. von Soßen, Gulasch oder braunen Ragouts, wird ein Arbeitsschritt angewendet, den der Koch »*ablöschen*« nennt. Dieses Angießen einer Flüssigkeit soll die hohen Temperaturen schlagartig auf 100° C runterkühlen, um die Gefahr des An- oder Verbrennens des Bodensatzes abzuwenden. Die Temperaturen liegen während des Röstens etwa zwischen 130°C–180°C, Energiestufen, bei denen chemische Prozesse der *Maillard-Reaktion* (die Herstellung von *Röststoffen*)

---

[544] In prähistorischen Zeiten hatten die Menschen noch einen geringeren Wortschatz, den sie vermutlich auch auf Vergleichbares (Ähnliches), aber *'anders Gemeintes'* übertrugen, nämlich im Sinne von: *'ähnlich wie'*. Das war möglich, wenn das 'Neu-Gemeinte' mit der Ursprungsbedeutung verbunden blieb. Feuer lässt sich in der Regel nur mit Hilfe von Wasser (Regen) schnell und vollständig löschen, indem dies *'auf'* die Flammen oder die Glut gegossen wird. Wenn wir trinken, wird Wasser *'in'* den Körper 'gegossen', wodurch sich die Parallele zwischen »Feuerlöschen« und »Durstlöschen« mittels Wasser geradezu aufdrängt. Wie und wann sich *Löschen mit Wasser* auch auf die Beseitigung von Durst semantisch einbürgerte, wissen wir nicht. Ein Zusammenhang darf jedoch vermutet werden, da das vergleichbar 'nagend-brennende' Verlangen nach Nahrung (= Hunger – betrifft feste Substanzen!) nicht »gelöscht«, sondern »gestillt« wird

beobachtbar ablaufen. Röststoffe (*Melanoidine/Melanoide*) entstehen, wenn sich an der *Grenzfläche* des Rohstoffs (der **Röstzone**) kein freies Wasser mehr befindet. Fleisch besteht aber zu etwa 70 % aus Wasser (*Zellflüssigkeit*), das während des Bratens (durch den erhöhten Innendruck) an die Röstzone gedrückt wird. Erst wenn es mit Zischen und Knallen verdampft ist, steigen an der Grenzfläche die Temperaturen über 100°C und der Röstvorgang beginnt.

Etwa ab 140°C beschleunigen sich die Bräunungreaktionen, insbesondere auf dem Pfannenboden. Ausgetretene kolloidale (tröpfchenförmige) Eiweiße der Zellflüssigkeit (*Albumine* und *Globuline*) bedecken den Boden des Röstgefäßes und werden aufgrund hoher Temperaturen regelrecht gesprengt – molekular bis auf ihre primären Aminosäuren-Strukturen abgebaut. Chemisch komplizierte Abläufe der *Maillard-Reaktion* (bei denen vor allem H_2O-Mole-küle aus ihren Verbindungen gerissen werden = *Polykondensation*) lassen neue aromatische Verbindungen entstehen (siehe auch Wikipedia: *Maillardreaktion*). Um diese Stoffe (u. a. *Beta-Carboline*; Abschn. 11.4, S. 182 f.) in ausreichender Menge zu erzeugen, ist eine genaue Prozesssteuerung und handwerkliches Können Voraussetzung (wohl auch deshalb hatte der *Saucier* in vormaligen Küchenbrigaden ein hohes Ansehen). Bei allen Bräunungsvorgängen (auch beim Brot, Kaffee, Toast etc.) geht es um die Herstellung dieser Beta-Carboline. Es sind jene opioid wirksame Substanzen, über die wir in Abschn. 4.5.2, S. 88 f. genauer gesprochen haben.

Mit welchen Flüssigkeiten können wir ablöschen? Zur Auswahl stehen Trinkwasser (Leitungswasser) oder *aromatisiertes Wasser* (z. B. Fonds, Marinaden bzw. Beizflüssigkeiten, Grandjus), Wein oder Bier. Milch scheidet aus, es bildet hautartige Eiweiß-Fett-Verbände, die bei hohen Temperaturen auf der Stelle anbrennen. Es sind Flüssigkeiten, die (bis auf das normale Trinkwasser) verschiedene Salze, Aminosäuren, aromatische Verbindungen wie Polyphenole (Gerbstoffe, Farben), Alkohol, Fettanteile u. a. m. enthalten. Neben diesen gelösten Komponenten ist insbesondere bei Marinaden und Weinen ein chemischer Faktor bedeutsam: *Säure*. Bei Weinen (Basis vieler Marinaden) liegt der *pH-Wert* etwa zwischen 3 und 4. Bei Essigbeizen liegt der pH deutlich unter 3. Die Säurekomponente ist für das Lösen von Bindegewebseiweiß (und Knochenhaut) relevant.

Nicht die gebräunten Flächen der Knochen oder des Fleisches sind für die spätere Färbung der Flüssigkeit entscheidend, sondern die Myriaden der aus dem Rohstoff ausgetretenen und auf dem Topfboden gerösteten globulären Eiweiße. Sie – genauer: ihr Anteil – ist für die Farbe und das Gesamtaroma (mild oder kräftig) des Ansatzes entscheidend: Je mehr gelöste Eiweiße vorhanden und geröstet worden sind, desto gehaltvoller wird das Aroma der Soße bzw. des braunen Fonds. Selbst geringe Mengen zusätzlich gelöster Eiweiße verbessern den Gesamteindruck (vergleichbar mit der Prise Salz, die das geschmackliche i-Tüpfelchen ist). Hieran hat die milde Säure des Weines einen Anteil (s. Hintergr.-Info. Unten).

Hintergrundinformationen
Säure lässt Eiweiße quellen (Stichwort: Magensäure), weil ihre *Protonen* die Bindungskräfte der Eiweißmoleküle überwinden und sich an die dadurch frei gewordenen Bindungsstellen H_2O anlagern kann. Muskelfasern, Haut und Sehnen bestehen aus verdrilltem Kollagen (Bindegewebseiweiß), das wasserunlöslich ist (anderenfalls würden sich die Muskeln in der eigenen Zellflüssigkeit auflösen). Säure kann die schraubenartigen Verdrehungen der Eiweißfasern entwirren und Wassermoleküle eindringen lassen (ein *Quellvorgang*). Dabei entsteht *Proto-Kollagen* (eine Art gequollenes Bindegewebe). Bei weiterer Anlagerung von Wassermolekülen entsteht *Gelatine* – sie ist *wasserlöslich*. Mit anderen Worten: Wir können aus den Knochen- und Fleischanteilen durch das Ablöschen mit Wein die Löslichkeit bestimmter Eiweiße verbessern. Die Säure unterstützt die Hydrolyse von Kollagen, den Übergang von Bindegewebe in Gelatine.[545]

Der gleiche Quelleffekt verläuft auch während des Siedens/Simmerns von Fleisch in Wasser, wodurch schließlich Gelatine in die Garflüssigkeit übertritt und der Suppe (mit anderen gelösten Stoffen) ihren primärstoffeigenen Geschmack gibt (und die erkaltete Consommé gelieren lässt). Dafür werden bei Rindfleisch etwa vier Stunden Garzeit benötigt. Eine Dauer, die der Röstvorgang nicht hat: einschließlich des dreimaligen Ablöschens nur etwa 15 Minuten. Wohl auch deshalb bevorzugt die traditionelle Küche Wein zum

---

[545] Wenn wir Blattgelatine in kaltem Wasser einweichen, wird sie weich und geschmeidig. Geben wir einen Tropfen Essig dazu, löst sie sich auf (ebenso in heißem Wasser). Spätestens an diesem 'kalten' Experiment lässt sich die Lösungskraft von Säure auf bestimmte Fleischeiweiße veranschaulichen. Auch bei der Reifung finden in der Mikrostruktur der Muskelfasern Quellvorgänge statt: u. a. durch Milchsäure. Sie führen zu einer Umverteilung des freien Gewebewassers in das Bindegewebe (Kollagen); dieses quillt und das Fleisch wird 'mürbe'

Ablöschen. Es reicht ein guter Schuss (gleich zu Anfang) – mehrfaches Ablöschen mit Wein könnte das Aroma des Primärstoffs dominieren.

Welche Flüssigkeit zum Ablöschen verwendet wird, richtet sich nach der Speise (ihrem Aroma und ihrer Farbe). Rotwein eignet sich für 'dunkle' kräftige Fleischzubereitungen – deren Aromen Synergieeffekte entwickeln. Bei hellem, milderem Fleisch (z. B. Geflügel), empfiehlt sich zum Röstansatz Weißwein. Er hat weniger Tannine (herbe Gerbsäuren) und bewahrt die helle Farbe. Auch Biere (pH-Werte zwischen 4,5 und 5) oder Bier-Marinaden oder Dunkelbier eignen sich zum Ablöschen (kräftiger Rinderschmorgerichte) – das Hopfenprofil betont die 'bittere' Note der Röststoffe. Verwendet man *Grandjus*, tragen die darin gelösten Eiweiße und Aromen zur Fülle des Ansatzes bei.

20 Die Soße – eine verkannte Speise

Das Wort Soße leitet sich ursprünglich vom Altfranzösischen 'salse' (lat. *salsa*) ab und bezeichnete eine gesalzene Brühe ('dünnes Essen'), die beim Kochen von Fleisch und Gemüse entsteht (griech: *Osmasom*). Diese Flüssigkeit wurde zu festen 'nicht auflösbaren Nahrungs-mitteln' gegeben (beigegossen), also zu Fleisch, Gemüse- und Getreidespeisen. Das mhd. Wort »Tunke« (von *tunken* = hineintauchen) bezeichnete das Gleiche, nämlich eine schmackhafte, würzige, in der Regel etwas angedickte Flüssigkeit. In diese tunkte man während des Essens feste Bestandteile – oftmals nur Brot (*tunken* und *stibben* sind sinnverwandt; siehe hierzu: 'Stibbabend' »*sämtliche hausbewohner sitzen…um das herdfeuer, jeder einen teller mit fettbrühe, fleisch, speck und mettwurst auf dem schosze, tunken (stibben) brot in die brühe*« (Gebr. GRIMM 1935–1984; Bd.: 18, S. 3175). Das deutsche Wort *Tunke* hat sich jedoch nicht gehalten und durchgesetzt, sodass heute das Wort *Soße* (oder Sauce, beide Schreibweisen sind gültig) gebräuchlich ist.

Die Einordnung der Soße in die Gruppe »flüssiger« Speisen ist unklar. Der Koch versteht unter Speisen einen *zubereiteten Rohstoff*. Sie stehen auf der

Speisenkarte und haben in der Regel rohstoffbezogene Namen (oft durch eine Garniturbezeichnung ergänzt) und können vom Gast als Menügang bestellt werden: z. B. *Hühner*kraftbrühe, *Grieß*flammeri oder *Champagner*sorbet. Es ist also die *Zubereitung* (= Rohstoffkombination und Garen), die einen Rohstoff in eine Speise transformiert (s. Abb. 4, S. 223). Fehlt einer der zwei im Zubereitungsdreieck definierten Schritte, so ist der nur teilweise bearbeitete Rohstoff im strengen Sinne (noch) keine (echte) Speise: z. B. Folienkartoffel, gekochter Reis, geschälter, in Spalten geschnittener Apfel, sondern eine »Protospeise«, weil hier noch Sekundäranteile (Salz, Puderzucker oder Butter) fehlen. Während das *Garen* den Rohstoff u. a. erst verdaubar macht, verbessern Sekundäranteile beispielsweise sein Aroma. Je aufwändiger die Herstellung ist, je mehr Rohstoffe verwendet werden, desto komplexer ist die Speise – deshalb unterscheidet man zwischen **einfachen** (z. B. Bratkartoffeln, Butterreis, Pfeffersteak) und **komplexen** (= aufwändigen) Speisen (die Mehrzahl der Suppen, Essenzen und Süßspeisen; ebenso umhüllte, gefüllte Speisen; Schaustücke u. a. m.), worüber wir ja bereits gesprochen haben.

Der wesentliche Unterschied zwischen *flüssigen* und *festen* Speisen liegt in der »Trennung« von Rohstoff (der festen Substanz) und löslichen Inhaltsstoffen. Nicht die zur Herstellung einer Suppe verwendeten Rohstoffe werden verzehrt, sondern die aus ihnen gezogenen, in die Garflüssigkeit übergetretenen wasser- und fettlöslichen aromatischen Inhaltsstoffe. Eine Suppe ist letztendlich – unabhängig von ihrer Bindung und ihren Einlagen – nichts anderes als eine *aromatisierte Garflüssigkeit*. **Das aber ist eine Soße auch.** Da viele Suppen und Soßen verfahrenstechnisch vergleichbar sind, sich im Prozedere des Werdens kaum unterscheiden, muss die fachliche Abgrenzung – der Sonderstatus der Soße – anders begründet sein. Ein Blick auf die Speisekarte schafft Klarheit.

20.1 Variation, Verwendung und Funktion der Soßen

Im Gegensatz zu Suppen werden Soßen nicht als alleiniger Menügang bestellt. Letztere sind kein *dominanter* Teil eines Gerichtes, sondern »Komponenten einer Speise« (z. B. als Rahmchampignons, *Béchamelkartoffeln,* Ragout fin, *Boeuf bourguignon*) oder werden à part gereicht – überwiegend zur Fleischkomponente. Warme Buttersoßen (z. B. braune Mandelbutter) eher zu Gemüse (Spargel, Brokkoli) und Fischspeisen (Forelle Müllerin); kalte Buttermischungen (z.B. *Café de Paris-Butter, Knoblauchbutter) auch zu Steaks.* Damit kommt der Soße der Rang eines »**Erfüllungsgehilfen**«, einer Sekundärfunktion mit vielfältigen Aufgaben zu.

Während sich die strukturverwandte Schwester der Soße, die Suppe, als eigenständiger Menügang im Laufe der Kulturgeschichte des Essens etablieren konnte und ihren Ursprung, den Eintopf, höchstens noch erahnen lässt, verharrte die Soße zunächst in ihrer ursprünglichen Funktion als stippbarer, salzig-fettiger Beiguss (s. o.). Die Entdeckung, dass sich die aromatische Gleichförmigkeit täglich verzehrter Rohstoffe (Fleisch, Fisch, Gemüse, Eier, Mehlspeisen etc.) mit einer fluiden, aromatisierten und nährstoffreichen Ergänzung variieren und appetitfördernder zubereiten lässt, war vermutlich eine der Sternstunden in der Kochentwicklung.

Blieb ein Garvorgang ohne ausreichende soßentaugliche Fondanteile oder lieferte er kaum stippfähige Extraktivstoffe (z. B. bei kurzgebratenen Pfannenspeisen, Spießbraten),[546] wurde dafür ein »Soßenersatz« hergestellt: stark aromatisierte fett- und/oder wasserreiche (pastöse) Rohstoffgemische (*Sugo, Sc. Hollandaise, Mayonnaise, Pesto, Senfsoße* u. a. m.), mit denen sich eine Speise überziehen oder garnieren lässt, und die Soßenfunktionen haben (s. Tab. 5, S. 305). Die große Vielfalt warmer, kalter und eigenständiger Soßenarten, die ihrerseits noch nach Techniken ihrer Herstellung unterschieden werden, füllen zahlreiche Fachbücher.

Der wesentliche Unterschied zwischen der Herstellung von Suppen und »natürlichen« (aus einem Fond gezogenen) Soßen liegt in der gezielten Konzentrationserhöhung der Geschmacksstoffe. Eine Soße ist im Vergleich zu einer Suppe deutlich gehaltvoller – ihre aromatischen Anteile sind konzentrierter, höher dosiert. Würde man eine Soße löffelweise und in Mengen einer Suppe verzehren, wären die Geschmackssinne rasch überreizt und das Trinkbedürfnis

---

[546] Die wenigen Tropfsäfte, die ein am Spieß gebratenes Spanferkel oder ein Ochsenbraten liefern, reichen nicht, um alle am Essen Beteiligten mit ausreichend Soße zu versorgen. Damit diese geringen Mengen nicht gänzlich verloren gehen, legt man beispielsweise in England den *Yorkshire Pudding* (eine Art großer Pfannkuchen) in den Tropffänger und serviert die so getränkten Teigstücke (Rautenform) mit zur Bratenplatte

aktiviert – ihre molekulare Dichte ist unphysiologisch (Geschmacksanteile sind zu hoch) und muss verdünnt werden.

In der Funktion einer Soße sind diese Mengen jedoch erwünscht: Sie werden von anderen aromaarmen Komponenten aufgenommen (z. B. Kartoffeln, Reis, Nudeln). Während Suppen als alleinige Speise verzehrt werden, haben Soßen die angesprochene »Sekundärfunktion«: Sie sollen andere Speisen variieren, etwas an sie abgeben. Damit ist der Überfluss an Riech- und Schmeckstoffen das entscheidende Kriterium für die Zu- und Einordnung in die Fachsystematik flüssiger Kochprodukte, der Suppen und Soßen. Die Inhaltsstoffe der Soßen gehen weit über die bloße Funktion des Würzens hinaus – sie zielen auf alle Bereiche der Ernährung und Verdauung.

Tabelle 5 Aufgaben und Funktionen von Soßen

Aromatisierung/ Aromaergänzung	Hauptziel ist die aromatische Variation und Akzentsetzung sonst eher gleichförmig schmeckender Primärstoffe – wir präferieren Zubereitungsvielfalt im Standardspektrum unserer Rohstoffe. Ausdrucksarme Primärstoffe werden aromatisch gehoben. Reis, Nudeln oder Kartoffeln erhalten beispielsweise einen 'Bratengeschmack'
Verbesserung der Gleitfähigkeit	Trockene Speisen sind sensorisch unattraktiv (ihnen fehlt das zur Verdauung notwendige Hydratationswasser); lassen sich schlechter schlucken
Variation von Speisen	Aromatische Akzente variieren den Geschmack des Primärstoffs, zu dem die Soße gegeben wird: Senf, Zwiebeln, Meerrettich, Soja, Curry, Paprika, Pilze, Kräuter etc. tragen Geschmackssignale, die unterschiedlich präferiert werden, was u. a. von der individuellen Verdauungsleistung, Zusammensetzung der Darmbiota und damit korrespondierender Ernährungseffizienz abhängt
Nährwertergänzung	Soßen enthalten vielfältige Nährstoffe – oft mit deutlichen Fettanteilen; sie werden zu fettarmen Speisen (z. B. Gemüse) oder als Dressing zu Rohkost gegeben
Verbesserung der Bioverfügbarkeit	Bestimmte Inhaltsstoffe lassen sich erst in Gegenwart von Fett resorbieren; z. B. alle fettlöslichen Vitamine A, D, E, K
Optimierung der Verdauung/ Bekömmlichkeit	U. a. sogenannte *Karminativa*: Fenchel, Kümmel, Beifuß, Rosmarin, sie unterdrücken die Bildung von Darmgasen und wirken 'entschäumend' und krampflösend auf die glatte Darmmuskulatur
Aktivierung des Immunsystems	Hohe Anteile *bioaktiver Substanzen* (pharmakologisch wirksame Substanzen): Farb-, Duft- und Geschmacksstoffe, insbesondere aus Kräutern, Gewürzen, Gemüsekomponenten und fermentierten Anteilen (Wein, Joghurt etc.), wirken bis in den Zellkern der Darmzellen hinein und aktivieren Gene der Immunabwehr
Bindung krebsbildender Kochprodukte und Verhinderung von anormalem Zellwachstum (Tumorbildung)	Besonders Knoblauch, Meerrettich, Senf, viele Kräuter, aber auch Bestandteile aus Tomaten (*Lykopin*) und Rotwein (*Polyphenole*) oder Röstprodukte aus Möhren (*Beta-Ionon*) u. a. blockieren malignes Zellwachstum
Wirken bakterizid und fungizid	Scharfstoffe aller Art, z. B. Pfeffer, Chili, Meerrettich, Brunnenkresse, stabilisieren/unterstützen die natürliche Darmbiota

Aufgrund molekularer Strukturen haften Flüssigkeiten an Oberflächen (Adhäsionseffekt), wodurch die in ihnen gelösten Inhaltsstoffe gleichmäßig auf Speisen übergehen. Diese Wirkungen sowie Kapillareffekte führen dazu, dass stärkereiche Komponenten (Reis, Nudeln, Brot, Kartoffeln u. a.) von der Soße nicht nur an ihrer Oberfläche benetzt, sondern geradezu von ihr durchdrungen werden. Vormals fade, ausdrucksarme Speisen schmecken dann, dank der Soßenkomponenten, nach Röststoffen, Kräutern, Rotwein, Zwiebeln, Knoblauch etc. und erlangen eine Aromaebene, die sie natürlicherweise niemals hätten. Deshalb sind Soßen perfekte Aromamodulatoren der Speisen.

20.2   Die Mehlbindung »Roux« und »Beurre manie«

Um flüssigen Speisen (Suppen, Soßen) oder Fondanteilen ihren wässrigen Charakter zu nehmen, werden sie gebunden bzw. in eine sämig-cremige Konsistenz gebracht. Dazu verwendet man besonders bei Suppen pürierte (durch ein Sieb gestrichene), gestampfte oder mittels Pürierstab breiartig verarbeitete Rohstoffe, die das freie Wasser binden und die Aromen der Komponenten (z. B. Kartoffeln, Hülsenfrüchte, Sellerie, Spinat, Möhren, Zwiebeln, Maronen) betonen. Diese Püreesuppen werden in der klassischen Küche (nach Escoffier) untergliedert in *Purées*, *Coulis* (aus verschiedenen pflanzlichen und tierischen Lebensmitteln) und *Bisques* (aus Hummern oder anderen pürierten Krustentieren – ursprünglich aus Wildgeflügel). Mit stärkereichen Rohstoffen, die überwiegend geschmacksneutral sind und zugleich Nährstoffe liefern (vor allem Glukose) – wie Weizenmehl, Mais-, Reis-, Maniokstärke (Tapioka), Arrowroot[547] – lassen sich fluide Konsistenzen herstellen (von schwach sämig, z. B. *Jus lié,* bis deckend, z. B. *Béchamel*). Damit gehören Bindemittel nach unserem System der Speisenherstellung in die Kategorie der *Sekundärstoffe*; sie haben technologische und sensorische Zwecke und verbessern den Sättigungswert wässriger Speisen.

---

[547] Ein Stärkemehl aus dem Rhizom (Wurzel) der *Pfeilwurz-Pflanze*. Die Stärke dickt bereits bei geringen Temperaturen (65°C) – weshalb damit gebundene Saucen oder Glasuren nicht kochen dürfen

Das wohl am häufigsten eingesetzte Bindemittel ist **Weizenmehl.**[548]*Mehlbindungen* (Stärke-Eiweiß-Kleister) sind im Gegensatz zu *reinen Stärkebindungen* (aus Kartoffeln, Reis, Mais oder Arrowroot) undurchsichtig. Mit reiner Stärke gebundene Flüssigkeiten bleiben klar – weil sie eiweißfrei sind. Das im Getreidekorn vorhandene Klebereiweiß (*Gliadin* und *Glutenin*) wird in einem Mehrstufenverfahren physikalisch und/oder chemisch von der Stärke getrennt. Bei Mehlbindungen von Suppen und Soßen ist die Vermeidung der *Klumpenbildung* wichtig. Unter anderem existieren drei technologische Varianten, mit denen das Mehl für den Bindevorgang 'vorbereitet' wird – bloßes Einstreuen von Mehl in eine heiße Flüssigkeit hätte eine Verklumpung zur Folge.

Das einfachste Verfahren ist die **Mehlaufschlämmung.** Hier wird Mehl mit kaltem Wasser verquirlt und dann in die zu bindende (kalte) Flüssigkeit eingerührt und aufgekocht (Nachteil: Es muss bis zum Siedepunkt gerührt werden). Bereits in der kalten Phase bildet Eiweiß mit Wasser *Glutenfäden* aus (s. Abb. 10, unten), die mit frei schwebenden Stärkeanteilen große Eiweiß-Stärkeaggregate bilden können (ohne den Eiweißanteil ist es eine Stärkesuspension, die sich rasch am Boden absetzt). Zwar quellen während des Garens diese Eiweiß-Stärkeverbindungen, dennoch wirken die Proteinanteile wie eine Wasserbarriere: An die inneren Stärkekörner gelangt zu langsam und zu wenig Wasser, sie verkleistern nur unvollständig. Diese Aggregate nennt man »Klumpen«, die sensorisch als störend empfunden werden. Um diese Bindung später 'glatt' zu bekommen, muss sie (durch ein feines Sieb und Passiertuch) abgeseiht werden.[549] Die Mehlaufschlämmung verwendet der Koch in der Regel nicht – auch weil diese Bindung weniger 'fein' (kurztropfig, perlend, feinsämig) ist, sondern 'hängend' über den Löffel gleitet.

---

[548] 'Mehl' = ein *Vermahlungsgrad* von Getreide – Partikelgröße für Mehle < 180 µm; (s. Abb. 11, S. 309). Zu den Vermahlungsgraden der *Müllereierzeugnisse* gehören (beginnend mit dem feinsten): *Mehl, Dunst, Grieß, Schrot;* weiterhin *Grütze* (grob zerkleinerte Getreidekörner) und *Graupen* (auch Rollgerste genannt – aus geschältem und poliertem Gersten- oder Weizenkorn); feinste Sorte sind *Perlgraupen*

[549] Oftmals wird das mit der gebundenen Flüssigkeit angefüllte Passiertuch von zwei Personen (diagonal ziehend) hin und her bewegt oder durch Zusammendrehen die Flüssigkeit hindurchgepresst

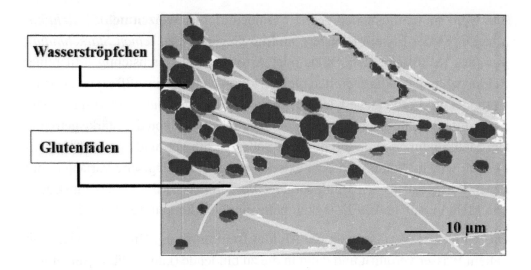

Abbildung 10 (künstlerische Darstellung) Spontane Ausbildung von Glutenfäden bei mit H_2O-benetzten Mehlpartikeln; entlehnt: AMEND 1992

Erklärung: Das Gertreideeiweißgemisch **Gluten** (aus Gliadin und Glutelin) bildet bei Benetzung mit Wasser schnell fadenartige Strukturen, wobei eine kleisterartige viskose Masse entsteht. Sie begründet die physikalischen Eigenschaften der mit Wasser oder Milch versetzten knetbaren Mehlteige bzw. einer Mehl-Wasser-Schlämme.

Schließlich lässt sich gegen eine Mehlschlämme einwenden, dass 'zusätzlich' Wasser verwendet wird – der Geschmacksverdünner par excellence. Wir wissen nicht, wann und wobei Köche Verfahren entwickelt haben – ob als Geistesblitz oder durch aufmerksame Beobachtung – mit denen sich sowohl Verdünnungseffekte umgehen als auch die Klumpenbildung verhindern lassen, aber sie gehören inzwischen zum Fachwissen eines Kochs: die Bindemittel **Roux** und **Beurre manié**. Ihre Besonderheit liegt in der Verwendung von Fett: bei der Roux als Wärmeleitmittel, um mit Temperaturen deutlich über 100°C die Eiweiße zu denaturieren (Glutenfäden können sich nicht mehr ausbilden) und Stärke zu Dextrinmolekülen abzubauen. Letztere sind, wie wir bereits wissen, wasserlöslich, lieblich und leichter verdaulich als Stärke. Bei der Beurre manié wird Butter als *Trennmittel* eingesetzt, indem man Butter in das Mehl einarbeitet – bzw. umgekehrt. Es verhindert die Vernetzung der Eiweiße (wozu es freiem Wasser bedarf – Fett und Wasser 'mögen' sich nicht) und ermöglicht

Quell- und Verkleisterungsvorgänge der durch Fett 'isolierten' Stärkekörner.

Unter dem Mikroskop (s. Abb. 11, unten) sind in Mehl unzählige Hohlräume erkennbar. Sie begründen die typische Mehlstruktur – besonders der Weichweizenmehle. Deren Stärkekörner sind weniger fest mit den Eiweißanteilen verbunden (wie beispielsweise beim Roggen). Die Hohlräume sind ideale *Befüllungskavernen* für Flüssigkeiten (deshalb eignet sich Mehl zur Herstellung von Teigen) und/oder Fett. Durch Einkneten oder mittels Gabel werden Butter und Mehl (1:1) homogen vermengt, wodurch zwischen Stärke- und Eiweißkomponenten ein Fettfilm entsteht, der sie voneinander trennt (mit Fett ummantelt). Diese pastöse Masse wird als Mehlbutter, **Beurre manié,** bezeichnet.

Stärkekörner   **Eiweißpartikel**

Abbildung 11 Stärkekörner und Eiweißpartikel im Weizenmehl

Beschreibung Abb. 11: Die starke Vergrößerung zeigt, dass die einzelnen Stärke- und Eiweiß-anteile eher lose beieinanderliegen. Eiweiß bildet keine faserartige Matrix um Stärkekörner, sondern haftet wie 'krause Teilchen' an und zwischen ihnen. Auch sind große Hohlräume (Ka-vernen) zu erkennen, die insbesondere Flüssigkeiten aufnehmen können.

Die Bildnutzung erfolgt mit freundlicher Genehmigung der Zeitschrift Mühle + Mischfutter

Im Moment des Einrührens in eine Garflüssigkeit wird das Fett an den 'Randschichten' flüssig, wodurch die einzelnen Partikel nach und nach mit der heißen Flüssigkeit in Berührung kommen und direkt verkleistern bzw. denaturieren – ohne Aggregatbildung. Einmaliges Aufkochen reicht. Mehlbutter kann problemlos bevorratet werden und eignet sich insbesondere für *à la minute-Zubereitungen* (zum Binden kleiner Fondanteile, z. B. von gedünstetem Fisch, Champignons *à la crème* bzw. Gemüse *à la crème*). Für größere Flüssigkeits-mengen wäre der Einrühraufwand mit dem Schneebesen zu groß (es sei denn, man verwendet großindustrielle Rührstäbe). Um größere Flüssigkeitsmengen zu binden, verwendet der Fachmann eine *Roux* (Mehl-Fett-Mischung – Mehl-schwitze oder 'Einbrenne'). Auch wenn überwiegend Butter zur Herstellung einer Roux verwendet wird, eignen sich dafür auch Geflügel-, Kalbsnieren-, Brühfett und Rindermark – ebenso Speckfett. Ihre typischen Fettaromen heben und kräftigen den Eigengeschmack z. B. einer Geflügel- oder Kalbsvelouté, den von Bohnen-, Weiß- und Wirsingkohlzubereitungen oder verschiedene Pilzragouts. Sind diese Fettaromen unerwünscht, ist Butter als 'Wärmeleiter' die erste Wahl.

Hintergrundinformationen

Die Ausgangsmaterialien für eine *Beurre manié* und *Roux* sind identisch: Butter und Mehl. In der Roux sind etwas mehr Mehlanteile, was mehr Bindung erlaubt. Während bei der Mehlbut-ter etwa 50 % Butteranteile benötigt werden, um die Mehlpartikel zu separieren, hat die Butter bei der Herstellung einer *Roux* keine Trennfunktion, sondern dient als Wärmeleiter. In die zer-lassene Butter wird das Mehl eingerührt, das sofort die flüssige Butter (in seinen 'Kavernen' – s. Abb. 11, S. 309) aufnimmt. Das Fett durchdringt die gesamte Masse und transportiert als fluider Wärmeleiter die Energie des Topfbodens zu den einzelnen Stärke- und Eiweißpartikeln. Nachdem der Wasseranteil ausgeschwitzt ist, steigt die Temperatur kontinuierlich auf über 100°C. Dabei wird das Eiweiß denaturiert und die Stärke dextriniert. Die gewünschte 'Farbe' wird mittels Temperatur erreicht. Eine weiße Schwitze (*Roux blanc*) sollte 130°C nicht über-steigen. Sichtbare Braunkörper (Melanoide) entstehen erst ab 140°C, die Roux wird dabei gelblich (*Roux blond*) und eignet sich für hellbraune Ragouts. Bei etwa 160°C wird sie deut-lich braun (*Roux brun*) und dient als Bindung für braune Soßen und Suppen.

Will man verstehen, weshalb Mehlbutter nur *auf*kochen, eine Roux dagegen *aus*kochen muss, ist die Hitzewirkung auf das Klebereiweiß bedeutsam. Es wird, wie die Stärke, hohen Temperaturen ausgesetzt – ähnlich dem Eiklar ei-nes Spiegeleis, das bei über 130°C in einer Pfanne zubereitet wird. Dabei ent-steht ein tiefbrauner Rand ('Trauerrand'), weil dem Eiweiß bei diesen Tempe-raturen alles Wasser entzogen wird – es wird 'brettartig' fest – eben auch im Stärkekorn. In den ersten Sekunden der Hitzezufuhr entstehen fadenartige

Eiweißstrukturen (aufgrund der Wasseranteile), die mit den Stärkepartikeln fest 'verbacken'. Jede weitere Temperaturerhöhung 'verschweißt' diese Eiweiß-Stärkeeinheiten weiter – es entstehen schwer wasserlösliche Aggregate. Deshalb bedarf es der Zeit des 'Auskochens' (ein Quellvorgang), um Wassermolekül für Wassermolekül in die 'bindungsunfreundlichen' Rouxpartikel einzulagern – etwa 20 Minuten. Anderenfalls schmeckt die Flüssigkeit nach Mehl.

Aufbau eines Getreidekorns

Abbildung 12 Aufbau eines Getreidekorns

Die Bestandteile der Frucht- und Samenschichten liegen über der Aleuronschicht. Diese nährstoffreichen Randschichten (Frucht- und Samenschalen, Aleuronschicht) werden als Silberhäutchen bezeichnet.

Die Bildnutzung erfolgt mit freundlicher Genehmigung; Nicole Ottawa & Oliver Meckes EYE OF SCIENCE

21 Die Fleischdominanz in der Menüplanung

Wir sind dem Eiweiß- und Fettlieferanten Fleisch[550] bereits mehrfach begegnet und haben seine sensorischen Vorzüge und Verwendungsmöglichkeiten beschrieben. Die mehrfache Befassung mit diesem Rohstoff erklärt sich aus seiner weltweiten, in nahezu allen Kulturen existierenden Ernährungsbedeutung.[551] Für den Koch ist es *der* Rohstoff, der in jeder *Menüplanung* im Zentrum steht, denn alle Menügänge (einschließlich Suppen,[552] Soßen, Gemüsebeilagen und Stärketräger) richten sich in ihrer Zubereitungsart, ihrem Niveau und ihrer aromatischen Präsenz nach dem Hauptgang und dessen jeweiliger Zubereitungsart.[553] Der Hauptgang eines gehobenen Menüs ist in der traditionellen europäischen Küche (in der Regel) ein *Bratengang* (Fleisch). Dafür gibt es mehrere Gründe: Zunächst sind es die aromatisch attraktiven fleischtypischen Komponenten: IMP, Glutamat, das Exorphin Hämorphin, tierische Fette, etwas Glykogen sowie die 'unauffälligen', aber ernährungsrelevanten *Eisen*-[554] und *Zinkanteile*, die allesamt die spezifische sensorische Attraktivität von (zubereitetem) Fleisch begründen.

Der entscheidende Geschmack erzeugende Faktor ist, wie betont, das Garverfahren. Denaturiertes Muskelgewebe ist bereits 'vorverdaut' (= leichter verdaulich; die Arbeit der Enzyme, große Eiweißstrukturen zu hydrolysieren und zu

---

[550] Sammelbegriff für Muskelgewebe warmblütiger Schlachttiere

[551] Fleisch wurde vor Jahrtausenden auch getrocknet (kleingeschnitten) verzehrt, wie letzte Analysen des Mageninhalts der 5300 Jahre alten Gletschermumie Ötzi belegen (MERLOT 2017). Selbst unsere nächsten Verwandten, die Schimpansen, verspeisen mit Hochgenuss Buschbabys und Colobus-Affen (RÖSCH 2013)

[552] Wird im Hauptgang eine Rindfleischspeise gereicht, verbietet sich ein Consommé; gleiches gilt für Geflügel im Menü, das keine Geflügelkraftbrühe haben darf: eine Vermeidung von Rohstoffwiederholungen

[553] Das heißt, die Fleischkomponente und das jeweilige Garverfahren geben vor, welche weiteren Beilagen, also Gemüse, Stärketräger und Soße, aromatisch und strukturell passend sind. Letzteres bezieht sich auch auf die Soßenaufnahmefähigkeit der Stärketräger

[554] In tierischen Produkten (Fleisch) kommt Eisen als locker gebundene Komponente an Biomolekülen vor (außer an Fett) – entweder als zweiwertiges *Hämeisen* Fe^{2+}, das besonders gut (bis zu 20 % und mehr) resorbiert wird. Als dreiwertiges (Nicht-Häm-Eisen) Fe^{3+} kommt es vor allem in Pflanzen vor und wird schlechter aufgenommen (nur zu etwa 1–10 %). Die Bioverfügbarkeit von Eisen hängt bei Pflanzen auch davon, ob es z. B. mit Phytin-, Oxalsäure und deren Salzen, Tanninen, Lektinen (pflanzliche Eiweiße) komplexe Verbindungen eingegangen ist. Denn nur gelöstes Nahrungseisen (an einem Biomolekül haftend) ist für den Organismus verfügbar. *Vitamin C* begünstigt die Resorption von Nahrungseisen, da es das dreiwertige Nicht-Häm-Eisen in ein zweiwertiges gut resorbierbares Häm-Eisen reduziert – die Oxidationsstufe 3^+ (hier fehlen drei Elektronen) wird um '1' vermindert; siehe auch BERG et al. 2003; a. a. O., S. 976 f.

denaturieren, haben hohe Gartemperaturen vorweggenommen). Die gare, zarte Textur ist ein sensorischer Stimulus, der für »gute Nahrungswahl« steht. Zweitens erzeugen Röstvorgänge opioide Komponenten (die vielfach angesprochenen *β-Carboline*), die in das Belohnungssystem gelangen, wodurch unser Lebens-gefühl und unsere Stimmung steigt – wir fühlen uns während des Essens und danach gut. Der Hauptgang ist auch deshalb der Höhepunkt eines Menüs, weil der Gast anschließend gesättigt sein sollte (u. a. ein Volumenaspekt). Dass dann noch ein *Dessert* 'Platz' findet, hat mit der Ernährungsrelevanz von niedermolekularem Zucker zu tun, was wir noch genauer im Abschn. 22, S. 317 ff. besprechen werden.

Um ein Menü nach den Regeln der klassischen Menükunde zu planen und praktisch umzusetzen, ist umfassendes Fachwissen erforderlich. Nicht zuletzt deshalb gehört ein Menü – neben den prachtvollen kalt-warmen Büfetts – zur höchsten Kulturstufe der Nahrungszubereitung. Das **Niveau eines Menüs** hängt im Wesentlichen von zwei Faktoren ab:

– den Rohstoffen
– dem handwerklichen Aufwand und Können

So haben Wildgeflügel, Fasan, Rebhuhn, Bekassine, Schnepfe, ein großer ganzer Fisch, Hummer optisch als »ganzes Tier« einen hohen Rang – vermutlich ein Erbe aus der Jäger- und Sammlerzeit, das den Jagderfolg (das ganze Tier) präsentiert. Zudem kannte man in früheren Zeiten (vor der kommerziellen Versorgung mit Schlachtfleisch) Phasen des Fleischmangels, da die Jagd nicht immer erfolgreich war. Große Bratenstücke waren daher selten und jahreszeitabhängig und damit kostbar. Heute gelten separierte Teile des Tieres (Filets) als 'edel', weil sie im Tierkörper nur in geringem Maße vorkommen. Das Rinderfilet macht etwa 2 % des schieren Fleischanteils aus und wird beispielsweise als *Steak, Chateaubriand, gespickter Filetbraten* oder '*Filet Wellington*', *Medaillon, Tournedos, Filet mignon* und *Filetspitzen* (*Boeuf Stroganoff*) zubereitet. Beim Geflügel ist es der Brustmuskel: *suprême de volaille*.

Das relative Vorkommen allein erklärt jedoch nicht die sensorische Attraktivität (hier kämen ebenso *Stierhoden, Schafsaugen, Nieren, Kalbshirn, Hahnenkämme* oder *Fasanenzungen* u. a. m. infrage). Die einzigartige Textur des

Rinderfilets ergibt sich aus seiner Muskelfunktion im Tierkörper. Es liegt in einer bewegungsarmen »Ruhezone« unter den Lendenwirbeln, verläuft entlang des Rückens bis zur Hüfte und endet mit seinem dicksten Teil, dem Filetkopf, in der Keule.[555]. Dieser lange Muskel ist frei von *sichtbarem* Bindegewebe (kollagenem Eiweiß) und deshalb zum Kurzbraten geeignet. Die *intramuskuläre* Fetteinlagerung (*Marmorierung*) hat keine 'Bindegewebstaschen'. Sie wird beim Braten flüssig und wirkt sensorisch als 'fluide' Aromakomponente, die zur Saftigkeit beiträgt.

Fleisch aus der »Bewegungszone« (Keule, Schulter, Nacken) ist reich an Bindegewebe und Sehnen und benötigt feuchte Garverfahren (Sieden, Schmoren) – dabei quellen die kollagenen Eiweiße, das Fleisch wird zart und saftig. Auch entstehen dabei, wie erwähnt, Fonds – die Basis primärstoffeigener Suppen und Soßen.

Hintergrundinformationen

Um eine sensorische Abwechslung zwischen den einzelnen Menügängen zu erreichen – auch um »profilgleiche« Speisen ('nur' milde, helle oder dunkle Gänge u. a.) zu vermeiden – dürfen in niveauvollen Menüs Wiederholungen der Primärstoffe, Garverfahren, Soßen und Garnituren nicht vorkommen.[556] Ihre Abfolge richtet sich nach rohstoffeigenen (milden bis kräftigen Profilen) und den durch Garvorgänge erzeugten sensorischen Merkmalen (z. B. den der Röststoffanteile). Damit lassen sich die Menügänge, beginnend mit der *Vorspeise* (*Hors d'œuvre*), die vorzugsweise 'klein' und leicht verdaulich ist (und eine leicht säuerlich-pikante Note haben sollte), den verschiedenen kalten und/oder warmen Zwischengerichten (*Entrée froide*, *Entrée chaude*) von mild-aromatisch, feinwürzig, bis hin zu würzig-kräftig zusammenstellen – die letzte Ebene ist in der Regel das aromatische Merkmal des Hauptgangs. Diese sukzessive Zunahme aromatischer Fülle vermeidet den sensorischen Gewöhnungseffekt. Bei mehr als fünf Gängen ist eine kontinuierliche Steigerung nicht immer möglich – die Aromaebenen wechseln dann 'wellenförmig' unterhalb des Hauptgangs, der die größte geschmackliche 'Fülle' haben soll. So wird eine maximale sensorische Vielfalt erreicht – die vielen Rohstoffe und Zubereitungsmöglichkeiten ermöglichen diese fachliche Kunst der Aromasteigerung. Ausnahmen bestehen u. a. bei traditionellen Wildmenüs, die verschiedene Wildzubereitungen – Suppen, Pasteten, Braten – enthalten oder bei »Themen-Menüs«, die bewusst gleiche Rohstoffe und Aromen mehrfach einsetzen.

---

[555] Ein Muskel, der den Paarungsakt (auf den Hinterbeinen stehend) und die Harnentleerung unterstützt
[556] Z. B. Verfahren, bei denen jeweils Röststoffe entstehen: *Röstkartoffeln – Gratinieren*; aufgeschlagene Soßen: *Sc. Hollandaise – Sc. Béarnaise; Tomatensuppe – Tomatensoße; Selleriecreme – Selleriegemüse*

21.1 Abhängen

Vermutlich kannten bereits die Jäger und Sammler Techniken der Fleischlagerung. Das war immer dann von Nutzen, wenn große Tiere erlegt worden waren, deren schiere Fleischmengen nicht auf einmal verzehrt werden konnten und die entsprechend 'auf Vorrat' an einem sicheren Ort zwischengelagert werden mussten. Wenn sich diese Lagerung, vielleicht bei kühlem Wetter und über mehrere Tage – vielleicht sogar über Wochen – hinzog, veränderte sich das Fleisch: Es war zarter geworden und schmeckte gehaltvoller. Diese Entdeckung hatten sie also dem Zufall zu verdanken, ein Nebeneffekt der *Lagerdauer*. Wie aber kommt es zu dieser Gefüge- und Aromaänderung in der Muskulatur, wenn wir Fleisch – wie wir das heute nennen – »abhängen«?

21.2 Reifungsvorgänge am Beispiel von Rindfleisch

Unmittelbar nach der Schlachtung hat das Fleisch noch einen pH-Wert von etwa 7,2 und ist damit sehr schwach basisch. Auch wenn kein Sauerstoff mehr in die Zellen gelangt, bleiben eine Vielzahl fleischeigener Enzyme (*Kathepsine* und später auch *Milchsäurebakterien*) aktiv, wodurch sich die Eiweißstrukturen verändern. Die dafür benötigte Energie beziehen sie aus der Muskulatur, in der sich noch Fleischzucker (Glykogen) befindet. Da dieser Zuckerabbau ohne Sauerstoff geschieht (wissenschaftlich: *anaerober Abbau*), entsteht Milchsäure. Durch die Beendigung des Stoffwechsels wird auch der Energielieferant ATP (*Adenosintriphosphat* – s. Fußn. 159, S. 86) nicht mehr aufgebaut. Er hält im lebenden Muskel die feinsten Strukturen, die Myofibrillen Aktin und Myosin, auseinander. ATP, der 'Weichmacher' des Muskels, wird stufenweise abgebaut, wobei ebenfalls eine Säure (*Phosphorsäure*) entsteht. Beide Säuren lassen den pH-Wert von Rindfleisch innerhalb von 24 Stunden auf einen Wert von 5,4 absinken. Das Fleisch ist also 'sauer' geworden und befindet sich in der Totenstarre (*rigor mortis*). In diesem Zustand ist das Fleisch weder genießbar, noch lässt es sich durch Garvorgänge erweichen – es hat kaum Wasserbindevermögen und bleibt zäh. Diese Muskelstarre führt zu einem Presseffekt, wodurch vermehrt Zellwasser in die Zellzwischenräume gelangt.

Die Säure bewirkt nun eine Umverteilung dieses freien Gewebewassers, und zwar in die Mikrostrukturen der Muskelfasern – genauer: des Bindegewebes – und lässt dieses quellen. Dabei lagern sich 'Protonen' (genauer: die positiv geladene H_3O^+-Moleküle) an polare Seitenketten der Aminosäuren (des Bindegewebes) an, wodurch die Anzahl aktiver Protonen abnimmt und der pH-Wert allmählich wieder ansteigt. Bei einem pH von etwa 6,0 bis 6,4 sind schließlich so viele H_3O^+-Moleküle in das Bindegewebe eingedrungen, dass das Fleisch mürbe geworden ist. Dieser Vorgang dauert beim Rind etwa 18 Tage (bei konstanter Kühlung).

21.3 Der optimale Reifepunkt

Der Genusswert einer Fleischspeise (hier: Kurzbratfleisch) hängt im Wesentlichen vom optimalen Reifepunkt ab (dieser ist je nach Tierart verschieden). Er ist dann erreicht, wenn sich ein sensorisch wirksames Zusammenspiel (Synergieeffekt) aus Mürbheit, pH-Wert, a_w-Wert, Aussehen und Geruch (sowie dem Anteil freier Amino- und Fettsäuren) eingestellt hat. Die Mürbheit lässt sich durch Fingerdruck ermitteln, der pH-Wert mit einem Messgerät. Geruch und Aussehen sind Erfahrungswerte, die nur der geübte und erfahrene Koch feststellen kann. Ein im Zustand der optimalen Reife saftig gebratenes Steak hat den höchsten fleischeigenen Genusswert. Bei Überreife, einem pH um 7,0 (Wasser hat einen pH-Wert von 7 und schmeckt bekanntlich neutral), sinkt der Genusswert. Bei weiterer Lagerung setzt schließlich der Verderb ein, der sich durch einen fleischtypischen Geruch ankündigt (bei Wild nennt man diesen Duft 'Hautgout').

Kochfleisch/Suppenfleisch benötigt keine 18-tägige Abhängzeit; diese ist nur aus oben beschrieben Gründen für Kurzbratfleisch erforderlich – zum Kochen reichen (bei Rind) etwa 5–6 Tage. Quellvorgänge, die das Fleisch mürbe machen, sind nicht erforderlich, da das Fleisch über lange Zeit im feuchten Milieu gegart wird. Es steht genügend Quellungswasser zur Verfügung, das nun 'von außen' in das Bindegewebe des Fleisches eindringt. Auch benötigen wir kein

'Aromaoptimum', da über Osmose und Diffusion eine Vielzahl von Aromakomponenten (z. B. durch das Bukett Garni, den Gewürzen) in das Muskelgewebe eindringt. Auch schmeckt die Bouillon 'frischer', wenn sie mit Fleisch gegart wurde, das noch im sauren Bereich liegt. Überlagertes Fleisch macht die Bouillon leicht 'seifig' (vermutlich aufgrund höherer basischer Aminosäurenanteile).

22 Der süße ‚Nachtisch‘ – das feine Dessert

Eine klassische Speisenfolge endet in der Regel mit einem Dessert (einer kalten oder warmen Speise oder Speisenkombination mit deutlicher Süße). Bedenkt man die vielen o. g. Funktionen des Zuckers, stellt sich die Frage, weshalb nicht alle Zubereitungen deutlich 'gesüßt' werden oder ein Menü nicht gleich mit einer Süßspeise beginnt? Dafür gibt es verschiedene ernährungsphysiologische Gründe, die auch den Aufbau eines Menüs (die Abfolge der verschiedenen Gänge) begründen.

Zunächst sind, wie beschrieben, der Geruch und Geschmack sensorische 'Informationen', mit denen der Organismus Nahrung erkennen und bewerten kann. Rohstoffe, die natürlicherweise süß schmecken, unterscheiden sich in ihrem Süßegrad. Die Extraportion Zucker auch an nicht süße Rohstoffe kannten unsere Vorfahren nicht.[557] Süßes war in ihrem Nahrungsspektrum eine willkommene Ausnahme, ein Leckerbissen – mehr nicht.[558] Als 'Allesfresser' ist der Mensch aus verschiedenen Gründen stets auf der Suche nach abwechslungsreicher Nahrung, zu der fettreiche bzw. magere Fleisch- und Fischkomponenten genauso gehören wie vielfältiges faserreiches Gemüse und würzigherbe Kräuter, Pilze, Nüsse und Früchte sowie ausdrucksarme Stärkeanteile.

---

[557] Zubereitungsverfahren sind gemessen an der Entwicklung von Homo sapiens hin zum modernen Menschen 'gerade erst' entstandene Techniken. Das natürliche Süßempfinden, eine 'Information' über den Nahrungswert (damit können Vorräte als Fett angelegt werden) ist dagegen Jahrmillionen alt. Das geschmackliche Aufbessern mittels Zucker ist kulturell, nicht evolutionär begründet

[558] Dass wir Schalen und Krustentiere – namentlich Hummer, Langusten, Flusskrebse und Scampi – mögen, hat auch etwas mit Süße zu tun: Sie haben u. a. hohe Glykogenanteile (wie auch Leber und Pferdefleisch).

Es ist diese natürlich vorkommende sensorische Vielfalt, die unser Bedürfnis nach Abwechslung begründet[559]– auch deshalb mögen wir 'zuckerfreie' Nahrung. Wäre jeder Menügang erkennbar süß, fehlte die von uns 'gesuchte' Vielfalt und unser Appetit auf 'Süßes' würde rasch erlahmen – eine metabolische Schutzreaktion vor 'zu viel' Zucker, u. a. auch durch die Wirkung des erwähnten **FGF21**-Gens (s. Fußn. 455, S. 247).

In welchem Zusammenhang stehen diese Sachverhalte mit dem (in der Regel) »süßen Ende« eines Menüs? Antwort: mit dem *Blutzuckerspiegel* – er fällt nach dem Hauptgang. Warum? Jeder '*Gang*' (von 'gehen' – der Weg zum Gast mit einer anderen Speise – 'Das-zu-Bringende') ist sowohl ein neuer Genussdonator als auch Sättigungsfaktor. Eine durchdachte Speisenfolge (z. B. ein Festmenü) beginnt mit einer 'nicht-sättigenden', aber appetitanregenden Vorspeise, der verschiedene Zwischengänge folgen (z. B. Essenzen oder Suppen und kleine Speisenkombinationen – in der Regel ohne Stärketräger). Aufgrund ihrer geringen Portionsgröße tragen diese Gänge nur allmählich zur Sättigung bei. Die soll mit dem Hauptgang (meist einem Bratenstück, Medaillon oder einer 'leichteren' Geflügel- und/oder Fischzubereitung)[560] erreicht werden: ein angenehmer postprandialer[561] Zustand, der u. a. mit Aktivitäten der *Dehnungsrezeptoren* des Magens und appetitzügelnder Hormone (z. B. Leptin, Oleoylethanolamid OEA) eintritt.[562] Dass wir nun – im Zustand der Sättigung – noch eine weitere Speise mit Genuss verzehren, erscheint biologisch zumindest widersprüchlich. Dafür muss es einen Grund geben. Der Appetit auf ein Dessert kann folglich nur mit der hohen Attraktivität seiner Hauptkomponente, dem niedermolekularen Zucker – seinen hirnchemischen und physiologischen Effekten – in Verbindung stehen.

---

[559] Ausnahmen finden sich bei Menschen, die in dauerhaft kalten Regionen leben. Für sie ist eine 'einseitige' Fisch- und Fleischnahrung ausreichend – was zum einen den hohen Ernährungswert dieser Nahrung belegt und andererseits (bei 'einseitiger' pflanzlicher Ernährung) vom Zwang zum Nahrungswechsel als »Strategie zur Minderung natürlicher Pestizide (sekundärer Pflanzenstoffe)« befreit; »*Häufigere und kleinere Mahlzeiten und der Wechsel zwischen verschiedenen Pflanzenarten halten die Zufuhr der einzelnen Gifte klein*« (PFUHL 2010)

[560] Weil sie weniger schwer verdauliche Bindegewebe- und Fettanteile enthalten, werden sie schneller verdaut, sind deshalb 'leichter'; ein konnotativ positiver Sachverhalt, der im Widerspruch zur 'gesunden' langanhaltenden Sättigung steht

[561] Von lateinisch *post* ‚nach' und lat. *prandium* 'Mahlzeit'

[562] *Oleoylethanolamid (OEA)* ist ein Lipid, das im Dünndarm bei fettreicher Nahrung gebildet wird. Während des Essens steigt der Oleoylethanolamid-Spiegel, wirkt auf das Gehirn, steigert die Freisetzung von Dopamin und drosselt den Appetit (FENSKE; SILBERMANN 2017); s. auch Fußn. 509, S. 273

Versuch einer Begründung: Der Hauptgang eines Menüs ist eiweiß-, fett- und glutamatreich und führt zur Ausschüttung von *Insulin* – eine Reaktion des Körpers auf Zucker.[563] Fleisch und Fett aber sind zuckerarm und entfallen damit (eigentlich) als Signalstoffe für Insulin, das einzige Hormon, das den Zuckerspiegel absenkt. Da aber die Ernährung der Säuger seit Jahrmillionen (beginnend mit dem ersten Tag) eiweiß-, fett- und glutamathaltig ist (alles Bestandteile der Muttermilch), erwartet der Organismus beim o. g. Komponenten-Triplett einen weiteren Nährstoff: **Zucker** (Laktose). Deshalb produziert der Organismus 'vorsorglich' auch Insulin. Mit der Folge, dass 'zuckerarme' Fleischmahlzeiten (Braten, Steaks oder Fleischbrät) über diesen Mechanismus zu einer graduellen 'Unterzuckerung' führen – das prophylaktisch ausgeschüttete Insulin hat den noch vorhandenen Blutzucker weiter abgesenkt. Das registriert der Organismus und 'weiß' offenbar, wie dieser 'Mangelzustand' beseitigt werden kann: mit etwas Süßem, einem Dessert. Die Glukoseanteile von Reis, Nudeln oder Kartoffeln können den temporären 'Zuckermangel' nicht so schnell beseitigen, weil sie im Vergleich zum niedermolekularen Zucker langsamer ins Blut übertreten.

Auch enthalten Süßspeisen meist reichlich tierisches Fett (Sahne), Eiweiß (Eigelb, Gelatine), sind aromatisch (u. a. Karamell, Vanille, Zimt) und bunt (ein Signal für Rohstoffvielfalt). Auch haben sie (meist) nur einen geringen Kauwiderstand (was sie sensorisch in die Nähe von 'Beikost' beim Abstillen stellt) – sieht man einmal von Krokant- und Nussanteilen ab. Diese leicht resorbierbare »kompakte Nährstoffdosis« am Ende eines Menüs bewirkt eine maximale genussvolle Esszufriedenheit: den 'krönenden' Abschluss.

---

[563] Besonders hoch ist die Insulinreaktion auf *Glutamat* und *Buttermilch*. Ein Hinweis, dass die Insulinantwort auch mit Milcheiweiß (Molkeneiweiß) korreliert (FOCK; POLLMER 2010)

23 Welche Rohstoffe ‚eignen' sich zur Süßspeisenherstellung?

Diese Frage führt direkt in das Zentrum des Themas »Vom Rohstoff zur Speise«, mit der wir 'hinter die Kulissen' traditioneller Zubereitungstechniken blicken und vermutete Zusammenhänge auch mit naturwissenschaftlichen Argumenten (im Rahmen des hier Möglichen) zu untermauern versuchen.

Zunächst erweitert das »**Eignungskriterium**« die bisher besprochenen 'inneren' Aspekte: die der *Ernährung*, der *aromatischen Passung* und *pharmakologischer Zwecke* (s. Tab. 2, S. 227). Zur Eignung gehören auch strukturbildende Eigenschaften (technologische Ziele): Stoffe, die beispielsweise eine Flüssigkeit wie Milch oder Fruchtsäfte 'löffelfest' machen oder Fett und Wasser relativ stabil vermischen (emulgieren). Das gelingt mit Eiweiß (Eigelb, Blattgelatine), pflanzlichen Geliermitteln (z. B. Pektin, Agar-Agar) oder Fettverbindungen (Emulgatoren), die selbst keine Süße haben, meist geschmacksneutral sind und deshalb in Süßspeisen nicht als Fremdkomponenten oder sensorisch störend wahrgenommen werden. Im Gegenteil: Diese Anteile konstituieren die Struktur und das Wesen dieser 'Ausnahme-Speisen', die wir *Nachtisch* oder *Dessert* nennen: leicht verdauliche, meist zart-cremige Produkte, deren aromatische Varianzen von bittersüß über karamellartig bis zu harmonisch süß-sauer (mit unzähligen Zwischen- und Mischtönen) reichen. Was begründet ihre aromatische Attraktivität?

Wir haben gesehen, dass vollreife Früchte (auch getrocknete) und vor allem Honig das *aromatische Spektrum* süßer Nahrung begründen. Es ist evolutionär im 'Nahrungsgedächtnis' des Menschen als aromatisches 'Urmuster' von Süße (und Fruchtigkeit) eingebettet. Deshalb sind unsere klassischen Süßspeisen – einschließlich diverser Alkoholkomponenten (z. B. Wein für *Sabayone* und Grand Marnier an *Crêpe Suzette)*[564] – aromatisch eng mit denen von Honig und Früchten verwandt. Allerdings bestehen Süßspeisen (weltweit) nicht allein aus Früchten und Honig, sondern aus vielen weiteren Komponenten insbeson-

---

[564]Alkohol entsteht bei (warmer) Lagerung reifer Früchte durch die alkoholische Gärung. Er ist also etwas »aus Früchten Entstandenes« – zum ursprünglichen Süßprofil 'Zugehöriges'

dere jener Anteile, die zur süßen 'Urnahrung' der Säuger (der *Muttermilch*) gehören: Milch und Milchfett sind Basis vieler Dessert-Zubereitungen, wie z. B.
Englische Creme ('Pudding'), *Crème brûlée, Speiseeis, Parfaits, Buttercreme,*
oder süßer 'sämiger' Speisen (Haferbrei, Kakaosuppe, Milchsuppen mit Teig-
waren aller Art).[565]

Uns interessiert nun, welche Rohstoffe sich zur Herstellung von Süßspeisen
eignen und warum? Es muss Gründe geben, weshalb Milch- und Milcherzeug-
nisse (Butter, Schlagsahne, Mascarpone, Schmand, Frischkäse = Quark/Top-
fen, Joghurt), Getreide und -erzeugnisse (Reis, Hafer, Mehl, Grieß, Stärke),
Eiweiß (Eier, Eischnee, Gelatine), Sago, Nüsse, Rosinen, Mohn, Mandeln,
Obst und Obsterzeugnisse (Wein, Eierlikör, Curaçao-Liköre u. a. m.) sich in
Verbindung feiner, lieblicher Aromen (Vanille, Zimt, Kakao, das Flavedo[566]
von Zitronen- und Orangenzeste etc.) – die Aufzählung ist unvollständig – zur
Herstellung von Süßspeisen eignen. Niemals aber Zwiebeln, Fisch, Fleisch,
Soja, Petersilie, Sardellen, Kapern, Porree, Rotkohl, Spinat, Knoblauch u. a.
Warum?

Letztere haben keinerlei Bezug zu den 'Urmustern' süßer Nahrung (weder zu
Honig, Früchten noch Muttermilch) – sie schmecken bitter, sind z. T. herb,
scharf und würzig – allesamt aromatische Antipoden von süß und lieblich. Besagtes evolutionäres Nahrungsgedächtnis scheint die Komponenten jener Materiebausteine, die in Verbindung mit 'Süße' (den o. g. 'Urmustern') vorkommen, zu 'kennen' (vergleichbar der Duftnoten, bei denen wenige signifikante
Gasmoleküle ausreichen, um den sie erzeugenden Naturstoff identifizieren zu
können; s. Abschn. 10.1, S. 157). Sie stehen mit Aromen des Honigs in Verbindung, die der jeweiligen Blütenquelle (einer oder mehrerer Nektarlieferan-
ten) entstammen – sowie deren Früchten. »Süß, blütenartige Aromen und
Fruchtigkeit« (= milde Säure) werden deshalb vom Menschen (und nicht nur
von ihm) als *zusammengehörig* empfunden – das eine gibt es ohne das andere
nicht – zumindest weniger häufig.

---

[565] Die (früher) als leichte Kost (Schonkost) in Krankenhäusern und Kindertagesstätten üblich waren. Auch ist Milch Grundlage vieler mit pürierten Früchten angereichter Getränke (Milchshakes)
[566] Von lat. *flavus* = gelb; das *Albedo*, von lat. *albus* = weiß – die schwammartige bittere Trennschicht zwischen der Schale und dem Fruchtfleisch von Zitrusfrüchten; *Blütendüfte* sollen über Distanzen (Luftraum) hinweg Bienen und Insekten (zwecks Bestäubung) anlocken – der Aufwand (Flug) wird mit Nektar 'belohnt'

Werden Rohstoffe mit 'verborgener' Süße (z. B. Getreide) oder Komponenten der Milch (Eiweiß, Milchfett und deren o. g. Verarbeitungsprodukte) mit Aromen von Vanille, Zimt, Orangen- oder Zitronenschalen ergänzt, 'erkennt' unser Organismus sie »als-zu-süßer-Nahrung-gehörend«. **Deshalb lassen sich alle o. g. Rohstoffe und deren Verarbeitungsprodukte beliebig miteinander vermischen** – ob als warme[567] oder kalte[568] Süßspeisen – alles ist sensorisch willkommen. Deshalb sind Pfefferkörner oder Chilipulver in Süßspeisen eigentlich sensorische Fremdkörper (Schärfe gehört nicht »zum Wesen des Süßen«), die in der avantgardistischen Küche eingesetzt und als 'Sensationen' auf der Zunge ausgelobt werden. In Wahrheit sind sie aromatische Antagonisten des 'Lieblichen' und 'rütteln' an Kontroll- und Schutzreaktionen, die uns davor bewahren, 'Unpassendes' zu verzehren. Sie als geschmackliche »Sensationen« (Außergewöhnliches, nicht Erwartetes) auszuloben, trifft daher zu – sie sind »widernatürliche« Anteile im Spektrum des Süßen.

Weniger attraktiv sind die zuvor angesprochenen Beispiele *dissonanter Empfindungen*, die sich einstellen, sofern man Obstsalat mit rohen Zwiebelwürfeln (oder Senf) ergänzte. Die Scharfstoffe (Senföle) sind potente 'Kampfstoffe' der Pflanzen, mit denen sie Fressfeinde abwehren. Tauchen diese in Zusammenhang mit Süße, Fruchtigkeit und blütenartigen Düften auf – allesamt 'Lockstoffe' – führten diese Kombinationen zu Missempfindungen (aromatischen Kakophonien) und reflexhafter Abwehr. Das köstliche Obst (Leckerbissen) hätte Anteile von Kampfstoffen und würde als verdorben empfunden. Das Nichtmögen dieser Kombinationen ist daher weniger kulturell begründet, sondern Ausdruck einer evolutionsbiologisch entstandenen Aversion.

Am Beispiel der Rohstoffpassung für Süßspeisen lässt sich nicht nur der Einfluss dieses 'archaischen Nahrungsgedächtnisses' als Orientierungsinstanz erkennen, sondern auch, wie sich sensorische '*Passungen*' respektive '*Nichtpassungen*' von Rohstoffen biologisch begründen lassen. Und nicht zuletzt gehört

---

[567] Strudel, Beignets, Soufflee, Kabinettpudding, Auflaufkrapfen, Pfannkuchen, Dampfnudeln, Germknödel, Armer Ritter, Powidl-Datscherln, Rhabarbertörtchen mit Ingwerbaiser, warme Fliederbeersuppe mit Äpfeln, Milchreis, gebratene Äpfel, warmer Kompott, Schneeeier, Obsttartelettes mit Kuvertüre u. a.

[568] Früchte in Weingelee, Sorbet, Fruchteis, Reissahnespeisen: Schweizer Sahnereis, Malteserreis, Reis Trauttmansdorff, Bayrisch Krem, Parfait, Mousse au Chocolat, Grießflammerie, Kalter Hund, Rote Grütze, Kompott, Zitronen-/Orangenweincreme u. a.

zum Sinneseindruck »süß« auch die Information, dass diese Nahrung ungiftig ist (s. Abschn. 18.1, Hintergr.-Info., S. 250).

Teil IV
Nahrungszubereitung als Unterrichtsgegenstand

24 »Primär-/Sekundärstoff(e)« – lehr-/lerntheoretische Kategorien der Nahrungszubereitung

Die *Herstellung* von Speisen und/oder Gerichten lässt sich im Unterricht auf zwei verschiedenen Ebenen betrachten:

1. **Verfahrensebene** – Nennung aller technologischen und prozessbedingten Arbeitsschritte – fachliche Details und deren Zwecke (im Wesentlichen die Inhalte der Kochfachbücher)

2. **Biologische Begründungsebene** – die Zusammenhänge und Hintergründe des technologischen Aufwands in Bezug auf den Organismus

Beide Sachverhalte – die *fachpraktischen* und *biologischen* Aspekte einer Zubereitung – lassen sich (*lehr-/lerntheoretisch*) als dichotomes (zweiteiliges – sich ergänzendes) **Rohstoffsystem** darstellen: als Kombination aus »**Primär-** und **Sekundärstoffen**« (s. dazu »Speisendreieck« Abb. 4, S. 223). Diese Rohstoffkategorien erlauben es Schülern, **Rohstoffe und Garverfahren** (auch) als variable »*theoretische Faktoren*« einer Zubereitung zu betrachten und deren *sensorische* sowie *metabolische* Vor- und Nachteile sowohl sachlogisch als auch naturwissenschaftlich zu begründen. Eine solche Rohstoff-Systematik ist nur dann sinnvoll, wenn Schüler bereits über individuelle fachpraktische Erfahrungen im Umgang mit Rohstoffen verfügen. Diese im Alltagshandeln erworbenen Kenntnisse sind Grundlage ihres *subjektiv gültigen Wissens*, das in der Regel ohne naturwissenschaftliche (objektivierende) Begründungen auskommt. Aufgabe des Unterrichts soll es sein, diesen Verstehenshintergrund Schülern zu ermöglichen. Um ihr Interesse zu wecken, bedarf es kognitiver

Impulse und intrinsischer Neugier – Voraussetzungen für die Erlangung einer fachpraktischen Mündigkeit. Unterrichtsleitend ist die Frage »nach dem *Warum* der Verfahrensschritte« – genauer: **Warum gehen wir mit Rohstoffen so um, wie wir es tun?** Diese Frage richtet sich nicht auf einen einzelnen spezifischen Arbeitsschritt, sondern geht viel tiefer: Sie fragt nach der Begründung des Kochens selbst – seiner Existenz im Hier und Jetzt.[569]

Die (lerntheoretische) Hierarchisierung der Rohstoffe begründet sich aus der Tatsache, dass jede *Zubereitung* die Verwendung **verschiedene Rohstoffe**[570] impliziert, deren Anteile spezifische Funktionen erfüllen.[571] Sobald die texturellen und aromatischen Eigenschaften der interessierenden Rohstoffe bekannt sind, lässt sich deren Zubereitung anhand des 'Speisendreiecks' ohne ihre konkrete Gegenwart »**an der Tafel**« theoretisch in Beziehung setzen und bewerten.[572]

Im zweiten Schritt lassen sich diese Annahmen *fachpraktisch* überprüfen. Dabei wird 'Garen' für die Schüler zu einem erforschbaren »*sensorischen Objekt*«. Die Effekte auf den Organismus (Aromen, Kauwiderstand etc.) werden dabei aus einer **bisher weniger bewusst wahrgenommenen Ebene** betrachtet – der ihres Körpers. Daraus ergeben sich weitere naturwissenschaftliche Fragen, sodass die Schüler lernpsychologisch für das **'Erkennen' der Zubereitungshintergründe »erschlossen« sind.** Ein mentaler Zustand, in dem sie vorhandenes »*implizites Wissen*« zu neuen Einheiten synthetisieren (kön-

---

[569] »Warum wir kochen, wie wir kochen« lässt sich von Schülern nicht 'auf der Stelle' beantworten – noch verstehen. Dahinter verbirgt sich ein multifaktorieller hochkomplexer biologischer Zusammenhang, u. a. der unserer sensorischen Präferenzen (die genetisch vorgegebenen 'Reizantworten' auf Nahrungseigenschaften). Zudem dienen *Rohstoffinhaltsstoffe* und *Kochprodukte* nicht allein der 'Erhaltung des menschlichen Organismus', sondern sind »Mittel zur Erzeugung von Wohlgeschmack und genussvollen Momenten« – Träger sensorischer *Autostimulation*

[570] Alle Nahrungsrohstoffe tierischer oder pflanzlicher Herkunft sowie deren Verarbeitungsprodukte; Salz, Kräuter etc.

[571] Auch können in diesem System *nur* Primärstoffe Funktionen von Sekundärstoffen übernehmen – niemals aber umgekehrt. So können beispielsweise Möhren, Porree, Sellerie als Anteile eines *Bouquet garni* für eine Bouillon *Sekundärfunktion* haben, während sie (zubereitet) als Primärstoffe jeweils eigenständige Gemüsespeisen sind. Hingegen werden Kräuter und Gewürze nicht »zubereitet« – sie *ergänzen* das Herstellungsprodukt. Diese strenge Einordnung existiert nur in den klassischen europäischen Küchen (z. B. nach Escoffier), nicht aber weltweit. Die orientalischen Küchen kennen beispielsweise *Sekundärstoff-Kombinationen* wie Petersiliensalat (*Tabouleh*); s. Abschn. 25.1, S. 354

[572] Dabei werden die gegebenen sensorischen Merkmale des Primärstoffs mit den als *passend* und *notwendig* erachteten Sekundäranteilen (einschließlich der Garverfahren und Aroma- und Nährwertaspekten) analysiert und begründet

nen) – der Kerngehalt *kategorialer Bildungstheorien* (KLAFKI 1964). Dieses 'Erschlossensein' (Vorbedingung, um etwas grundlegend verstehen zu können) gilt auch in der Kognitionsforschung als entscheidende neuronale Disposition für Strukturbildung (das Entstehen neuer synaptischer Vernetzungen) und 'Tiefenverstehen'.

Welche kognitiven Impulse und 'Erkenntnisschritte' das »Primär-Sekundärstoff-System« anstoßen kann, die schließlich zu 'tieferem' Verstehen führen (wovon der Autor überzeugt ist), kann im gegebenen Rahmen allenfalls andeutet werden. Schon deshalb, weil die hierzu existierende Fachliteratur Bibliotheken füllt. So wäre zu klären, ob und welchen Beitrag die Termini '*Primär-/Sekundärstoff*' am »erkenntnisförmigen« Prozess des 'Tiefenverstehens' leisten. Dazu müssten verschiedene Lerntheorien und didaktische Ansätze[573] herangezogen und der Nachweis erbracht werden, ob **Systembegriffe** für das '*Erschließen*' (dem impliziten Erfassen) der Zubereitungssystematik geeignet sind. Und schließlich: Ob 'Wortverstehen' *transferierbares,* grundlegendes Verstehen generieren kann? Letzteres ist aus lerntheoretischer Sicht umstritten; dazu auch: BÜRGER / HENZEL 2011).

Nachfolgende Überlegungen enthalten aus oben genannten Gründen (s. Fußn. 574, S. 327 f.) empirische 'Leerstellen' (noch abzuklärende Sachverhalte), die das Begriffspaar *Primär-/Sekundärstoff* als Kategorien der Zubereitungssystematik im Unterricht auch lerntheoretisch legitimieren. Andererseits können (empirisch gestützte) Erkenntnis- und Bildungstheorien das Erreichen unterrichtlich angestrebter Ziele lediglich nahelegen. Die damit angestrebte **Erkenntnistiefe** lässt sich nicht letztgültig »beweisen«. Dies ließe sich vermutlich nur in Verbindung mit neueren Erkenntnissen aus der Kognitionsfor-

---

[573] Beispielsweise WAGENSCHEIN: '*Prinzip des 'Exemplarischen*' (1956); ein Lernbegriff, der beispielhaft für die *allgemeine Gültigkeit* des unterrichtlichen Sachgegenstands und *für übertragbares Wissen* steht. Ebenso müsste der Erkenntnisbegriff (was ist Erkenntnis?) definiert und grundlegende philosophische Betrachtungen KANTS über die Erkenntnis '*a priori*' und die Erfahrungserkenntnis '*a posteriori*' genauso wie empirische Untersuchungen zur menschlichen Kognitionsentwicklung von PIAGET aufgegriffen werden. Und nicht zuletzt müssten bildungstheoretische Ansätze 'erkenntnisförmigen' Lernens und der kategorialen Bildung (u.a. KLAFKI 1964) im 'Tiefenverstehen' (das den fruchtbaren Moment **im Bildungsprozess** voraussetzt) einbezogen werden (COPEI 1966). Auch wären bildungstheoretische Diskurse zum *Kompetenzbegriff* und dem *Bildungsbegriff* zu beachten, die die aktuellen lehr-/lerntheoretischen Konzepte auch kritisch hinterfragen; dazu u. a. »*Kompetenz oder Bildung*« (LEDERER 2014)

schung und Neurobiologie erreichen, die inzwischen einfache Denkleistungen auf energetischer und molekularer Ebene zeigen können: z. B. ob ein Individuum einen Kreis oder ein Quadrat sieht, welche Bilder oder Gesichter es gerade sieht und was es gleich tun (ergreifen) wird (SAPOLSKY 2017). Diese kognitiven Leistungen liegen *nicht* auf der o. a. Ebene des »tiefen Verstehens«, lassen sich aber als biologisch-energetische Prozesse identifizieren und eindeutig machen.

24.1 Aspekte der »Verstehenstiefen«[574] von Sachthemen – Unterrichtsbeispiele

Aus erkenntnistheoretischer Sicht bedarf der Erwerb von 'Einzelwissen' (z. B. Hamburg liegt an der Elbe) weder einer konkreten Handlungserfahrung noch großer Verstandesleistung. Es ist ein »solitärer« Sachverhalt, ein *singuläres Wissen*, das in einer anderen unterrichtlichen Lernsituation nicht 'wiedererkannt' (noch übertragen = *transferiert*) werden könnte. Auf etwa gleicher Ebene liegt das Erlernen von Vokabeln und Objektbezeichnungen. Sie müssen nicht 'verstanden' werden, sondern im sog. *deklarativen* (dem expliziten) *Gedächtnis* als Begriffe abrufbar sein – eine Gehirnleistung, die keine tiefgreifende (analytische) Fähigkeit erfordert. Auch lässt sich mit 'Einzelwissen'[575] kein kognitiv herausforderndes *Problem* lösen,[576] an dessen Ende eine neue Erkenntnis steht. Das Hören von Orts- und Flussnamen erhöht (in der Regel) unsere Aufmerksamkeit *nicht* – wir nehmen sie lediglich zur Kenntnis (ein

---

[574] Die Bedeutung der Verstehenstiefe im unterrichtlichen Lernen wurde besonders nach internationalen Vergleichsstudien (TIMSS und PISA) im deutschsprachigen Raum diskutiert. Der Begriff »tiefes« Verstehen oder »Tiefenverstehen« selbst geht auf eine Publikation von BRANSFORD et al. (2000, 16) zurück (entnommen: STOMPOROWSKI 2011; S. 148)

[575] *Einzelwissen* ist ein problematischer Begriff, da es keine sinnliche Erfahrung (z. B. wie das Hören eines Wortes oder einer Bezeichnung) ohne 'Lernmoment' gibt, und alles, was wir aufnehmen, grundsätzlich verschiedene Gehirnareale 'passiert' und dort graduelle Erinnerungsspuren hinterlässt. Laut KLAFKI 1964 ist mit Einzelwissen 'beziehungsloses' Kennen gemeint – hierzu bedarf es sicher weiterer Klärung

[576] Allerdings: Gorillas kennen den 'Standort' seltener Heilpflanzen, den sie nur bei bestimmten Erkrankungen aufsuchen, um diese dort zu fressen. Der 'Standort' ist zwar ein 'Einzelwissen', steht aber mit einem überlebenswichtigen instinktiven Verhalten in Verbindung. Diesen Ort muss er als Erinnerung im Laufe seines Dschungellebens als *dort vorhanden* abgelegt haben. Dagegen muss das Wissen um »die Heilwirkung« dieser Pflanzen ein evolutionär und genetisch sehr altes »a priori-Wissen« sein. Die Krankheit wirkt dann als »epigenetischer Schalter«, der die Handlung, das Aufsuchen des Ortes, auslöst (dazu: HESS 1989; S. 78 f.)

'rezeptiver' Vorgang). Begriffe und Erklärungen, die die berufliche Ausbildung, den beruflichen Werdegang betreffen, heben zwar unsere Aufmerksamkeit und befördern unsere *Rezeptivität*,[577] diese ist aber weit entfernt von hormonell begründeten Aufmerksamkeitszuständen (u. a. durch Dopamin, Vasopressin, Noradrenalin), wie sie beispielsweise in extremen Stress-Situationen erzeugt werden.[578] Diese können Worte und Gehörtes »für immer« im Langzeitgedächtnis verankern.

Unabhängig von der Memorierungstiefe haben Wörter, Begriffe und Bezeichnungen im Moment des (erneuten) Hörens individuelle Konnotationsunterschiede. Die Assoziationen zu *Berg, Wald, See* oder *Baum* variieren graduell z. B. in ihren Größen, Lagen oder jahreszeitlichen Erscheinungsformen usw. Diese Gehirnleistung ist frei von einem »*Verstehen-wollenden-Denken*«. Die Wiedererkennung eines Begriffs setzt kein 'tieferes' analytisches Denken voraus. Hingegen erfordert das 'Verstehen' physikalischer, biologischer oder biochemischer Phänomene (z. B. Röstvorgänge, Osmose, Aggregatzustände, Feuer, Licht) komplexere Verstandesleistungen. Die hier genannten Naturereignisse vollziehen sich außerhalb unseres Körpers und haben jeweils unterschiedliche Wirkungen. Diese können wir – kraft unserer Sinne – wahrnehmen, beobachten und beschreiben. Um aber zu 'verstehen', *was* wir beobachten und erfahren, benötigen wir entsprechende Vorerfahrungen, Kenntnisse und auch »*implizites Wissen*«. Letzteres sind 'verstreut' im Gedächtnis angelegte, vorbewusste kognitive 'Dispositionen',[579] an die das '*Beobachtete*' koppeln und uns Wirkzusammenhänge (im Moment ihrer gedanklichen Verknüpfung) '*verstehen*' lassen kann.

Auch ist 'Neugier' (das intellektuelle Suchen und Streben, Unverstandenes in ein gültiges Sinnganzes zu bringen) ein wesentlicher (energetischer) Faktor im

---

[577] Nach Kant: »*Die Fähigkeit (Rezeptivität), Vorstellungen durch die Art, wie wir von Gegenständen affiziert werden, zu bekommen, heißt Sinnlichkeit*«; entnommen Wikipedia: *Rezeptivität*

[578] Noch gravierender ist unsere Aufmerksamkeit, wenn es gar um »Leben und Tod« geht. Dann wird jedes Wort, jede Geste und jeder Gegenstand unauslöschlich im Gehirn archiviert. Aufmerksamkeit und die damit einhergehende Memorierfähigkeit sind an Hormonzustände gebunden, die u. a. Gene an- oder abschalten, die unsere Wachheit und »Dazulernfähigkeit« erhöhen (ROTH; STRÜBER 2014)

[579] Sie sind an neuronale Aktivitäten verschiedener 'Kerne' gebunden, die (geistige) Erregungen unterschiedlicher Art bündeln und vernetzen und das 'Erkennen' eines bestimmten Zusammenhangs ermöglichen (ein *emergenter* Prozess)

Lernprozess. Erkenntnis-theoretisch vollzieht sich grundlegendes 'Verstehen' im *'fruchtbaren Moment'* – dem *Heureka!* oder *'Aha-Erlebnis'*.[580] Diese kognitive Leistung führt zu neuen stabilen neuronalen Strukturen (u. a. entstehen neue synaptische Verbindungen), mit denen wir z. B. *Vergleichbares* erkennen und gleichsinnig anwenden können. An diesem Werden des *'Neu-Verstandenen'* haben einzelne Begriffe und Bezeichnungen selten einen Anteil.[581] Grundlegendes Verstehen geht auf besagtes *implizites* (nicht *begrifflich* im Gehirn angelegtes) 'Wissen' zurück, das die Kognitionsforschung im Wesentlichen auf evolutionär entwickelte neuronale Strukturen zurückführt, die durch konkrete individuelle Handlungserfahrungen 'situativ' modifiziert und bewusst werden – die Urform allen *'Hinzulernens'* (ROTH; STRÜBER 2014). Somit sind es neuronale Dispositionen, mit denen das Gehirn (das erkennende Subjekt) neue, vorher nicht existierende 'synthetische Einheiten' (im Akt des Erkennens) bildet oder bilden kann, die subjektiv als 'verstanden' und 'wahr' gelten.

In welchem Zusammenhang stehen die Begriffe **Primär-** und **Sekundärstoff** zu den angestrebten 'Lerntiefen'? Zunächst: Jeder Mensch ist fähig, 'fremd' klingende Begriffe, die auch für ein System oder eine Funktion stehen, zu behalten und zu erinnern – z. B. *Photosynthese* oder *Genetik*. In der Regel weiß jeder, was damit 'gemeint' ist. Das *Gemeinte* selbst, *hochkomplexe biologische Sachverhalte*, ist deshalb keineswegs *verstanden*. Hierzu gehören u. a. verschiedene physikalische und molekularbiologische Details, die grundlegend für das Entstehen biologischer Organismen sind. Selbst wenn alle Wirkfaktoren und Interdependenzen *bekannt* wären, bliebe offen, ob deren Zusammenhänge tatsächlich 'verstanden' sind.[582]

---

[580] Nach KANT »*die synthetische Einheit der Apperzeption*« (EISLER 2019)

[581] Ihnen fehlen auf Handlungserfahrung basierende 'kognitive Strukturen'. Entscheidend für 'Verstehensprozesse' sind das Vorwissen und der Kontext (auch die Aufmerksamkeit, Wachheit, Neugier) im Moment des Hörens dieser Worte. Dennoch können sie Assoziationsketten auslösen und Verständnisfragen evozieren – beispielsweise während einer interessanten Vorlesung – und eigene Handlungserfahrungen mit Begriffen und Bezeichnungen in Beziehung setzen (mit subjektiv Erlebtem und Verstandenem vernetzen) und deshalb u. U. strukturbildend sein – so 'Verstehen' ermöglichen

[582] Z. B. ist ihre biochemische Komplexität ein begrenzender Faktor, 'alles' verstehen zu können. Auch sind epigenetische Einflüsse auf das Ablesen unserer Gene noch nicht vollständig erforscht. Unser Wissen über die Wirkung von »Umweltfaktoren« auf Genaktivitäten erweitert sich ständig (SPOLSKY 2017)

Hintergrundinformationen

Ein wesentlicher Grund für diese kognitiven Hürden liegt u. a. auch im **Fehlen konkreter Handlungsbezüge** – dem Fundament aller Verstehensprozesse. Für *Photosynthese* und *Genetik* existieren keine Handlungserfahrungen, die mit ihnen vernetzt werden könnten. Wir können zwar deren *Produkte* sehen (Blumen, Lebewesen etc.), nicht aber die sie hervorbringenden Wirkfaktoren – die, die das 'tun'. Das vollzieht sich außerhalb unseres Wahrnehmungshorizontes, sodass unser Gehirn hierzu weder über handlungsbasiertes noch (evolutionär angelegtes) »*implizites Wissen*« verfügt. Dazu existiert praktisch nichts, was wir verstehen (in einen Sinnzusammenhang bringen) können. Aktuelle molekularbiologische Untersuchungen der Gehirnvorgänge erlauben uns, tiefer in jene biologischen Prozesse vorzudringen, die Denkvorgänge und Lernen begründen, und ihre energetisch-molekularen Akteure (Neurotransmitter, Synapsen u. a.) zunehmend besser zu verstehen (SAPOLSKY 2017).

Anders die 'Systembegriffe' *Primär-* und *Sekundärstoff(e)*. Sie beziehen sich auf essbare Rohstoffe, deren Merkmale, Genusswerte, Garverhalten etc. bekannt sind und zum Sachwissen eines angehenden Kochs gehören. Deshalb kann er ihre verschiedenen 'Funktionen' innerhalb einer Zubereitung rasch erkennen. Was neu hinzukommt, ist die Unterscheidung der Rohstoffe in '*primär*' (der Basisanteil) und '*sekundär*' (die ergänzenden Anteile). Dabei muss der Schüler die synergistischen 'Funktionen' (Verstärkereffekte) der Komponenten ebenso erkennen wie die Tatsache, dass jede »absichtsvolle« Veränderung sensorischen Kontrollen unterliegt (**der zu erkennende Sachhintergrund!**). Wenn beispielsweise Früchte eines Obstsalates mit wenig Zucker, Zitronensaft und Schlagsahne sensorisch 'verbessert' werden können, tritt das **Warum?** in den Blick. Dieses *Warum* ist sowohl *naturwissenschaftlich* als auch *theoretisch* beschreibbar. Ersteres betrifft die *Inhaltsstoffe* der Rohstoffe und deren sensorische Effekte auf den Organismus, Letzteres das *Zubereitungssystem*. Um die Hintergründe gemochter Rohstoffkombinationen 'tiefer' verstehen zu können, bedarf es *fachpraktischer Erfahrung* und *implizitem Wissen*.

Welches implizite Wissen ist hier gemeint? Es sind die redundant und mechanisch ablaufenden (meist unreflektierten) Handhabungen, die im Gehirn eines Kochs unbewusste (kognitiv keineswegs bedeutungsfreie) Spuren hinterlassen. So weiß der Koch, wie sich Rohstoffe bei Garvorgängen verändern und welche Produkte dabei entstehen. Auch weiß er, welche Mengen und Anteile zu komplexen Speisen zusammengestellt und verarbeitet werden. Jedoch stehen diese Kenntnisse einzelner automatisierter (prozeduraler) Fertigkeiten in der Regel *nebeneinander*. Jede Zubereitung steht für sich, ist ein Unikat, hat ihre eigenständigen Arbeitsabläufe und aromatischen Signaturen. Dass jede Herstellung einem *Zubereitungssystem* folgt, und der Organismus mit seinen sensorischen 'Urteilen' (»gut« oder »schlecht«) der eigentliche Akteur ist, ist dem Schüler nicht bewusst.

Hier können die Systembegriffe *Primär-/Sekundärstoff* kognitive Anstöße liefern und 'Kochen' zu einer Quelle von Erkenntnissen machen. Rohstoffe sind dann nicht mehr nur essbare Objekte, sondern Funktionsträger »im Dienste des Organismus« zur Erzeugung von *Wohlgeschmack*. Fachpraktische Tätigkeiten zielen auf Empfindungen und Körperzustände – dieser Handlungshintergrund wird »tiefer« verstanden. Die Technologie des Kochens wird als das erkannt, was sie ist: **'Erfüllungsgehilfin' zur Erzeugung sensorischer Werte** (BÜRGER; HENZEL 2011; S. 163) durch Veränderung und Neuordnung molekularer Verhältnisse von Nahrungskomponenten.[583] Natürliche Nahrungsspektren (die jeweiligen molekularen Anteile einzelner Rohstoffe) lassen sich durch gezielte Kombinationen nahezu unbegrenzt variieren.

Neben ihren Zubereitungsfunktionen sind die o. g. Begriffskategorien geeignet, gastronomische Produkte zu definieren und zu systematisieren. Aus »**Speisen**«, den kleinsten Zubereitungseinheiten, lassen sich alle weiteren gastronomischen Angebote (vom *Gericht* bis zum *Festbankett* = quantitativ und qualitativ variierende Speisenkombinationen) zusammenstellen. Andere Systematisierungsvorschläge, die von möglichst **komplexen Einheiten** ausgehen (einem großen Mahl), um diese dann zu segmentieren [KASHIWAGI-WETZEL et al. (Hg.) 2017; S. 137–152], können die Vielfalt der Herstellungsprodukte fachsystematisch nicht erfassen und strukturieren. Der gedankliche Mangel liegt darin, dass nicht der **einzelne Rohstoff** – die »Ursubstanz« aller

---

[583] Jede Rohstoffzusammenstellung, insbesondere die nach ihrer geschmacklichen »Passung«, folgt den sensorischen und metabolischen Kontrollsystemen des Organismus, die wir in Teil II, S. 118 ff. besprochen haben. Nährwertergänzungen und pharmakologische Aspekte der Rohstoffkombinationen stehen – wie betont – ebenfalls mit Genusswerten in einem Zusammenhang

Zubereitungen – im Zentrum der Überlegungen steht, sondern das, *was auf dem Tisch steht*.[584] Außerdem führt der von Tolksdorf [KASHIWAGI-WETZEL et al. (Hg.) 2017; S. 137] eingeführte soziologische Bezug von der Zubereitungssystematik weg. Das Niveau einer Zubereitung – ob *einfach* (bürgerlich) oder *gehoben* (edel) – liegt nicht allein an der Auswahl und Qualität der verwendeten Rohstoffe (und dem kulturellen Rahmen), sondern im handwerklichen **Aufwand** (ein zeitlicher und technischer Faktor, der fachliches Können voraussetzt). Das Niveau (der Rang) eines Rohstoffs ist vor allem – neben seiner sensorischen Attraktivität – von seiner Verfügbarkeit (seinem relativen Vorkommen) abhängig: So gelten Reis und Kartoffeln als einfach, Rinderfilet und Wildgeflügel als gehoben (MENNELL 1988).

24.2 Didaktische Aspekte der »Primär-Sekundärstoff-Hierarchie«

Grundlage jeder Zubereitung ist zunächst der Rohstoff (*Hauptrohstoff*), der zubereitet werden soll. Wir bezeichnen ihn fortan als »**Primärstoff**« (von *primus*: der Erste). Alle weiteren Rohstoffe (die *Zutaten*) erfüllen, wie bereits betont, verschiedene Zwecke, die vor allem (neben der Keimreduzierung – den *pharmakologischen* Aspekten) auf die Verbesserung *aromatischer Qualitäten*, die Optimierung der *Nährwerte* und *Verdaulichkeit* abzielen. Ein weiteres Hauptanliegen des Kochens ist es, den **Primärstoff aromatisch zu variieren**, ihm seine Gleichförmigkeit zu nehmen.[585] Damit erfüllen alle Rohstoffe, die den Primärstoff ergänzen und abwandeln, einen (noch näher zu bestimmenden) Zweck. Sie haben eine 'dienende' Funktion und stehen im Rohstoff-

---

[584] Ob eine *Soße* eine Speise ist oder nicht, bleibt unklar. Nur definierte Verfahrensschritte, die Rohstoffe zu einer **Speise** machen, bringen die fachliche Klarheit. Gemäß *Herstellungssystematik* ist die Soße eindeutig eine Speise (Abschn. 20, S 301 f.).Verwendet wird sie jedoch nicht als Speise im definierten Sinne, sondern als fluider Beiguss mit vielfältigen aromatischen und ernährungsphysiologischen Ergänzungsfunktionen

[585] 'Allesfresser', zu denen der Mensch gehört, wählen abwechslungsreiche Nahrung und sind biologisch prädisponiert, auch Neues zu testen. Grund: Es könnte 'noch besser' schmecken und stoffwechselbezogene Vorteile haben. Allerdings ist das natürliche Rohstoffvorkommen endlich. Durch gezielte Misch- und Verfahrenstechniken lassen sich diese natürlichen Grenzen aufheben. Sie erzeugen Biosubstanzen mit neuen molekularen Verhältnissen und vielfältigen sensorischen und metabolischen Vorteilen, die sich auch auf die Zusammensetzung der *Darmbiota* auswirken (können) – die unser intestinales Immunsystem maßgeblich entwickelt und die Vermehrung bakterieller Keime abwehrt

gemisch »in der zweiten Reihe«. Diese »Nachrangigkeit« erklärt sich aus der Tatsache, dass sie *austauschbar* sind (der Austausch eines *Primärstoffs* wäre eine *andere* Speise). So kann beispielsweise anstelle von *Curry* oder *Meerrettich* alternativ *Paprika* oder *Ingwer* verwendet werden (sie alle setzen eigene *aromatische Akzente* mit jeweils unterschiedlichen pharmakologischen Effekten).[586] Diese *variable* Stellung drückt sich in der Bezeichnung »**Sekundärstoff**« aus (von lat. *secundus*: der Zweite).

Da ein einzelner Sekundäranteil bei einer Zubereitung eher die Ausnahme ist (z. B. nur Salz – der Sekundärstoff sui generis)[587] und meist ein ganzes Bukett an Ergänzungen eingesetzt wird, ist die Pluralform »*Sekundärstoffe*« sinnvoll. Die kleinste verzehrfertige (zubereitete) *Rohstoffkombination* ist eine **Speise**. In dieser *Einheit* ist dann der *Primärstoff* der »*Primus inter pares*« (Erster unter Gleichen) und gibt der Speise in der Regel ihren Namen – z. B. **Lamm**ragout, **Weißkohl**eintopf, **Sellerie**creme, **Hirse**brei, **Hühner**bouillon. Allerdings ist der Primärstoff nicht immer sofort erkennbar: In der Holländischen Soße (*Sc. Hollandaise*) ist *Butter* der Primärstoff.[588] In einer *Bayrisch Crem* (ein geliertes Milch-Eigelb-Zucker-Sahne-Gemisch mit Vanillearoma) ist *Milch*! der Primärstoff – die Sekundäranteile machen sie *aromatisch* und *löffelfest*.

Hintergrundinformationen

Sicher kann man darüber streiten, ob die *Sekundärstoffe* wirklich »nachrangig« sind. Immerhin sind sie es, die den jeweiligen *Primärstoff* aromatisch zum 'Glänzen' bringen, ihn mit allen aromatischen Finessen ausstatten und auf eine für ihn maximal mögliche Genussebene heben. Sie stehen an zweiter Stelle, weil nicht sie »zubereitet« werden, sondern der *Primärstoff*. Die Begriffe Primär- und Sekundärstoffe sind die »**Platzhalter**« für Rohstoffe und deren Zwecke innerhalb einer Zubereitung. Ihre Komponenten (deren stoffliche und aromatische Eigenschaften) können von Schülern *theoretisch* betrachtet und nach ihrer 'Passung' hinterfragt werden.

---

[586] Jeder aromatische Akzent hat eine molekulare Basis mit spezifischen physiologischen Wirkungen und wird als gustatorisches Merkmal erinnert

[587] Ein gekochtes Frühstücksei ist (wie das Spiegelei) immer dann eine Speise, wenn Salz (Sekundärstoff) verwendet wird – sonst fehlte der »Ergänzungsteil«; ein nur gegartes Ei wäre nach dieser Systematik nur eine 'Protospeise'

[588] Sie wird in eine leicht verdauliche aufgeschlagene Eigelb-Essig-Emulsion eingerührt – die Fettmoleküle liegen anschließend *zwischen* den feinen, nicht mehr sichtbaren Luftbläschen

Beispielsweise: weshalb gerade *diese* Rohstoffe kombiniert werden, und ob sie austauschbar sind? Oder: Warum wir dieselben Rohstoffe unterschiedlich zubereiten?

Jeder Rohstoff hat ein eigenes »**Profil**« (Gesamteindruck), weil sich seine molekulare Zusammensetzung von anderen unterscheidet (graduell auch innerhalb einer Sorte). Unabhängig von saisonalen, boden-, witterungs-, lager- und zubereitungsbedingten Unterschieden schmecken *Grün-, Weiß-, Rosen-* oder *Wirsingkohl* erkennbar anders als *Rotkohl.* Auch unterscheidet sich *Rind* von *Huhn* oder *Fisch;* ebenso *Meerrettich* von *Paprika* etc. Sie alle haben ihre natürlichen signifikanten Profile. Deshalb lenken o. g. Fragen zur **Austauschbarkeit von Rohstoffen** – ob wesentliche Nährstofflieferanten oder Aromakomponenten durch andere (mit vergleichbaren Eigenschaften) 'vertreten' werden können – direkt auf das **innere System** jeder Zubereitung: *Rohstoffe sind austauschbar, können an die Stelle eines anderen treten, sofern sie dessen 'Funktion' in einer Speise erfüllen.* Dieser 'innere' Rohstofftausch variiert das Profil einer sonst gleichförmigen Zubereitung, und das mögen wir.[589] Damit ist die **Variation** tierischer und pflanzlicher Anteile ein Wesenskern der Zubereitung – und zugleich Grund ihrer weltweiten Varianzen.[590]

Ein grundlegender Sachverhalt, den Schüler in diesem Kontext erschließen könn(t)en,[591] wäre, dass Zubereitungsziele und das Bedürfnis nach Abwechslung nicht zufällig, sondern biologisch begründet sind, also »*vom Organismus gewollte*«, physiologisch sinnvolle 'Verbesserungen' darstellen, die dieser mit Wohlgeschmack 'belohnt'.

---

[589] Abwechslung ist das Gegenteil von Gleichförmigkeit. Da mit jeder Nahrung auch Schadstoffe aufgenommen werden, die entgiftet werden müssen, könnten sich bei einseitiger Kost Komponenten im Organismus anreichern, deren Abbau länger als 24 Stunden dauert. Wohl auch deshalb existieren diese sensorischen Vorgaben, die uns variationsreiche Mahlzeiten attraktiver finden lassen

[590] Ein Sachverhalt, der u. a. auch den Erhalt einer 'gesunden' Darmbiota betrifft (dazu: Abschn. 9.1, Hintergr.-Info., S. 142)

[591] Mit entsprechenden Kenntnissen u.a. über Sensorik, Nährstoffbedarf, Darmbiota und Verdauungsvorgänge können Zubereitungen als *biologisch begründet* erkannt und entsprechend im Unterricht reflektiert werden

24.3 Biologische Aspekte der Sekundäranteile am Beispiel der Blattsalatzubereitung

Insbesondere bei einfachen Zubereitungen erkennen Schüler die Notwendigkeit und verschiedenen Funktionen der *Sekundärstoffe*. Beispielsweise geht es um die Frage, warum *Blattsalate* in der Regel mit einem **Fett-** *und* einem **Säureanteil** zubereitet werden. Eine Primärstoff*gruppe* (*Kopf-, Eichblatt-, Endivien-, Feldsalat, Lollo rosso etc.*) und *zwei* Sekundäranteile scheinen – aus Sicht der Ernährung – in einem sich wechselseitig bedingenden Zusammenhang zu stehen. Dieser ist lerntheoretisch bedeutsam, weil er sich nicht durch bloßes Betrachten oder Probieren von unzubereitetem Blattgemüse »von selbst« ergibt. Wer käme spontan auf die Idee, große, farbige, dünne Blätter vor dem Verzehr mit einer Fett- und Säurekomponente zu ergänzen? Mehr noch: Was haben Säuren und Milchfett oder Öl mit Salatblättern zu tun? Dass diese regelhafte Verwendung von *Fett- und Säureanteilen* üblich ist, können Schüler anhand verschiedener Salatrezepturen überprüfen. Spätestens dann realisieren sie, dass diese standardisierte Verwendung offenbar 'notwendig' ist, einen Zweck hat, der Blattsalate ernährungsphysiologisch wertvoll macht. Damit treten die *Funktionen und Zwecke der Sekundäranteile* in den Blick, die ihrerseits nur im Zusammenhang mit den Merkmalen des Primärstoffs einen 'Ernährungssinn' ergeben.

Konkret lassen sich für **Fette** bzw. **Öle** *Sahne, Oliven-, Nuss-, Raps-, Kürbiskernöl* u. a. m. einsetzen. Als **Säurekomponente** beispielsweise *Weinessig, Zitronensaft, Joghurt* oder *saure Sahne*. Der ernährungsphysiologische Hintergrund ist stets der gleiche: Öle ergänzen u. a. den **Nährstoff** *Fett* (Salate sind fettarm) und fördern das Sättigungsempfinden (Salate und Gemüsezubereitungen ohne Fettanteile sättigen nicht nachhaltig);[592] auch begünstigen sie

---

[592] Unter anderem wird von *enteroendokrinen* Zellen (des Dünndarms) CCK (*Cholecystokinin*) ausgeschüttet, besonders bei freien Fettsäuren (die beim Abbau von Fettmolekülen entstehen) mit einer Mindestlänge von 12 Kohlenstoffatomen. CCK vermittelt im ZNS ein physiologisches Sättigungsgefühl; die Magenentleerung wird gehemmt (HINGHOFER-ZSALKEY 2019)

die Resorption fettlöslicher Vitamine.[593] Weiterhin haben Fettbestandteile
(z. B. *Oleuropein,* eine Art phenolischer Bitterstoff, und Ester der *Elenol-
säure – Bestandteil der Ölbaumblätter*) zusätzliche Effekte u. a. auf die Geschmacksrezeptoren[594] und die Darmbiota.

Was aber hatte unsere Vorfahren bewogen, **Salatblätter** mit diesen Komponenten zuzubereiten? Zu der Zeit, als Menschen Ölbäume angepflanzt hatten,
gab es diese Blattsalate nicht (MÜNCHAU 2015). Schnitt-, Kopf- oder Eisberg-
salate sind erst ab dem 16. Jahrhundert bekannt und der Anbau von Blatt- und
Fruchtgemüse war aufwändig (erforderte starke Bewässerung und Unkrautbe-
seitigung) und sie gehörten sicher nicht zu den bevorzugten Kulturpflanzen.
Wann und warum diese hier betrachtete Rohstoffkombination eingeführt
wurde, lässt sich nicht mehr zurückverfolgen. Neben den sensorischen und
metabolischen Vorteilen der Fettergänzung bewahren Fette zudem auch die
pharmakologisch wirksamen ätherischen Öle der Kräuter und Gewürze, die in
ihrer Gegenwart gelöst werden und weniger rasch verdunsten.

Hintergrundinformationen

Sicher haben unsere Vorfahren nach der Kultivierung von Olivenbäumen (seit dem 4. Jahrtausend v. Chr.) gerne ihr Brot in Olivenöl getaucht, um damit das Öl aufzunehmen oder um
den 'trockenen' Brotfladen gleitfähiger zu machen – eine der wohl ältesten überlieferten *Fett-
Stärke-Kombinationen* der menschlichen Ernährung, die an unsere *Butterstulle* denken lässt.
Hinter der attraktiven Kombination von Fett und Kohlenhydraten steht ein metabolischer Zusammenhang der Energiegewinnung *in* der Zelle: »*Fette verbrennen im Feuer der Kohlenhydrate*« (im hochkomplexen biochemischen *Citratzyklus*). Das heißt, erst in Gegenwart von

---

[593] Erst die Ernährungswissenschaft hat diese Zusammenhänge aufgeklärt; bei der Einführung dieser Rohstoffkombinationen waren solche Nährwertaspekte unbekannt. Leitend waren offenbar die Genusswerte – und die
stehen, wie wir heute wissen, mit Ernährungs- und Gesundheitswerten in direktem Zusammenhang
[594] Beim Kontakt langkettiger Fettsäuren und *Linolsäure* (einer mehrfach ungesättigten Fettsäure) reagieren
Geschmacksrezeptoren, die auf Wahrnehmung von Fett spezialisiert sind, mit einer Aktivierung intrazellulärer
Signalkaskaden, an deren Ende u. a. die Freisetzung von Neuropeptiden (*Dopamin*) und Neurotransmittern
(*Beta-Endorphine* – Faktoren für 'Hochgefühle') erfolgt. Ein Indiz, dass Fette bereits auf der Zunge erkannt
und vom Belohnungssystem im Gehirn erfasst werden (BERGER 2010; S. 28–30)

Kohlenhydraten (dessen Metabolit *Pyruvat*) verlaufen diese Zellvorgänge optimal.[595] Auch die traditionelle *Brot-Schmalz-Salz*-Kombination ist metabolisch begründet, da *Glukose* nur mit einem Carrier (*Sodiumtransporter* = Natriumtransporter) durch die Darmwand gelangen kann (s. Abb. 8, S. 260).

Zu klären bliebe noch der **Säureanteil** (denn auf ein Butterbrot träufeln wir in der Regel keinen Zitronensaft oder Essig). Blattsalate sind bodennahes Feldgemüse, das ein relatives Risiko trägt, mit pathogenen Keimen des Bodens (u. a. *Listerien*) und des organischen Düngers (*Enterobakterien*) belastet zu sein. Deshalb ist vor der Zubereitung eine gründliche Reinigung mit fließendem Wasser (abbrausen) geboten (auch wegen der Erdanhaftungen). Das allein reicht aber nicht, um Salate »keimfrei« zu machen. Dazu bedürfte es thermischer Verfahren. Weil aber frische Salate weder geschält noch thermisch gegart, ihre Keimfracht deshalb weder mechanisch noch durch hohe Temperaturen beseitigt bzw. unschädlich gemacht wird, bedarf es anderer Strategien: jener mit *bakteriziden* Sekundäranteilen. Dazu zählen u. a. *Säure, Salz, Pfeffer, Zwiebeln, Knoblauch, Kräuter etc.*[596] (s. Tab. 2, S. 227).

Spätestens dieses Ziel macht den Zweck der Komponenten deutlich: **wo viele pathogene Mikroorganismen »zu erwarten« sind, setzen wir jene *Pflanzenstoffe* ein, die Pflanzen im *Sekundärstoffwechsel* u. a. gegen Fraßfeinde, Bakterien und Pilze bilden.** Diese chemischen »Abwehrstoffe« unterscheiden sich je nach Pflanzenart und richten sich auf zu erwartende Fressfeinde (je nach Klimagürtel) und haben Schutzfunktionen gegen Frost und UV-Strahlen. Das heißt: Wir reduzieren die Keimfracht unserer Nahrung mit eben jenen Stoffen, die zum ureigensten »Waffenarsenal« der Pflanzen gehören. Säuren und scharfe Gewürze sind somit prophylaktische Komponenten, insbesondere

---

[595] Bei der Fettverbrennung, dem Abbau von Fettsäuren (der so genannten *ß-Oxidation* – die so heißt, weil die Anlagerung von Sauerstoff, die *Oxidation,* am β-C-Atom, dem C3-Atom der Fettsäure, stattfindet). Dabei entsteht das Molekül **Acetyl-CoA** (ein »aktivierter« Essigsäurerest), das nur bei ausreichendem **Pyruvat** (ein *Zuckermetabolit*) in den *Citratzyklus* eintreten kann. Die Prise Zucker macht das Dressing nicht nur »weicher«, sondern liefert zugleich auch den Zucker für die Pyruvatbildung. Pyruvat*mangel* erschwert bzw. verlangsamt die Energiegewinnung aus Fett. Wohl deshalb mögen wir gerne die Kombination von Süßem und Fettem (Torten, Speiseeis)

[596] Nur wenige Bakterien vertragen Säure (wie z. B. Milchsäurebakterien). Salz und die *Allylsenföle* der Zwiebel sowie das Alkaloid *Piperin* des Pfeffers vertragen sie hingegen nicht; sie sterben ab

wenn thermische (oder andere keimreduzierende) Verfahren nicht infrage kommen.

Zusatzinformationen: *Beizen, Essig-* und *Weinmarinaden* mit Kräutern und Zwiebelgewächsen – ebenso: scharfe Gewürze (z. B. Pfeffer, Chili, Cayenne), Senf, Meerrettich, Wasabi (Letztere enthalten den »Bakterienkampfstoff« *Sinigrin,* ein *Senfölglycosid*) – zählen zu den häufigsten »Entkeimungskomponenten«. Die Säuren- und Gewürz*anteile* korrelieren mit klimatisch und hygienisch bedingten Keimbelastungen. Zugleich haben diese Ergänzungen vielfältige physiologische Effekte: Sie regen u. a. den Appetit an (Speichel verdünnt die *pikanten* Anteile), fördern die Durchblutung – auch die der Kapillargefäße in den Darmepithelzellen – und aktivieren die Peristaltik (wodurch diese Reizstoffe schneller aus dem Darm abgeführt werden). Weiterhin werden die Rezeptoren für Schmerzempfindungen (*Trigeminus*) gereizt, was eine Endorphinausschüttung zur Folge hat und das Trinkbedürfnis anregt (besonders in tropischen Ländern bedeutsam). Und schließlich senken scharfe Gewürze die Körpertemperatur, weil die 'Schmerzmelder' (*Nocizeptoren*) zugleich auf Hitze reagieren[597] (s. Abschn. 17, Hintergr.-Info., S. 242).

Auch wenn das obige Beispiel »nur« eine *Rohkostzubereitung* ist, so können die Schüler hier das Grundprinzip der Rohstoffkombination erkennen: Die Einordnung eines Primärstoffs (welche Inhaltsstoffe sind dominant, welche defizitär – kann/soll er roh oder thermisch gegart verzehrt werden?) führt automatisch zu den *notwendigen* Sekundäranteilen, wenn aus ihm eine gesundheitlich unbedenkliche, aromatisch attraktive Speise werden soll.

24.4 ‚Erkenntnisförmiger' Unterricht am Beispiel einer Rotkohlzubereitung

Das o. g. Beispiel der Blattsalatzubereitung zeigt, dass Schüler die ernährungsphysiologisch sinnvollen Sekundäranteile aus den Merkmalen des Primär-

---

[597] Schärfe (durch *Chili*) wird von **Thermorezeptoren** (auch *Vanilloidrezeptor* TRPV1) auch als »heiß« gedeutet, wodurch eine starke Durchblutung und Schweißbildung gefördert wird, was die Abgabe von Körperwärme verstärkt. Hingegen reagieren *Isothiocyanate* u. a. aus *Senf* und *Meerrettich* mit Kälterezeptoren, die zu einer Gegenmaßnahme des Organismus führen: Er erhöht die Körpertemperatur (Absch. 17, Hintergr.-Info. S. 242)

stoffs und der Art der Zubereitung herleiten können.[598] **Fettanteile** sind für *Gemüse-* und *Rohkostzubereitungen* geradezu **obligat** (notwendig), wobei Letztere auch bakterizide Ergänzungen[599] benötigen. Alle weiteren Zutaten aus dem Spektrum der Kräuter und Gewürze sind *'optional'* (**fakultativ**) – *'können'* oder *'dürfen'* verwendet werden. Sie setzten aromatische Akzente ('i-Tüpfelchen') und variieren pharmakologische Wirkungen.

Im Gegensatz zur vergleichsweise einfachen Blattsalatzubereitung (das Dressing besteht aus zwei variablen *Hauptkomponenten*, plus Salz, Pfeffer und Kräuteranteilen) können Schüler die Vielzahl der Sekundäranteile einer **Rotkohlspeise**, etwa 12 (s. Tab 4, S. 295 f.), nicht unmittelbar aus den Merkmalen des Primärstoffs ableiten. Sie werden aber benötigt, um das aromatisch derbe, kräftige, nahezu fettlose, aber mit Eiweißanteilen, Vitaminen, Mineralstoffen, Senfölglycosiden und vielen Ballaststoffen ausgestattete Kopfkohlgemüse sensorisch attraktiv und bekömmlich zu machen. Gemäß der Regel, dass ein **Primärstoff** »**vorgibt**«, welche Sekundäranteile 'passend' sind (auch um ihn aromatisch zu heben), lassen sich die verwendeten Gewürze (*Nelke, Lorbeer, Zimt*) der Standardzubereitung nicht aus dem natürlichen Kohlprofil erschließen – es sind durchweg »**fakultative Komponenten**« (mit spezifischen pharmakologischen Funktionen). Hingegen ist von Schülern die Verwendung von *Schweine-, Enten-* oder *Gänseschmalz* leichter zu begründen: Sie wissen, dass Gemüsezubereitungen der Fettergänzung bedürfen (obligat). Als Verfahrensprodukt fällt Bratenfett an, das das Gemüse speisentypisch aromatisiert.

Die Sekundäranteile *Zwiebeln, Salz, Zucker, Essig, Pfeffer* haben nicht nur aromatische, sondern auch bakterizide Funktionen. Da Rotkohl – anders als Blattsalate – gekocht wird (keimtötendene Anteile nicht notwendig sind), muss ihre Verwendung anders begründet sein und sich aus den Merkmalen des Rotkohls erklären.[600] So enthält der natürliche Rotkohl neben leichten Schärfenoten auch fruchtartige und süßliche Komponenten, woraus sich die Verwendung

---

[598] Vorausgesetzt, ihnen sind die physiologischen Funktionen und Ergänzungswerte dieser Sekundärstoffe bekannt
[599] Eine Salatzubereitung wird nicht thermisch gegart, weshalb entsprechende 'Entkeimungsmittel' erforderlich sind
[600] Zur Erinnerung: Eine Verstärkung des Primärstoffprofils lässt sich mit der Ergänzung eigener Inhaltsstoffe erreichen – mit Komponenten, die ihm aromatisch gleichen

von Äpfeln, Preiselbeeren und/oder Johannisbeergelee von selbst erklärt – sie haben zu ihm eine aromatische Nähe. Und schließlich können *alle* Bestandteile dieser Zubereitung – der Primärstoff und die Sekundäranteile – erst im Lichte der Jahreszeit (Spätherbst, Winter) verstanden werden, in der diese Kohlspeise vorzugsweise hergestellt wird.

Ein solcher vielschichtiger Zusammenhang existiert für viele weitere traditionelle und saisonale Gemüsezubereitungen. Auch deshalb ist die Rotkohlherstellung besonders geeignet, *exemplarisch* (im lehr-/lerntheoretischen Sinne von Wagenschein) und 'erkenntnisförmig' unterrichtet zu werden. Dieses didaktische Konzept ermöglicht Schülern, Prinzipien der Zubereitungen (im Sinne Klafkis: »das Elementare«; KLAFKI 1994; S. 152 ff.) und deren Hintergründe »problemlösend« zu erschließen ('tiefer' zu verstehen) und in anderen Zubereitungen wiederzuerkennen – eine kognitive Transferleistung, die individuelle Fachkompetenzen begründet: das zentrale Bildungsanliegen beruflicher Qualifikation.

24.4.1 Unterrichtsvoraussetzungen

Voraussetzung für diesen Unterricht ist eine (vom Lehrer herbeigeführte) **Problemerfahrung**, die einen *problemlösend-erkenntnisförmigen* Lernprozess (ein lerntheoretisches *Phasenkonzept*) anstößt, an dessen Ende Schüler zu einer subjektiv und zugleich allgemeingültigen Erkenntnis gelangen (können).[601] Dabei ist der Unterrichtsverlauf (*Einstieg, Problemlösungsphase, Verifikation* und *Übertragbarkeit*) Voraussetzung für den Erfolg der einzelnen Lernphasen (und zugleich eine große planerische Herausforderung für den Lehrer). Der in Köcheklassen an der Hamburger **Gewerbeschule 11** (seit 2017 *BS 03*) mehrfach erprobte Unterricht hat sich als methodischer Ansatz für die berufliche Kompetenzentwicklung bewährt. Die Schüler beurteilten diesen Unterricht als spannend und lehrreich.

Ein solches *Phasenkonzept* konfrontiert den Schüler anfangs mit Beobachtungen, die mit seinen eigenen Vorerfahrungen (zunächst) unvereinbar sind –

---

[601] W. BÜRGER: *»Tiefes« Verstehen von Unterrichtsinhalten als Voraussetzung für die Entwicklung von Sachkompetenz*, [in: STOMPOROWSKI (Hg.) 2011; S. 157]

dazu in 'gravierender Diskrepanz' stehen.[602] Treffen solche divergierenden Er-
fahrungstatsachen aufeinander, reagieren Schüler zuerst mit Staunen und Ver-
wunderung (Formen kognitiver Verunsicherungen) und ersten 'tastenden' Er-
klärungsversuchen. Bleiben ihre kognitiven Widersprüche, entwickeln sie
schließlich eigene *Problemlösungsstrategien* – holen weitere Informationen
ein, diskutieren, hinterfragen, vergleichen, prüfen etc. – und sind dabei hoch-
motiviert und konzentriert bei der Sache (Formen *'entdeckenden Lernens'*;
COPEI 1960, S. 105). Dabei greift ihr Gehirn – so die gegenwärtige Vorstellung
von Kognitionsprozessen – auf 'vorbewusstes' implizites Wissen zurück, das
spezifische 'problemaffine' neuronale Strukturen verändert – sie »energetisch«
modifiziert.[603] Der Erfolg dieser Denkleistung zeigt sich im Moment des *Erkennens* (Wagenscheins 'fruchtbarer Moment' – das Ergebnis der Problemlö-
sung) und kann jetzt sprachlich ausgedrückt (*expliziert*) werden. Aus dem impliziten Wissen ist 'Erkenntnis' geworden – ein Prozess und Ergebnis des sog.
Tiefenverstehens.

Erst diese individuellen problemlösenden kognitiven Prozesse (aufgrund
'echter', subjekteigener Fragestellungen der Lernenden; KLAFKI 1994; S. 141
ff.) ermöglichen grundlegendes Verstehen. Bloßes Zuhören, »Verstehen, was
der Lehrer meint«, liegt auf einer weniger 'tiefen' Verstandesebene (ist mit weniger Arealen des Gehirns vernetzt) und wird entsprechend weniger lang memoriert.

24.4.2 Unterrichtsverlauf – Einstieg

Im ersten Schritt wird als '*Kontrasterfahrung*' die Verkostung (eine 'harte' aromatische Gegenüberstellung) von **rohen** und **gegarten**[604] Rotkohlstreifen
durchgeführt.[605] Rohe Julienne haben eine leichte Schärfe und (fruchtartige)

---

[602] Sie werden auch als *Kontrasterfahrungen* bezeichnet, als Vorbedingung des *fruchtbaren Moments*, gemäß
Klafkis *Theorie der 'kategorialen Bildung'*
[603] Eine kognitive 'Syntheseleistung', bei der Gehirnaktivitäten molekulare Veränderungen an den Synapsen
und ihren Vernetzungen bewirken, wodurch das 'Neu-Erkannte' – auf neuronaler, molekularer Ebene – in das
Gesamtsystem ('energetisch') integriert wird und fortan als Wissensobjekt zur Verfügung steht; s. auch:
ULLMANN 2019
[604] Lange in reichlich (ungesalzenem) Wasser gegart
[605] Die didaktischen Theoriekonzepte, die den lehr-/lerntheoretischen Unterbau eines solchen Unterrichts be-
grün-den, werden im Rahmen dieser Betrachtungen als bekannt vorausgesetzt

Süße und schmecken schwach bitter. Völlig anders dagegen sind die in (viel) Wasser gekochten Streifen. Sie haben nicht nur ihre Farbe verloren, sondern auch sämtliche geschmacklichen Merkmale, die Rotkohl als solchen erkennen lassen. **Diese aromatische 'Leere' steht in (unvereinbarem) Kontrast mit dem Aussehen und Profil einer professionell hergestellten (gekochten) Rotkohlspeise.** Gravierender noch: Die Schüler könnten diese ausdruckslosen, weichwässrigen Fasern, die an gequollene helle Pappstreifen erinnern, nicht als von Rotkohl stammend erkennen. Zutreffenderweise führen sie das auf eine extreme **Auslaugung** (den Übertritt von Geschmacksstoffen in eine Garflüssigkeit) zurück.[606] Bei einer 'echten' Zubereitung treten derartige sensorische Veränderungen nicht auf. Zum einen ist die Garflüssigkeit geringer und andererseits werden alle gelösten Stoffe in dem 'kurzen' Garfond aufkonzentriert – bleiben erhalten. Leicht gebunden verleiht dieser Fond der fertigen Speise ihren 'saftigen' Charakter.

Hintergrundinformationen

Zugleich realisieren die Schüler, dass **alle Inhaltsstoffe**, die den Geschmack und die Farbe von rohem Rotkohl begründen, *wasserlöslich* sind. Bei einer regulären Rotkohlzubereitung wandern ausgetretene Komponenten auch wieder in die gequollenen Faserstoffe zurück (ein Aspekt der *Diffusion*) und aromatisieren diese nun auch mit weiteren im Fond gelösten Inhaltsstoffen (u. a. der Gewürze). Dieser 'Rücktransport' ist physikalisch ebenfalls ein Konzentrationsausgleich, der deshalb ungehindert in beide Richtungen verlaufen kann, weil die hohe Temperatur die natürliche Barrierefunktion der Zellwände zerstört hat. Auch müssen Schüler jene Moleküle 'identifizieren', die hin- und herwandern. Dazu wird eine bildliche Darstellung vom *Aufbau der Atome* und dem *Ionen-Modell* notwendig, da es sich hierbei um Prozesse im *nicht-sichtbaren* Bereich (der Mikroebene) handelt. Wissen sie schließlich, dass **Wasser** das kleinste Molekül (und ein *Dipol*) ist, das stets in Richtung der höheren Konzentration (Ladungsträger) wandert, erhält ihre bisherige 'Vorstellung' vom **Auslaugen** die notwendige physikalische Begründung. Zugleich erkennen sie, dass sich Rohstoffe, dank *Osmose* und *Diffusion,* auch 'von innen' her aromatisieren lassen. Ebenso ergibt die Verwendung der Garflüssigkeit gleich mehrfachen Sinn (nicht nur ernährungsphysiologisch). Sie enthält jene gelösten Inhaltsstoffe, die den Primärstoff aromatisch optimieren. Hier tritt die wohl schwierigste Frage

---

[606] In nachfolgenden Stunden lernen Schüler die physikalischen Hintergründe des *Auslaugens*: den Konzentrationsausgleich gelöster geladener Anteile (*Ionen*) in einem wässrigen Medium sowie die Wirkung der *Brownschen Molekularbewegung* kennen (s. Hintergr.-Info., oben)

nach dem **'Warum diese Komponenten optimierend sind'**? in den Blick – die zentrale kognitive Herausforderung in der Unterrichtsphase **II**.

24.4.3 Unterrichtsverlauf Phase II

Das Aroma des fachlich korrekt *gegarten* Rotkohls weicht aufgrund vielfältiger Sekundärstoffanteile deutlich von seinem rohen, natürlichen Profil ab. In der 'Unterrichtsphase II' sollen die Schüler aus einer großen Palette von küchenüblichen 'Zutaten' die dafür verwendeten *Sekundärstoffe* benennen und (später auch) begründen. Auf einem großen Tisch stehen verschiedene *Kräuter* – Dill, Schnittlauch, Petersilie – und *Gewürze*: Nelke, Zimt, Paprika, Lorbeer, Curry, Wacholder. Weiterhin: Salz, Zucker, Essig, Pfeffer, Zwiebeln, Äpfel. Weitere Verarbeitungsprodukte, die Sekundärfunktionen erfüllen: Kartoffelstärke, Rotwein, Tomatenketchup, Senf, Mayonnaise, Meerrettich, Olivenöl, Schmalz u. a. m. Diese sollen die Schüler der Verwendung nach in drei Gruppen ordnen:

– unbedingt notwendig

– möglich

– ungeeignet

Damit legen die Schüler faktisch die Bestandteile einer Rotkohlzubereitung fest und kreieren, ohne sich dessen bewusst zu sein, ein Rezept.[607] Hierbei helfen ihnen ihr Erfahrungswissen und vielerlei Vermutungen. Was sie dabei noch nicht erfasst (realisiert) haben, ist das *Warum* ihrer Entscheidungen – auch das der ausgeschlossenen Komponenten.[608]

Nach dieser für angehende Köche eher einfachen Aufgabenstellung betrachten sie den (von ihnen vermuteten) 'Hauptteil' des Unterrichts als erledigt und fühlen sich in ihrer fachlichen Kompetenz bestärkt (von einigen Unsicherheiten

---

[607] Es ist davon auszugehen, dass sie bereits fachpraktische Vorerfahrungen haben und viele Komponenten kennen. Was sie im Moment der Zuordnung aber nicht 'ahnen', ist, dass sie diese Auswahl anschließend *begründen* sollen

[608] Um diesen Sachverhalt beantworten zu können, bedarf es komplexer Denkleistungen, die die verschiedenen Rohstoffmerkmale und die Wirkungen der Garverfahren mit den erwünschten sensorischen Eigenschaften in Beziehung setzen müssen. Ohne berufliche (fachspezifische) Vorerfahrungen ist das kaum möglich

in ihren Festlegungen abgesehen). Die eigentliche kognitive Herausforderung – **die zentrale lerntheoretische Absicht dieser Unterrichtsphase** – folgt jetzt: Sie sollen ihre Entscheidungen **begründen**.

Das scheint sie zu überfordern. Solche Begründungsfragen zu den Bestandteilen einer Zubereitung provozieren Unverständnis – sie stellen sich nach ihrem Verständnis nicht. Gewürze, deren Mengen und Anteile wie auch weitere Zutaten geben Rezepte vor. Warum es »**gerade diese und keine anderen Komponenten**« sind, die sich zur Herstellung einer Rotkohlspeise eignen, wird nicht hinterfragt – sie haben sich bewährt. So, als würden sich die Sekundäranteile ('Zutaten') aus ihrer 'Bewährung' von selbst erklären.[609]

Warum Sekundäranteile mit Merkmalen eines Primärstoffs in aromatischer Verbindung stehen, können Schüler zu diesem Zeitpunkt noch nicht beantworten. Sie haben allenfalls vage Vorstellungen, ein unkonturiertes implizites Wissen dazu. Am Willen, hier Klarheit zu erlangen, mangelt es nicht – ihr Interesse ist im höchsten Maße geweckt. In dieser Phase erweist sich eine von einem Schüler geäußerte Vermutung als entscheidender gedanklicher Impuls: Es sollten *die Funktionen der Sekundäranteile* betrachtet werden – das, was sie in der Zubereitung bewirken!

Spätestens an dieser Stelle wird vielen bewusst, dass alle 'Zutaten' in einem begründbaren Verhältnis zum Primärstoff stehen müssen – niemals zufällig sein können. Als kognitive Brücke dient den Schülern die Regel, dass **der Primärstoff** »**vorgibt**«, welche Sekundäranteile infrage kommen (*müssen, können*). Notizen von den sensorischen Merkmalen *roher Rotkohlstreifen* aus der 'Phase I' liefern die notwendigen Hinweise: leichte Schärfe, etwas herb, schwach bitter, mit dezenter, fruchtartiger Süßnote.

Herbe und bittere Noten, das wissen sie aus der Alltagspraxis, gilt es zu beseitigen bzw. abzupuffern. Hingegen kann die milde Schärfe als Appetitstimulus erhalten, die fruchtartige Süßnote als Reizwert betont werden. Idealerweise

---

[609] Ebenso wird die Tatsache, dass sensorische Merkmale ein »Urteil« des Organismus sind, nicht gesehen. Obwohl alle Produkte ausschließlich ihm gelten – '*für* ihn und *von* ihm gemacht sind'

lassen sich herbe Noten mit Süße dämpfen,[610] was Schüler bereits von traditionellen Wildgerichten kennen, die mit lieblich-fruchtigen Beilagen (mit Preiselbeeren gefüllte Pfirsiche, Birnen oder Weintrauben) kombiniert werden.[611] Ebenso wissen sie, dass der Garvorgang selbst den rohen Eindruck nimmt und auch Bitternoten reduziert.[612]

Aufgrund dieser sensorischen Merkmale von rohem Rotkohl ergeben sich die Sekundäranteile »wie von selbst« (s. Tab. 4, S. 295 f.): **Zwiebeln** sind *strukturähnlich* (haben eine milde Schärfe und Süße, sind faserartig). **Salz** kompensiert u. a. den mineralischen Mangel (auch aufgrund der Flüssigkeitsergänzung) und betont den Rotkohlgeschmack. **Pfeffer** liefert eine milde Schärfe, ist leicht pikant und mit den natürlich gegebenen Senfölglycosiden aromatisch vereinbar. **Äpfel** liefern eine fruchtige, milde Säure und Süße, wobei der **Essig** die fruchtige Note betont (und die Farbe stabilisiert). **Schmalz** ergänzt den Fettanteil, und der **Rotwein** (schwache Säure, mild-herb) unterstützt auch die Farbe. **Johannisbeergelee** (oder Holunderbeersaft) hebt die Fruchtigkeit und ergänzt Süße.

So ist die Festlegung auf diese Komponenten kognitiv wenig anspruchsvoll, sie ergibt sich direkt oder indirekt aus den strukturellen und aromatischen Merkmalen des Kohls. Problematischer sind die Begründungen für **Lorbeer**, **Nelke** und **Zimtstange**. Hier kann nur ein Blick auf die Inhaltsstoffe und deren Wirkungen auf den menschlichen Organismus weiterhelfen, die im Unterrichtsraum auf großen Plakaten als 'stille' visuelle Informantionsquellen präsent sind. Auch wenn sie zunächst nicht Gegenstand des unmittelbaren Unterrichtsgeschehens sind, so werden sie dennoch von den Schülern gesehen und unterbewusst erfasst. Im Moment des Suchens und Nachdenkens führen diese Plakate 'unmerklich' auf *pharmakologische Aspekte von Zubereitungen*. Diese drei Sekundäranteile werden zur entscheidenden kognitiven Brücke (dem Syntheseschritt hin zur Erkenntnis) in der sich anschließenden 'Phase III'. In dieser

---

[610] Weil der Süßeindruck signalisiert, dass von den eigentlich bitteren Komponenten keine Gefahr ausgeht, denn wo Süße vorkommt, gibt es – wie mehrfach betont – keine Gifte

[611] Wildtiere ernähren sich auch von Baumrinden, Blättern, Moosen und frischen Trieben, die z. T. Bitterstoffe (u. a. Tannine) enthalten und das Aroma von Wildfleisch prägen

[612] Der rohe Eindruck wird u. a. durch Quellvorgänge und den Abbau der Pektinwände beseitigt. Ebenso werden Moleküle, z. B. der schwefelhaltigen *Glucosinolate* des Kohls, abgebaut

sollen sie ihre Entscheidungen, welche Sekundäranteile für sie infrage kommen, aus den Primärstoffmerkmalen (*Rotkohl*) ableiten und *begründen*.

Gleiches betrifft die »ungeeigneten« Sekundäranteile. Dass Mayonnaise, Senf und Tomatenketchup definitiv nicht dazu gehören, ist bei allen Schülern Konsens, auch Petersilie, Dill, Schnittlauch und Meerrettich entfallen. Hier sind es nicht die Fachkenntnisse angehender Köche, die sie diese Komponenten aussortieren lassen, sondern ihr Alltagswissen – schließlich haben sie in ihrem Leben wiederholt eine Rotkohlzubereitung gegessen. So scheint dieser Teil der Aufgabe 'unter ihrem Niveau' zu liegen – die fachlichen und sachlogischen Gründe werden als banal betrachtet. Man weiß, dass Mayonnaise, eine thermolabile Emulsion, für Rotkohl keinerlei Sekundärfunktionen haben kann: Ihre bindende Eigenschaft wäre im heißen Rotkohl auf der Stelle zerstört. Weshalb aber Ketchup, Senf und Kräuteranteile für Rotkohl unpassend sind, lässt sich nur mit den Phänomenen der unnötigen '*Aromakonkurrenz*' und '*aromatischen Dissonanzen*' erklären (was wiederum in die Bewertungsphase III gehört).

Hintergrundinformationen

Lorbeer und Nelken enthalten vielfältige appetitanregende, verdauungs- und durchblutungsfördernde, harntreibende und vor allem antibakterielle und schleimlösende Inhaltsstoffe (u. a. ätherische Öle, Cineol, Eugenol, Bittstoffe, Kampfer, Thymol), die traditionell auch als **Heilkräuter** gegen Darmparasiten, Pilzerkrankungen, Verstopfung, Blasenproblemen, Magenkrämpfe u. a. verwendet werden.[613] Insbesondere das Nelkenöl hat aufgrund seines hohen Anteils ätherischer Öle (u. a. Eugenol) schmerzstillende, betäubende und desinfizierende Wirkungen (in der Medizin ein *Analgetikum*). Echter Ceylon-Zimt (ein Lorbeergewächs – auch *Kaneel,* von *canella* = Röhrchen, die getrocknete 'innere' Rinde des Zimtbaumes), enthält aromatisches Zimtaldehyd und Eugenol. Zimtaldehyd aktiviert offenbar Kälterezeptoren, was die Erhöhung der Körpertemperatur anregt (vergleichbar der Wirkung von *Isothiocyanaten* u. a. aus *Senf* und *Meerrettich* – s. Abschn. 17, Hintergr.-Info., S. 242 f.) und die Verwendung in der kalten Jahreszeit erklärt. Das gesundheitlich kritisch gesehene **Cumarin** findet sich in den dicken Rinden des indonesischen und des chinesischen Zimtbaumes (= Cassia-Zimt). Zimtöl und Eugenol haben zugleich *bakteriostatische* und *antimikrobielle* Wirkungen. Ihre blüten-

---

[613] Der aromatische Lorbeer*rauch* diente den alten Griechen als Mittel, Trancezustände zu erlangen, um 'Verborgenes' voraussehen zu können (s. Orakel von Delphi); Lorbeerkränze wurden dem Sieger verliehen – als Beleg seiner Zauberkräfte (Lorbeer galt als Zauberkraut)

artigen Düfte (Komponenten unzähliger Fruchtaromen) eignen sich als natürliche aromatische Begleiter von Süßnoten. Deshalb wird Zimt gern zu Milchreisspeisen gegeben, auch weil Zimt antibiotisch wirkt, u. a. gegen *Bacillus cereus*, der häufig im Reis auftritt.

24.4.4 Unterrichtsverlauf Phase III

Die Schülergruppen präsentieren referatartig ihre Einschätzungen und Bewertungen der drei Sekundärstoffgruppen. Dabei räumen sie Unsicherheiten ein (einige Entscheidungen können sie nicht wirklich begründen, folgen mehr einem 'Bauchgefühl'). Genau diese Unsicherheiten befeuern die sich entwickelnde Diskussion über das Pro und Contra ihrer Festlegungen. Das Eingeständnis, keine ausreichende Erklärung für die Verwendung bestimmter Sekundäranteile zu haben, weckt die Neugier aller Schüler, wird zur Quelle ihres intrinsisch motivierten Suchens. Während der engagierten Diskussion entwickeln sie unmerklich einen 'neuen Blick' auf den Umgang mit Rohstoffen (den sie bisher erfahrenen Köchen abgeschaut haben und mechanisch 'nachmachen').[614]

Zum Wegweiser aus dem gedanklichen Labyrinth erweisen sich die Informationen über die *medizinische Bedeutung* bestimmter Komponenten – z. B. von Nelke, Lorbeer und Zimtstange – die, wie erwähnt, im Klassenzimmer auf großen Plakaten abgebildet und beschrieben sind und von Schülern schließlich ins Gespräch gebracht werden. Im Verlauf der lebhaften Auseinandersetzung wird ihnen klar, dass nahezu jede Speisenherstellung auch Komponenten enthält, mit denen Erkrankungen direkt oder prophylaktisch abgewehrt werden sollen.[615] Die entscheidende Erkenntnis liegt jedoch in der weiteren Tatsache, dass für die Aufnahme pharmakologisch wirksamer Anteile (die einzeln meist ungenießbar und z. T. auch giftig sind) **Trägersubstanzen** benötigt werden (wie z. B. *Rotkohl*). In den Molekülmengen dominanter Nahrungsanteile lässt sich die Konzentration der Wirkstoffe so weit 'verdünnen', dass sie die er-

---

[614] Am Ende werden Zubereitungen nicht mehr ausschließlich als Produkte eines 'Handwerks' gesehen, sondern als ein vom Organismus 'gewolltes' Optimierungsverfahren, das essbare »Naturstoffe« nach *seinen* sensorischen Werten verändert

[615] In der traditionellen chinesischen Medizin (TCM) gilt jede Nahrung als 'Medizin'

wünschten physiologischen und aromatischen Wirkungen erfüllen, ohne zu schädigen.

Diese Zusammenhänge führen die Schüler zur 'Basis', dem »Wesen der Nahrungszubereitung«. Sie ist nicht nur eine Technologie zur Ernährungs- und Geschmacksoptimierung von Rohstoffen, sondern ein (seit Jahrtausenden bewährtes) Verfahren, gesundheitsschützende Komponenten verträglich aufnehmen zu können. Welche Komponenten und wie viele davon eingesetzt werden, hängt von der Jahreszeit (der Verfügbarkeit), dem Klimagürtel und den hygienischen Bedingungen ab – und nicht zuletzt davon, ob sie den Genusswert des Rohstoffs verbessern, dem sie beigegeben werden. Ein Beleg, dass Sekundäranteile niemals zufällig oder wahllos verwendet werden, sondern in jeder Zubereitung definierte biologische Zwecke erfüllen.

Dieser komplexe Sachverhalt war den Schülern vorher nicht bewusst. Er führt sie zwangsläufig zu weiteren Fragen, die bis zu den Anfängen dieser Kochtechniken zurückgehen. Beispielsweise wollen sie wissen, woher die Menschen diese gesundheitlichen Wirkungen kennen, und was sie veranlasst hat, diese 'ungenießbaren', oft bitteren Pflanzenkomponenten unter ihre Nahrung zu mischen?

Hintergrundinformationen

Hier können wir nur spekulieren, Nachweise fehlen, es gibt nur Indizien. Wir wissen, dass die Menschen bereits seit Jahrtausenden schamanistische Rituale kennen, in denen u. a. Pflanzen und Pilze als Rauschmittel und zur 'Bewusstseinserweiterung' aufgenommen werden. Vermutlich wegen dieser 'magischen' Effekte werden diese bitteren Komponenten der Nahrung untergemischt. Krankheit war für unsere steinzeitlichen Vorfahren immer auch die Wirkung 'übernatürlicher Mächte'; (BOJS 2018), a. a. O., S. 79. Im Zustand psychedelischer Ekstase ließen sich diese 'anrufen', wobei körperliche Beschwerden vorübergehend abnahmen (dazu *Ayahuasca-Herstellung*, Abschn. 11.3, Hintergr.-Info S. 180 f.*)*. Aufgrund regionaler und klimatischer Wachstumsbedingungen wirken Heil- und Würzkräuter unterschiedlich (BOJS 2018; S. 145). Da das Klima (und damit Fauna und Flora) einem ständigen Wandel unterworfen ist, verließen nicht nur Jäger- und Sammler, sondern auch Ackerbauern ihre angestammten Regionen. Auf diesen Wanderungen gaben sie nicht nur ihre eigenen Kenntnisse über medizinische Wirkungen der Pflanzen an andere Kulturen weiter, in die sie einwanderten, sondern erwarben auch deren Wissen über heimische Kräuter und Gewürze (ebenda). Das große Erfahrungswissen über die Wirkung der Heilkräuter (u. a. der bereits mehrfach erwähnten traditionellen chinesischen Medizin – TCM) hat hierin seine Wurzeln.

Diese vielfältigen Fragen zur Technologie und den Hintergründen der Nahrungszubereitung ließen sich durch einen einzigen 'erkenntnisförmig' angelegten Unterricht anstoßen. Fortan werden die Schüler ihre praktischen Tätigkeiten aus einer 'forschenden', 'genauer-verstehen-wollenden-Haltung' betrachten. Eine solche gedankliche Herangehensweise werden sie nie wieder ablegen – sie haben damit ihre berufliche Mündigkeit erreicht.

24.4.5 Weitere Beispiele für die aromatische »Passung« bzw. »Nichtpassung« von Sekundäranteilen

Wir wissen inzwischen, wie sich der arteigene Geschmack eines Rohstoffs verbessern lässt, nämlich durch die Ergänzung seiner eigenen Inhaltsstoffe. Beispielsweise *Süße* (wie bei Möhren) – oder *Süße* und *Säure* (bei Obst) mit eben diesen Komponenten (*Verstärkerprinzip*). Beim Obstsalat verstärken sie das Fruchtprofil; bei der Möhre hebt Zucker den arteigenen Geschmack.[616] Schwieriger lassen sich Kombinationen begründen, mit denen ein '*neuer*' Gesamteindruck erzeugt, der Primärstoff aromatisch verändert wird. Dennoch sind auch hier seine »Eigenkomponenten« leitend (wie oben am Beispiel Rotkohl gezeigt). Es kommen aber weitere '*rohstofffremde*' Sekundäranteile hinzu, die z. B. einen Nährstoffmangel ausgleichen oder besondere Genusswerte erzeugen (u. a. psychotrope Effekte) und garabhängig sind. So sind Lorbeeren und Nelken zur aromatischen Hebung eines Minutensteaks untauglich, da sich ihre Aromen erst durch Auslaugvorgänge (also in Gegenwart von Flüssigkeit) entfalten können – was eine entsprechende Gardauer voraussetzt.

Zubereitungen z. B. mit Senf, Ketchup und Sojasoße sind immer dann ungeeignet, wenn sie das arteigene Aroma des Primärstoffs überlagern und/oder

---

[616] Aufgrund ihres natürlichen Zucker-Mineralstoffverhältnisses werden Möhren nur schwach gesalzen. Ohnehin vertragen sich Süße und Salz nicht besonders – wohl auch, weil süße Früchte und Honig mineralstoffarm sind und sich Fructose auch ohne Natrium-Carrier resorbieren lässt (s. Abb. 8, S. 260). Die Verwendung von Mineralwasser (*Vichywasser*) bei der Zubereitung von *Vichykarotten* ist deshalb vorteilhaft, weil es u. a. die Mineralstoffanteile dieser regionalen Möhrensorte enthält – sie wird dadurch gehaltvoller und aromatischer

unkenntlich machen: Auf Spargel oder zum Rhabarberkompott hätten sie aromatisch geradezu verheerende Effekte. Entweder wird der Primärstoff aromatisch verdeckt, seine sensorische Einzigartigkeit ginge verloren (und könnte durch einen x-beliebigen Rohstoff mit vergleichbarem Kauwiderstand ausgetauscht werden) oder die dominante Komponente (z. B. das Sinigrin aus dem Senf) »ringt mit der ebenfalls dominanten Frucht*säure* des Rhabarbers um aromatische Vorherrschaft« (*Aromakonkurrenz*). Das Ergebnis ist in der Regel eine aromatische »Kakophonie« (Präferenzen solcher Kombinationen sollen hier nicht betrachtet werden). Es sollte nicht Ziel einer Zubereitung sein, aromatisch attraktive Rohstoffe unkenntlich zu machen (davon abweichende kulturbedingte Zubereitungspräferenzen – s. Abschn. 17, S. 237 ff.). Jeder Rohstoff hat eine unverkennbare aromatische 'Einzigartigkeit', eine spezifische sensorische Pracht und Präsenz. Würden die oben als abwegig betrachteten Kombinationen als »möglich« durchgehen – wäre also die aromatische Identität eines Primärstoffs bedeutungslos – wäre jede Zubereitung der Beliebigkeit anheimgegeben. In unserem Kulturkreis wollen wir den Rohstoff, den wir essen, herausschmecken (können) – wir mögen ihn *wegen* seiner aromatischen Besonderheit.[617]

24.4.6 Natürliche Antipoden: »Lockstoffe« versus »Kampfstoffe«

Aromatische Missempfindungen stellen sich ein, wenn man Rohstoffe, die mit natürlichen »Lockstoffen« ausgestattet sind (z. B. vollreife Früchte – sie *locken* mit Farben, Blütenaromen, fruchtiger harmonischer Süße und milder Säure) mit solchen kombiniert, die scharfe, beißende Komponenten enthalten. Grund: Scharfstoffe, wie z. B. das Alkaloid *Capsaicin* vieler Paprikasorten oder das *Allicin* verschiedener Zwiebelgewächse, sind effektive Abwehrstoffe der Pflanzen. Großen Fressfeinden signalisieren sie damit *Unbekömmlichkeit* (können u. a. Verätzungen verursachen) – für kleinere, wie Insekten, können sie tödlich sein. Folgerichtig sind *Zwiebeln* als »Ergänzung« zu einem Obstsalat untauglich – unser Organismus nähme die Früchte als verdorben wahr.

---

[617] Der Organismus produziert vermehrt jene Verdauungsenzyme, die zu dem »erkannten« Rohstoff passen. Deshalb ist die aromatische Orientierung nicht zufällig, sondern biologisch (metabolisch) begründet; dazu auch: »präabsorptiver Insulinreflex« (Fußn. 235, S. 137)

Scharf- und/oder Bitterstoffe haben gegenüber Lockstoffen biologisch inverse Funktionen, weshalb sie nicht gleichzeitig in einem natürlichen Rohstoff vorkommen können.[618] Da »Warnkomponenten« eine stärkere Aufmerksamkeit erzeugen (das Überleben ist wichtiger als der momentane Genuss), empfinden wir den mit Zwiebelwürfeln ergänzten Obstsalat als verdorben.

Es gibt allerdings kulturbedingte Ausnahmen, die diesen natürlichen »Gegensatz« ignorieren – z. B. die indische Küche, die Früchte *und* Schärfe in Zubereitungen (*Currys*) schätzt. Die Vorliebe für scharfe Komponenten ist besonders in jenen Regionen entwickelt, die kaum Kühlvorrichtungen kennen und wegen prekärer hygienischer Verhältnisse einem hohen Infektionsdruck ausgesetzt sind. Hier haben sich höllisch scharfe Currys als taugliches Mittel u. a. gegen *Malaria*[619] und andere Krankheitserreger bewährt.[620] Indigene Volksgruppen, wie die Inuit, die in arktischen Regionen leben, benötigen keine scharfen Gewürze – bei dauerhaften Minustemperaturen können krankmachende Bakterien kaum überleben.

Noch einmal: Mit der Kombination von »Lockstoffen« und »Kampfstoffen« werden bewährte, ubiquitär gültige Erkennungsmuster (»gut« bzw. »schlecht« für unseren Organismus) ausgehebelt. Schärfe allein (das Maß dafür wird in *Scoville* angegeben) ist nicht grundsätzlich gefährlich – vorausgesetzt, die Dosis ist verträglich. Sonst drohen Schäden u. a. an der Zunge, was die Geschmackswahrnehmung beeinträchtigt.[621] Gezielt werden geschmackliche Antipoden in der experimentellen und avantgardistischen Gastronomie ein-

---

[618] Sie existieren allerdings in einem Apfel: Weil die Kerne *nicht* gegessen werden sollen, schmecken diese bitter

[619] Malaria wird durch einen Parasiten (*Plasmodium falciparum*) verursacht, der Leber- und Blutzellen befällt, darin deren Hämoglobin abbaut, um Aminosäuren für seine Ernährung zu gewinnen. Die Komponenten der Currys, *Kurkuma*, *Piperin* (schwarzer Pfeffer) und *Capsaicin* (Chili), verändern u. a. die Durchlässigkeit der Zellmembranen roter Blutkörper, wodurch die Malariaparasiten absterben. »*Verfüttert man (den Lebensmittelzusatzstoff) E 100 (Curcuma) an malariakranke Mäuse, sinkt der Befall mit Parasiten um 80–90%*« (FOCK, POLLMER 2012; S.12)

[620] »*Echte Currys helfen gegen gefährliche Einzeller, insbesondere gegen Trypanosomen, die schwere Tropenkrankheiten wie die Chagas-Krankheit, die Schlafkrankheit und die Leishmaniose verursachen*«; sie wirken auch gegen *Amöbenruhr* und den Erreger der Tuberkulose (*Mycobacterium tuberculosis*) (FOCK, POLLMER 2012; S. 12–13)

[621] Als Gegenmittel sind Milch und Joghurt nützlich, da das *Casein* die Bindung zwischen dem Scharfstoff und dem Gaumen löst (MUTH 2005)

gesetzt: Chili mit Schokolade und Früchte mit Pfeffer als Dessertvariation. Hierbei handelt es sich eigentlich um verzichtbare »sensorische Irritationen« (dafür existiert, wie betont, kein evolutionäres, natürlich gegebenes »Muster«), um damit »Sensationen« auf der Zunge zu erzeugen (ein Ansatz, den auch die »Molekularküche« bzw. Molekulargastronomie verfolgt). Einen echten Beitrag zur Ernährung leisten diese 'überrumpelnden' Gaumeneffekte nicht, sie bieten aber Abwechslung für eine an Geschmacksangeboten übersättigte Gesellschaft. In professionelle Kochbücher haben derlei Rezepte (bisher) keinen Eingang gefunden.

Hintergrundinformationen

Bestimmte Zubereitungen haben sich regional bewährt und gelten dort als landestypisch. Rohstoffpräferenzen entsprechen offenbar den Bedürfnissen der dort lebenden Menschen und stehen auch mit ihrem Körperbau in einem Zusammenhang: groß, klein, mit flachem Bauch oder rundlich und mit starkem Unterhaut-Fettgewebe. Diese anatomischen Merkmale sind genetische Anpassungen an das Klima (heiß/kalt) und den zu erwartenden Nahrungsvorrat (viel/wenig tierisches Eiweiß) und eben auch der Grund für entsprechende Zubereitungstechniken. Klima, Körperbau, Nahrungsbedarf und Nahrungsmenge stehen in einem direkten Zusammenhang. Der großvolumige Körper hat in einem kühlen Klima Vorteile (er verliert weniger Körperwärme), und die Fettschicht unter der Haut, z. B. die der *Inuit,* ist nicht nur eine Energiereserve, sondern schützt vor dem Erfrieren (in Fettzellen ist kein Wasser, das auskristallisieren könnte). In diesen Klimazonen sind Menschen (auch die Mongolen Sibiriens) an einen fettreichen Fleisch- und Fischverzehr angepasst – nicht aber an stärkereiche Knollen und Getreide (dazu: *präabsorptiver Insulinreflex,* s. Fußn. 235, S. 137). In heißen Regionen ist ein flacher Bauch von Vorteil, weil u. a. die Verdauungsenergie rasch nach außen abgegeben werden kann (wie z. B. beim extrem schlaksigen Körperbau der *Dinka*) (ALFS 2013).

24.4.7 Regelabweichungen vom »Primär-/Sekundärsystem« am Beispiel Obstsalat

Ein Sonderfall des oben skizzierten Kombinationssystems aus Primär- und Sekundärstoffen stellt die Zusammenstellung *verschiedener Früchte* (Obstsalat) dar, weil hier **strukturgleiche Rohstoffe** mit dominanter Süße *und* Säure verwendet werden, die sich nur im Kauwiderstand, der Fruchtigkeit und blütenartigen Aromen (meist dezent, mild und lieblich) unterscheiden. Sie entstehen durch Bestäubung von Blüten, deren *Nektar*[622] (eine duft- und zuckerreiche Flüssigkeit) z. B. Honigbienen zur Herstellung von *Honig* nutzen. Da Bienen '*blütenstet*' sind, erhält Honig sein besonderes Aroma (seine 'Tracht' – in der Sprache der Imker) je nach Nektarquelle (Raps-, Linden-, Heide-, Akazien-, Lavendelhonig u. a. m. Mischaromen werden als Beitracht bezeichnet). **Süße und Blütenaroma sind die wohl älteste natürliche Paarung von Duft und Geschmack** – weshalb sich Früchte problemlos mischen lassen. Obstbrände (z. B. Kirschwasser) oder Liköre, wie z. B. *Grand Marinier* oder *Cointreau*, sind Fruchterzeugnisse (mazerierte Orangenschale und Cognac) und als aromatische Hebung von Obstsalat »passend« – ihre Herstellungsbasis sind Früchte.

Hintergrundinformationen

Auch die hohe Attraktivität und Vielfalt von Zubereitungen mit dominanter Süße (*Süßspeisen*) haben aromatisch vermutlich ebenfalls einen archaischen Bezug zum Honig. Sie enthalten hohe Zuckeranteile – auch die Rohstoffe selbst haben überwiegend eine Zuckerbasis (z. B. das Mehl für Crêpes) oder enthalten Zuckeranteile (Milch), bleiben aromatisch unauffällig (Sahne, Butter, Eischnee sind ausdrucksarm), mildern Bitternoten (von Kakao) oder sind selbst Blütenursprungs (Vanille). Entscheidend für die sensorische Ausnahmequalität der Süßspeisen ist ihr liebliches »blütenartiges« Aroma – das auch dem *Karamell* (franz. Caramel) entströmt, u. a. durch *Acroleinmoleküle* als Folge des Erhitzens von Zucker (ATKINS 1987; S. 162).

25 Einordnung des exemplarischen Unterrichts in die ‚Welt der Zubereitungen'

Der eingangs vorgestellte 'erkenntnisförmig' konzipierte Unterricht soll Schüler die Hintergründe der Nahrungszubereitung selbsttätig 'schrittweise' erkennen lassen. Als Orientierung dienen ihnen sensorische Merkmale des Primärstoffs, der die *obligaten* und *fakultativen* 'Zutaten' (vor dem Hintergrund thermischer Verfahren) vorgibt. Diese Beziehungsnähe von Primärstoff und

---

[622] In der griechischen Mythologie ist *Nektar* ein Trank der Götter, der ihnen, wie die Speise *Ambrosia* Unsterblichkeit verleiht

Sekundäranteilen ist für eine Zubereitung immer dann relevant, wenn, wie betont, der sensorische Charakter eines Primärstoffs, bewahrt werden soll. Kohlrabi-, Rosenkohl- oder Blumenkohlzubereitungen haben entsprechend *andere* Sekundäranteile, deren pharmakologische Anteile (z. B. Pfeffer, Muskat) ebenfalls aromatisch begründet sind.[623]

Da der Nutzen und die Körpereffekte einzelner Komponenten (auch der psychotrop wirksamen) naturwissenschaftlich (weitgehend) aufgeklärt sind, entfallen überkommene spekulative und spirituell aufgeladene Ernährungsvorstellungen (z. B. anthroposophische Ansätze Rudolf Steiners). Im letzten Erkenntnisschritt wird den Schülern bewusst, dass es der Organismus selbst ist, der mittels Sensorium all jene Tätigkeiten, die wir als 'Kochen' bezeichnen, steuert und kontrolliert. Nährwerte haben im metabolischen Beziehungsgeflecht zwischen Rohstoffen und Organismus nur eine Teilfunktion – mehr nicht.[624]

25.1 Zubereitungsweisen auf anderen Kontinenten

Die hier vorgestellte Dichotomie aus »Primär- und Sekundärstoff(en)« dient lehr-/lerntheoretischen Zielen, die, wie betont, den **einzelnen Rohstoff** (Primärstoff) in seiner stofflich-aromatischen Einzigartigkeit bewahren und/oder variieren wollen. In anderen Kulturen gelten andere Zubereitungsprinzipien – selbst in der europäischen Küche gibt es Sonderfälle (s. oben: Regelabweichung **Obstsalat**). Die orientalische Küche schätzt reine (vegetarische) »*Sekundärstoff-Kombinationen*« wie z. B. **Petersiliensalat** (*Tabouleh*). Die japanische Küche kennt Speisenvariationen (u. a. Sushi), die sich vornehmlich aus den physikalischen Eigenschaften von Reis (u. a. den Klebeigenschaften)

---

[623] Ebenso die stimmungswirksamen (psychotropen) Anteile, die im Abschn. 11.3, S. 177 ff. betrachtet worden sind

[624] Viele Sekundäranteile haben psychotrope (stimmungshebende) und pharmakologische Funktionen (die u. a. auch, wie betont, mit der Jahreszeit in Verbindung stehen – Rotkohl wird vermehrt ab Spätherbst gegessen). So wirken Lorbeer, Zimtstangen, Nelken u. a. *prophylaktisch* gegen Erkrankungen der Atemwege, die bei kühler und feuchter Witterung leicht auftreten können. Die Inhaltsstoffe der Nelke (*Eugenol*) und von Lorbeer (seine ätherischen Öle enthalten auch *Eugenol*) gehören zur Gruppe der *Allylbenzole*, die in der Leber zu *sedierenden* (beruhigenden) und *analgetischen* (schmerzlindernden) Verbindungen (*Amphetaminen*) umgewandelt werden [POLLMER (Hg.) 2010]

begründen. Hier werden Rohstoffkomponenten nicht als separate Einheiten wie bei einem *Gericht* verzehrt, sondern als mundgerechte Happen aus gesäuertem Reis (Stärkekomponente), variierenden Eiweißkomponenten (Fisch, Meeresfrüchte, Tofu, Ei), Ballaststoffen (Nori = essbare Meeresalgen) und an Stelle einer Soße: Würzkomponenten (Wasabi, Soja u. a.).[625] Diese '*Minigerichte*' sind mit Produkten der *Fast-Food-Küche* (z. B. Hamburger, Hot Dog) vergleichbar, die ebenfalls die wesentlichen Hauptnährstoffe enthalten – auch wenn sie strukturell und herstellungstechnisch einfacher konzipiert und optisch weniger ansprechend sind als Sushivariationen.

Bei all diesen Zubereitungsbeispielen ist also *nicht* die Hebung oder Bewahrung des Primärstoffprofils das Ziel, sondern der *sensorische Gesamteindruck* aller Komponenten – die sich nahezu 'unbegrenzt' variieren lassen. Die Liste dieser »**All-in-One**«-Kombinationen reicht von *Fingerfood* über *Löffelhappen* und *Salatmischungen* bis hin zu traditionellen Standardgerichten, wie beispielsweise *Lasagne-Variationen, Moussaka, Aufläufe, Labskaus* oder *Eintöpfe*. Im Vordergrund steht (neben den Nährwerten) die »*aromatische Einheit*« der verschiedenen 'Primär- und Sekundäranteile', die sowohl mit den Händen (bzw. Messer und Gabel) als auch mit einem Löffel verzehrt werden. Diese Mahlzeiten waren in ihren Vorläuferversionen vermutlich über Jahrtausende Standard-Zubereitungen – die weltweit ältesten Zubereitungsprodukte.[626]

Als suppenartige und auch als 'feste' Eintöpfe existieren sie bis in die Gegenwart hinein. Ihre Zusammenstellung folgt aromatischen und ernährungsphysiologischen Zielen. Eiweißlieferanten (Rind, Lamm, Wild, Fisch, Geflügel u. a.) liefern den bouillonartigen 'Hintergrund' (der u. a. von Fettgehalten, löslichen Aminosäuren, Glutamat- und Mineralstoffanteilen bestimmt wird), in den sich 'passende' Gemüsearomen einbetten. Auch die Wahl der Stärkeanteile (Haferflocken, Reis, Nudeln, Kartoffeln etc.) richtet sich überwiegend nach den Eiweißträgern. Entscheidend für diese Zubereitungen ist die biologische

---

[625] Deshalb werden diese Zubereitungen auch als *Gericht* bezeichnet (eine Kombination aus Eiweiß-, Stärke- und Ballaststofflieferanten plus Soße; siehe auch Wikipedia: *Sushi*

[626] Aus der Babylonischen Sammlung der *Yale Universität in New Haven (Connecticut, USA)* sind über 30 Rezepte auf Tontafeln überliefert, die Eintopfcharakter haben (MICHAILOWA 2019), (MAUL 2011)

Wertigkeit von Eiweiß (der prozentuale Anteil proteinogener Aminosäuren, die der Organismus benötigt), die durch die Kombination von Fleisch mit entsprechendem Gemüse oder Hülsenfrüchten erhöht werden kann (z. B. Rindfleisch mit Bohnen).[627] Ein Hühnersuppeneintopf wird (in der Regel) entweder mit Nudeln oder Reis, nicht aber mit Kartoffeln zubereitet. Letztere würden dem Geflügelaroma seine Feinheit nehmen.[628] Kartoffeln eignen sich aromatisch besser in kräftigen Eintöpfen wie: Hamburger National, Lübecker National, Pichelsteiner, Irish Stew, Gaisburger Marsch u. a. m. Sie alle sind klassische *All-in-One-Kombinationen* – alias: Eintöpfe.[629]

Die Herstellung einer *Speise* ist eine im europäischen Kulturkreis entwickelte Rohstoffzubereitung, die das sensorische Markenzeichen **eines** Rohstoffs (Primärstoffs) bewahrt, hebt und variiert. Andere Zubereitungsziele dagegen betreffen seine gezielte aromatische Wandlung (z. B. bei Kartoffelmassen: Pommes Dauphin, Pommes Lorette), wenn das Eigenprofil des Primärstoffs 'verbesserungswürdig' (da einfach, aromaarm) ist. Es erfordert handwerkliche Sensibilität und Können, den sensorische Markenkern eines Rohstoffs zu betonen.[630] Verschiedene 'Küchen der Welt' (Inder, Singhalesen, Massai, Inuit, Mongolen, Tschuktschen, Chinesen etc.) beachten den *Primär-/Sekundärstoff-Zusammenhang* nicht. Sie folgen den tradierten Zubereitungsregeln, die vom Rhythmus der jahreszeitlich bedingten Fauna und Flora geprägt sind.

Das, was Schüler aus dem *Primär-Sekundärstoff-System* mitnehmen, ist das Verständnis auch dieser 'anderen' Zubereitungsarten. Sie lassen sich aus den regionalen Bedingungen herleiten, in denen der Mensch klimatisch und kulturell eingebunden lebt. In arktischen Breiten wird z. B. mehr Fleisch (Rentiere, Elche) und Fisch (Robben, Walfleisch) verzehrt – 'weiter südlich' mehr

---

[627] Rindfleisch enthält nur geringe Mengen der Aminosäure *Threonin*, die wiederum in grünen Bohnen (in Hülsenfrüchten allgemein) reichlich vorkommt. Zusammen erhöhen sie die *biologische Wertigkeit* der Mahlzeit

[628] Die verkleisterte Kartoffelstärke hat eine große Oberfläche und 'saugt' Aromaanteile auf (Adhäsionseffekt)

[629] Der Schlusspunkt dieser *All-in-One-Strategie* sind **Kombinationen von Verarbeitungsprodukten**. Dazu gehören Fertigpizzen, mit Wurst bzw. Käse belegte Butterstullen oder das Marmeladenbrötchen, auch die mit verschiedenen Salaten gefüllten Sandwichs und der Döner. Sie gehören nicht zu den traditionellen *gastronomischen Produkten* – es sind überwiegend Snacks (Fast Food) – Produkte 'to go'

[630] Evolutionsbiologisch ist jede Ernährung an das Erkennen *eines* Rohstoffs gekoppelt, zu dem der Organismus entsprechende Verdauungsenzyme produziert. Wohl deshalb empfinden wir das 'eindeutige' Profil einer uns vertrauten Zubereitung attraktiver als eine beliebige Aromakreation

Feldfrüchte: Gemüse, stärkereiche Knollengewächse, Getreide. Der Lebensraum hat die tradierten Zubereitungen hervorgebracht, an die der Mensch genetisch und epigenetisch angepasst ist (u. a. mit seiner Enzymausstattung, Darmbiota und seinem Körperbau). Heute kann die Genforschung diese individuellen und klimatisch begründeten Nahrungspräferenzen zunehmend wissenschaftlich begründen. Genetische Anlagen prädisponieren entweder für die Nahrung archaischer Jäger und Sammler-Kulturen (sind überwiegend an die Verdauung tierischer Nahrung angepasst – verfügen über mehr Proteasen) oder an die entwicklungsgeschichtlich jüngere Ernährungsweise landwirtschaftlicher Produkte (Gemüse, mehr stärkereiche Knollen und Getreidenahrung) (BOJS 2018).

Hintergrundinformation
Die Anpassung an pflanzliche Nahrung steht u. a. mit dem **Gen AMY-1** (Amylase 1) in Verbindung, das im Speichel für die Aufspaltung von Stärke verantwortlich ist. Einige Menschen verfügen gleich über mehrere Kopien dieser Gene: bis zu fünfzehn oder sogar zwanzig – andere haben nur wenige. »*Je mehr Kopien jemand besitzt, desto effektiver kann er Stärke aufspalten*«. Schimpansen, unsere nächsten Verwandten, besitzen nur wenige dieser Gene – Bonobos kein einziges (BOJS 2018; S. 253). Diese Nahrungsanpassung haben wir bereits mehrfach mit dem '*präabsorptiven Insulinreflex*' angesprochen. Hier zeigt sich, dass Individuen, die genetisch an viel Fleischnahrung angepasst sind, auch während der Mahlzeit, wie erwähnt, weiterhin Zucker aus der Leber ins Blut abgeben (denn Fleisch enthält kaum Traubenzucker). Hingegen unterbleibt diese tonische Traubenzuckerabgabe bei Individuen, die genetisch besser auf Stärke- und Getreideprodukte eingestellt sind. Ihre Nahrung besteht aus Traubenzucker-Kompaktmolekülen.

Aufgrund von Völkerwanderungen (zu Zeiten des Neolithikums, sowie Epochen nach der Sesshaftwerdung – der Kupfer-, Bronze- und Eisenzeit), tragen die meisten Menschen einen Genpool-Mix, sodass wir heute – bis auf wenige Ausnahmen – Fleisch und Getreide gleichermaßen gut verdauen können. Gesundheitliche Probleme mit Getreideeiweiß (*Zöliakie* bzw. *Heimische Sprue*) treten bei Individuen auf, die genetisch mehr auf Fleischnahrung disponiert sind. Getreidenahrung gilt derzeit als 'gesünder' als Schlachtfleisch und dessen Erzeugnisse. An den genetisch begründeten Nahrungsdispositionen ändert das nichts – so können generelle Ernährungsempfehlungen unserer natürlichen Appetitstruktur zuwiderlaufen.[631]

25.2 Fazit und unterrichtliche Perspektiven

Die wenigen Beispiele der Hintergründe und Ziele von Zubereitungstechniken zeigen, dass jede theoretische Betrachtung einer Zubereitung mit einer **Analyse des Rohstoffs** (des *Primärstoffs*) beginnen sollte, z. B. mit den Fragen: Wie ist er beschaffen, was macht ihn besonders? Dann lassen sich die Verfahrensschritte begründen: was ***muss, darf, kann*** gemacht werden, um u. a. seine *Verdaulichkeit* und die für ihn möglichen Genusswerte zu erreichen. Diese Betrachtungen können jedoch nur dann angestellt werden, wenn die Schüler die betreffenden Rohstoffe und deren stoffliche und aromatische Merkmale kennen. Dann erst können sie »als Faktoren der Zubereitung« eingeschätzt, die Verfahrensschritte theoretisch begründet und traditionelle Rezepte verstanden werden. Wer Fenchel, Ingwer, Couscous, Minze, Soja oder Staudensellerie nicht kennt, kann damit weder praktisch noch theoretisch etwas anfangen. Jede »Entscheidung« setzt eine individuelle sensorische Erfahrung, ein Verkosten sowohl des frischen (soweit ungiftig) als auch des zubereiteten Rohstoffs voraus. Diese sensorischen Werte sind zugleich auch die Basis »kognitiver« Entscheidungen, die durch weitere Informationen ergänzt werden muss, z. B. um die der pharmakologischen und/ oder ernährungsrelevanten Sachverhalte.

Die bloße technische Umsetzung, das Abarbeiten und Ausführen vorgegebener Rezeptangaben, wirft bei den Schülern (in der Regel) keine Fragen nach den Gründen der gerade verwendeten Rohstoffanteile auf – schon gar nicht zum System der Zubereitung selbst. Sie erscheinen ihnen als etwas *Selbstverständliches*, als »*schon immer Gegebenes*«. Dass wir überhaupt zu solcher theoretischen Betrachtung fähig sind, liegt daran, dass wir sehr gut wissen, wie sich *süß, sauer, bitter, salzig, scharf, fett, trocken* oder *Feuchtes* und *Fades* auf

---

[631] Z. B. die angestrebte Einführung eines farbigen »Nutri-Score« – eine erweiterte Nähwertkennzeichnung, die neben den Kaloriengehalten negativ konnotierter Einflüsse – wie Zucker, Fett oder Salz in Fertigzubereitungen – auch Zutaten, die eine positive gesundheitliche Wirkung haben könnten, erfasst (verbraucherzentraleNRW e.V 2019)

der Zunge anfühlen. Was wir aber bisher weniger verstanden haben, sind die in diesen Empfindungen liegenden physiologischen *Informationen,* die wir mehrfach angesprochen haben.[632]

Wenn ein Koch nicht weiß, *warum* er welche Rohstoffe zusammenstellt und unterschiedlich zubereitet, belegt das nicht nur einen gravierenden Mangel an Sachkompetenz, sondern es schließt die genaue Herleitung und Begründung einer der ältesten kulturellen Errungenschaften der Menschheit aus, von der wir tagtäglich profitieren und die uns tagein, tagaus genussvolle Momente bereiten. Es ist daher zu wünschen, dass in der beruflichen Ausbildung für Köche fachliche Inhalte unterrichtlich so konzipiert werden, dass die Strukturen ihres Handwerks, die historische »Gewordenheit« und biologische Zusammenhänge von den Schülern erkannt werden können. Erst mit diesem Verständnis und Hintergrundwissen können sie mit Rohstoffen sinnvoll umgehen, d. h., körpergerechte (physiologische) Produkte herstellen und neue kreieren. Dazu benötigt man zunächst einen »Abstand« zum fachpraktischen Tun – der routinemäßigen Arbeit – um einen theoretischen Blick auf das System *Zubereitung* zu ermöglichen. Die Abstrakta *Primär-* und *Sekundärstoffe* bieten dafür eine Möglichkeit.

---

[632] Zur Erinnerung: Die »molekulare Erkennung« ist die Voraussetzung für die Wahrnehmung. Sie beruht auf einer »*Spezifität ... molekularer Komplementarität zwischen den Partnern, d.h. auf der in dem betreffenden Molekül, in seinem 'Design', gespeicherten Strukturinformation ...* (im) *Konzept der Spezifität kommt die Beziehung zwischen Form (Information) und Funktion (Organisation) ... zum Ausdruck*« (PENZLIN 2014; S. 244). Deshalb sind Versuche, echte Rohstoffbestandteile durch Imitate (Analoga) auszutauschen, physiologisch fragwürdig und auf lange Sicht zwangsläufig nachteilig. Der Körper bekommt nicht das, was er erwartet. Hier sind vor allem Anstrengungen der Industrie zu kritisieren, die wertgebende Inhaltsstoffe (besonders tierisches Eiweiß und tierische Fette) meist durch preiswertere pflanzliche Komponenten austauschen, die sich durch die technische Aufbereitung wie das »Original« anfühlen und so schmecken. Der Organismus ist sensorisch und mit seinen Enzymsystemen auf die Rohstoffe (auch deren variierenden Co-Anteile) eingestellt, die er durch den »Geschmack« identifiziert. Weicht die Zusammensetzung von der damit zu erwartenden Aufnahme ab, treten physiologische Leerläufe und Fehlreaktionen auf, die sich auch auf die Zusammensetzung der Darmbiota auswirken

Nachtrag in eigener Sache

Das Interesse an der Stammesgeschichte des Menschen entwickelte sich während meines Lehramtsstudiums, zu dem auch das Fach *Humanbiologie* mit dem Teilgebiet *evolutionäre Anthropologie* gehörte. Hier wurden u. a. anatomische Unterschiede zwischen Menschenaffen und modernem Menschen genauer betrachtet: der aufrechte Gang, der Fellverlust, die Besonderheit der Greifhand als Co-Faktor der Gehirnvergrößerung und das komplexe menschliche Sensorium. Obwohl die unmittelbaren Vorläufer des Menschen (die *Homininen*) mit der Erfindung der Feuergartechnik eine im Tierreich unbekannte, höchst effiziente Ernährungsweise entwickelt hatten, beschränkte sich die Universitätsvorlesung zum Thema Ernährung auf die Nennung präferierter *Rohstoffe* und den vermehrten Fleischkonsum dieser Homo-Arten. Dass es sich dabei zunehmend um *gegartes* Fleisch handelte, und Homo seine Rohstoffe nach sensorischen Kriterien kombinierte, schien anthropologisch nachrangig zu sein.

Meine Examensarbeit im Fach *Erziehungswissenschaft* hatte ebenfalls einen Bezug zur »Menschwerdung«: Sie untersuchte den Zusammenhang von »*Handlung, Denken* und *Sprache*«, jenen Fähigkeiten, die den Menschen zum vernunftbegabten *Homo sapiens* machen. Auch deshalb enthält dieses Buch im Kapitel I einen Unterabschnitt zur Sprachentstehung und -entwicklung, weil zwischen beiden (der Erfindung von Gartechniken und der Sprachentwicklung) vermutlich koevolutionäre Zusammenhänge bestehen.

Ein weiterer Grund für dieses Buch war meine langjährige Tätigkeit im Lehrerarbeitskreis an der *Universität Hamburg*. Unter der Leitung von Prof. Dr. Wolfgang BÜRGER trafen sich regelmäßig Lehrer, Referendare und Studenten, um theoretische Fragen zum 'erkenntnisfördernden' Unterricht und deren praktische Umsetzung an berufsbildenden Schulen zu diskutieren. Als Klassenlehrer in Köcheklassen (an der **Gewerbeschule 11–** heute **BS 3**) fiel mir die Aufgabe zu, mögliche *Ursachen* und *Auslöser* für die in grauer Vorzeit entwickelten Kochtechniken zu rekonstruieren. Diese Ursprungsrecherche in Sachen Kochkunst war dem *lehr/lerntheoretischen* Ansatz dieser Arbeitsgruppe geschuldet, die u. a. das Konzept von Martin Wagenschein präferierte.

Dessen Lernkonzept fordert ein *entdeckendes* und *forschendes* Lernen auch im schulischen Unterricht. 'Tiefes' Verstehen ist nach Wagenschein (1956) erst möglich, wenn der Schüler einen Gegenstand (z. B. einen Hobel) oder eine Handwerkstechnik (beispielsweise 'Kochen') aus den jeweiligen historischen Anfängen und ihren nachfolgenden 'Entwicklungsstufen' erkannt hat. Dieser Erkenntnisakt könne sich im Schüler nicht durch 'Beibringen' vollziehen, sondern nur durch *eigenes* Hinterfragen – idealerweise im Zusammenhang mit den Vor- und Frühformen der Lerngegenstände. Ohne *eigene* Fragen und damit verbundene individuelle Lernprozesse bliebe das Gelernte weitgehend unverstanden (»*träges Wissen*«).[633] Für einen 'erschließenden' (kognitiven) Transfer auf andere Sachgegenstände eines Unterrichts, der die Entwicklung fachlicher Kompetenzen und Kreativität zum Ziel hat, bietet demnach ein 'erkenntnisfördernder' (handlungsorientierter) Unterricht die entsprechenden Lernbedingungen (BÜRGER, HENZEL 2011).

Neben der Darstellung naturwissenschaftlicher Hintergründe unseres Geschmackssinns, der Ursprünge der Gartechniken und der lehr-/lerntheoretischen Aspekte der Zubereitungstechnologien war es mir auch wichtig, einen indirekten Beitrag zur Ernährungsdiskussion zu liefern. Sinnvoll ist eine Aufklärung über industriegefertige »Pseudonahrung« bzw. »Nahrungsimitate«, die unsere sensorische Orientierung missbrauchen und Fehlernährungen begünstigen (ein kurzzeitiges Essvergnügen bereiten, ohne zu ernähren). Jede natürliche Nahrung ist per se »gesund«, wenn sie adäquat zubereitet worden ist. Empfehlungen zur sogenannten »gesunden Ernährung« ergeben nur einen Sinn, wenn sie sich auf verschiedene Zubereitungsvarianzen und deren sensorische Werte beziehen. Das Ausloben einzelner Inhaltstoffe, ihrer Mengen und 'Gesundheitswerte' (Vitamine, Mineralstoffe, Omega-3-Fettsäuren, sekundäre Pflanzenstoffe, bioaktive Substanzen etc.) ist nur in Zeiten knapper Ressourcen oder im Kontext medizinischer Versorgung sinnvoll.

---

[633] Erstmals beschrieben wurde »träges Wissen« (engl. inert knowledge) 1929 durch Alfred North Withehead

Danksagung

Zuerst danke ich Herrn Professor Dr. Wolfgang Bürger sehr herzlich. Der von ihm ins Leben gerufene Lehrerarbeitskreis am Institut für Berufs- und Wirtschaftspädagogik der Universität Hamburg, dem ich über 20 Jahre angehörte, lieferte den theoretischen Grundstein für dieses Buch. In vielen Arbeitskreis-Sitzungen wurde über elementare Aspekte der Nahrungszubereitung und deren mögliche historische Anfänge diskutiert. Dabei war das „Warum sollte sich das so entwickelt haben"? die zentrale Leitfrage, die es zu beantworten galt.

Auch danke ich meinen langjährigen Freunden Dr. Peter Blomeyer, Frank Stolzenberg und Dr. Werner Zürn für ihre Unterstützung: Peter für seine Anregungen, den Einstieg in das Thema pointierter zu fassen, Frank für seine spontane Bereitschaft, die Lektoratsarbeiten zu übernehmen, und Werner für das Finden und Überlassen thematisch relevanter Sachbücher.

Ebenso bin ich Steffen Jakob und Jennifer Piskol dankbar, die für eine perfekte Grundformatierung des Buches gesorgt haben. Einen besonderen Dank möchte ich Tobias Mittag aussprechen, der mit viel Geduld und Aufwand nicht nur das Quellenverzeichnis geordnet hat, sondern auch formale schreibtechnische Probleme lösen half. Ein großer Dank gilt der Grafikdesignerin Laura Münch, die die Fachzusammenhänge ideenreich farblich visualisieren konnte.

Und nicht zuletzt gilt mein größter Dank meiner Frau, Dr. Gabriele Gebhardt, die über viele Jahre das Werden des Textes geduldig und verständnisvoll unterstützte und mit medizinischem Sachverstand und sprachlichem Feingespür zur Substantiierung des Buches beigetragen hat.

Anhang

Tabelle 6 Produkte der Zubereitung

Begriff	Erklärung	Ergänzung
Speise ahd. *spisa*; zu mlat. *spesa expendere*: aufwenden, spenden	Ein zubereiteter Nahrungsrohstoff (Primärstoffvariation). Ursprünglich aus der Sprache der Klöster: Austeilung von Lebensmitteln an Arme	Garprodukt; stets Rohstoff-kombination/-gemisch aus Primärstoff und Sekundärstoffen – *einfach* und **komplex** – je nach Menge der Sekundäranteile und dem Arbeitsaufwand
Gericht zu *'richten'* im Sinne von *an-, zu-, auf-, ein-richten*; »Tracht« eines Essens	Ernährungsphysiologisch sich ergänzende Speisenkombination (**3 +1**). - **Eiweißträger**: Fleisch, Fisch, Geflügel, Ei, etc. - **Ballaststoffträger**: Gemüse, Salat etc. - **Stärketräger**: Kartoffeln, Reis, Nudeln, - **Klöße** etc. - **Soße**: meist gebunden, hell, dunkel, etc.	**Soße** (die 4. Komponente eines Gerichtes), der Herstellung ge-mäß eine flüssige Speise. Da sie aber nicht als alleinige Kompo-nente vom Gast geordert wird, sondern andere Speisen vielfältig ergänzt, ist sie (bereits aus Servicegründen) keine »echte« Speise
Menü lat. *minutus*: klein; eig. Partizip von *minuère*: vermindern; Menü auch: der *Aufsatz*, bes. Speisekarte, Tisch-karte etc.; franz: *winzig*	Systematisierte Speisen- und Gericht(e)folge mit mind. 3 Gängen (Serviceleistung: Gang = gehen; gemeint: bringen)	Maximale Speisen- / Rohstoff-kombination »*durch Minimier-ung der Portionen*«; sie werden zu »*Leckerbissen*« und befrie-digen das Bedürfnis nach »seltener«, »besonderer« Nahrung
Essen Urbedeutung vermutlich: *beißen* und *kauen, einverleiben*	Oberbegriff für alles, was gegessen wird	Eine nicht näher definierte An-zahl von Speisen (und Gerich-ten); konnotativ eher »üppig« , vergleichbar mit Mahl; **Fest-essen**, großes Essen = Festmahl
Mahlzeit früher: festgesetzte Zeit eines Gastmahls; heute: geregelte Zeit des Essens (Zeit des Mahles), auch die dürftige Kost	Oberbegriff für alles, was gegessen wird	Eine nicht näher definierte Anzahl von Speisen (und Gerichten); konnotativ eher »einfaches Essen«; festliche Bewirtung / Schmaus (wie in Mahl) ist nicht mehr gemeint
Brotzeit »Zeit des Brotes«	Regionale Bezeichnung für überwiegend kalte Speisen, die mit Brot gegessen werden (Bayern); auch Leberkäse und Weißwurst, Eingelegtes etc.	Handwerk, Feldarbeit: die Zeit, in der nicht gearbeitet, sondern (Mitgebrachtes) gegessen wurde
Gedeck auch franz. Couvert; Besteck, Gläser; in Kneipen: Kombigetränke aus Bier und Korn, Bier und Cognac etc.	Reduziertes Menü (nur zwei Gänge: Suppe / Hauptgang oder Hauptgang / Dessert)	Vormalig in Kantinen der Bundeswehr, Krankenhäusern, Uni-Mensen; heute unüblich

Abbildungsverzeichnis

Tabellenverzeichnis

Literaturverzeichnis

Alfs, Klaus. Nordische Norm - Die rassistischen Wurzeln des BMI. [Hrsg.] Europäisches Institut für Lebensmittel- und Ernährungswissenschaften (EU.L.E.) e.V. EU.L.E.N-Spiegel. 19. Jahrgang, 2013, 4/2013, S. 4–20 (24).

Atkins, Peter W. Moleküle - Die chemischen Bausteine der Natur. Heidelberg: Spektrum der Wissenschaft, 1987. 19. Band.

Behringer, Wolfgang. Kulturgeschichte des Klimas - Von der Eiszeit bis zur globalen Erwärmung. München: C.H. Beck, 2010. S. 55. ISBN 978 3 406 52866 8.

Belitz, Hans-Dieter und Grosch, Werner. Lehrbuch der Lebensmittelchemie. Berlin, Heidelberg: Springer-Verlag, 1987. S. 504. ISBN 3-540-16962-8 3.

Berg, Jeremy M., Tymoczko, John L. und Stryer, Lubert. Biochemie. Heidelberg: Spektrum Akademischer Verlag GmbH, 2003. S. 408 ff. ISBN 3-8274-1303-6.

Blech, Jörg. Gene sind kein Schicksal. Frankfurt am Main: S. Fischer Verlag, 2010. S. 255 ff. ISBN 978-3-10-004418-1.

Blech, Jörg. Leben auf dem Menschen - Die Geschichte unserer Besiedler. Reinbek bei Hamburg: Rowohlt-Verlag, 2019. ISBN 978-3-499-62494-0.

Bojs, Karin. Meine europäische Familie. Darmstadt: Konrad Theiss Verlag, 2018. ISBN 978-3-8062-3674-3.

Bornkessel-Schlesewsky, Ina und Schlesewsky, Matthias. Ende der Exklusivität. Spektrum der Wissenschaft. Mai 2014, 5/14, S. 60–67.

Bürger, Wolfgang und Henzel, Günther. Die Vitamine liegen unter der Schale. [Hrsg.] Stephan Stomporowski. Baltmannsweiler: s.n., 2011, S. 148–176.

Cherubin, Dieter und Hg. Sprachwandel - Reader zur diachronischen Sprachwissenschaft. s.l.: De Gruyter, 1975. S. 62–77. ISBN 978-3-11-084517-4.

Cline, Eric H. Warum die Arche nie gefunden wird - Biblische Geschichten archäologisch entschlüsselt. Darmstadt: Theiss Verlag, 2016. ISBN 978-3-8062-3385-8.

Copei, Friedrich. Der fruchtbare Moment im Bildungsprozess. Heidelberg : Quelle & Meyer Verlag, 1966. S. . Bestell-Nr.: 24576.

Deutscher Bundestag - Drucksache 16/12625. Antwort der Beundesregierung: Fortschritte bei der Verminderung von Mykotoxinbelastungen von Lebensund Futtermitteln. [Online] 14. April 2009. [Zitat vom: 09. 12. 2019.] dipbt.bundestag.de/doc/btd/16/126/1612625.pdf.

Dickerson, Richard E. und Geis, Irving. Chemie - eine lebendige und anschauliche Einführung. Weinheim: VCH Verlagsgesellschaft mbH, 1986. S. 59. ISBN 3-527-25867-1.

Ehlen, Michael. Klinikstandards für Neonatologie und pädiatrische Intensivmedizin. Stuttgart: Thieme, 2014. S. 90. ISBN 10: 3131738219.

Eibl-Eibesfeld, Irenäus. Die Biologie des menschlichen Verhaltens. München: Pieper GmbH & Co. Kg, 1986. S. 751 f. ISBN 3-492-02687-7.

Eidemüller, Dirk. Quanten - Evolution. Geist. Heidelberg: Springer Spektrum, 2017. 978-3-662-49378-6.

Enders, Giulia. Darm mit Charme. Berlin: Ullstein, 2016. S. 148. ISBN 978-3-550-08041-8.

Fester, Richard, et al. Weib und Macht. Deutschland: Fischer, 1980. S. 81. ISBN-10: 3-596-23716-5.

Fester, Richard. Sprache der Eiszeit. München - Berlin: Herbig Verlagsbuchhandlung, 1980. ISBN 3-7766-0980-X.

Filser, Hubert. Im Bauch von Ötzi verbirgt sich ein Geheimniss. [Hrsg.] Tamedia AG. Tages Anzeiger. 04. 06. 2014.

Fock, Andrea et al. Opium fürs Volk - Nahrung für den Geist. [Hrsg.] Europäisches Institut für Lebensmittel- und Ernährungswissenschaften (EU.L.E) e.V. EU.L.E.N-Spiegel. 15. Jahrgang, 2008/2009, 6/2008 -1/2009.

Fock, Andrea und Pollmer, Udo. Diabetes; Schiss vor jedem Biss. [Hrsg.] Europäisches Institut für Lebensmittel- und Ernährungswissenschaften (EU.L.E.) e.V. EU.L.E.N-Spiegel. 2010, 5/10; 6/10, S. 3–22.

Fock, Andrea und Pollmer, Udo. Gift im Essen hält gesund. [Hrsg.] Wissenschaftlicher Informationsdienst des Europäischen Institutes für Lebensmittel- und Ernährungswissenschaften (EU.L.E.) e.V. EU.L.E.N-Spiegel. 18. Jahrgang, 2012, 1 / 2012.

Frankrup-Kuhr, Oliver. Lebensmittelchemie. Einfluss der Reaktionswege der Maillard-Reaktion von Pentosen auf die Bildung heterocyclischer aromatischer Amine. [Dissertation]. Münster: s.n., 15. Juli 2004. https://d-nb.info/971865906/34.

Gaffron, Eva. Hochschulschrift (Dissertation). Lautkommunikation bei in Tiergärten gehaltenen Herpestiden. Universität Wien: s.n., 2012. S. 229. AC10904503. http://othes.univie.ac.at/25498/ .

Gebrüder Grimm, Jacob, Wilhelm. Deutsches Wörterbuch. München: dtv - Deutscher Taschenbuchverlag GmbH, 1935 - 1984. S. Bd. 2: 243, 363, 431; Bd. 13: 2338 - 2384. Bd. 2 und 13. ISBN 3-423-05945-1.

Goodall, Jane und Berman, Phillip. Grund zur Hoffnung. Germany: Bertelsmann Verlag GmbH, 1999. ISBN 3-570-50007-1.

Goodall, Jane. Wilde Schimpansen -Verhaltensforschung am Gombe Strom. Reinbek: Rowohlt, 1991. ISBN 3-499-18838-4.

Gundry, Steven R. Böses Gemüse - Wie gesunde Nahrungsmittel uns krank machen. Weinheim Basel: Beltz , 2018. ISBN 978-3-407-86561-8 Print.

Harari, Yuval Noah. Eine kurze Geschichte der Menschheit. München: Pantheon - Ausgabe 15, 2015. ISBN 978-3-570-55269-8.

Harari, Yuval Noah. Homo Deus. München: Verlag C.H. Beck, 2017. ISBN 978-3-406-70401-7.

Harris, Marvin. Wohlgeschmack und Widerwillen - Die Rätsel der Nahrungstabus. Stuttgart: Klett-Cotta, 1990. S. 176 ff. ISBN 3-608-93123-6.

Hart, Thomas C. Winzige Zeugen der Vergangenheit. Spektrum der Wissenschaft. September 2015, 9/15, S. 28–33.

Hartenbach, Walter. Die Cholesterin-Lüge. München: F.A. Herbig Verlagsbuchhandlung, 2008. ISBN 978-3-7766-2277-5.

Hatt, Hanns und Dee, Regine. Das kleine Buch vom Riechen und Schmecken. München: Knaus, 2012. ISBN 978-3-8135-0444-6.

Hatt, Hans. Dem Rätsel des Riechens auf der Spur. Grundlagen der Duftwahrnehmung. [Hörbuch] Köln: supposé, 2006. ISBN 3-932513-70-3 (Hörbuch).

Hauer, Thomas (Hg.). Das Geheimnis des Geschmacks Aspekte der Ess- und Lebenskunst. Wetzlar: Anabas Verlag GmbH & Co KG, 2005. ISBN 3-87038-366-6.

Hess, Jörg. Familie 5 - Berggorillas in den Virunga-Wäldern. Basel: Birkhäuser, 1989. ISBN 3-7643-2312-4.

Hinghofer-Zsalkay, Helmut. Community - Life Science Teaching Resource. Reise durch die Physiologie - Ernährung und Verdauungssystem - Physiologie der Absorptionsprozesse. [Online] H. Hinghofer-Szalkay. [Zitat vom: 06. 12. 2019.] user.medunigraz.at/helmut.hinghofer-szalkay/Pruef.htm.

Hoffmann, Emil. Evolution der Erde und des Lebens - Von der Urzelle zum Homo sapiens. Heidelberg: BoD-Books on Demand, Norderstedt, 2014. S. 136–151. ISBN 978-3-7386-7417-0.

Jablonski, Nina G. Warum Menschen nackt sind. Spektrum der Wissenschaft. 10 2010, 10/10, S. 60 - 67.

Jana, Distler. Die Bedeutung von Exorphinen für die Humanernährung. München: GRIN-Verlag, 2015. S. 56. Bachelorarbeit. ISBN 978-3-668-05019-8.

Kahrs-Leifer, Herbert. Warenkunde des Lebensmittelhandels. Köln-Braunsfeld: Verlagsgesellschaft Rudolf Müller, 1965. Bd. II. Verlagsarchiv Nr. 196.

Keidel, Wolf D. Kurzgefaßtes Lehrbuch der Physiologie. Stuttgart: Georg Thieme Verlag, 1979. S. 1.2. ISBN 3-13-358605-X.

Keidel, Wolf D. Kurzgefaßtes Lehrbuch der Physiologie. Suttgart: Thieme, 1979. S. 8.4 ff. ISBN 3-13-368605-X.

Khodamoradi, et al. Rolle der Mikrobiota bei der Prävention von Infektionen mit multiresistenten Bakterien. Deutsches Ärzteblatt. Ausgabe A, 04. Oktober 2019, Bd. 40, S. 670–676.

Klafki, Wolfgang. Neue Studien zur Bildungstheorie ud Didaktik. Weinheim, Basel: Beltz Verlag, 1994. ISBN 3-407-34056-7.

Klein, Stefaan. Die Glücksformel. Reinbek: Rowohlt, 2009. ISBN 978 3 499 61513 9.

Kluge, Friedrich. Ethymologisches Wörterbuch der deutschen Sprache. Berlin, New York: Walter de Gruyter, 1975. ISBN 3-11-005709-3.

Knop, Uwe. Dein Körpernavigator. Heidelberg: Polarise, 2019. ISBN 978-3-947619-23-8.

Küppers, Bernd-Olaf. Die Berechenbarkeit der Welt. Stuttgart: S. Hirzel Verlag, 2012. S. 124. ISBN 978-3-7776-2151-7.

Kytzler, Bernhard und Redemund, Lutz. Unser tägliches Latein. Augsburg: Weltbild Verlag, 1995. ISBN 3-89350-973-9.

Lämmel, Reinhard. Von der Feinschmeckerei. [Hrsg.] Europäisches Institut für Lebensmittel- und Ernährungswissenschaften (EU.L.E.) e.V. Ernährungswissenschaften. EU.L.E.N-Spiegel. 3/2003, 22. Juli 2003, Bd. 9. Jahrgang, Nr. 3 - 22.6.2003, S. 24.

Lang, Konrad. Biochemie der Ernährung. Darmstadt: Dr. Dietrich Steinkopff Verlag, 1979. S. SS. 396–403. ISBN 3-7985-0553-5.

Leakey, Richard E. und Lewin, Roger. Wie der Mensch zum Menschen wurde. Tokio - Japan: Hoffmann und Campe, 1980. S. 169. ISBN 3-455-08931-3.

Lehninger, Albert L. Biochemie. Weinheim: VCH - Verlagsgesellschaft mbH, 1985. S. 411. ISBN3-527-25688-1.

Leitzmann, Klaus. Ernährung in Prävention und Therapie. Stuttgart: Hippokrates-Verlag, 2009. ISBN 978-3-8304-5325-3.

Lewin, Roger. Die Herkunft des Menschen - 200 000 Jahre Evolution. Heidelberg Berlin Oxford: Spektrum Akademischer Verlag, 1995. ISBN 3-86025-276-3.

Löffler, Georg und Petrides, Petro E. Physiologische Chemie. Berlin: Springer-Lehrbuch, 1988. S. 744 ff. ISBN 3-540-18163-6.

Logue, Alexandra W. Die Psychologie des Essens und Trinkens. Heidelberg, Berlin, Oxford: Spektrum Akademischer Verlag GmbH, 1995. S. 99 ff. ISBN 3-86025-113-0.

Marean, Curtis W. Der Siegeszug des Homo sapiens. Spektrum der Wissenschaft. Juni 2016, 6/16, S. 48–55.

Martin, Robert D. Hirngröße und menschliche Evolution. Spektrum der Wissenschaft. 1. 9 1995, Spektrum der Wissenschaft 9, S. 48.

Mennell, Stephen. Die Kultivierung des Appetits. Frankfurt am Main: Athenäum Verlag, 1988. ISBN 3-610-08509-6.

Morris, Desmond. Der nackte Affe. München: Droemer Knaur Verlag, 1968. ISBN 3-426-03224-4.

Muth, Jutta und Pollmer, Udo. Das Geheimnis des Chili -. [Hrsg.] Wissenschaftlicher Informationsdienst des Europäischen Institutes für Lebensmittel- und Ernährungswissenschaften (EU.L.E.) e.V. EU.L.E.N-Spiegel. 2005, Bd. 11. Jahrgang, 3/2005, S. 13.

Muth, Jutta und Pollmer, Udo. Die Bedeutung der "Küche" für die Evolution. [Hrsg.] Stuttgart Verlag Eugen Ulmer. Züchtungskunde. 2010, Bd. 82, 82 (1) S. 40–56.

Muth, Jutta. Scharfe Sachen: Chilis. [Hrsg.] Wissenschaftlicher Informationsdienst des Europäischen Institutes für Lebensmittel- und Ernährungswissenschaften (EU.L.E.) e.V. EU.L.E.N-Spiegel. 11. Jahrgang, 2005, 3/2005, S. 2 (28).

Nagy, Tamás. Zucker: süße Mythen. [Hrsg.] Wissenschaftlicher Informationsdienst des Europäischen Institutes für Lebensmittel- und Ernährungswissenschaften (EU.L.E.) e.V. EU.L.E.N-Spiegel. 10. Jahrgang, 2004, 1/2004.

Niehaus, Monika. Salz statt Antibiotika. [Hrsg.] Wissenschaftlicher Informationsdienst des Europäischen Institutes für Lebensmittel- und Ernährungswissenschaften (EU.L.E.) e.V. EU.L.E.N-Spiegel. 21.Jahrgang, 2015, 1/2015, S. 28.

Nüsslein-Volhard, Christiane. Das Werden des Lebens. München: Verlag C. H. Beck oHG, 2004. ISBN 3 406 51818 4.

Ohne Verfasser, (o.V.). SPEKTROGRAMM - Ernährung - Kognitive Defizite durch Sakzkonsum. [Hrsg.] Spektrum der Wissenschaft Verlagsgesellschaft mbH. Spektrum der Wissenschaft. 2018, 3.18, S. 9. Quelle: Neuroscience 10.1038/s41593-017-0059-z, 2018.

Penzlin, Heinz. Das Phänomen Leben. Berlin Heidelberg: Springer-Verlag, 2014. 978-3-642-37460-9.

Pfaffenzeller, Martin. Entdeckung in der Anthropologie - Kapuzineraffen stellen Faustkeile her. Spiegel Online. 19. 10. 2016.

Pfuhl, Jürgen. Pflanzen auf Kriegspfad. [Hrsg.] Wissenschaftlicher Informationsdienst des Europäischen Institutes für Lebensmittel- und Ernährungswissenschaften (EU.L.E.) e.V. EU.L.E.N-Spiegel. 16. Jahrgang, 2010, 5/2010 - 6/2010, S. 38 (44).

Phuhl, Andrea und Pollmer, Udo. Grüne Gene gehen fremd. [Hrsg.] Europäisches Institut für Lebensmittel- und Ernährungswissenschaften (EU.L.E.) e.V. EU.L.E.N-Spiegel. 2013, 3/2013, S. 18,19.

Pollmer, Udo und (Hg.). Opium fürs Volk - Natürliche Drogen in unserem Essen. Reinbek: Rowohlt Taschenbuch, 2010. ISBN: 9783499626357.

Pollmer, Udo und Fock, Andrea. Love it or hate it. [Hrsg.] Wissenschaftlicher Informationsdienst des Europäischen Institutes für Lebenmittel- und Ernährungswissenschaften (EU.L.E.) e.V. EU.L,E.N-Spiegel. 18. Jahrgang, 2012, 2-3/2012, S. 40.

Pollmer, Udo und Muth, Jutta. Der Mensch - ein Coctivor. [Hrsg.] Wissenschaftlicher Informationsdienst des Europäischen Institutes für Lebensmittel- und Ernährungswissenschaften (EU.L.E.) e.V. EU.L.E.N-Spiegel. 13. Jahrgang, 20. August 2007, 3-4/2007, S. 5 (48).

Pollmer, Udo und Muth, Jutta. Glutamat: Nicht nur Geschmackssache. [Hrsg.] Europäisches Institut für Lebensmittel- und Ernährungswissenschaften (EU.L.E.) e.V. EU.L.E.N-Spiegel. 10. Jahrgang, 30. Oktober 2004, 4-5/2004, S. 9,10 (44).

Pollmer, Udo und Neumann, Brigitte. Verschaukelt und vertuscht: Die Geschichte der Pellagra. [Hrsg.] Europäisches Institut für Lebensmittel- und Ernährungsforschung (EU.L.E.) e.V. EU.L.E.N-Spiegel. 12. Jahrgang, 28. 3 2006, 1/2006, S. 3–11.

Pollmer, Udo und Warmuth, Susanne. Lexikon der populären Ernährungsirrtümer. München: Piper Verlag GmbH, 2002. S. 258 f. ISBN 3-492-23410-0.

Pollmer, Udo. »Appetit: Der Bauch entscheidet«. [Hrsg.] Europäisches Institut für Lebensmittel- und Ernährungswissenschaften (EU.L.E.) e.V. EU.L.E.N-SPIEGEL. 3/2003, 22. 6. 2003, Bd. 9. Jahrgang, S. 24.

Pollmer, Udo. Diabetes: Da bleibt die Spucke weg. [Hrsg.] Wissenschaftlicher Informationsdienst des Europäischen Institutes für Lebensmittel- und Ernährungsforschung (EU.L.E.) e.V. EU.L.E.N-Spiegel. 2012, 4-6/2012, S. 71.

Pollmer, Udo. Esst endlich normal! München: Piper Verlag GmbH, 2005. S. 264. ISBN-13: 978-3-492-04791-2.

Pollmer, Udo. Kollatt - ein Denkmal wankt. [Hrsg.] Wissenschaftlicher Informationsdienst des Europäischen Institutes für Lebensmittel- und Ernährungswissenschaften (EU.L.E.) e.V. EU.L.E.N-Spiegel. 7. Jahrgang, 15. März 2001, S. 6 (20).

Pollmer, Udo. Zusatzstoffe von A-Z. Hamburg: Deutsches Zusatzstoffe Museum, 2010. ISBN 978-3-00-033412-2.

Rea, Philip A., Yin, Peter und Zahhalka, Ryan. Mit beigem Fett gegen Übergewicht. Spektrum der Wissenschaft. 2015, 7/15, S. 26–32.

Rehner, Gertrud und Daniel, Hannelore. Biochemie der Ernährung. Heidelberg: Spektrum, 2010. S. 177 ff. ISBN 978-3-8274-2217-0.

Reichholf, Josef H. Warum die Menschen sesshaft wurden - Das größte Rätsel unserer Geschicht. Frankfurt am Main: Fischer, 2008. S. 295. ISBN 978-3-10-062943-2.

Reno, Philip L. Paläoanthropologie - Per DNA-Verlust zum Menschen? [Hrsg.] Spektrum der Wissenschaft Verlagsgesellschaft mbH. Spektrum der Wissenschaft. 2.18, Februar 2018, S. 30–35.

Rosenblum, Lawrenz D. Sinfonie der Sinne. [Hrsg.] Spektrum der Wissenschaft Verlagsgesellschaft mbH. Spektrum der Wissenschaft. 2014, 1/14, S. 24–27.

Roth, Gerhard und Strüber, Nicola. Wie das Gehirn die Seele macht. Stuttgart: Klett-Cotta, 2014. ISBN 978-3-608-94805-9.

Roth, Gerhard. Persönlichkeit Entscheidung und Verhalten. Stuttgart : Klett-Cotta, 2009. S. 152 ff. ISBH 978-3-608-94490-7.

Roth, Gerhard. Wie einzigartig ist der Mensch. Heidelberg : Spektrum Akademischer Verlag Heidelberg 2011, 2011. S. 360 f. ISBN 978-3-8274-2147-0.

Roth, Markus, (Hg.) Hammelstein, Philipp und (Hg.). Sensation Seeking – Konzeption, Diagnostik und Anwendung. Göttingen: Hogrefe Verlagsgruppe, 2003. ISBN 9783801717193.

Roth, Rudolph und Boethlingk, Otto. Sanskrit Wörterbuch: Fünfter Teil. Einbeck: AHA-BUCH GmbH, 2017. S. 250 f. ISBN: 9783337334178.

Sapolsky, Robert. Gewalt und Mitgefühl - Die Biologie des menschlichen Verhaltens. Regensburg: Hanser, 2017. S. 303 ff. ISBN 978-3-446-25672-9.

Schnurr, Eva-Maria. Trendkost - Die Geschichte des Essens. [Hrsg.] Zeitverlag Gerd Bucerius GmbH & Co. Zeit Online. 15. August 2006, ZEIT Wissen 05/2006.

Schurz, Gerhard. Evolution in Natur und Kultur. Heidelberg: Spektrum Akademischer Verlag , 2011. ISBN 978-3-8274-2665-9.

Sejnowski, Terry und Delbrück, Tobi. Die Sprache des Gehirns - Neurowissenschaft. Spektrum der Wissenschaft. März 2013, 3 / 13, S. 22–27.

Silva, Alcino J. Gedächtnis - Ein Netz von Erinnerungen. Spektrum der Wissenschaft. April 2018, 4.18, S. 54–59.

Skinner, Michael K. Vererbung der anderen Art. Spektrum der Wissenschaft. Juli 2015, 7/15, S. 18–25.

Stachura, Elisabeth. Spektrum.de Ernährung. Was bringt Fasten wirklich? [Online] 13. Februar 2015. [Zitat vom: 06. 12. 2019.]

Stedman, Hansel H. Brain versus brawn: Myosin mutant's moment in human evolution. [Hrsg.] Nature Publishing Group. Nature. Vol 428, 25. März 2004, Bd. Nr 6981.

Stomporowski und (Hg.), Stephan. Die Vitamine liegen unter der Schale. Baltmannsweiler: Schneider Verlag Hohengehren GmbH, 2011. ISBN 978-3-83400976-0.

Stout, Dietrich. Hirnevolution - Wie man einen Faustkeil macht. [Hrsg.] Spektrum der Wissenschaft Verlagsgesellschaft mbH. Spektrum der Wissenschaft. 11 2016, 11.16, S. 30–37.

Ströhle, Alexander, Wolter, Maike und Hahn, Andreas. Die Ernährung des Menschen im evolutions-medizinischen Kontext. [Hrsg.] Springer-Verlag. Wiener klinische Wochenschrift - The Middle European Journal of Medicine. 17. Juni 2008, Wien Klin Wochenschr (2009) 121, S. 173–187.

Ternes, Waldemar. Naturwissenschaftliche Grundlagen der Lebensmittelzubereitung. Hamburg : B. Behr's Verlag GmbH & Co., 1980. ISBN3-925673-84-9.

Thorwald, Ewe. Das hungrige Hirn. Bild der Wissenschaft.de - online. 1. 7. 2009, S. 26.

Tomasello, Michael. Die Ursprünge der menschlichen Kommunikation. Berlin: Suhrkamp Taschenbuch Wissenschaft, 2011. S. 410. ISBN 978-3-518-29604-2.

Tomasello, Michael. Die Ursprünge der menschlichen Kommunikation. Berlin: Suhrkamp Verlag AG, 2008. ISBN 9783518585382.

Van Kranendonk, Martin J., Djokic, Tara und Deamer, David. Chemische Evolution - Wie entstand das Leben. [Hrsg.] Spektrum der Wissenschaft Verlagsgesellschaft m.b.H. Spektrum der Wissenschaft. Dezember 2017, 12/17, S. 12–19.

van Schaik, Carel und Michel, Kai. Das Tagebuch der Menschheit - Was die Bibel über unsere Evolution verrät. Reinbek: Rowohlt, 2016. ISBN 978 3 498 06216 3.

Verhaltungsforschung - Affen haben genug Grips zum Kochen. TAGESSPIEGEL, DER. [Hrsg.] Giovanni di Lorenzo, Sebastian Turner Stephan-Andreas Casdorff. s.l.: Verlag Der Tagesspiegel GmbH, 03. Juni 2015, Der Tagesspiegel online.

Watzel, Bernhard und Leitzmann, Claus. Bioaktive Substanzen in Lebensmittel. Stuttgart: Hippokrates Verlag , 1995. ISBN 3-7773-1115-4.

Wong, Kate und Wood, Bernhard. Menschwerdung in neuem Licht - Unsere unübersichliche Verwandschaft. Spektrum der Wissenschaft. Jamuar 2015, 1/15, S. 22–26; 27–33.

Wong, Kate. Verkannte Neandertaler. [Hrsg.] Spektrum der Wissenschaft Verlagsgesellschaft mbH. Spektrum der Wissenschaft. monatlich, 2015, 10/15, S. 28–35.

Wrangham, Richard. Feuer Fangen - Wie uns das Feuer zum Menschen machte - eine neue Theorie der menschlichen Evolution. München: Deutsche Verlags-Anstalt München, 2009. S. 14 ff. ISBN 978-3-421-04399-3.

Zinkant, Kathrin. Ernährung: In der Steinzeit gab es reichlich Kohlenhydrate zu essen. [Hrsg.] Süddeutsche Zeitung GmbH. Süddeutsche Zeitung - SZ.de. 07. 01 2020.

Zuberbühler, Klaus. Fähigkeit der komplexen Kommunikation bei Meerkatzen entdeckt. [Hrsg.] Gruner+Jahr. NATIONAL GEOGRAPHIC DEUTSCHLAND. 19. Juni 2002, 5/02.

<u>Internetquellen</u>

Abbot, Alison. Diagnostischer Leitfaden für. Darm-assoziierte Erkrankungen. Besteht der Mensch aus mehr Bakterien als Körperzellen? [Online] 11. Januar 2016. [Zitat vom: 07. 12. 2019.] https://www.spektrum.de/frage/besteht-der-mensch-aus-mehr-bakterien-als-koerperzellen/1392955.

Albat, Daniela. Scinexx - Das Wissensmagazin. Neandertaler: Frühe Trennung von Homo sapiens? [Online] 16. 05. 2019. [Zitat vom: 01. 12. 2019.] https://www.google.com/search?q=https%3A%2F%2Fwww.scinexx.de+%E2%80%BA+news+%E2%80%BA+biowissen+%E2%80%BA+neandertaler-fruehe-trennung&rlz=1C1GGRV_enDE751DE751&oq=https%3A%2F%2Fwww.scinexx.de+%E2%80%BA+news+%E2%80%BA+biowissen+%E2%80%BA+neandertaler-frueh.

Anhalt, Utz. heilpraxis - natural health. Beriberi – Definition, Geschichte, Ursachen und Symptome. [Online] Heilpraxisnet.de GbR, 30. Juli 2019. [Zitat vom: 09. 12. 2019.] https://www.heilpraxisnet.de/krankheiten-beriberi-definition-geschichte-ursachen-symptome.

Bayer, Wolfgang und Schmid, Karheinz. 2013 synlab Services GmbH. Gesunder Darm, kranker Darm - Diagnostischer Leitfaden für Darm-assoziierte Erkrankungen. [Online] Kompetenzzentrum für komplementärmedizinische Diagnostik der SYNLAB MVZ Leinfelden-Echterdingen GmbH, 2013. [Zitat vom: 07. 12. 2019.] https://www.labor-bayer.de/publikationen/DrBayer-Gesunder-Darm-kranker-Darm.pdf.

Beckers, Mice. Spektrum.de. Gezielte Feuernutzung schon vor einer Million Jahren? [Online] iq digital media marketing gmbH, 02. 04. 2012. [Zitat vom: 12. 07. 2014.] https://www.spektrum.de › news › gezielte-feuernutzung-schon-vor-einer-....

Berger, Tamara. Universität Wien Universitätsbibliothek. Natriumglutamat - Funktion und Bedeutung als Auslöser des Umami-Geschmacks. [Online] August 2010. Hochschulschrift (Diplomarbeit). http://othes.univie.ac.at/11039/1/2010-08-30_0302022.pdf.

Boesch, Hedwige. Max-Planck-Gesellschaft. Die Schimpansen-Steinzeit. [Online] Max-Planck-Institut für evolutionäre Anthropologie, 13. 02. 2007. [Zitat vom: 09. 10. 2018.] https://www.mpg.de › Startseite › Newsroom.

Bohne, Felix. ScienceBlogs. SMS - Scienece meets society - Eisenmangel schützt vor Malaria. [Online] 17. April 2012. [Zitat vom: 09. 12. 2019.] http://scienceblogs.de/science_meets_society/2012/04/17/eisenmangel-schutzt-vor-malaria/.

Brade, Wilfried. Berichte über die Landwirtschaft - Zeitschrift für Agrarpolitik und Landwirtschaft. Hochleistende Kühe und deren Milchbestandteile als mögliche Biomarker für das Energiedefizit in der Frühlaktation. [Online] 2016. [Zitat vom: 10. 12. 2019.] https://buel.bmel.de/index.php/buel/article/view/110/Brade_Biomarker.html.

Brockhaus Bilder-Conversations-Lexikon. Osmazom. [Online] Band 3. Leipzig 1839., S. 363., Zeno.org, 2019. [Zitat vom: 09. 12. 2019.] http://www.zeno.org/Brockhaus-1837/A/Osmazom.

Burger, Kathrin. Spektrum.de. Der Körper schmeckt mit. [Online] Spektrum der Wissenschaft Verlagsgesellschaft mbH, 2. 06. 2015. [Zitat vom: 07. 12. 2019.]

Cao, Rihui, et al. Current Medicinal Chemistry. Beta-Carboline Alkaloids: Biochemical and Pharmacological Functions. [Online] Vol. 14, No. 4; S. 479–500, 2007. [Zitat vom: 20. 12. 2019.] http://citeseerx.ist.psu.edu/viewdoc/download?doi=10.1.1.687.9270&rep=rep1&type=pdf.

Charisius, Hanno. Süddeutsche Zeitung - SZ.de. Hinweise auf früheste Lebensformen der Erde entdeckt. [Online] 01. 03. 2017. [Zitat vom: 06. 12. 2019.] https://www.sueddeutsche.de/wissen/evolution-hinweise-auf-frueheste-lebensformen-der-erde-entdeckt-1.3400523.

Czepel, Robert und science.ORF.at. [Hrsg.] ORF-Funkhaus science.ORF.at. [Redakt.] science.ORF.at Robert Czepel. Was Superschmecker so empfindlich macht. [Radio / TV]. 28. Mai 2014. Studie. https://sciencev2.orf.at/stories/1739505/index.html.

Czichos, Joachim. Wissenschaft aktuell. Nahrungsfett stimuliert Langzeitgedächtnis. [Online] Wissenschaft-aktuell, z. Hd. Jan Oliver Löfken, 28. April 2009. [Zitat vom: 10. 12. 2019.] https://www.wissenschaft-aktuell.de/artikel/Nahrungsfett_stimuliert_Langzeitgedaechtnis1771015585965.html.

Demir, Buğra. StudyLib. die Sprachwissenschaft. [Online] Balance - 3K Krönchen Kommunikation, 20. 12. 2019. [Zitat vom: 20. 12. 2019.] https://studylibde.com/doc/2250988/die-sprachwissenschaft.

Denk, Winfried. Max-Planck-Institut für Neurobiologie. Der Schaltplan des Gehirns. [Online] 2015. [Zitat vom: 06. 12. 2019.] https://www.neuro.mpg.de/3341345/research_report_9919510. DOI 10.17617/1.2B.

Deutsche Diabetes Gesellschaft (DDG). Deutscher Gesundheitsbericht Diabetes 2017 - Die Betandsaufnahme. [Online] Kirchheim + Co GmbH, 17. November 2016. [Zitat vom: 10. 12. 2019.] https://www.diabetesde.org/system/files/documents/gesundheitsbericht_2017.pdf.

Dörhöfer, Pamela. Wissen: Spektakulärer Fund in Südafrika bringt Annahmen zur Evolution ins Wanken. Frankfurt: Frankfurter Rundschau GmbH, 15. November 2019. https://www.fr.de/wissen/unerwartete-vorfahren-immenschlichen-stammbaum-13220827.html.

Dueblin, Christian. Xecutivees.net. Prof. Dr. Klaus Zuberbühler über die Kommunikation zwischen Primaten und die Evolution der menschlichen Sprache. [Online] 01. 04. 2013. [Zitat vom: 04. 12. 2019.] https://xecutives.net/prof-dr-klaus-zuberbuehler-ueber-die-kommunikation-zwischen-primaten-und-die-evolution-der-menschlichen-sprache/.

Eisler, Rudolf. textlog.de - Historische Texte & Wörterbücher. Apperzeption, transzendentale - Kant Lexikon - Nachschlagewerk zu Immanuel Kant (1930). [Online] Peter Kietzmann - Berlin, 2019. [Zitat vom: 11. 12. 2019.] https://www.textlog.de/32210.htm.

Ewe, Thorwald. wissenschaft.de. DAS HUNGRIGE HIRN. [Online] 18. 8. 2009. [Zitat vom: 02. 12. 2019.] https://www.wissenschaft.de/umwelt-natur/das-hungrige-hirn/.

Facharztwissen - MedioConsult. Appetit - Kategorie: Magendarmkrankheiten, Pathophysiologie, Symptome. [Online] GESUNDHEITSPORTAL ZU MEDIZIN, BIOLOGIE, GESUNDES LEBEN UND WISSENSCHAFT. MEDICOCONSULT GMBH, 2019. [Zitat vom: 11. 12. 2019.] https://www.medicoconsult.de/appetit/.

Fenske, Wiebke und Silbermann, Claudia. DiabSite - Das unabhängige Diabetesportal. Nach Operation weniger Lust auf fettige Speisen - Pressemitteilung Universität Leipzig. [Online] Helga Uphoff - Redaktion Diabetes-Portal DiabSite, 07. Januar 2017. [Zitat vom: 11. 12. 2019.] https://www.diabsite.de/aktuelles/nachrichten/2017/170107.html.

Fernstrom, John D. Annals of Nutrition & Metabolism. Monosodium Glutamate in the Diet Does Not Raise Brain Glutamate Concentrations or Disrupt Brain Functions. [Online] Karger AG, Basel, 03. Dezember 2018. [Zitat vom: 10. 12. 2019.] https://www.karger.com/Article/Abstract/494782.

Fischer, Lars. Spektrum.de. Bier-Fakten: Von Geschichte bis Gesundheit - fünf Fragen ... [Online] Spektrum der Wissenschaft Verlagsgesellschaft mbH, 21. 04. 2016. [Zitat vom: 02. 12. 2019.] https://www.spektrum.de/wissen/von-geschichte-bis-gesundheit-fuenf-fragen-rund-ums-bier/1405185.

Fischer, Lars. Spektrum.de. Die Gen-Variante für den Schokoladenhunger. [Online] Spektrum der Wissenschaft Verlagsgesellschaft mbH, 02. Juni 2017. [Zitat vom: 10. 12. 2019.] https://www.spektrum.de/news/die-gen-variante-fuer-den-schokoladenhunger/1454619.

Gänger, Jan; ntv- Wissen. Neue These: Arteriosklerose nicht durch Blutfette? [Online] 17. Januar 2017. [Zitat vom: 09. 12. 2019.] https://www.n-tv.de/wissen/Arteriosklerose-nicht-durch-Blutfette-article19575332.html.

Gessat, Michael. Deutschlandfunk. Mentholrezeptor lässt Mäuse und Menschen frösteln. [Online] Deutschlandfunk Funkhaus, 31. Mai 2007. [Zitat vom: 09. 12. 2019.] https://www.deutschlandfunk.de/mentholrezeptor-laesst-maeuse-und-menschen-froesteln.676.de.html?dram:article_id=24465.

Gibbons, Ann. Süddeutsche Zeitung - SZ.de. Warmes Essen und Hirn-Wachstum - Aus dem Topf in den Kopf. [Online] Süddeutsche Zeitung GmbH, 19. Mai 2010. [Zitat vom: 12. 12. 2019.] https://www.google.com/search?q=Warmes+Essen+und+Hirn-Wachstum+-+Aus+dem+Topf+in+den+Kopf&rlz=1C1GGRV_enDE751DE751&oq=Warmes+Essen+und+Hirn-Wachstum+-+Aus+dem+Topf+in+den+Kopf&aqs=chrome..69i57j69i60.1445j0j8&sourceid=chrome&ie=UTF-8.

Goren-Inbar, N. ads - astrophysics data system. The Acheulian site of Gesher Benot Ya'aqov, Israel: environment, hominin culture, subsistence and adaptation on the shores of the paleo-Hula Lake. [Online] The SAO/NASA Astrophysics Data System, Dezember 2014. [Zitat vom: 30. 11. 2019.] https://ui.adsabs.harvard.edu/abs/2014AGUFMPP31G..08G/abstract. Bibcode: 2014AGUFMPP31G..08G.

Goudsblom, Johan. Feuer und Zivilisation. Wiesbaden: Springer VS - Springer Science+Business Media, 2016. ISBN 978-3-658-06505-8.

Grieß, Klaus; Gassen, Wolfgang; Nick, Oliver; Nick, Peter. Spektrum.de. Lexikon der Biologie - Signaltransduktion. [Online] Spektrum Akademischer Verlag, Heidelberg, 1999. [Zitat vom: 10. 12. 2019.] https://www.spektrum.de/lexikon/biologie/signaltransduktion/61524.

Grolle, Johann. Spiegel Online. Paläanthropologie - Der klügste Affe. [Online] DER SPIEGEL 38/2015, 12. November 2015. [Zitat vom: 12. 12. 2019.] https://www.spiegel.de/spiegel/print/d-138603677.html.

Groß, Michael. Spektrum.de. Geschmacksverändernde und süße Proteine. [Online] Spektrum der Wissenschaft Verlagsgesellschaft mbH, 01. Oktober 1998. [Zitat vom: 10. 12. 2019.] Aus: Spektrum der Wissenschaft 10 / 1998, Seite 26. https://www.spektrum.de/magazin/geschmacksveraendernde-und-suesse-proteine/824891.

Haberland, Michael. Zobodat. Die Kochkunst der Primitivvölker. - Zobodat. [Online] 27. 11. 1912. [Zitat vom: 01. 12. 2019.] https://www.zobodat.at/pdf/SVVNWK_53_0029-0054.pdf. UID: AT U36918207.

Hardy, Karen. scinexx - das wissensmagazin. Frühmenschen: Schlau durch Stärke? [Online] 07. 08. 2015. [Zitat vom: 01. 12. 2019.] https://www.scinexx.de/news/medizin/fruehmenschen-schlau-durch-staerke/.

Harms, Florian. SpiegelOnline. Reisespeisen - Brot aus dem Sand. [Online] DER SPIEGEL GmbH & Co. KG, 07. 12. 2006. [Zitat vom: 03. 12. 2019.] https://www.spiegel.de/reise/fernweh/reisespeisen-brot-aus-dem-sand-a-452892.html.

Harrer, Heinrich. Ich komme aus der Steinzeit. München: Oebis Verlag für Publizistik, 1988. S. 26. ISBN 3-572-03032-3.

Heidenfelder, Claudia, [Interpr.]. Urzeit - Ostafrikanischer Graben. [Prod.] des Südwestrundfunks (SWR) und von ARD-alpha Gemeinschaftsprojekt des Westdeutschen Rundfunks (WDR). planet-wissen.de, 2017. https://www.planet-wissen.de/geschichte/urzeit/die_entstehung_des_ostafrikanischen_grabens/index.html.

Henry, Amanda G. et al. Archäologie online. Speiseplan des Austhralopiecus sediba enthielt auch ... [Online] 27. 06. 2012. [Zitat vom: 01. 12. 2019.] https://www.archaeologie-online.de/nachrichten/speiseplan-des-australopithecus-sediba-enthielt-auch-baumrinde-2069/.

Herden, Birgit und Rauner, Max. Zeit Online. Ernährung - Die DNA-Diät. [Online] Zeitverlag Gerd Bucerius GmbH & Co., 13. August 2013. [Zitat vom: 08. 12. 2019.] https://www.zeit.de/zeit-wissen/2013/05/dna-diaet-gene-ernaehrung.

Herraiz T; Guillén H; Arán VJ. PubMed.gov. Oxidative metabolism of the bioactive and naturally oc-curring beta-carboline alkaloids, norharman and harman, by human cytochrome P450 enzymes. [Online] NCBI -National Center for Biotechnology Information, 21. November 2008. [Zitat vom: 08. 12. 2019.] https://www.ncbi.nlm.nih.gov/pubmed/19238614.

Hirschberg, Ruth M. brandenburg1260. Was Knochen & Co. verraten: Osteoarchäologie, Paläopatho-logie und Paläoanthropologie. [Online] Dr. Ruth Hirschberg, August 2013. [Zitat vom: 12. 12. 2019.] http://www.brandenburg1260.de/osteoarchaeologie.html.

Horner, Heinz. Institut für Theoretische Physik. Ruprecht-Karls-Universität Heidelberg. Neuronale Informationsverarbeitung NIVO5. [Online] 2005 / 2006. [Zitat vom: 07. 12. 2019.] https://www.thphys.uni-heidelberg.de/~horner/NIV05.pdf.

HTWK Leipzig (2). Hochschule für Technik, Wirtschaft und Kultur Leipzig. Wärmestrahlung - (HTWK) Leipzig. [Online] [Zitat vom: 03. 12. 2019.] http://www.imn.htwk-leipzig.de/~ebersb/bau-physik/waermestrahlung.pdf.

HTWK-Leipzig (1). Hochschule für Technik, Wirtschaft und Kultur Leipzig. immisionen von Wärme-strahlung jeder Körper. [Online] [Zitat vom: 03. 12. 2019.] http://www.imn.htwk-leipzig.de/~ebersb/bauphysik/lehrblatt/lehrblatt2.pdf.

IPgD. Institut für Pharmagenetik und genetische Disposition. N-Acetyltransferase 2 (NAT2) - www.ipgd-labore.de. [Online] 02. Mai 2012. [Zitat vom: 07. 12. 2019.] https://ipgd-labore.de/pa-poo/institut-/a-z/n-acetyltransferase-2/.

Jordan, Thilo. Archaeologie Online. Doch kein Bier in Sumer? [Online] archaeomedia, 13. 01. 2012. [Zitat vom: 02. 12. 2019.] Wissenschaftshistoriker und Keilschriftexperte Peter Damerow vom Max-Planck-Institut für Wissenschaftsgeschichte. https://www.archaeologie-online.de/nachrichten/doch-kein-bier-in-sumer-1958/.

Kashiwagi-Wetzel, Kikuko, Meyer, Anne-Rose und Hrsg. Theorien des Essens. Berlin: Suhrkamp, 2017. S. 251. ISBN 978-3-518-29781-0.

Klein, Stefan. Zeit Online - Wissen. Jane Goodall - Eine Affenliebe. [Online] 18. 08. 2011. [Zitat vom: 03. 12. 2019.] https://www.zeit.de/2011/34/Forschung-Jane-Goodall.

Krause, Johannes. Die genetische Herkunft der Europäer. Max-Planck-Institut für Menschheitsge-schichte, Jena, 2016 - Jahresbericht Max-Planck-Gesellschaft 2016. [Zitat vom: 07. 12. 2019.] Seiten 58–62. https://www.mpg.de/11344069/genetische-herkunft-der-europaeer.pdf.

Krüger, Bernd. latin.cactus2000.de. Latin verbs - sapere. [Online] [Zitat vom: 09. 12. 2019.] https://la-tin.cactus2000.de/showverb.en.php?verb=sapere.

Kühl, Hjalmar S. et al. Scientific Reports 6. Chimpanzee accumulative stone throwing | Scientific ... - Nature. [Online] Article number: 22219 (2016), 29. 02. 2016. [Zitat vom: 25. 04. 2017.] https://www.nature.com › scientific reports › articles. ISSN 2045-2322 (online).

Kuhrt, Nicola. SpiegelOnline - Wissenschaft. Aborigines - Kleine Feuer erhalten die Beute. [Online] DER SPIEGEL GmbH & Co. KG, 24. 10. 2013. [Zitat vom: 03. 12. 2019.] https://www.spiegel.de/wis-senschaft/mensch/aborigines-jagd-foerdert-biologischen-vielfalt-in-australien-a-929839.html.

Lanzke, Alice; n-tv.de. NTV Wissen. Kontroverse unter Experten: Salz könnte besser sein als sein Ruf. [Online] 14. August 2018. [Zitat vom: 09. 12. 2019.] https://www.n-tv.de/wissen/Salz-koennte-besser-sein-als-sein-Ruf-article20572717.html.

LCI LEBENSMITTELCHEMISCHES INSTITUT. Alkaloide der Kartoffel. [Online] Lebensmittel-chemisches Institut des Bundesverbandes der Deutschen Süsswarenindustrie e.V. (BDSI), 2019. [Zitat vom: 09. 12. 2019.] https://www.lci-koeln.de/deutsch/veroeffentlichungen/lci-focus/alkaloide-der-kar-toffel.

Lederer, Bernd. Kompetenz oder Bildung - Gesellschaft für Bildung und Wissen. Kompetenz oder Bildung. [Online] 2014. [Zitat vom: 11. 12. 2019.] https://bildung-wissen.eu/wp-content/uplo-ads/2014/11/kompetenz_bildung_web.pdf. ISBN 978-3-902936-06-6.

Lee, Robert J. und Cohen, Noam A. Spektrum der Wissenschaft. [Hrsg.] Spektrum der Wissenschaft Verlagsgesellschaft mbH. Erbitterte Körperabwehr. 05 2016, 5/16, S. 20– 26.

Lefler, Yana. Gefässe - Birkenleder. Ausgrabungen von Birkenrinde - Auf unserer Russlandreise 2011 ... [Online] [Zitat vom: 28. 10. 2015.] https://birkenleder.de › tag › gefaesse.

Lehnen-Beyel, Ilka. wissenschaft.de. Wie das Gehirn die Körpertemperatur steuert. [Online] Konradin Medien GmbH, 17. 12. 2007. [Zitat vom: 06. 12. 2019.] https://www.wissenschaft.de/umwelt-na-tur/wie-das-gehirn-die-koerpertemperatur-steuert/.

Lenzen, Manuela. dasgehirn.info. Nicht nur in Mund und Nase. [Online] Gemeinnützigen Hertie-Stif-tung, der Neurowissenschaftlichen Gesellschaft e.V. [Zitat vom: 06. 12. 2019.] https://www.dasge-hirn.info/wahrnehmen/riechen-schmecken/nicht-nur-mund-und-nase?language=en.

Littke, Bodo; Kluge, Sabine. Spektrum.de. Membran. [Online] 2000. [Zitat vom: 06. 12. 2019.] https://www.spektrum.de/lexikon/biologie/membran/42042.

Ludwig, Vera. Charité – Universitätsmedizin Berlin - Pressemitteilung. Hohe Töne klingen hell und tiefe Töne dunkel – auch für Schimpansen. [Online] 07. Dezember 2011. [Zitat vom: 04. 12. 2019.] https://www.charite.de/forschung/forschung_aktuell/pressemitteilung/artikel/detail/hohe_toene_klin-gen_hell_und_tiefe_toene_dunkel_auch_fuer_schimpansen/.

Lutteroht, Johanna. Spiegel-Online Einestages. Sechs Monate in der Hungerhölle. [Online] 25. Feb-ruar 2014. [Zitat vom: 06. 12. 2019.] https://www.spiegel.de/geschichte/minnesota-hungerexperiment-1944-nahrungsmangel-fuer-die-forschung-a-958232.html.

Maier, Elke. Neue Züricher Zeitung. Sechster Sinn für Fettiges. [Online] 31. Juli 2014. [Zitat vom: 10. 12. 2012.] https://www.nzz.ch/wissenschaft/medizin/sechster-sinn-fuer-fettiges-1.18353186.

Mattson, Mark P. Was dich nicht umbringt. [Hrsg.] Spektrum der Wissenschaft Verlagsgesellschaft mbH. Spektrum der Wissenschaft. April 2016, 4/16, S. 28–34.

Maul, Stefan. Propylaeum-DOK - Digital Repository Classical Studies. Erste Medizinkonzepte zwi-schen Magie und Vernunft 3000 -500 v.Chr. [Online] 03. März 1993 (Zweitveröffentlichung 2011). [Zitat vom: 11. 12. 2019.] Buchbeitrag; Originalveröffentlichung in: H. Schott (Hrsg.). http://ar-chiv.ub.uni-heidelberg.de/propylaeumdok/864/1/Maul_Erste_Medizinkonzepte_zwischen_Ma-gie_und_Vernunft_1993.pdf.

Mayer, Karl C. Karl C. Mayer. Vegetatives Nervensystem - www.neuro24.de. [Online] Karl C. Mayer - Neurologie, Psychiatrie, Psychotherapie, Heidelberg, 2019. [Zitat vom: 06. 12. 2019.] http://www.neuro24.de/vegetatives_nervensystem.htm.

Meier, Franziska. Fit_im_Job.pdf. Essen macht nicht gesund. Aber satt - Das EULE. [Online] März 2009. [Zitat vom: 07. 12. 2019.] SS. 31 -34. https://euleev.de/images/andere_Redaktionen/Fit_im_Job.pdf.

Merlot, Julia. Spiegel Online. Getrocknetes Fleisch - Ötzis letzte Mahlzeit war Südtiroler Steinbock-Speck. [Online] DER SPIEGEL GmbH & Co. KG, 21. Januar 2017. [Zitat vom: 11. 12. 2019.] https://www.spiegel.de/wissenschaft/mensch/oetzis-letzte-mahlzeit-war-suedtiroler-speck-a-1130862.html.

Meyer, Rüdiger. arerzteblatt.de. Warum viele Inuit# keinen Haushaltszucker vertragen. [Online] Bundes¬ärzte¬kammer, 02. Dezember 2014. [Zitat vom: 10. 12. 2019.] https://www.aerzteblatt.de/nachrichten/61084/Warum-viele-Inuit-keinen-Haushaltszucker-vertragen.

Michailova, Anastasia. Die vergessene Bibliothek. Was aßen die alten Babylonier? Ein Yale-Harvard-Team testet ihre Rezepte. [Online] 16. März 2019. [Zitat vom: 26. 12. 2019.] https://www.vergessene-bibliothek.com/post/2019/03/06/was-a%C3%9Fen-die-alten-babylonier-ein-yale-harvard-team-testet-ihre-rezepte.

Milică, Ioan; Guia, Sorin. ResearchGate. YBC 8958 tablet from the collection of Yale University, Old ... [Online] Jour, 23. 03. 2017. [Zitat vom: 01. 12. 2019.] gelöschte Internet-Quelle: Babylonisches Süppchen; Babylonische Sammlung der Yale Universität: Tafeln A (YBC 4644), B (YBC 8968). https://www.researchgate.net/figure/YBC-8958-tablet-from-the-collection-of-Yale-University-Old-Babylon-approx-1750-BC_fig1_315547973.

Mrasek, Volker. Deutschlandfunk. Vegane Ernährung - Mit Vitamin-B12-Mangel ist nicht zu spaßen. [Online] 18. November 2017. [Zitat vom: 09. 12. 2019.] https://www.deutschlandfunk.de/vegane-ernaehrung-mit-vitamin-b12-mangel-ist-nicht-zu.676.de.html?dram:article_id=337238.

MRI - Max-Rubner-Institut. Milch bleibt Milch - Meldungen. [Online] Bundesforschungsinstitut für Ernährung und Lebensmittel, 09. 09. 2016. [Zitat vom: 08. 12. 2019.] https://www.mri.bund.de/de/aktuelles/meldungen/meldungen-einzelansicht/?tx_news_pi1%5Bnews%5D=159&cHash=f3abda586c361333628edc13e4496007.

Münchau, Volker. DOCPLAYER. VON DER PALÄO-DIÄT ZUR VÖLLEREI –HERKUNFT UND KULTIVIERUNG AUS-GEWÄHLTER NUTZPFLANZEN. [Online] Transkript, 10. Mai 2015. [Zitat vom: 11. 12. 2019.] Vortrag vor dem Naturwissenschaftlichen Verein zu Lübeck am 10. Mai 2015. https://docplayer.org/18635395-Von-der-palaeo-diaet-zur-voellerei-herkunft-und-kultivierung-aus.html.

Neumüller, Michael. Äpfel für Allergiker - Bayerisches Obstzentrum. Apfelallergie - was ist das? [Online] 2019. [Zitat vom: 07. 12. 2019.] https://www.aepfel-fuer-allergiker.de/Apfelallergie-im-Detail.

Nüsslein-Volhard, Christiane. Zeit Online. Genetik für Gourmets - Gentechnik und Geschmack passen gut zusammen. Ein offener Brief an den Feinschmecker Wolfram Siebeck. [Online] 19. November 1998. [Zitat vom: 07. 12. 2019.] https://www.zeit.de/1998/48/199848.genfood_.xml.

Ohne Verfasser. Ärzte Zeitung. Ernährung - Mit Süßstoffen steigt das Diabetesrisiko. [Online] Springer Medizin, 30. November 2017. [Zitat vom: 10. 12. 2019.] https://www.aerztezeitung.de/Medizin/Mit-Suessstoffen-steigt-das-Diabetesrisiko-307713.html.

Osterkamp, Jan. Spektrum. de. Das Neuronen-Navi in unseren Köpfen. [Online] Spektrum der Wissenschaft Verlagsgesellschaft mbH, 06. 10. 2014. [Zitat vom: 01. 08. 2015.] https://www.

cspektrum.de › news › nobelpreis-fuer-medizin-2014-fuer-erfo....

Podbregar, Nadja. sinexx - das Wissensmagazin. Uruk - Eine Megacity des Altertums. [Online] 03. 07. 2015. [Zitat vom: 20. 09. 2016.] http://www.scinexx.de/dossier-detail-729-5.html.

Podbregar, Nadja. Wissenschaft.de. Umwelt+Natur - Was Gibbons flüstern. [Online] 08. April 2015. [Zitat vom: 05. 12. 2019.] https://www.wissenschaft.de/umwelt-natur/was-gibbons-fluestern/.

Pontes, Ulrich. dasGehirn.info. Neurotransmitter - Botenmoleküle im Gehirn. [Online] 02. 02. 2018. [Zitat vom: 08. 12. 2019.] https://www.dasgehirn.info/grundlagen/kommunikation-der-zellen/neurotransmitter-botenmolekuele-im-gehirn.

Prüfer, Kay. Wissenschaft.de. Unsere Verwandten unter der genetischen Lupe. [Online] Konradin Medien GmbH, 13. 06. 2012. [Zitat vom: 18. 06. 2013.] https://www.wissenschaft.de › geschichte-archaeologie › unsere-verwandte....

Reinberger, Stefanie. dasgehirn.info. Die Anatomie des Duftes. [Online] Neurowissenschaftliche Gesellschaft e. V., 27. November 2013. [Zitat vom: 06. 12. 2019.] https://www.dasgehirn.info/wahrnehmen/riechen-schmecken/die-anatomie-des-duftes.

Rieger, Simone. Max-Planck-Gesellschaft. Wissenschaftsmagazin - Vergorener Getreidesaft der Sumerer war möglicherweise kein Bier. [Online] 12. 01. 2012. [Zitat vom: 02. 12. 2019.] https://www.mpg.de/4777555/sumerer_brautechnologie.

Rösch, Harald. scinexx - das Wissensmagazin. Affen jagen Affen - Treibjagden im Regenwald. [Online] MMCD NEW MEDIA GmbH, 03. Mai 2013. [Zitat vom: 11. 12. 2019.] https://www.scinexx.de/dossierartikel/affen-jagen-affen/.

Rötzer, Florian. Telepolis. Weihrauch ist eine psychoaktive Droge. [Online] Heise Medien GmbH & Co., 23. Mai 2008. [Zitat vom: 08. 12. 2019.] https://www.heise.de/tp/features/Weihrauch-ist-eine-psychoaktive-Droge-3418675.html.

Ruschke, Karen. Dissertationen an der Universitäts- und Landesbibliothek. Der Transkriptionsfaktor NSCL-2: Neuronale Kontrolle von Gewicht und Fettgewebsstruktur. [Online] 07. 04. 2007. [Zitat vom: 11. 02. 2015.] https://sundoc.bibliothek.uni-halle.de/diss-online/07/07H076/index.htm.

Schmidt-Heydt, Markus und Geisen, Rolf. MRI - Max-Rubner-Institut. Vermeidungsstrategie für Mykotoxine. [Online] Bundesforschungsinstitut für Ernährung und Lebensmittel - Karlsruhe, 2019. [Zitat vom: 09. 12. 2019.] https://www.mri.bund.de/de/institute/sicherheit-und-qualitaet-bei-obst-und-gemuese/forschungsprojekte/mykotoxine/.

Schnabel, Ulrich. Zeit Online. Sucht - In der selbst gebauten Falle. [Online] 18. Mai 2006. [Zitat vom: 08. 12. 2019.] https://www.zeit.de/2006/21/M-Sucht_xml.

Seng, Leonie. dasGehirn.info. Erinnern mit Gefühl. [Online] Gemeinnützigen Hertie-Stiftung, der Neurowissenschaftlichen Gesellschaft e.V. in Zusammenarbeit mit dem ZKM , 20. Juni 2012. [Zitat vom: 08. 2. 2019.] https://www.dasgehirn.info/denken/gedaechtnis/erinnern-mit-gefuehl.

Shevchenko, Anna; et al. Max-Planck.Gesellschaft - Newsroom. Prähistorisches Fischrezept. [Online] 29. 11 2018. [Zitat vom: 01. 12. 2019.] https://www.mpg.de/12545265/proteomik-keramikschale-steinzeit.

Søberg, Susanna; et al. Cell Metabolism - Cell Metab. FGF21 Is a Sugar-Induced Hormone Associated with Sweet Intake and Preference in Humans. [Online] Cell-Press-Verlag Vereinigte Staaten von Amerika, 02. Mai 2017. [Zitat vom: 10. 12. 2019.] Human FGF21 variants are associated with increased sweet consumption; . https://www.cell.com/cell-metabolism/fulltext/S1550-4131(17)30214-0?_returnURL=https%3A%2F%2Flinkinghub.elsevier.com%2Fretrieve%2Fpii%2FS1550413

Sönnichsen, Andreas. ZFA - Zeitschrift für Allgemeinmedizin. EbM: GLP-1-Rezeptoragonisten – neues Wundermittel zur Behandlung des Diabetes mellitus Typ 2? [Online] 15. Februar 2018. [Zitat vom: 10. 12. 2019.] https://www.online-zfa.de/archiv/ausgabe/artikel/zfa-2-2018/49365-ebm-glp-1-rezeptoragonisten-neues-wundermittel-zur-behandlung-des-diabetes-mellitus-typ-2/.

Spektrum.de. Lexikon der Neurowissenschaft. Dynorphine. [Online] 1999. Akademischer Verlag, Heidelberg. [Zitat vom: 06. 12. 2019.] https://www.spektrum.de/lexikon/biologie/dynorphin/19800.

Spektrum.de. Lexikon der Ernährung - Citreoviridin. [Online] Spektrum Akademischer Verlag, Heidelberg, 2001. [Zitat vom: 08. 12. 2019.] https://www.spektrum.de/lexikon/ernaehrung/citreoviridin/1697.

Spektrum.de. Lexikon der Neurowissenschaft - Enkephaline. [Online] Spektrum Akademischer Verlag, Heidelberg, 2000. [Zitat vom: 08. 12. 2019.] https://www.spektrum.de/lexikon/neurowissenschaft/enkephaline/3497.

Stangl, Werner. Online Lexikon für Psycvhologie und Pädagogik. Arbeitsdzeitgedächtnis. [Online] WordPress, 2019 Linz. [Zitat vom: 07. 12. 2019.] https://lexikon.stangl.eu/1724/arbeitsgedaechtnis-working-memory/.

Stein-Abel, Sissi. Geysire, Schlammlöcher und Wasserfälle. Rund um Rotorua und Taupo (Neuseeland). [Online] 2019. [Zitat vom: 12. 12. 2019.] https://www.schwarzaufweiss.de/neuseeland/rotorua-taupo.htm.

Stoiber, Ingrid und Bucher, Kurt. Baufachkatalog.de. Geschichte geothermischer Energienutzung Kapitel 2. [Online] 2014. [Zitat vom: 01. 12. 2019.] S. 20 ff.. http://www.baufachkatalog.de/media/blfa_files/9783642417627-Leseprobe.pdf.

Straßmann, Burkhard. Zeit Online. Geschmack - Bitter ist das neue Süß. [Online] ZEIT ONLINE GmbH, 20. Februar 2019. [Zitat vom: 10. 12. 2019.] https://www.zeit.de/2019/09/geschmack-forschung-gesundheit-immunsystem.

Ströhle, Alexander; Hahn, Andreas. Rosenfluh. Essen wie in der Steinzeit - Darwin als ultimativer Ernährungsratgeber? [Online] SZE -Schweizer Zeitung für Ernährungsmedizin, Mai 2014. [Zitat vom: 08. 12. 2019.] https://www.rosenfluh.ch/ernaehrungsmedizin-2014-05/essen-wie-in-der-steinzeit-darwin-als-ultimativer-ernaehrungsberater-teil-3.

Südwestrundfunk. Planet Schule. Wärmestrahlung interaktiv. [Online] SWR / WDR , 2019. [Zitat vom: 03. 12. 2019.] https://www.planet-schule.de/sf/multimedia-simulationen-detail.php?projekt=waermestrahlung.

Tagesspiegel. Zellbiologie - Eine Zelle hat 42 Millionen Eiweißmoleküle. [Online] Urban Media GmbH - Verlag Der Tagesspiegel GmbH, 18. Januar 2018. [Zitat vom: 10. 12. 2019.] https://www.tagesspiegel.de/wissen/zellbiologie-eine-zelle-hat-42millionen-eiweissmolekuele/20857992.html.

Thier, Hans-Peter. dasGehirn.info. Raum und Zeit - Warum sich Bewegung und Geist nur zusammendenken lassen. [Online] 24. 02. 2014. [Zitat vom: 07. 12. 2019.] Erstmals erschienen am 10.12.2014 in der Frankfurter Allgemeinen Zeitung. https://www.dasgehirn.info/entdecken/grosse-fragen/warum-sich-bewegung-und-geist-nur-zusammen-denken-lassen.

Ullmann, Edwin. KursPDF.com. Lernen aus neurobiologischer Perspektive. [Online] KursPDF.com - Julius-Maximillians-Universität Würzburg , 2019. [Zitat vom: 11. 12. 2019.] https://www.uni-wuerzburg.de/fileadmin/06000060/04_Fort_und_Weiterbildungen_Lehrkraefte/Herbsttagungen/Herbsttagung_2016/20161006_WS_04_Neurobiologie.pdf.

Wehner-v. Segesser, Sibylle. [Hrsg.] Eric Gujer (eg.). Unterschätzte Anpassungsfähigkeit des Gehirns. Zürich: Neue Zürcher Zeitung AG, Zürich, 13. 06. 2013, Neue Züricher Zeitung. https://www.nzz.ch/wissen/wissenschaft/unterschaetzte-anpassungsfaehigkeit-des-gehirns-1.18097152.

Verbraucherservice Bayern im KDFB e.V. Ernährung - Lektine - nur keine Panik. [Online] 02. Januar 2019. [Zitat vom: 10. 12. 2019.] https://www.verbraucherservice-bayern.de/themen/ernaehrung/lektine-nur-keine-panik.

Verbraucherzentrale. Entscheidung für den Nutri-Score: Nährwertkennzeichnung kommt 2020. [Online] 01. Oktober 2019. [Zitat vom: 11. 12. 2019.] https://www.verbraucherzentrale.de/wissen/lebensmittel/kennzeichnung-und-inhaltsstoffe/entscheidung-fuer-den-nutriscore-naehrwertkennzeichnung-kommt-2020-3.

verbraucherzentrale-hessen.de. Acrylamid: Problematischer Stoff in Lebensmitteln. [Online] 11. April 2018. [Zitat vom: 09. 12. 2019.] https://www.verbraucherzentrale-hessen.de/en/node/13879.

Vieweg, Martin. wissenschaft.de. Früher Abgang von der Weltbühne. [Online] Wissenschaft.de, natur.de, DAMALS.de - Kon¬ra¬din Me¬di¬en GmbH, Konradin Mediengruppe, 30. Juni 2011. [Zitat vom: 12. 10. 2012.] https://www.wissenschaft.de/geschichte-archaeologie/frueher-abgang-von-der-weltbuehne/.

Wagenschein, Martin. Zum Begriff des exemplarischen Lehrens. [Online] Z. f. Päd., 2(1956)3, S. 129-153, 15. März 1956. [Zitat vom: 11. 12. 2019.] Vortrag bei der Tagung der Hochschule für Internationale Pädagogische Forschung in Frankfurt a.M. über "Bedeutung und Ertrag der Versuchsschularbeit für die deutsche Schule", 15.3.1956. http://www.martin-wagenschein.de/en/2/W-128.pdf.

Wagner, Britta. RZ_titel Diss Britta 03.indd. Die Aufmerksamkeit für Lebensmittel -Eine zeitgeschichtliche Rekonstruktion kollektiver Orientierungsmuster (1975–2005). Otto-Friedrich-Universität Bamberg : s.n., 26. April 2010. Dissertation. https://d-nb.info/100512972X/34.

Weber, Nina et al. Spiegel online. Schon Homo erectus spielte mit dem Feuer. [Online] 03. 04 2012. [Zitat vom: 03. 03. 2014.] https://www.spiegel.de › wissenschaft › mensch › homo-erectus-nutzte-vor-e....

Weber, Nina et al. Spiegel-Online Wissenschaft. Menschheitsgeschichte: Erste Köche lebten vor zwei Millionen ... [Online] 23. 08 2011. [Zitat vom: 02. 12. 2019.] https://www.spiegel.de/wissenschaft/mensch/menschheitsgeschichte-erste-koeche-lebten-vor-zwei-millionen-jahren-a-781786.html.

Weber, Nina. Spiegel Online. Schon Homo erectus spielte mit dem Feuer. [Online] DER SPIEGEL GmbH & Co. KG, 03. April 2012. [Zitat vom: 01. 12. 2019.] https://www.spiegel.de/wissenschaft/mensch/homo-erectus-nutzte-vor-einer-million-jahren-feuer-a-825225.html.

Weber, Nina. SpiegelOnline - Wissenschaft. Archäologie - Menschen töpferten bereits vor 20.000 Jahren. [Online] Spiegel +, 29. 6. 2012. [Zitat vom: 03. 12. 2019.] https://www.spiegel.de/wissenschaft/mensch/vor-20-000-jahren-toepferten-menschen-schon-a-841525.htm.

WELT - Reise. Fernreisen Himalaja - Für Honig riskieren Jäger in Nepal ihr Leben. [Online] 23. August 2018. https://www.welt.de/reise/Fern/article181262336/Himalaja-Fuer-Honig-riskieren-Jaeger-in-Nepal-ihr-Leben.html.

WELT. Die WELT - Schimpansen als Gourmets. [Online] 19. 08. 2000. [Zitat vom: 17. 08 2014.] https://www.welt.de/print-welt/article529020/Schimpansen-als-Gourmets.html.

Whitney, William Dwight. The Roots of the Sanskrit Languages. The roots, verb-forms, and primary derivatives of the Sanskrit ... [Online] 12 - 2/26; 1885., 1885. [Zitat vom: 05. 12. 2019.] Verbbeispiele: bhaks = partake of eat; bhas = devour. https://www.jstor.org/stable/pdf/2935779.pdf. ISBN 1498194192.

Wöhrmann, Felicitas (Hrsg.). verband-botanischer-gaerten.de. 2006 Die Pflanzenwelt der Indianer. [Online] 2005. [Zitat vom: 02. 12. 2019.] Seite 16. http://www.verband-botanischer-gaerten.de/Elemente/downloads/Reader_AG_Paedagogik/Die_Pflanzenwelt_der_Indianer_100dpi.pdf. ISBN: 3-931621-17-0.

wortwuchs.net - Literaturlexikon. wortwuchs.net/sapere-aude/. [Online] Jonas Geldschläger, 2019. [Zitat vom: 12. 12. 2019.] https://wortwuchs.net/sapere-aude/.

Filme

Carpenter, C. R. Macaca fuscata (Cercopithecidae) Food Preparation - Flotation Process for Separating Wheat from Sand. [Wissenschaftlicher Film]. IWF - Institut für den wissenschaftlichen Film, 1967; Publ. 1971.

Claus, Gilbert J. M.; Rossie, Jean-Pierre. Ghrib (Tunesia, Northwest Sahara) – Baking Stuffed-Bread 'khubs mtabga'. [Prod.] IWF – Wissen und Medien – Knowledge an Media –gGmbH. IWF (Göttingen), 1976; Publ.: 1979. Stummfilm s/w Best.-Nr.: E2387

Pollmer, Udo. Udo Pollmer: Kinder und Pommes. [Hrsg.] www.das-eule.de. Warum Kinder gerne Pommes frites essen und Acrylamid vor Krebs schützt. [Video]. 2019.

https://www.euleev.de/lebensmittel-und-ernaehrung/eule-videos/75-udo-pollmer-kinder-und-pommes-friteuse-solanin-und-acrylamid

Schlenker, Hermann und Dore, Andrée. Makiritare (Venezuela, Orinoco-Quellgebiet) - Sammeln, Zubereiten und Essen von Würmern. [Prod.] IWF - Wissen und Medien - Knowledge and Media - gGmbH. IWF (Göttingen), 1969. Stummfilm s/w Best.-Nr.: E 1784.

Schultz, Harald. Krahó (Brasilien, Tocantins-Gebiet) Zubereiten von Palmfrüchten. [Stummfilm]. IWF (Göttingen), Prod.: 1965, Film-Publ.: 1968. Veröffentlicht IWF (Göttingen) Best.-Nr.: E 1321.

Ségur, Jérôme. Honigjäger im Himalaja - Ernte in schwindelerregender Höhe. [Fernsehen]. SWR - Fernsehen - Länder Menschen Abenteuer, Film von 2012. Sendung vom 23. 10. 2016, 15.15 Uhr.

Simon, Franz (Göttingen) und (Seewiesen), Schievenhövel. Wulf. Eipo (West-Neuguinea, Zentrales Hochland) - Zerlegen und Zubereiten von Schweinen durch Frauen in Munggona. IWF (Göttingen), Prod.: 1976; Publ.: 1989. Stummfilm, 16 mm.

Index